国家科学技术学术著作出版基金资助出版

激光清洗原理与技术

宋　峰　施曙东　著

科学出版社

北京

内 容 简 介

激光清洗是利用激光为清洗工具，通过光与物质之间的作用，将材料表面附着的污染物清除掉的一种方法，具有绿色环保、安全可控等特点。本书介绍了激光清洗的原理和技术。全书共十章，介绍了激光清洗的基本概念、激光清洗的发展动态，并综合阐述了各分支技术的特点、激光清洗的一般机制和激光清洗的物理模型。详细叙述了微粒、金属和复合材料上连续污染物的清洗原理和模型，最后介绍了激光清洗中的技术，包括激光技术、光束传输整形技术、干式与湿式清洗技术、监测与控制技术等。

本书可作为激光和清洗领域的科技工作者、工程师、教师和学生的参考书。

图书在版编目（CIP）数据

激光清洗原理与技术 / 宋峰，施曙东著. -- 北京 : 科学出版社，2025. 3. -- ISBN 978-7-03-081203-2

Ⅰ. TB4

中国国家版本馆 CIP 数据核字第 2025T6H063 号

责任编辑：刘凤娟　钱　俊　田轶静 / 责任校对：彭珍珍
责任印制：张　伟 / 封面设计：无极书装

科 学 出 版 社　出版

北京东黄城根北街 16 号
邮政编码：100717
http://www.sciencep.com

三河市春园印刷有限公司印刷
科学出版社发行　各地新华书店经销

*

2025 年 3 月第 一 版　开本：720×1000　1/16
2025 年 3 月第一次印刷　印张：27 3/4
字数：539 000

定价：238.00 元
（如有印装质量问题，我社负责调换）

序

    激光技术作为现代科技的前沿技术之一，在现代通信、智能制造、健康医疗等众多领域有广泛应用。自 20 世纪 60 年代激光出现后不久，人们就发现了其清洗功能。近些年来，激光清洗技术得到了显著的发展和创新，为清洗领域带来了巨大的变革，极大地提高了清洗效率和质量，在环境保护方面也具有显著的优势。

    该书是宋峰团队近二十年来激光清洗研究成果的汇集，同时融汇了国内外同行的研究成果，旨在系统地向读者介绍激光清洗的原理和技术。

    该书以激光清洗为主题，给出了激光清洗的概念和发展过程，介绍了污染物与基底材料的吸附模型，针对不同材料和清洗场景(微粒形成、脱漆除锈等)阐明了具体的清洗原理和相应的模型，对激光清洗涉及的相关技术做了阐述。

    我与宋教授相知多年，了解他的研究动态，作为从事光学研究领域的科研人员，我非常高兴能为该书作序。我认为，该书是激光清洗行业实践和科研理论探索的阶段性总结，凝聚了作者的创新性研究成果，也体现了同行们在激光清洗方面的贡献。通过该书，读者可以更好地理解激光清洗的原理和相关技术。该书将是院校研究人员和行业从业者在开展研究和实践时的有益参考书籍，对于理论研究和实践应用具有重要的指导意义。

中国科学院院士

俄罗斯科学院外籍院士

美国工程院外籍院士

西北工业大学教授

2023 年 9 月

前　言

从 20 世纪 90 年代，姚建铨院士等专家将激光清洗作为激光应用的新领域介绍到国内，迄今已经二十多年了。我们团队关注并开始激光清洗的研究和实践则始于 21 世纪初，也超过二十年了。在这期间，我和我的学生们开展了一系列研究，承担了一些项目，发表了一些论文，申请和授权了一些专利。在研究中，我们经历了知识普及、实验探索、理论研究、模型构建、技术攻关、仪器开发等过程，在激光清洗原理、技术、应用等方面积累了一些资料和经验。

在研究过程中，萌生了将相关研究资料和经验整理成书的想法。书籍撰写过程中遇到了不少困难，通过召开研讨会，当面或电话咨询，多次向姚建铨院士、黄维院士、许京军教授等行家们请教，听取了关于专著内容取舍、逻辑架构等的意见和建议。最终决定将内容分成两本书，其中一本主要介绍激光清洗技术，总结其在多个领域的应用；另一本重点阐述激光清洗原理，介绍激光清洗所涉及的相关技术。前者在国家出版基金资助下，已于 2021 年 9 月由清华大学出版，书名为《激光清洗技术与应用》，也是罗先刚院士主编的"变革性光科学与技术丛书"之一，在该书后记中记述了当年的成书过程。

本书与已经出版的《激光清洗技术与应用》在主题上是接近的，都是激光清洗，但两者的内容和侧重点不同。前书注重激光清洗的具体应用，介绍不同清洗应用中的现象、特点和清洗成效；而本书则将重点放在清洗的不同场景所对应的原理，以及与此相对应的模型研究，以突出理论指导作用，最后介绍了激光清洗中涉及的主要技术，包括近年来兴起的智能清洗技术。

进入 21 世纪 20 年代后，随着经济和科技的高速发展，高质量发展的要求在各领域中影响深远，而激光清洗由于具备环境友好和精细清洗的突出特点，将有助于清洗行业更好地实现技术上的高质量要求。我们相信，随着激光清洗的成本降低和便携式激光器的进一步发展，激光清洗将有更辉煌的前景。我们也希望本书能在理论和实践上对于激光清洗的发展做出贡献。

全书共十章，分别是绪论、激光清洗研究发展动态、污染物与基底的附着力、激光清洗机制、激光清洗微粒污染物、激光清洗金属表面涂层、激光清洗碳纤维复合材料表面涂层、激光清洗金属表面锈蚀、激光清洗中的激光技术、激光清洗中的监控技术。第 1 章绪论介绍了激光清洗的概念及其意义，常用清洗技术，重点叙述了激光清洗技术、所用设备、分类和应用。第 2 章对激光清洗的研究发展动态做了综述。第 3 章和第 4 章在介绍基底与污染物附着力的基础上，阐述了激光清洗的原理。第 5~8 章，分别介绍了微粒污染物、金属表面涂层、碳纤维复合材料表面涂层、金属表面锈蚀的激光清洗原理和模型，最后两章分别介绍了激光清洗中所涉及的激光和监控等技术。

本书总结了我们二十多年来的相关研究成果，我的学生李伟、杜鹏、刘淑静、邹万芳、田彬、李腾、宛文顺、王欢、茼诗洁、于溪、杨贺、高日翔、刘汉雄、朴文益、郜慧斌、郑颖、石家榕、李贞耀、陈晅等(排名不分先后)做出了很多贡献。感谢天津大学姚建铨院士、中国科学院半导体研究所林学春研究员等专家的指导，感谢实验室刘丽飒、冯鸣等老师的支持与帮助。在成书过程中，赵泽家、潘文锋、梁飞、林德惠、田野等在资料收集、文献查阅、文稿校对方面花费了大量时间和精力。在编写本书的过程中，我们借鉴了国内外相关研究和实践成果，有些内容直接来源于网络，有些未能一一标注，在此一并致谢。

感谢我的家人给予我的无限支持和理解，感谢我的同事和合作伙伴们。感谢科技部(项目编号 2022YFB4601500，2017YFB0405100)、国家自然科学基金给予的经费支持。感谢国家自然科学出版基金和天津市科协的资助。感谢黄维院士为本书作序。感谢科学出版社和编辑团队的辛勤工作和专业素养，使本书得以顺利面世。感谢所有为这本书的完成和出版付出努力的人们。

黄兄前作序，愚弟后涂鸦。

激射传千里，人间浴万花。

清除尘世垢，洗去璧理瑕。

斗胆编微册，抛砖引大家。

编撰本书的过程中，我们遇到了许多困难和挑战，但也得到了许多收获和启发。希望本书能够向读者们传递我们对激光清洗技术的希冀和热情，并启发他们对激光清洗进行更深入的思考和研究。

由于作者水平有限，书中遗漏和不妥之处在所难免，恳请读者批评指正。

谢谢！

宋 峰

2023 年 6 月于南开大学

本书得到国家自然科学出版基金、天津市科协资助出版

目　　录

第1章 绪 论

清洗是日常生活和生产中常见的活动，激光清洗则是一种高新技术。本章首先介绍清洗的概念及其意义，常用的清洗技术，接着介绍激光清洗技术、所用设备、分类和应用。

1.1 清洗的概念及其意义

1.1.1 清洗的概念

在生活和生产过程中，物体(主要是固体，也有液体)受到环境影响，会在其表面黏附或生成一些附着物或污染物，如衣服上的灰尘、半导体基片上的微粒、工件上的油垢、模具上的橡胶、铁板上的锈蚀、油画上的污渍、水面上的油污等。为了工作和防护的需要，人们会在固态物体表面添加或加工形成保护层或防护性附着物，如金属表面的钝化层、材料上的油漆等。

对于这些污染物或附着物，无论是自然和被动形成的，还是人为主动添加的，在一定情况下都需要清除，以恢复物体的原貌和功能。利用某种清洗媒介以物理、化学或生物的方式将这些污染物或附着物从物体表面去除，以恢复物体原貌的过程称为清洗。

在日常生活中，清洗家具、厨具、服装等，可以提高物体外观感觉上的价值，提高物品的卫生标准，有利于人体健康，改善生活环境，提高人们的生活质量。在工业生产中，清洗是一项极其重要的工作，常用的清洗作业有：清除厂房、建筑物、运输工具内外表面的污垢；定期清洗生产设备，以避免腐蚀；清除原材料表面污垢，保持材料的表面性质，保证后续生产工序的实施。比如，对金属表面进行镀膜、喷漆和电镀前，需要先对金属表面进行清洗处理，去除污垢以增强加工后的效果；又比如，清洗使用一段时间后的工业生产设备和工业元器件，可以提高生产效能，防止锈蚀。

总之，在生活、工农业生产、科学研究等多个领域，每天都要进行大量的清洗工作。清洗已经发展成一门涉及范围广泛、内容丰富的实用技术。

1.1.2 清洗四要素

对于清洗过程，存在四个要素[1]:

(1) 清洗基底材料：待清洗物体一般是固态物，如半导体线路板、桥梁、机器、零件、钢板等。

(2) 清洗污染物：因为物理作用、生化反应等多种因素，在基底材料表面上附着的油污、铁锈、灰尘，或者为了保护材料在其表面人为喷涂的油漆等保护层，称为污染物或附着物。这些污染物或附着物就是需要清洗去除的目标物。为了方便起见，本书中统一称为污染物，包括有机物、无机物或有机无机混合物，有颗粒状污染(附着)层，也有连续污染(附着)层。将附着有清洗目标物的基底材料称为清洗对象。

(3) 清洗介质：清洗介质即在清洗过程中使用的物质，通过物理作用、生化反应，将目标物从清洗对象的表面剥离去除。常见的清洗介质包括水、化学试剂、铁砂、激光、电磁波、干冰、超声波等。

(4) 清洗力：利用清洗介质进行清洗时，在清洗对象、清洗介质、目标物之间存在着作用力，通过该作用力，可以实现清洗。在不同的清洗技术中，作用力也不同，主要包括物理力、吸附力、酶力、溶解力、表面活性力、化学反应力等。

1.1.3 基底材料和污染物的种类

基底材料和污染物有很多种类别，不同的类别，优先采用的清洗方法也不完全相同。

1. 基底材料类别

基底材料包括金属材料(如钢铁、铝合金等)、非金属材料(如橡胶、塑料等)以及复合材料。

2. 污染物类别

污染物按照形状来分，可以分为颗粒状污染物、连续膜状污染物；按照成分来分，可分为有机污染物、无机污染物和混合污染物；按油水亲疏性来分，可分为亲水性污染物和亲油性污染物，前者有可溶于水的食盐等无机物和蔗糖等有机物，后者有油脂、矿物油、树脂等有机物；按照材料来分，可分为基底氧化形成的氧化膜、外加的油漆等覆盖涂层、加工过程中产生的半导体或金属微粒等。

1.1.4 基底材料与污染物之间的作用力

污染物之所以能够吸附在基底材料上，是因为相互之间存在作用力。主要的作用力和污染物吸附形式有如下几种。

(1) 因为重力作用在物体表面沉降而堆积的污染物，如较薄的灰尘；

(2) 靠分子之间吸附作用结合于物体表面的污染物，如油污；

(3) 因静电吸引力附着在物体表面的污染物，如线路板上的微小硅粒；

(4) 因化学键而紧密结合的污染物，如铁锈；

(5) 因为水汽而产生的毛细力，如潮湿环境下粘在物体表面的微粒；

(6) 其他作用力。

当然，以上这些吸引力往往是同时存在的，只不过不同条件下的表现不同。比如微粒线度达到微米或更小时，重力就不是主要因素了，而分子之间的吸附力(范德瓦耳斯力)则成为主要的了；又比如，在潮湿环境下，污染物与基底之间的毛细力就变成很重要的吸附力了。

1.2　常用的清洗技术

针对不同的作用机制可以选择不同的清洗方法。概括起来，清洗可以分成化学清洗法、物理清洗法两大类，对应着化学清洗技术和物理清洗技术。生物清洗法可以算单独的一类或归于化学清洗法(因为有生化反应)[1,2]。很多清洗方法综合了物理清洗法和化学清洗法。每一类清洗方法都有各自的优缺点。根据待清洗产品、污染物、污染物与基底结合机制的特点和清洗要求，选择合适的清洗技术和方法，才能取得良好和经济的清洗效果。

由于物理清洗与化学清洗有很好的互补性，在生产和生活实践中往往把两者结合起来以获得更好的清洗效果。其实，在很多清洗技术中，物理作用和化学作用是同时存在的，比如超声波清洗中，使用的液体往往是化学试剂；热能清洗技术中，会同时利用物理和化学变化；等离子体清洗中兼有物理和化学过程。

1.2.1　化学清洗技术

化学清洗技术有很多优点：清洗时间较短，效率高；使用成本较低；可以去除多数物理清洗技术不易去除的硬垢和腐蚀产物；对设备内间隙小的部位也能进行清洗；有些化学清洗可以在不停机的状态下进行。化学清洗技术也存在诸多缺点：化学溶剂有可能对基底造成损伤，而且残留的化学试剂的稳定性难以判定，有可能在未来发生变性引发危险；化学清洗时处理不当或缓蚀剂使用不当，会引起设备腐蚀；清洗后的废液需要进行处理，而废液的处理目前来说是一大难题，处理不当会对河流和土壤造成二次污染，危害环境；在使用化学药剂进行清洗时，操作处理不当可能会对工人的健康、安全造成危害。下面介绍几种常用的化学清洗技术[3]。

1. 化学试剂清洗技术

化学清洗主要依靠化学药品或其他溶剂对污染物进行浸泡或喷淋，进而产生化学反应分解污染物，或利用化学试剂与表面污染物发生化学反应以达到去除的目的。如用各种无机或有机酸去除物体表面的锈迹、水垢，用氧化剂去除物体表面的色斑，以及对垢层的酸洗、碱洗等。为使基材在化学清洗中不受腐蚀或将腐蚀率控制在允许范围内，通常要在化学清洗液中加入适量的缓蚀剂和起活化、渗透、润湿作用的添加剂。

2. 电解清洗技术

电解清洗技术利用电解技术将金属表面的污染物去除。包括电解脱脂和电解研磨除锈，前者可将金属表面的油污等脂类污染物去除，后者则可将金属表面的氧化物去除。电解脱脂是把欲清洗的金属材料与电极相连，放入电解槽中，通过电解，金属表面产生细小的氢气或氧气气泡，其采用的电解液是碳酸钠、氢氧化钠等碱性水溶液。电解研磨除锈则是将欲清洗的金属浸在酸性或碱性电解液中，金属作为阳极，通入电流，对金属进行研磨，使金属表面有微小凸起的部分先得到研磨，而后电解腐蚀，直到最后获得平滑光泽的表面。这种方法使用的范围比较小。

3. 生物清洗技术

微生物中会存在和清洗有关酶类催化剂，其中主要的四类是蛋白酶、淀粉酶、脂肪酶和纤维酶。这些酶实际上是具有特殊清洗功能的催化洗涤剂。一般地，它们的催化反应比非酶催化剂的反应速度快 $10^6 \sim 10^{12}$ 倍。

生物清洗是利用微生物内细胞产生的这些酶，对基底表面的污染物进行分解，使之转化为无毒无害的水溶性物质。

洗衣粉和牙膏中都有微生物酶。在生产和生活中，如管道清洗，污染物中有剩饭剩菜等植物残渣，或者油垢泥渣等堵塞的成分，往往在清洗剂中加入生物酶，清洗效果会表现得更好。棉布、人造棉、黏胶纤维、丝绸、混纺织物等服装和布料，特别是不能用碱清洗的丝绸和化纤混纺衣服，用微生物进行清洗，则效果很好，具有手感柔软、光洁度强的特点。

1.2.2　物理清洗技术

物理清洗是利用力学、热学、声学、光学、电学等物理原理，依靠外来的能量作用，如机械摩擦、加热、超声波、高压、冲击、紫外线、蒸气等去除物体表面上的污染物，清洗过程中没有(或者可以忽略)化学反应和化学污染。常用的物理清洗技术有水汽清洗技术、高压水射流清洗技术、电脉冲清洗技术、超声波清洗技术、喷丸清洗技术、机械刮削清洗技术等。

物理清洗技术具有效率较高、腐蚀少、相对比较安全等优点。其清洗成本较低，除了设备和操作人员以外，其他成本支出较少，而且设备可多次连续使用。

该技术不改变基底材料的化学组分,对清洗物基体基本没有腐蚀破坏作用。不过它也存在缺点:当需要清洗的设备内部结构复杂时,外力驱动的物理清洗介质有时候难以到达所有部位而出现"死角";对于黏附力强的硬垢和腐蚀产物,物理清洗的效果不是很理想;有些物理清洗法会产生噪声和粉尘污染(如喷砂清洗法),或者造成二次污染(如高压水射流清洗,使用后的水如直接排放,就会造成新的污染)。

在工业生产中,物理清洗技术多种多样,常用的物理清洗技术包括喷砂清洗、高压水射流清洗、干冰清洗、超声波清洗等技术。下面对这几种技术予以简单介绍[1]。

1. 喷砂清洗技术

喷砂清洗又称为喷丸清洗,是目前在工业生产中使用广泛的一种机械清洗技术。通过真空压力泵将高浓度的研磨材料(如细小的铁丸、砂子)高速喷射至欲清洗材料表面,欲清洗材料表面受到高速度大动能磨料小丸的冲击和摩擦作用,可以将基底材料表面的油漆、氧化皮、油污等多种表面污染物去除。这种技术的优点是:技术成熟,成本较低,可以同时清洗多种污染物,能够获得粗糙度合适的表面,以便于后期实施涂漆等工序。其缺点是:耗电量大,工作室噪声大,灰尘多,不利于操作工人的健康和环境保护。

2. 高压水射流清洗技术

高压水射流清洗技术是20世纪70年代研发的,到了21世纪初开始得到推广和应用。这种技术以水作为介质,通过高压技术,产生高压水,从喷嘴高速喷射出来的水流具有很大的动能,当其射向被清洗物表面时,利用其冲力和磨削作用,使得基底材料表面的污染物被清洗掉。高压水射流清洗技术的优点是:可以同时去除掉多种污染物,相对于喷砂清洗而言,其噪声相对较低,也没有弥漫的灰尘。其不足在于:高压水射流设备成本较高,掺有污染物的水需要二次处理,提高了成本;很多基底材料是钢铁和金属,高压水清洗后,水分子会渗透到材料中,容易产生新的腐蚀现象,不利于后续使用和加工。

3. 干冰清洗技术

干冰清洗技术也称干冰冷喷射清洗技术。干冰就是固态的二氧化碳,将液体二氧化碳通过干冰造粒机可以制成固态的干冰小球。使用时,外接压缩空气,使得干冰小球随高速运动的气流被加速到接近声速,喷射出去,撞击待清洗物体的表面,基底表面上的污染物会因为突然的撞击,以及接触干冰后导致温度骤降而发生脆化,或收缩后产生裂缝,进而这些温度极低的干冰小球或气体(部分小球已经气化)进入出现裂缝的污物内,干冰小球迅速升华为气体,在这个过程中污染物的体积在极短时间内能够膨胀数百倍,使得污染物碎裂,从而从基底表面剥离。干冰清洗技术常常使用在一些特定场合,如轮胎模具的小范围清洗。对于大规模清洗,其成本高,效率低,因而难以广泛使用。

4. 超声波清洗技术

超声波是指频率高于 20 kHz 的声波,超声波清洗技术是利用超声换能器向清洗液中辐射超声波,利用超声波的能量对浸在液体中的零部件进行清洗。超声波清洗效率高、效果好,对于一些其他清洗方法难以奏效的情况,如疏通细小孔洞、异形物件以及物件隐蔽处的清洗,超声波更是独具优势。超声波清洗还能达到杀灭细菌、溶解有机污染物、防止过腐蚀等目的。目前已应用在机械、电子、医药、食品化工、航天、核工业等领域。但是超声波的穿透力非常强,对人体有一定伤害,在清洗过程中有噪声,所用的清洗液可以是水,但往往是化学试剂,所以应该归类于混合清洗法。很多化学试剂带有一定毒性,清洗的物体通常比较小,使用成本较高,一般用于小批量、精密度要求较高的清洗中。

5. 紫外线清洗技术

紫外线的频率大,光子能量高,当碳氢化合物构成的污染物吸收了紫外光子后,会分解成离子、游离态原子、受激分子和中子(光敏作用),从而从基底表面去除污染物。经过光清洗后的材料表面可以达到“原子清洁度”。

紫外线清洗技术在半导体和光电行业应用较多,比如,液晶显示器、硅晶片、集成电路板、光学元件等。可以去除的污垢包括油脂、树脂添加剂、石蜡、松香、润滑油、残余的光刻胶等有机污染物。

6. 电磁清洗技术

利用电磁感应原理,进行清洗。由于电磁感应在金属基底上产生涡流,进而在金属表面产生热量,污染层与基体受热膨胀,最终实现剥离。其次,清洗对象置于静电场或高频电磁场中,污染物的分子在电磁场作用下产生极化或磁化,或者吸收了电磁场的能量,分子结构发生变化或断裂,使得污染物变软或碎裂而脱落。

1.2.3 等离子体清洗技术

等离子体清洗技术频率不同,作用机制也不同,可以是物理作用,也可以是化学作用。

所谓等离子体,就是借助高频电磁振荡、射频或微波、高能射线、电晕放电、激光、高温等条件产生的一种电中性、高能量、全部或部分离子化的气态物质，其中包含离子、电子、自由基等活性粒子。等离子体清洗是在一定的真空状态下，利用等离子体所含的活性粒子与污染物分子发生化学或物理作用，从而有效清除材料表面的微尘及其他污染物。其特点是可实现分子水平的污物去除(一般厚度在 3~30 nm)，该清洗工艺同时可提高工件表面活性。

　　等离子清洗中涉及等离子物理、等离子化学和气固相界面的化学反应等技术。常用的等离子体按照激发频率分为三种：激发频率为 40kHz 的超声等离子体，激发频率为 13.56 MHz 的射频等离子体，以及激发频率为 2.45 GHz 的微波等离子体。一般来说，根据选择的工艺气体不同，其工作机理也有很大区别，超声等离子体发生的反应多为物理反应，射频等离子体发生的反应既有物理反应又有化学反应，而微波等离子体发生的反应多为化学反应。

1.3　激光清洗简介

　　激光清洗是一种新的环保清洗技术，近年来得到广泛关注，并已经在微电子电路板、飞机蒙皮脱漆、文物保护等领域得到了应用。激光清洗的本质是物理清洗，但是有自己的独特特点。

1.3.1　激光清洗的概念

　　激光是 20 世纪 60 年代发明的，具有高亮度、方向性、相干性等特点。1969 年美国国家航空航天局(NASA)路易斯研究中心的 Bedair 等[4]进行了激光清洗实验，首次提出激光清洗(laser cleaning)这一术语并总结了激光清洗的优点和不足。到了 20 世纪 70~80 年代，美国科学应用公司 Asmus 等[5]、苏联 Beklemyshev 等[6]、美国国际商业机器公司(简称 IBM)德国制造技术中心 Zapka 等[7]相继开展了激光清洗研究。

　　五十多年来，激光清洗技术作为一种新型高效的环保清洗技术，得到了飞速发展。其研究和应用已经从清除硅片掩模表面微粒和石质文物发展到多个领域。可清洗对象的种类和范围十分广泛，从无机物到有机物，从透明材料到不透明材料；可以清除的目标物有小到纳米量级的微小颗粒，以及大到船舶或飞行器的重装漆层。

　　激光清洗是把高亮度和方向性好的激光，通过光学聚焦整形系统用高能量的激光束照射物体待清洗的部位，激光器发射的光束被污染层吸收，通过光剥离、气化等过程，破坏污染物和基底之间的作用力，使污染物离开基底表面，达到清洗的目的，且不损伤基底本身。通过计算机程序对激光束的扫描过程进行控制，对清洗表面进行监测，可以实现激光清洗自动化控制，如图 1.3.1 所示。

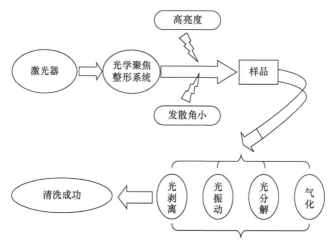

图 1.3.1　激光清洗机理图

1.3.2　激光清洗的主要作用机制

由于污染物的成分和结构复杂，激光与之作用的机制也有所不同。在污染物吸收激光后，到底产生什么样的物理化学过程，有什么清洗机制，人们提出了不同的观点。下面列举文献中提到的一些激光清洗机制。

(1) 选择性气化。连续模式或长脉冲模式(脉冲持续时间为 1 μs～1 ms)运转的某种波长的激光照射清洗对象时，如果污染物对这种激光吸收系数大，且熔点沸点较低，则会导致污染物的温度迅速达到污染物的熔点甚至沸点，污染物将会很快融化或气化，达到清洗目的。而基底对于激光吸收系数低，或者激光能量几乎全部被污染层吸收，这样基底的温度变化限制在一定的范围内，可以避免基底材料发生开裂、熔化或气化。选择性气化清洗所需的重要条件是污染物通过熔化气化从基底表面去除，且不应超过基底材料的熔化温度[8]。

(2) 光化学机制。光化学过程是一种不依赖于热效应的"冷"烧蚀机制。根据 $E = h\nu$(其中 h 是普朗克常量，ν 是频率)，光子的能量 E 依赖于它的频率。因此，高能量的紫外激光如准分子激光，能够提供足够的能量直接断裂碳氢键。当激光能量作用到这一类污染物上时，污染物的分子吸收相应的能量，分子的化学键发生振动、弯曲，甚至断裂，最终使得分子发生分解和脱离。比如，准分子激光的脉冲能量大于有机污染物中的 O—O、H—O、H—H、C—H、N—H 等化学键的键能，从而导致这些键断裂[9]。

(3) 热膨胀机制。当激光辐照在材料表面时，激光的光能主要转变成热能。由于污染物和基底材料对激光的吸收能力有所差别，各自的物理属性(热导率、杨氏模量、热膨胀系数等)也不同，基底材料和污染物发生膨胀的程度不同，膨胀到一定程度时，形成了脱离力。

(4) 热应力机制。材料吸热后会因热胀冷缩而产生形变，形成热弹性应力。当短激光辐射能量被污染物(基底)吸收，污染物(基底)材料受热产生瞬时膨胀，形成的应力超过了黏附力时，污染物则会从基底剥离[10]。

(5) 热弹性振动机制。污染物和/或基底材料受热产生瞬时膨胀，对污染物(基底)施加压力，并产生了向材料内部传播的应力波，在材料的自由表面以拉伸波的形式反射。如果这些诱导应力足够大以至于超过了材料的剪切应力，材料就可能发生物理断裂。同时，脉冲激光产生的热弹性振动使清洗对象在吸收激光后的很短时间内产生了垂直于和平行于表面的温度梯度，因而形成热应力。当这种热应力大于污染物与基底材料之间的结合力时，就会发生污染物的剥离脱落现象。由于热应力是在极短的时间内(仅 10^{-13} s)产生的，而在热应力作用下污染物脱离基底的加速度又很大(> 100 m/s^2)，所以又称为冲击力，因为力与位移满足振荡公式，又会形成振荡效应，所以又称为热弹性振动效应。将这种因为热应力效应或热弹性振动效应而实现激光清洗的机制称为热应力机制[11,12]。

(6) 逆韧致剥离或等离子体效应。使用短脉冲激光辐射污染物层时，污染物层吸收激光能量达到气化温度，在材料表面或周围气体的蒸发物质中产生高温($10^4\sim10^5$℃)，蒸气会部分电离并强烈吸收激光能量，当电离(等离子体化)的蒸气遮挡住激光并吸收激光能量时，产生等离子加热现象，这种现象称为逆韧致吸收。当目标污染物层被部分电离(等离子体)蒸气屏蔽而不受激光照射时，初始的表面气化停止。随着脉冲的持续作用，蒸气被进一步加热并产生高压(1～100 kbar[①])，产生冲击波，对目标污染物层的表面产生微观压缩。当激光脉冲结束时，等离子体膨胀远离表面，材料表面松弛，剥离了薄的污染物表面层[13]。

(7) 蒸气压力。当污染层材料蒸气以高的动量从表面向四周膨胀时，前进的材料蒸气与周围空气之间形成一个压缩空气区域，在压缩空气和环境空气界面产生冲击锋面，从而产生高压。该过程不需要在等离子体中吸收激光能量，仅仅由于蒸发物质的高动量而产生[14,15]。

(8) 光致压力。高度聚焦的激光器能够提供非常高的光子通量，对辐射表面产生不可忽略的压力，这种压力称为光致压力。改变激光参数可以实现光子压力的变化，尽管传递到照射区域的压力很小，但能够移动小的物体。该机制一般在微电子元件中亚微米颗粒的去除情况下考虑[16]。

(9) 相爆炸机制。当激光照射金属类表面的腐蚀层，尤其是疏松多孔的氧化物膜层时，对于热不稳定基底材料，激光的加热作用将使基底材料发生气化。气化物质进入膜层与基底层界面处的空洞中，当气体压强产生的脱离作用大于单位面积的黏附力时，膜层的破碎去除将会发生，使氧化物膜层发生破碎。对于热稳

---

① 1 bar=10^5 Pa。

定性基底材料，在膜层与基底之间的界面处有时会有空气等缺陷，当透射的激光能量被界面中吸附的这些气体吸收后，它们的膨胀也会在界面层产生压强，克服污染层与基底之间的黏附作用，达到去除膜层的效果。

(10) 等离子体机制。当激光照射材料表面时(激光能量密度高于 10^7 W/cm²)，热电子、部分烧蚀材料和空气电离产生等离子体。等离子体核心的高温产生了高蒸发压力。结合热应力耦合效应，蒸发压力使熔融氧化物、基材或氧化层飞溅，从而达到清洗效果[17,18]。

实际上，激光清洗的作用机制是很复杂的，而且往往在清洗过程中不是一种机制在起作用。比如光化学机制，材料吸收了激光之后，如果温度上升，使得化学键断裂，则可以认为是烧蚀机制；如果是因为产生了热应力，使得化学键断裂，则也可以认为是热弹性振动机制。又如逆韧致剥离机制，由于瞬间温度上升产生了等离子体冲击波，也可以认为是热产生的，形成了清洗力，所以归类于热应力机制也可以说得通。

可以将以上机制归为两大类：①烧蚀机制，包括选择性气化、蒸发、光化学机制等；②剥离机制，包括热弹性振动、逆韧致剥离、蒸气压力、光致压力、相爆炸等。

1.3.3　激光清洗的特点

与其他清洗方法相比，激光清洗法具有以下诸多优点[19,20]。

(1) 环境污染少。相较于化学清洗中化学药品的污染以及排放、喷砂清洗中的巨大噪声和粉尘危险，激光清洗不需要化学清洗剂，湿式激光清洗法或许需要添加一些液体，但只是水或酒精等对环境没有污染的物质。在清洗中只产生很少的废物(比如对于石灰石上黏附的厚度为 0.1 mm 的均匀黑色污染物，产生大约 100 g/m² 的废物)，几乎不会引入附加的任何杂质。不会产生大量的液体污染物，或有毒粉尘。

(2) 对人体安全。化学清洗需要酸碱等化学试剂，长时间工作在这种环境下，对人体健康会产生很大影响；喷砂清洗的巨大噪声、粉尘吸入以及高浓度粉尘可能带来的爆炸，都是巨大的安全隐患。激光清洗采用非接触式作用于被清洗物，工作时只需要普通的防护衣和面罩。

(3) 无机械接触。激光清洗以光的形式传递能量，而无需机械接触，或者说与欲清洗的物体接触的是激光。只要激光能够到达的地方，就可以实现清洗。而我们知道光可以在大气中直接传输，如果需要改变方向，可以采用柔韧度非常好的光纤进行传输，这样激光可以到达几乎所有的地方，从而可以清洗任何地方，比如较高的楼房或雕塑，人在地面上操作控制，可以使激光直接照射在欲清洗部位实现清洗。同时由于没有机械接触，激光可以清洗非常脆弱的材料表面，比如硅片和一些脆弱的文物。

(4) 可精确定位。化学清洗和喷砂清洗方法一般用来清洗较大面积的材料，如果想要清洗某个较小部位，则难度较大。激光清洗则可以很好地定位于欲清洗部位。把激光头或者把传导激光的光纤放在一个可移动的三维平台上，可以把激光束定位在欲清洗的材料表面。采用计算机控制系统，可以使得这种定位更加精确和自动化。激光的光斑面积可以根据实际情况从几十微米到几厘米间调整，可以清洗不规则或者比较隐蔽的表面。

(5) 实时控制和反馈。通过实时监测材料表面的物理参数，如反射率、表面声波等，可以对清洗过程进行实时监控，判断清洗效果，实现智能化清洗。

(6) 清洗对象的适应性。对于不同的清洗对象，如不同基底材料上的油污、氧化层、油漆等，可以通过设定激光的光斑大小、单脉冲能量、脉冲宽度、重复频率等参数有选择地清洗污染物，而不会破坏基底材料。

(7) 极小尺寸污染微粒的清除。有些污染物的尺度可能极其细微，达到微米甚至亚微米量级，吸附作用极强，如电子印刷线路板在刻蚀和喷镀工艺中的尘埃粒子。普通方法很难将这种污染物进行清除，目前已成功地采用短脉冲紫外激光器清除了物体表面尺寸在 $0.1~\mu m$ 左右的微小颗粒。

(8) 多用途和可靠性。随着激光清洗技术的成熟，几乎所有材料均可作为被清洗对象。现在，激光清洗已成功地用于清洗大理石、石灰石、砂岩、陶器、雪花石膏、熟石膏、骨头、犊皮纸和金属、半导体材料、有机物等多种材料上的不同污染物，污染物的种类包括灰尘、泥污、锈蚀、油漆、油污等，并且激光清洗方法不同于化学清洗方法(不同的材料和不同的污染物需要采用不同配方的清洁剂)，不同的污染物可用同一台激光清洗机来完成，只需适当调整激光参数即可实现。

(9) 激光清洗效率高，节省时间。采用激光清洗，可以提高效率。比如，在用激光清洗油漆时，可在 1 h 内快速脱掉厚度为 1 mm、面积为 36 m^2 的漆层，两天之内可将一架波音 737 飞机表面的漆层完全去除。又如，激光清洗外墙时，无须搭脚手架或者装吊车，这无疑会节省大量的时间和经费。

(10) 长期运行成本低。跟化学清洗方法相比较，虽然购买激光清洗系统一次性投入较高，但是由于激光清洗系统可以长期稳定使用，需要的人工少，耗电量低，考虑到环保花费，激光清洗系统的长期运行成本是较低的。

1.4 激光清洗设备

20 世纪末至 21 世纪初，美国、意大利、德国、法国、荷兰、韩国和新加坡等国家就已有成品的激光清洗设备出售。最近几年我国的激光清洗设备也陆续问世。激光清洗设备主要包括以下几个部分：激光器系统、光束整形传输系统、监测系统、控制系统以及其他辅助系统。其中，激光器系统、光束整形传输系统、控制系统是必需的。图 1.4.1 为我们实验室的一套清洗设备结构图(不包括在线监测系统)。

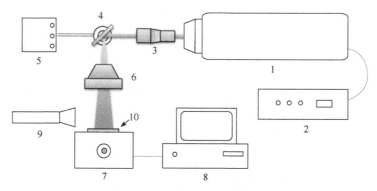

图 1.4.1　激光清洗设备结构图

1. 激光头；2. 激光电源；3. 整形扩束镜；4. 扫描振镜；5. 振镜驱动器；6. 场镜；7. 一维滑动平台；8. 滑动平台控制系统；9. 污染物负压回收装置；10. 样品

　　每个单元可以有单独的控制系统，也可以将整个清洗设备统一控制。利用激光清洗设备进行激光清洗时，可采用机械臂或光纤进行光束的传输，再通过手持柄或机械手将激光照射在样品上。手持柄通过人工操作，使用方便；机械手可以通过计算机程序进行控制，将激光照射到清洗物上，直接用软件对激光的各种参数(单脉冲能量、重复率)与操作(启动与停止清洗、紧急处理和安全控制等)予以控制，实现中远距离操作。

1.4.1　激光清洗中使用的激光器

　　激光器是激光清洗机的核心，连续或脉冲(自由运转、调 Q、锁模)运转，紫外到红外，气体、液体或固体激光器，都可作为激光清洗光源。据不完全统计，用于清洗研究的激光器有：气体激光器，如 ArF 准分子激光器(193 nm)、KrF 准分子激光器(248 nm)、XeCl 准分子激光器(308 nm)、XeF 准分子激光器(351 nm)、N_2 激光器(337 nm)、铜蒸气倍频激光器(255 nm)、CO_2 激光器(10.6 μm)等；液体激光器，如染料激光器及其倍频激光器(583 nm、292 nm 等)；固体激光器，如 Nd:YAG 及其倍频、三倍频、四倍频激光器(1064 nm、532 nm、355 nm、266 nm)、Nd:YAG 泵浦光参量振荡器(400～800 nm)、Nd:YLF 激光器及其倍频激光器(523 nm、349 nm)、钛宝石激光器及其倍频(700～1000 nm、350～500 nm)、Er:YAG 激光器(2.94 μm)，还有光纤激光器，如 Yb 光纤激光器(1 μm)和半导体激光器(650～850 nm)。

　　在激光清洗研究尤其是实际应用中，使用最广泛的激光器有 CO_2 激光器、

Nd:YAG 激光器、准分子激光器和光纤激光器。这些激光器制造技术成熟，成本相对较低，其中，调 Q 的 Nd:YAG 激光器和光纤激光器，可以用光纤传输激光，价格较低，在激光清洗设备中的占有率逐年提高。表 1.4.1 列出了几种激光器的特点。

表 1.4.1 激光器的特点[21]

激光器	CO_2 激光器	Nd:YAG 激光器	准分子激光器	光纤激光器
波长/μm	10.6	1.06	紫外	1.00～1.10
输出功率/kW	1～20	0.5～5	功率高，可选范围大	0.5～50
光束质量/(mm·mrad)	>10	50～80	差	1～20
光纤传输	不可	可以	不可	可以
体积	很大	大	很大	小
能量转换效率/%	5～15	1～3	较低	>20
维护时长/(×1000 h)	1～2	<1	<1	40～50
维护成本	高	很高	很高	极低
耗电量	适中	高	高	低

1.4.2 激光清洗机的主要构成

激光清洗机除了激光光源外，还有其他系统。

1. 光束传输与整形系统

从激光器输出的激光，需要进行传输和整形(聚焦、准直)，将激光变为达到清洗要求的光斑。激光传输主要有三种方式：自由空间直接传输，适用于距离较短的情况；通过导光臂传输，适用于所有激光器；光纤传输，一般用于 Nd:YAG 激光器和光纤激光器。

激光束的整形，包括聚焦、准直、均匀化等，聚焦用来提高单位面积的能量或峰值功率，准直是缩小发散角以减小离焦对清洗效果的影响，均匀化是将高斯光束变为能量密度更为均匀的光斑。如果单脉冲激光能量足够大，则可以采用柱面镜将光束整形为线状光斑。但是实际上为了提高清洗效率，激光清洗中多采用高重复率的声光调 Q 激光器，其单脉冲激光能量比较小，这时为了达到清洗阈值，只能将激光光斑聚焦成直径较小的圆形光斑。在清洗时使聚焦的点状激光光斑快速移动，这个功能由扫描振镜完成，通过周期三角波信号作为控制信号，使振镜小角度匀速摆动。这样，似乎就输出了线状光束。

2. 激光清洗头

激光清洗头是激光清洗机的输出终端，传输和整形后的激光，通过激光清洗头照射在清洗对象上。激光清洗头可以是手持的，也可以置于移动装置(机械手)上，通过计算机控制其移动，或固定放置而让清洗对象移动。整形和振镜扫描系统一般集成在激光清洗头内。目前常用的手持头内，一般会放置振镜和场镜，振镜进行扫描，场镜进行聚焦。激光通过传能光纤传输后进入手持头，先进行聚焦，再通过振镜扫描，形成扫描线，用于激光清洗。

3. 移动系统

在清洗过程中，激光束或者清洗样品需要相对移动，以实现整个样品的定位清洗。最基本的激光清洗设备采用手持激光清洗头，由操作人员手动进行；也已经开发了机械手和自动移动平台，移动清洗头或清洗对象。可以把激光清洗头固定在机械手上，通过机械手移动来进行清洗，也可以固定激光清洗头，通过移动清洗对象进行清洗。前者适合大型或形状不规则的清洗样品，后者适合于板状或规则表面物体的清洗。

4. 回收系统

清洗过程中，从基底材料上剥离的可能是气态或固态(粉末或碎片)，这些污染物必须回收，以避免形成二次污染(重新回到基底材料上并黏附，或者散落在大气环境中)。可以在清洗样品附近加装吸尘装置或抽气系统予以回收。要注意回收装置的密闭性，而且不能影响清洗系统。

5. 监测系统

激光清洗能否达到预想效果，需要进行监测。监测有离线和在线两种模式。离线监测指清洗完成后，通过某种方式如显微镜观测、光谱测量等方法检验清洗效果，如果满足要求，则可以按照此参数继续清洗，否则需要调整激光清洗参数；在线监测，是在清洗过程中通过声波、光谱等信号实时监测清洗效果，在线监测系统一般包括：观察窗、信号测量装置。

6. 控制系统

激光清洗过程中，控制系统是必不可少的，它是整个激光清洗装置的控制中枢，用于控制其他各部分系统的工作状态和参数，使它们协同工作来完成清洗任务，其核心部分是一台可以分析和处理各种数据信息的计算机，以及一套相应的控制软件。操作人员通过控制计算机，只需输入一些简单的控制指令，便能够达到操纵整个激光清洗过程的目的。一般来说，激光清洗设备一般具有如下控制功能：①控制整个激光清洗设备的运行；②监控各种参数，包括各部位的温度(多处的水温、激光腔的温度)、湿度、振动、通电情况等，具有完善的报警及保护装置；③通过清洗效果来控制激光输出的参数，调节清洗速度；④显示及记录设备状态，还可以具有远程通信功能，将开关机、仪器是否正常等信息传递给维护部门或生产厂家。

7. 其他系统

其他系统包括电源模块、保护模块、冷却模块等。为了安全起见，整个设备应具有断水、断电、过流、过热和漏电保护，各种保护的信号与控制模块相连。对于湿式激光清洗装备，还有液体喷洒模块，根据实际需要，在欲清洗物体上，喷洒一定量的液体。

1.4.3 激光清洗作业流程

以图 1.4.1 所示激光清洗机为例，清洗机中的主体——激光器发出的激光束经耦合装置(透镜组)进入光束传输装置(导光臂或传能光纤)，将激光束传输到清洗对象的上方，经光束整形、聚焦，利用 x-y-z 三维扫描系统与机械传动装置的 x-y 二维平动共同控制清洗光束与清洗对象之间的相对运动，进行激光清洗。图 1.4.2 为干式激光清洗装置的工作流程图，说明如下。

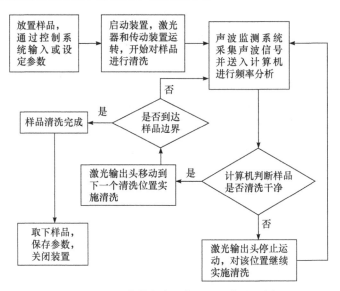

图 1.4.2　干式激光清洗装置的工作流程图

(1) 将样品置于样品固定台上,通过控制系统输入激光器的工作参数,包括脉冲能量、脉冲宽度、重复频率等,然后调整光束整形传输系统的输出头到样品的距离以决定入射激光能量密度,最后确定输出头的移动方式和移动速度。以上整个初始参数的设置过程都通过控制系统的计算机完成,对于数据库中已有记录的被清洗样品,也可以直接从中提取参数,或选择污染物与基底的种类由阈值模拟软件给出推荐值,控制系统根据推荐值调节激光器电源和传动系统来提高清洗效果。

(2) 通过计算机启动清洗装置,经过整形的线状激光束入射到被清洗样品表面,开始激光清洗,由传动系统带动激光输出头按照设定的移动方式和速度运动;同时声波监测系统会对清洗过程中产生的声波信号进行实时采集并送到控制系统计算机中,声波信号经频谱分析软件处理分析后,若判定已经达到清洗标准,则激光输出头继续移动,否则控制系统会停止传动系统的移动,直至清洗程度达到标准(值得注意的是,对于初次清洗的样品,由于控制系统的频谱分析软件中没有其特征频谱作为分析依据,因此需要先对样品进行预清洗以采集特征频谱),这样就可以实现整个样品的自动化激光清洗。

(3) 清洗作业完成后,通过计算机停止激光器与其他系统的工作,从固定台上取下样品。同时可以通过计算机将此次的样品清洗参数以及特征频谱进行记录保存进数据库以备将来调用,最后由计算机控制各部分装置进行复原和关闭。

对于简单的清洗作业,也可以直接由操作者自行控制清洗作业的整个过程,即操作者根据清洗标准和经验来决定何时继续清洗,何时停止清洗。手持式激光清洗机往往采用这种模式。

1.5　激光清洗的分类

根据不同的标准,激光清洗可以分成不同的种类。通常根据是否使用辅助材料可以分为三种类型:干式激光清洗(dry laser cleaning,DLC)、蒸气式激光清洗(steam laser cleaning,SLC)、湿式激光清洗(wet laser cleaning,WLC)。蒸气式激光清洗加液体时应控制好液体的量,以保证激光照射后,正好全部变成蒸气;而湿式激光清洗,所加的液体量不需要严格控制。在实际应用中,很难严格控制所产生蒸气的量,如果与激光脉冲的作用不能衔接好,或者蒸气的量较多,则蒸气喷洒在样品面会很快凝结为液体,所以往往无法严格区分蒸气式激光清洗和湿式激光清洗[22]。湿式激光清洗和蒸气式激光清洗有时候归于一类,因为都需要在清洗过程中加上液体,可统称为湿式激光清洗。

此外,也有人提出激光冲击波清洗,是指激光照射在清洗对象上方,使得空气或者气化后的污染物被击穿电离,产生冲击波。冲击波传到清洗对象上,使得污染物脱离基底。从是否使用辅材的角度,可以归为干式激光清洗。

干式激光清洗和湿式激光清洗的区别在于是否在被激光清洗的表面人为施加起辅助作用的湿气或液膜,两种清洗方法在清洗机制上也有所差别。

此外,我们提出了间接激光清洗法[23]。在清洗对象上方,放置一层吸收层,吸收激光,以控制作用于清洗对象上的激光能量,避免清洗基底的损伤。

1.5.1 干式激光清洗

干式激光清洗就是激光直接照射清洗对象以实现清洗。选择特定波长或能量密度的连续或脉冲激光,通过光学聚焦和光束整形进一步优化激光的方向和能量特性,使得光学特性符合要求的激光束形成具有一定光斑形状与能量分布的光束,将其照射到基底材料需要清洗的位置,污染物或基底吸收激光能量后,产生振动、熔化、燃烧、气化等一系列物理和化学过程,使得污染物与基底材料的结合被打破,污染物脱离基底材料表面,同时不损坏基底材料本身[24]。

干式激光清洗法主要适用于非透光性材料及光吸收系数大的材料。图 1.5.1 为干式激光清洗实验装置示意图。采用脉冲激光照射放置在移动平台上的材料,材料上附着的污染微粒可以被有效清除。为了彻底清除污染微粒而不至于损伤材料表面,可能需要多个脉冲。在激光脉冲照射后,被除去的粒子由于重力及空气的碰撞很可能重新返回被照射表面,因此,为了避免二次污染,使用吸附盘吸走被抛射的微粒。在实际应用中,还可以控制激光束的扫描轨迹而不是移动待清洗的材料。

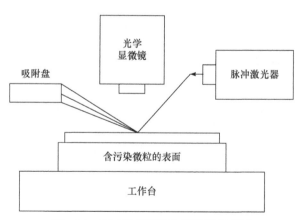

图 1.5.1 干式激光清洗实验装置示意图

1.5.2 湿式激光清洗

湿式激光清洗(WLC)是相对于干式激光清洗而言的,在激光清洗过程中,有液体的存在。在待清洗物品表面人为地覆盖厚度约为毫米量级的液膜(一般采用水、酒精等无污染不破坏材料基底的液体),然后利用脉冲激光直接辐照,随着液膜的蒸发爆裂，吸附于基底表面的污染物也随着液膜的飞溅而脱离基底表面。这种方法可以降低清洗阈值，避免干式激光清洗可能带来的清洗对象基底表面的破损。

　　湿式激光清洗技术主要用于光吸收较差的材料，液膜具有熔化或气化温度低、易于用水清洗等特点。与干式激光清洗相比较，湿式激光清洗的装置要多一层液膜发生器[25]。液膜一般是通过一个蒸气发生器均匀地喷洒在待清洗物体表面，为提高效率，喷洒液体和激光照射不是同时进行的，而是有一个很短的时间延迟，这个延迟是通过时间延迟系统实现控制的。图 1.5.2 为使用水蒸气的湿式激光清洗装置示意图。图中 He-Ne 激光器和电荷耦合器件(CCD)被用于实时监测清洗过程、显示清洗的效果并定量地测量清洗效率。

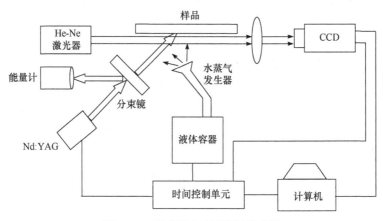

图 1.5.2　湿式激光清洗装置示意图

1.5.3　干式和湿式激光清洗的比较

　　干式激光清洗和湿式激光清洗各有优缺点。湿式激光清洗法主要靠界面处的沸腾(相爆炸)，带走黏附在基底上的污染物。可以采用更小的激光能量，更少的激光脉冲清除更小尺寸的微粒，降低清洗成本、减少对基底材料破坏的可能性，提高清洗效率，在某些特定环境下清洗效果明显优于干式激光清洗，比如在半导体晶圆表面微粒的清除方面[26]。然而，由于湿式激光清洗方式需要在被清洗的材料表面加入辅助材料(一般为液体)，因而在清洗过程中对控制工艺有了更高的要求，还要防止液膜的侵蚀和锈蚀作用，这种不足极大地限制了其应用范围。相比较而言，干式激光清洗的应用范围相对更为广泛，几乎能够应用于激光清洗的各个领域。

1.5.4　间接激光清洗

　　一般的激光清洗，激光直接作用于清洗对象上，或者作用于液膜上。有些清洗对象中，基底的激光损伤阈值较低，无论是激光直接作用于其上或者表面液膜气化后作用于其上，都很容易造成损伤，比如一些有机复合材料基底。为了改变温度场，避免清洗基底的损伤，我们课题组提出了间接激光清洗技术[23]。如图 1.5.3 所示，在清洗对象上覆盖一层缓冲吸收层，控制好厚度，激光先打在吸收层上，再入射到清洗对象上。整个样品(吸收层+清洗对象)可以浸泡在冷却液(通常为水)中，将吸收层上的热量带走，进一步调节温度场，降低温度，保证清洗样品不受损伤。由于激光不会直接作用于清洗对象，所以我们将之称为间接清洗法。

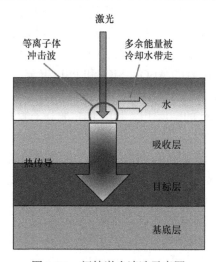

图 1.5.3 间接激光清洗示意图

1.6 激光清洗应用简介

激光清洗已经从实验研究走向实际应用，在微电子、文物、建筑物、交通工具、仪器设备、模具等方面的应用越来越多[27]。

1.6.1 微电子行业的激光清洗

微电子行业中器件失效的最大缺陷源是半导体衬底表面的微粒，如果微粒直径达到器件最小线宽的 1/10～1/3, 就会对器件造成致命性危害。微粒的来源很多，在生产过程中不可避免。比如，集成电路(IC)制造过程中，需要将成千上万个元器件封装进一个高分子材料(如塑料)中，转移模具法是最流行的技术。在模具成型过程中，会产生一些高分子材料的碎片或薄膜，如果被遗留在引脚上，就会导致很多的问题(比如导电失灵等)。

因此，在微电子制造工艺中，清洗微电路衬底表面的污染微粒和残余薄膜是至关重要的。由于微粒与基底之间的黏附力正比于微粒线度，当微粒尺寸为亚微米级时，传统清洗方法不足以克服微粒与衬底之间的黏附力。

自从 20 世纪 80 年代，德国制造技术中心(German Manufacturing Technology Center, GMTC)的 Zapka 等[28]用聚焦的氮分子激光将掩模版上的 35 nm 黄金涂层去除掉之后，集成电路的激光清洗技术的研究和应用被广泛开展，并大获成功[28-33]。清洗对象包括印制电路板(PCB)、动态随机存取存储器(DRAM)、光刻和外延生长等工艺过程的制品，清洗的颗粒材料有 S、Cu、W、SiO_2、Al_2O_3、橡胶等，形状有球形、扁平形以及无规则形状，尺寸从几十纳米到几百微米不等[24,28,31,34-38]。

聚酰亚胺薄膜是高速度、高密度电子元件多层封装薄膜内部的介电材料，用准分子激光可以清除聚酰亚胺薄膜上 Ti、Cr、W、Ni 和 Pb 等微粒污染物。脉冲 CO_2 激光清洗硅片表面附着的 Al_2O_3、SiO_2 和 PSL(聚苯乙烯乳胶)微粒的效果相当好[39,40]。利用纳秒脉冲 Nd:YAG 激光对熔融石英衬底金层进行激光清洗，可以有效清洗干净厚度为 48 nm 的金层[41]。利用 KrF 准分子激光去除硅片表面光刻胶，清洗效率接近 90%以上[42]。

随着集成电路的集成度提高，封装的要求也越来越高。在封装过程中，常有封装材料形成的毛刺或飞边，需要特定工序去除，用准分子激光进行清洗是较好的去除飞边毛刺工序(deflash)。去除飞边毛刺也可使用 1064 nm 光纤激光器来完成[43]。

光电器件的材料表面吸附了大量的氧和水分子，降低了设备的性能，从而阻碍了精确的应用。激光清洗可以去除吸附的污染物[44]。

激光清洗对基底材料的磨损和腐蚀小，环保节能，可在狭窄空间进行清洗作业，对于细小微粒清洗效果明显。可以预见，激光清洗在微电子元件清洗领域中的应用会越来越广泛。

1.6.2 交通行业的激光清洗

交通行业中，轮船、飞机、火车等交通工具以及大多数设备，一般采用金属或复合有机材料作为基底，且通常会在其表面涂覆油漆作为保护层。这些交通工具和设备使用一段时间后，油漆和基底材料表面会破损，甚至产生腐蚀。为了正常使用，确保安全，需要定期维护。比如，远洋轮船因为受到海水侵蚀，油漆剥落，产生腐蚀，每隔数年就需要将油漆和腐蚀全部清洗掉，重新涂装；飞机经过一段时间后需要将蒙皮表面的油漆清洗掉再涂装；铁轨表面的锈蚀也会影响火车的运行速度和安全，需要定期去除表面腐蚀。交通行业大量使用的传统脱漆除锈法，包括机械摩擦法、喷砂除锈法、化学试剂法，技术成熟，但是环境污染严重，现在正逐步被禁止使用。

20 世纪 80 年代美国的 Woodroffe[45]进行了激光除漆实验。俄罗斯莫斯科天体物理研究所较早报道了激光除锈[46]。此后,激光脱漆除锈技术的研究和应用迅速发展,研究人员也对激光脱漆除锈效率和效果进行了深入研究。清洗用激光器系统可采用连续激光器、脉冲激光器,脉冲激光器又包括自由运转脉冲激光器、电光调 Q 激光器、声光调 Q 激光器、光纤激光器等[47-49]。清洗时可以有其他辅助设备。例如,加入能吹入惰性气体的装置可以有效抑制激光除漆过程中可能产生的火焰[50]。

如今,激光清洗已经越来越多地被用于交通行业,下面给出几个典型应用。

1. 飞机蒙皮脱漆

飞机的蒙皮主要有铝合金材料和碳纤维增强树脂基复合材料。铝合金具有密度小、强度高、耐腐蚀等优势,是飞机蒙皮的首选材料。近年来,在飞机制造中复合材料的使用比例不断增加。

飞机蒙皮表面会涂刷油漆涂层进行保护。在飞机服役时,由于空气摩擦、光照、温度等因素,表面涂层会产生老化、龟裂、局部脱落现象,失去保护作用,且带来安全隐患。因此需要将表面破损了的油漆涂层除去,以便于检查蒙皮是否损坏和重新喷漆,避免任何疲劳事故隐患[51]。根据中国航空工业第一集团发布的报告,2023 年我国的客货运输机将接近 3000 架,如果加上军机和通用飞机,则数量更为庞大。一般情况下,每隔 5 年左右飞机蒙皮需要脱漆大修一次。飞机蒙皮的涂漆过程包括:蒙面表面预处理、涂底漆层、涂面漆层等。除漆时,需要去除底漆和面漆,蒙皮不损伤,其性能指标(如抗拉强度、屈服强度以及维氏硬度等)不降低[52,53]。目前主要采用化学清洗法,所使用的脱漆剂污染环境、损害健康、费用昂贵。比如,一架中型运输机,需要脱漆剂 2.4 吨,脱漆剂每吨约 4 万元人民币,总价接近 10 万元,此外还需要加上人工、脚手架等成本。

美国科学家用激光清洗波音系列飞机蒙皮表面的 BMS10-11 涂层后,测试表明飞机蒙皮表面和铆钉孔的摩擦磨损性能没有降低。与传统清洗方法相比,还可以减少铆钉的微动疲劳磨损,蒙皮表面略有强化,且表面残余拉伸应力增加、耐腐蚀性增强[54]。美国空军和环境安全技术认证计划(ESTCP)资助的项目中,采用了 250 W 的 TEA CO_2 以及 40 W 和 120 W 的 Nd:YAG 激光系统,对 2024 T-3 铝合金、7075 T-6 铝合金、4130 钢、蜂窝结构材料、Kevlar 纤维复合材料、碳纤维/环氧树脂复合材料以及玻璃纤维/环氧树脂复合材料等航空材料表面的各种底漆和面漆进行了激光清洗,避免了常规清洗法产生的危险化学品及固体废物。结果表明,激光去除工艺可以替代传统的飞机复合材料表面涂层清洗工艺[55]。

科技部重点研究专项"激光器工程化与清洗应用中的关键技术(2017YFB0405105)"课题中,空军航空维修学院进行了铝合金蒙皮上的油漆激光清洗。通过合理设计参数,可实现分层清除飞机蒙皮表面的纯白醇酸漆与防锈漆。激光除漆速率 2.14 m^2/h。课题组通过大量实验摸索出了激光的光斑直径、重复频率、振镜扫描频率、激光的脉冲宽度、输出能量等参数和各类飞机表面常用涂装油漆的破坏阈值与飞机蒙皮损伤阈值之间的关系,成功开发出相关工艺[56]。

　　激光清洗已经用于实际的飞机蒙皮除漆,除漆效果好、效率高。2015 年,Concurrent Technologies 公司和美国机器人工程中心合作研制了机器人激光涂层去除系统(ARLCRS),采用光纤激光器和机械手,对 C-130 运输机和 F-16 战斗机表面进行了激光除漆作业,如图 1.6.1 和图 1.6.2 所示[57,58]。

图 1.6.1　美国 C-130 运输机的激光除漆现场[57]

图 1.6.2　ARLCRS 对 F-16 战斗机进行激光除漆[58]

　　2018 年,荷兰 LR Systems 公司研发了适用于大型飞机整机除漆的激光除漆机器人,采用 20 kW 的 CO_2 激光器,结合自动控制系统,能精确清除金属和复合材料基体上的各种颜色漆层[59]。2021 年,荷兰 XYREC 公司利用所研发的激光脱漆设备,对 B727 客机进行了脱漆,脱漆速率为 44 m^2/h,过程中蒙皮的温度维持在 80℃以内[60]。美国 General Laser Tronics 公司开发的 Nd:YAG 激光除漆系统,实现了对 CH-53 和 H-60 型直升机的自动除漆,比传统手工除漆方法节省了 90%

的时间。该公司目前正在研发新型 400 kW 级别的 Nd:YAG 激光除漆系统,将用于 V-22 鱼鹰和 H-60 黑鹰型直升机的整机除漆[61]。

2. 船舶清洗

造船时,需要使用的钢板都有浮锈甚至比较严重的腐蚀,需要进行清洗处理。船舶运行一段时间后,外表的油漆会老化或剥落,船体会腐蚀,在维修时需要进行清洗。

研究表明,激光清洗船舶钢板的油漆和腐蚀后,钢板符合造船行业的要求,船体表面的除锈等级达到了国际标准化组织(ISO)表面处理标准[62,63]。2017 年,中船重工第七一六研究所研制了一台船舶用激光清洗机[64],激光平均功率 2000 W、采用机器人控制,可在舷侧外壁上平稳运行,如图 1.6.3 所示。该激光清洗机已用于武昌船舶公司,进行船体除锈,除锈速率可达 180 m²/h,清洗后钢板表面满足防护涂料的性能标准(performance standard of protective coatings,PSPC)的质量要求,且除锈过程中无粉尘排放[64]。美国 Adapt Laser 公司研制的激光清洗机 CL600,采用 600 W 半导体泵浦固态激光器,可使用手持与自动清洗模式。2021 年已获得批准投入海军使用,用于清洗军舰表面的油漆和腐蚀[65]。

图 1.6.3 激光清洗爬壁机器人[63]

船舶长期航行于水中,水面以下的船体会吸附一些生物,尤其是海水中,船体上会聚集大量贝壳、浮游生物等,增大航行阻力,腐蚀船体。科学家们已经尝试采用激光水下清洗方式来去除这些附着物[66]。

3. 轨道及车辆清洗

铁轨的腐蚀是常见现象,如果腐蚀严重,会降低列车运行速度,如不及时清洗,任由腐蚀加重,还会带来安全隐患。科技部重点研究专项"激光器工程化与清洗应用中的关键技术(2017YFB0405105)"课题组对 60 钢轨上的腐蚀进行了激光清洗，除锈速率可达 8 根/h[56]。图 1.6.4 为激光清洗前后对比图。用激光清洗污染轨道，可使钢轨与车轮之间的摩擦系数增加 30%[67]。

图 1.6.4　激光清洗铁轨

轨道车辆大量使用了铝合金，在使用前需要去除表面的油污及氧化膜。采用激光清洗，不仅可以清洗干净，而且能够增强表面硬度，提高表面粗糙度，有利于后续使用[68-70]。2020 年，中车青岛四方机车车辆股份有限公司开发了铝合金车体部件自动化清洗机设备，通过焊接机器人，实现了激光清洗-焊接一体化，如图 1.6.5 所示，并已在高速磁悬浮列车项目中实现了工程化应用。

图 1.6.5　激光清洗复合焊接全自动机器人[75]

激光脱漆还被用于轨道交通车辆的车轮。2021 年，中铁第一勘察设计院集团有限公司基于机器视觉位技术，研发了一种轮对自动化激光清洗系统，实现了智能化、感知化应用[71]。2022 年，杭州地铁对地铁轮对开展了复合激光清洗工艺研究[72]。

1.6.3　激光清洗模具

模具是工业生产中广泛使用的必不可少的机械设备。比如生产汽车轮胎、塑料玩具、鞋底时，都需要使用模具。模具在使用一段时间后，会沾上橡胶、塑料等污染物，影响产品质量。这些污染物的主要成分有硫化物、无机氧化物、硅油、炭黑，对模具会产生腐蚀作用，影响模具使用寿命。因此，每隔一段时间，就必须进行模具清洗，以保证其表面的洁净度，从而保证产品质量以及延长模具使用寿命[73,74]。

机械清洗法、化学清洗法和干冰清洗法是模具清洗中的常用方法。但是，这些方法要么效率低，要么污染大，要么对模具有腐蚀作用，要么容易对模具造成机械损伤，还容易堵塞住模具的排气孔[75]。

激光清洗模具，是近年来发展起来的一种新型清洗技术，实现在线清洗作业，效率高，且对模具无损，成本低，对操作者有安全保证，污染小[76]。很多模具还有微小的排气孔，这些排气孔分布在模具的胎面区，利用激光清洗可清洗到几毫米的深度[77-79]。轮胎模具清洗效果与激光波长、能量密度等参数有关[80-82]。

以汽车轮胎模具为例。每隔数周就需要清洗一次，目前常用的方法是将模具拆卸下来，采用化学药水浸泡或喷砂或干冰清洗，拆卸和安装模具耗时长、清洗费用高、噪声大、污染严重，还影响到模具的表面质量。激光清洗可以在线进行，清洗一套模具仅需 45～90 min(包括装卸和清洗模具两侧的零件)。日生产 20000 条轮胎的工厂，轮胎模具平均每天需要清洗一次。采用常规喷砂或化学清洗，大约需要 15 h 的作业时间和 10 h 的停机时间；而如果采用激光清洗，则只需要 0.3 h 的作业时间和 3 h 的停机时间[83]。

目前，德国 4JET 公司等生产激光清洗设备的公司[84]已经出品了专门用于汽车轮胎模具清洗的激光清洗机，与移动系统结合，使用方便，速度快，不会对金属模具表面产生任何使其表面结构破坏的机械、热和化学作用，可保证模具表面完好如初。

1.6.4 激光清洗文物

文物是人类在社会活动中遗留下来的具有历史、艺术、科学价值的遗物和遗迹[85]，是人类社会不可再生的宝贵财富。通过对文物的保护和研究，可以了解人类社会的发展历史。

由于气候变化、阳光辐射、空气污染等环境因素，以及保护条件不善导致的虫害蛀蚀、霉菌繁殖等，很多文物已经或正在被逐渐腐蚀和污损。对文物进行修复和保护，是文物研究中的一项非常重要的工作。文物修复和保护工作需要对文物表面的各种污垢进行清洗，使之尽可能地恢复原有形貌。而文物种类很多，文物的污染情况又各有不同。文物的基底有硬基底和软基底，前者包括石材、金属、玻璃、木头等，这类材料相对而言不容易损伤，后者包括布(丝绸)、纸(羊皮纸)等，这类材料很容易损伤，且难以采用化学试剂去清洗；文物的污染物包括油污、泥污、油漆、腐蚀等。

目前常用的文物清洗方法主要有：刮、擦、刷、超声波等物理方法，以及化学试剂擦拭等化学方法。这些清洗方法对文物都有一定的损伤。而有些文物，如丝绸、纸张等，甚至于无法使用这些方法进行清洗。

1973 年，Asmus 课题组报道了采用激光对文物进行的保护性清洗工作[5]。此后，他们对大理石材料制成的石雕像、达·芬奇壁画等文物进行了激光清洗，证实了激光清洗文物是文物修复和保护的一个非常重要的手段，是完全可行的[86-89]。

2003 年，美国的 Teule 等[90]制造了专门针对艺术品的可控激光清洗机。该清洗机以 KrF 准分子激光器为光源，通过导光臂将激光传输到待清洗的艺术品，用电机控制水平和垂直方向的移动，在艺术品的清洗上获得了成功。英国的 Cooper[91]对激光清洗文物的理论和实验进行了深入研究，并开发出了激光清洗机，对英国的大量文物进行了清洗研究和实践。在欧洲的其他国家如德国、意大利、法国、希腊等，激光清洗技术已经较多地应用于文物保护中，并取得了很好的效果。

1. 激光清洗油画

油画是用快干性的稀释剂(一般为植物油，如亚麻仁油、罂粟油、核桃油等)与颜料调和后，在画布、纸板、木板、石材等基底材料上进行绘制而成。画作完成后，稀释剂很快挥发，而颜料将附着在基底材料上，且有较强的硬度，当画面干燥后，能长期保持光泽。对于完全干透的油画，往往会再涂上一层厚度为 50～100 μm 的清漆，使得油画产生一层均匀的光泽，同时还起到保护油画的作用。随着时间的推移，由于光照、潮湿、干燥、温度变化等，清漆会老化，影响视觉效果，且起不到保护作用。这时需要将这层清漆去除，重新涂上新的清漆。采用传统机械或化学方法清洗老化油漆，效率极低，还可能会破坏底层材料。

激光清洗油画已成功获得实际应用。清洗时，油画表面的污染物(老化清漆层)吸收光能，产生一系列物理化学变化，包括吸热膨胀导致的光剥离和化学键断裂引起的光分解，最后从绘画表面脱落[92,93]。激光波长、脉冲宽度、油漆成分等影响了激光清洗效果[94,95]。图 1.6.6 为希腊雅典国家美术馆佛兰芒画派的油画，在激光清洗清漆层之前和之后的照片[96]。

很多画作或书法作品的载体是纸。纸为植物纤维造物，质软，长期存放中所产生的污染物主要有霉菌、灰尘。机械法、化学法对于纸张上的污染物的清洗，基本无能为力。霉菌与纸张之间的相互作用，主要为微生物分子间的化学键，激光清洗可通过光分解效应破坏或削弱其结合键，实现霉菌剥离，达到清洗的目的；或者通过热效应，短时间内使温度迅速上升，达到霉菌熔点或气点以上，导致霉菌瞬间受热燃烧，发生气化挥发来实现清洗[97]。

(a)   (b)

图 1.6.6 激光清洗希腊雅典国家美术馆佛兰芒画派的油画清漆层
(a) 清洗前；(b) 清洗后

2. 激光清洗石材文物

石材类的文物数量很多，如用各类石头制成的石雕、建筑物等。在大气环境中的石材文物，飘落其上的灰尘和大气中的 SO_2、NO 等化学物质，会和石材发生化学反应，产生黑色硬壳，积聚在石材文物表面。这些硬壳改变了文物原貌，影响了文物外表的美观，而且会加速石材文物的风化，缩短其寿命。石材基底相对坚硬，可用高压水或机械摩擦物理方法清洗，不过对于一些年代久远的风化了的文物，容易损坏。而且，机械法清洗对一些雕刻细密之处也不易清洗干净，或者容易损坏细节。石材文物表面的硬壳成分复杂，物化性质不同，化学清洗法往往难以奏效，而且，化学试剂浸透到石材里，会有不可预知的长远影响，会腐蚀石材文物的内部结构。

在硬壳清除过程的不同阶段，激光清除机制主要有光分解机制、爆炸气化和冲击波机制[98]。激光清洗中，激光波长、激光能量、激光脉宽对清洗石质文物有不同的影响[5,86,88,99-101]，参数不合适会引起泛黄效应。

激光清洗或者激光辅助清洗(与水洗、化学试剂清洗等方法相互辅助)石材文物上的硬壳已经在现实中得到了大量应用。在欧洲，激光清洗工程已用于很多建筑物的清洗：法国的亚眠(Amiens)大教堂、奥地利的圣斯特凡(Stephan Sdom)大教堂、波兰的无名烈士墓、荷兰的鹿特丹(Rotterdam)市政大厅、丹麦的腓特烈(Frederiks)教堂、意大利的玛德莱娜(Maddalena)大教堂、著名的伦敦威斯敏斯特(Westminster)教堂、德国科隆大教堂等[102-104]。

图 1.6.7(a)显示的是一个沾染上煤烟的石膏浮雕，其右半面污染物通过激光清洗，去除了煤烟颗粒；图 1.6.7(b)显示的是某个教堂外墙上的石雕(石雕右边已经

被激光清洗，而左边是污染的原貌)[105]。

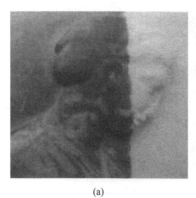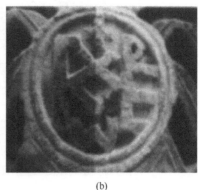

(a)　　　　　　　　　　　　(b)

图 1.6.7　浮雕激光清洗对比

(a) 石膏浮雕；(b) 教堂外墙石雕

3. 激光清洗金属类(青铜)文物

金属类文物，如青铜器、铁器、金器、银器、钱币，历史悠久，留存较多[106]。金属文物埋于地下后，水汽、土壤、腐烂动植物等自然环境会使得其或多或少地产生腐蚀，且大多比较严重。出土后因接触阳光和大气，又会进一步被腐蚀。要是未能及时清洗修复，就会导致金属文物彻底损坏。机械法、化学试剂法、超声波法等传统清洗法存在残留和造成器物表面划伤的风险。

激光清洗则提供了一种新的金属类文物清洗方法[107]。图 1.6.8 为河北省文物保护中心的一尊青铜鎏金像，其右侧身体部位被绿色锈蚀覆盖，左侧身体、头部、

(a)　　　　　　　　　　　(b)

图 1.6.8　青铜鎏金文物激光清洗前(a)后(b)对比照片(扫描封底二维码可见彩图)

脸部等大部分区域都被红色的锈蚀所覆盖，经激光清洗后，红色的厚层锈蚀被清洗掉，鎏金层露出，散发出鎏金原有的光泽，面部及周身线条轮廓变清晰。通过三维视频显微镜观察，整个鎏金像无腐蚀残留，无新的划伤，原工艺痕迹被保留[108]。

陶器是人类进化过程中具有划时代意义的伟大发明，是人类文明发展的重要标志。出土的陶器和其他文物一样，也因为长期埋于地下而受到水分、土壤、腐烂的动植物的侵蚀，有很多污垢；后期的陶器，多有彩绘线条和图案，更需要通过清洗，使这些线条图案显现和保存下来。图 1.6.9 为汉彩绘陶女立俑激光清洗后的图片[109]。

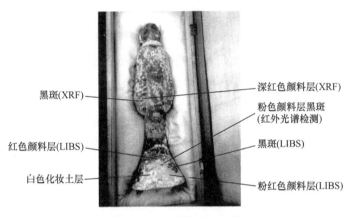

黑斑(XRF)
深红色颜料层(XRF)
粉色颜料层黑斑(红外光谱检测)
红色颜料层(LIBS)
黑斑(LIBS)
白色化妆土层
粉红色颜料层(LIBS)

图 1.6.9 汉彩绘陶女立俑

在国际上，激光文物清洗与保护技术已经在博物馆文物以及建筑物的清洗和保护方面得到广泛的应用，拥有较为成熟的技术。我国历史悠久，文物众多，激光清洗文物工作才刚刚起步，相信未来激光在文物清洗中将获得越来越多的应用。

1.6.5 激光清洗在其他方面的应用

1. 激光清洗油污

在生活和生产中，油污随处可见。工业设备的各种零部件都需要使用润滑油、机油等，周围环境中的灰尘掺入、环境中化学物与机器用油的反应，会导致油污的产生，影响了设备和元器件的使用。饭店和家庭的厨房中不可避免地存在油污。清洗油污，可以减少设备磨损，降低事故发生率，提升生产效率，保证产品质量，延长设备使用寿命，去除细菌滋生，保障身体健康[110]。

油污属于软凝聚态物质。用激光清洗油污，其主要机理是利用激光的热效应使油污蒸发、气化，从而脱离基底表面。连续和脉冲激光都可用于清洗油污，常用光源主要有 CO_2 和 Nd:YAG 激光器[111,112]。

2. 光学镜片表面的激光清洗

制造和使用光学元件时，表面会吸附微粒(金刚石研磨微粒、SiO_2 软质微粒以及一些灰尘微粒等)或油脂，影响光学器件性能。采用酒精或丙酮等易挥发液体擦拭是常用方法，但是效果一般；采用超声波清洗和离子轰击，清洗后的表面仍残留有极微小的污染微粒。激光清洗光学元件是新开发的一种行之有效的方法[113,114]。

3. 建筑物的激光清洗

建筑物，包括房屋、纪念碑、纪念塔、公交站牌等，长期暴露于自然环境中，风吹雨打，再加上人为涂鸦，表面会沾染上各种污染物，影响了美观和寿命。常用的化学法和机械法清洗对建筑物表面有可能产生破坏；对于高楼，需要通过搭脚手架或者通过"蜘蛛人"操作，成本较高，有安全隐患。激光清洗提供了一种不污染环境、不破坏表面、能精确清洗表面污染物的方法[115,116]。墙砖和地板瓷砖之间，需要用环氧瓷砖填缝料填上，以保持美观。但是，填缝料也容易被污染。采用机械刮擦、研磨等方法去除填缝料，会引起瓷砖的损坏、产生噪声和有毒的灰尘等。采用激光清洗可以取得很好的效果[117]。

4. 核电站的激光清洗

核电站的建设和使用越来越多，使用一段时间后，其设备会有污染，需要进行清洗。但是由于辐射问题，在设备内部使用机械和化学清洗极为困难。激光清洗具有无接触和远程可控的特点，采用光导纤维，将高功率激光束引入反应堆内部，直接清除放射性粉尘，可以确保工作人员的安全。比如，托卡马克装置中沉积的钴的激光清洗[118]，被核污染物污染的金属或聚合物表面的激光清洗[119]。据报道，美国能源部(DOE)使用高功率激光来净化核设施[120]。法国法马通(Framatome)公司开发了用于核设施蒸汽发生器净化的激光设备[121]。Costes 等用 Lexdin 原型机(XeCl 激光)进行核装置的表面氧化层的去除[122]。Lacour 等和 Delaporte 等对法国原子能委员会(CEA)的核设施进行了激光清洗实验[123,124]。

5. 宇宙空间的小尺寸垃圾的激光清洗

近地球空间垃圾的数量在不断增长，尤其是小颗粒(尺寸小于 10 cm)太空垃圾数量庞大，而且观察不到，对宇宙飞行和卫星来说极为危险，轻则会导致舷窗和科学仪器物镜的光学性质受到破坏，重则可能与宇航员的密封宇航服或宇宙飞船碰撞导致悲剧性结局[125]。

通过激光的远距离作用，清洗太空中的小尺寸垃圾，或许是一种较为实际且可行的科学方案。目前科学家们已经在着手制定方案，进行相关研究。可通过激光烧蚀形成剥蚀喷流，在太空垃圾表面产生较大的反作用反冲量，推到较低轨道上，并在上层大气中烧掉，从而使得宇宙空间的小尺寸垃圾得到清除。

激光清洗还可应用在很多方面，如清洗光盘、压气机叶片、网纹辊、弹壳、雷达组件等[126-129]。

与传统清洗技术相比较，激光清洗刚刚起步，近年来已经越来越多地在工业中得到应用。随着进一步的科学研究和工业实践，激光清洗由于节能、绿色环保、可远程操控、安全可靠等优点，会在更多的领域得到越来越广泛的应用。

参 考 文 献

[1] 宋峰, 林学春. 激光清洗技术与应用[M]. 北京: 清华大学出版社, 2021.

[2] 梁治齐, 张宝旭. 清洗技术[M]. 北京: 中国轻工业出版社, 1998.

[3] 丰云. 化学清洗技术及应用实例[M]. 北京: 化学工业出版社, 2018.

[4] Bedair S M, Smith H P. Atomically clean surfaces by pulsed laser bombardment[J]. Journal of Applied Physics, 1969, 40(12): 4776-4781.

[5] Asmus J F, Murphy C G, Munk W H. Studies on the interaction of laser radiation with art artifacts[C]. Developments in laser Technology II, R. F. Weurker ed., Proc. SPIE, 1973, 41: 19-30.

[6] Beklemyshev V I, Makarov V V, Makhonin I I, et al. Photodesorption of metal ions in a semiconductor-water system[J]. JETP Letters, 1987, 46(7): 347-350.

[7] Zapka W, Asch K, Keyser J, et al. Removal of particles from solid-state surfaces by laser bombardement: EP0297506A2[P]. 1989-01-04.

[8] Watkins K G, Chen X, Fujioka T, et al. Mechanisms of laser cleaning[C]. Proceedings of SPIE-The International Society for Optical Engineering, 2000, 3888: 165-174.

[9] Georgiou S, Zafiropulos V, Anglos D, et al. Excimer laser restoration of painted artworks: procedures, mechanisms and effects[J]. Applied Surface Science, 1998, 129: 738-745.

[10] Zou W F, Xie Y M, Xiao X, et al. Application of thermal stress model to paint removal by Q-switched Nd:YAG laser[J]. Chinese Physics B, 2014, 23(7): 074205.

[11] Savastru D, Savastru R, Lancranjan I, et al. Numerical analysis of laser paint removal from various substrates[C]. Romopto International Conference on Micro-to Nano-photonics III, Proc. SPIE, 2013, 8882.

[12] Lu Y F, Song W D, Ang B W, et al. A theoretical model for laser removal of particles from solid surface[J]. Applied Physics A, 1997, 65(1): 9-13.

[13] 高辽远. 纳秒脉冲激光清洗铝合金表面漆层数值模拟与实验研究[D]. 镇江: 江苏大学, 2019.

[14] Aden M, Beyer E, Herziger G. Laser-induced vaporisation of metal as a Riemann Problem[J]. Journal of Physics D: Applied Physics, 1990, 23: 655-661.

[15] Knight C. Theoretical modeling of rapid surface vaporization with back-pressure[J]. AIAA, 1979, 17(5): 519-523.

[16] Steen W M, Mazumder J. Laser Material Processing[M]. London: Springer-Verlag, 2010.

[17] Yanishevsky M, Merati A, Bombardier Y. Effect of atmospheric plasma paint removal on the fatigue performance of 2024-T3 aluminium alloy sheet[J]. Journal of Minerals and Materials Characterization and Engineering, 2018, 6(1): 15-24.

[18] Zhang G, Hua X, Huang Y, et al. Investigation on mechanism of oxide removal and plasma behavior during laser cleaning on aluminum alloy[J]. Applied Surface Science, 2020, 506: 144666.

[19] Li X K, Zhang Q H, Zhou X Z, et al. The influence of nanosecond laser pulse energy density for paint removal[J]. Optik, 2017, 156: 841-846.

[20] Zhao H, Qiao Y, Zhang Q, et al. Study on characteristics and mechanism of pulsed laser cleaning of polyacrylate resin coating on aluminum alloy substrates[J]. Applied Optics, 2020, 59(23): 7053-7065.

[21] 邵丹, 胡兵, 郑启光. 激光先进制造技术与设备集成[M]. 北京: 科学出版社, 2009.

[22] Zhao H H, Qiao Y L, Du X, et al. Laser cleaning performance and mechanism in stripping of Polyacrylate resin paint[J]. Applied Physics A, 2020, 126: 360.

[23] 刘汉雄. 碳纤维复合材料间接激光清洗技术的研究[D]. 天津: 南开大学, 2023.

[24] Tam A C, Leung W P, Zapka W, et al. Laser-cleaning technology for removal of surface particulates[J]. Journal of Applied Physics, 1992, 71(7): 3515-3523.

[25] Tam A C, Park H K, Grigoropoulos C P. Laser cleaning of surface contaminants[J]. Applied Surface Science, 1998, 127: 721-725.

[26] Zapka W, Ziemlich W, Leung W P, et al. Laser cleaning: laser-induced removal of particles from surfaces[J]. Advanced Materials for Optics & Electronics, 1993, 20(1-2): 63-70.

[27] 宋峰, 陈铭军, 陈昛, 等. 激光清洗研究综述(特邀). 红外与激光工程, 2023, 52(2): 20-41.

[28] Zapka W, Ziemlich W, Tam A C. Efficient pulsed laser removal of 0.2 μm sized particles from a solid surface[J]. Applied Physics Letters, 1991, 58(20): 2217-2219.

[29] Tam A C, Do N, Klees L, et al. Explosion of a liquid film in contact with a pulse-heated solid surface detected by the probe-beam deflection method[J]. Optics Letters, 1992, 17(24): 1809-1811.

[30] Kelley J D, Hovis F E. A thermal detachment mechanism for particle removal from surfaces by pulsed laser irradiation[J]. Microelectronic Engineering, 1993, 20(1-2): 159-170.

[31] Lu Y F, Song W D, Low T S. Laser cleaning of micro-particles from a solid surface-theory and applications[J]. Materials Chemistry and Physics, 1998, 54(1-3): 181-185.

[32] Mosbacher M, Chaoui N, Siegel J, et al. A comparison of ns and ps steam laser cleaning of Si surfaces[J]. Applied Physics A, 1999, 69(1): S331-S334.

[33] Feng Y, Liu Z, Vilar R,et al. Laser surface cleaning of organic contaminants[J]. Applied Surface Science, 1999, 150(1-4): 131-136.

[34] Leiderer P, Boneberg J, Dobler V, et al. Laser-induced particles removal from silicon wafers[C]. High-Power Laser AblationⅢ, Proc. SPIE, 2000, 4065: 249-259.

[35] 陈菊芳, 张永康, 孔德军, 等. 短脉冲激光清洗细微颗粒的研究进展[J]. 激光技术, 2007, 31(3): 301-305.

[36] Assendel'ft E Y, Beklemyshev V I, Makhonin I I, et al. Optoacoustic effect on the desorption of microscopic particles from a solid surface into a liquid[J]. Technical Physics Letters, 1988,

14(6): 444-445.

[37] Wu X, Sacher E, Meunier M M. The modeling of excimer laser particle removal from hydrophilic silicon surfaces[J]. Journal of Applied Physics, 2000, 87(8): 3618-3627.

[38] Grojo D, Delaporte P, Sentis M, et al. The so-called dry laser cleaning governed by humidity at the nanometer scale[J]. Applied Physics Letters, 2008, 92(3): 033108.

[39] 张魁武. 激光清洗技术评述[J]. 应用激光, 2002, 22(2): 264-268.

[40] 陈东升. 激光与聚合物的相互作用(III)银选择性活化学镀在聚酰亚胺薄膜上制作精细线路[D]. 上海: 上海交通大学, 2006.

[41] Singh A, Choubey A, Modi M H, et al. Cleaning of carbon layer from the gold films using a pulsed Nd:YAG laser[J]. Applied Surface Science, 2013, 283: 612-616.

[42] Baek J Y, Jeong H, Lee M H, et al. Contact angle evaluation for laser cleaning efficiency[J]. Electronics Letters, 2009, 45(11): 553-554.

[43] 王晓华, 吴忠其, 李毛惠等. 激光去飞边机的视觉定位与激光扫描光路同轴装置: CN201632772U[P]. 2010-11-17.

[44] Zhang S N, Li R J, Yao Z X, et al. Laser annealing towards high-performance monolayer MoS_2 and WSe_2 field effect transistors[J]. Nanotechnology, 2020, 31(30): 30LT02.

[45] Woodroffe J A. Laser removal of poor thermally-conductive materials: US4756765A[P]. 1988-07-12.

[46] 郑奕财. 用激光除锈[J]. 校园文苑, 2002, 16: 41.

[47] 田彬, 邹万芳, 何真, 等. 脉冲 Nd:YAG 激光除漆实验[J]. 清洗世界, 2007, 23(10): 2-5.

[48] 罗红心, 程兆谷. 大功率连续 CO_2 激光器用于飞机激光去漆[J]. 激光杂志, 2002, 23(6): 52-53.

[49] 朱伟, 孟宪伟, 戴忠晨, 等. 铝合金平板表面激光除漆工艺[J]. 电焊机, 2015, 45(11): 126-128.

[50] Kuang Z, Guo W, Li J N, et al. Nanosecond fibre laser paint stripping with suppression of flames and sparks[J]. Journal of Materials Processing Technology, 2019, 266: 474-483.

[51] 蒋一岚, 叶亚云, 周国瑞, 等. 飞机蒙皮的激光除漆技术研究[J]. 红外与激光工程, 2018, 47(12): 29-35.

[52] 周礼君. 树脂基复合材料表面涂层激光清洗应用技术研究[D]. 南昌:南昌航空大学, 2017.

[53] Tsunemi A, Endo A, Ichishima D. Paint removal from aluminum and composite substrate of aircraft by laser ablation using TEA CO_2 lasers[C]. Conference on High-Power Laser Ablation, Proc. SPIE, SANTA FE, NM, 1998, 3343: 1018-1022.

[54] Iwahori Y, Hasegawa T, Nakane K. Experimental Evaluation for CFRP Strength after Various Paint Stripping Methods[J]. Aeronautical and Space Sciences Japan, 2007, 55(644): 235-240.

[55] Klingenberg M L, Naguy D A, Naguy T A, et al. Transitioning laser technology to support air force depot transformation needs[J]. Surface & Coating Technology, 2007, 202(1): 45-57.

[56] 刘丽飒, 林学春, 宋峰. 激光器工程化与清洗应用中的技术突破(特邀)[J]. 红外与激光工程, 2023, 52(2): 19-23.

[57] 宣善勇. 飞机复合材料部件表面激光除漆技术研究进展[J]. 航空维修与工程, 2016, 8: 15-18.

[58] 佟艳群, 马健, 上官剑锋, 等. 航空航天材料的激光清洗技术研究进展[J]. 航空制造技术, 2022, 65(11): 48-56, 69.

[59] Schlett J. Laser paint removal takes off in aerospace [EB/OL]. (2016-11-18). https://www.photonics.com/a61353/Laser_Paint_Removal_Takes_Off_in_Aerospace.

[60] XYREC proofs speed of paint stripping is commercially viable[EB/OL]. (2021-07-29). https://www. xyrec.com/xyrec-proofs-speed-of-paint-stripping-is-commercially-viable/.

[61] Liu ZM, Cheng J, Li Z W, et al. Removal of composite coating from 2024 aluminum alloy surface by CO_2 laser cleaning[J]. Electroplating & Finishing, 2021, 40(12): 974-979.

[62] Chen G X, Kwee T J, Tan K P, et al. High-power fiber laser cleaning for green shipbuilding[J]. Journal of Laser Micro/Nanoengineering, 2012, 7(3): 249-253.

[63] 雷正龙, 孙浩然, 陈彦宾, 等. 不同激光清洗方法对高强钢表面锈蚀层的去除研究[J]. 中国激光, 2019, 46(7): 78-83.

[64] 现代快报全媒体. 七一六所除锈爬壁机器人成功应用[EB/OL]. (2017-05-04). https://www. imarine.cn/news/623319.html.

[65] Gan J H. U. S. Navy MRO center tests laser cleaning tech for aircraft components[J]. Aviation Maintenance & Engineering, 2021, (5): 18.

[66] Zimbelmann S, Emde B, von Waldegge T H, et al. Interaction between laser radiation and biofouling for ship hull cleaning[J]. Procedia CIRP, 2022, 111: 705-710.

[67] Veiko V P, Vartanyan T A, Maznev A S, et al. Laser rail cleaning for friction coefficient increase[C]. Proc. SPIE, Conference on Fundamentals of Laser-Assisted Micro-and Nanotechnologies, St Petersburg, RUSSIA, 2010, 7996: 1311-1314.

[68] 董世运, 宋超群, 闫世兴, 等. 激光清洗预处理对7A52铝合金激光焊缝成形质量的影响[J]. 装甲兵工程学院学报, 2017, 31(4): 100-105.

[69] 牛富杰, 齐先胜. 激光清洗技术在动车组检修中的应用研究[J]. 中国高新科技, 2017, 1(11): 75-77.

[70] 韩晓辉, 齐先胜. 轨道客车高效优质激光清洗技术的工程应用与前景展望[J]. 金属加工(热加工), 2020, (3): 11-14.

[71] 史时喜. 基于机器人技术的地铁车辆轮对自动化清洗系统研究[J]. 机械设计与制造工程, 2021, 50(4): 31-34.

[72] 叶冰. 基于复合激光的地铁轮对自动化除漆方法研究[J]. 应用激光, 2022, 42(6): 125-131.

[73] Kochan A. In-press mould cleaning in the tyre industry[J]. Industrial Robot, 2001, 28(2): 112-113.

[74] 谢立. 橡胶模具的清洗技术及其发展[J]. 橡塑技术与装备, 2001, 27: 18-22.

[75] 王超群. 激光和干冰清洗轮胎模具技术与应用[J]. 轮胎工业, 2018, 38(10): 579-582.

[76] 林乔, 石敏球, 张欣, 等. 激光清洗及其应用进展[J]. 广州化工, 2010, 38(6): 23-25.

[77] Jia X S, Zhang Y D, Chen Y Q, et al. Laser cleaning of slots of chrome-plated die[J]. Optics and Laser Technology, 2019, 119: 105659.

[78] 陈庆湘, 林莉. 无胶须轮胎模具的发展[J]. 轮胎工业, 2015, 35: 136-140.

[79] 周桂莲, 孙海迎, 汪传生. 橡胶模具激光清洗的工艺研究[J]. 特种橡胶制品, 2008, 29(6): 34-36, 44.

[80] 张自豪, 余晓畅, 王英, 等. 脉冲 YAG 激光清洗轮胎模具的实验研究[J]. 激光技术, 2018, 42(1): 131-134.

[81] 王泽敏, 曾晓雁, 黄维玲. 激光清洗轮胎模具表面橡胶层的机理与工艺研究[J]. 中国激光, 2000, 27(11): 1050-1054.

[82] Ye Y Y, Jia B S, Chen J, et al. Laser cleaning of the contaminations on the surface of tire mould [J]. International Journal of Modern Physics B, 2017, 31(16-19): 9-13.

[83] 胡萍. 模具激光清洗技术[J]. 橡塑技术与装备, 2001, 11: 30-32.

[84] 邹涛, 杨和逸, 仇连波. 活络模激光清洗技术的开发应用及发展方向[J]. 橡塑技术与装备, 2023, 49(3): 5-13.

[85] 李晓东. 文物学[M]. 北京: 学苑出版社, 2005.

[86] Asmus J F, Westlake D L, Newton H T. Laser technique for the divestment of a lost Leonardo da Vinci mural[J]. Journal of Vacuum Science & Technology, 1975, 26(4-5): 1352-1355.

[87] Asmus J F. The development of a laser statue cleaner[C]. 2nd International Symposium on the Deterioration of Building Stones, National Technical University of Athens, Athens, 1976:137-141.

[88] Asmus J F, Seracini M, Zetler M J. Surface morphology of laser-cleaned stone[J]. Lithoclastia, 1976, 1: 23-46.

[89] Asmus J F. Light cleaning: laser technology for surface preparation in the arts[J]. Technology and Conservation, 1978, 3(3): 14-18.

[90] Teule R, Scholten H, Vandenbrink O F, et al. Controlled UV laser cleaning of painted artworks: a systematic effect study on egg tempera paint samples[J]. Journal of Cultural Heritage, 2003, 4: 209-215.

[91] Cooper M. Lasers in the preservation of cultural heritage: principles and applications[J]. Physics Today, 2007, 60(12): 58.

[92] Gaetani C, Santamaria U, The laser cleaning of wall paintings[J]. Journal of Cultural Heritage, 2000, 1: S199-S207.

[93] Athanassiou A, Lassithiotaki M, Anglos D, et al. A comparative study of the photochemical modifications effected in the UV laser ablation of doped polymer substrates[J]. Applied Surface Science, 2000, 154: 89-94.

[94] Bauerle D. Laser Processing and Chemistry[M]. 4th ed. Berlin: Springer, 2011.

[95] Zafiropulos V, Stratoudaki T, Manousaki A, et al. Discoloration of pigments induced by laser irradiation[J]. Surface Engineering, 2001, 17(3): 249-253.

[96] 宋峰, 苏瑞渊, 邹万芳, 等. 艺术品的激光清洗[J]. 清洗世界, 2005, 10: 34-37.

[97] 赵莹, 陈继民, 蒋茂华. 书画霉菌的激光清洗研究[J]. 应用激光, 2009, 29(2): 154-157.

[98] Watkins K G, Larson J H, Emmony D C, et al. Laser cleaning in art restoration: a review[J]. Laser Processing: Surface Treatment and Film Deposition, 1996, 307: 907-923.

[99] Lazzarini L, Asmus J F. The application of laser radiation to the cleaning of statuary[J]. Bullettin of the American Institute for Conservation of Historic and Artistic Works, 1973, 13(2): 39-49.

[100] 周伟强. 石质文物表面污染物微粒子喷射清洗技术研究[D]. 武汉: 中国地质大学, 2015.

[101] Basso E, Pozzi F, Reiley M C. The Samuel F. B. Morse statue in Central Park: scientific study and laser cleaning of a 19th-century American outdoor bronze monument[J]. Heritage Science, 2020, 8: 81.

[102] 李芬, 丁浩. 用激光清除文物污垢[J]. 激光与光电子学进展: 1993, 5: 29-30.

[103] Catalano I M, Riani S E, Laviano R, et al. The influence and use of the SFR or LQS Nd:YAG laser beam on the cleaning and restoration of two diverse church facades[C]. Prague: Gas Flow,

Chemical Lasers, and High-Power Lasers pt.2, 2004.

[104] Pouli P. Laser Cleaning Studies on Stonework and Polychromed Surfaces[D]. UK: Loughborough University, 2000.

[105] Marakis G, Pouli P, Zafiropulos V, et al. Comparative study on the application of the 1st and the 3rd harmonic of a Nd: YAG laser system to clean black encrustation on marble[J]. Journal of Cultural Heritage, 2003, 4(1): 83-91.

[106] 张海燕. 博物馆金属文物保护与修复探究[J]. 文物鉴定与鉴赏, 2021, (5): 77-79.

[107] Inmaculada D, Joaquín B M, María C M, et al. New advances in laser cleaning research on archaeological copper based alloys: methodology for evaluation of laser treatment[C]. Firenze: APLAR 5. MuseiVaticani l8-20 Settembre2014. NardiniEditore, 2017: 279-296.

[108] 张晓彤, 张鹏宇, 杨晨, 等. 激光清洗技术在一件鎏金青铜文物保护修复中的应用[J]. 文物保护与考古科学, 2013, 25(3): 98-103.

[109] 张力程, 周浩. 激光清洗技术在一件汉代彩绘女陶俑保护修复中的应用[J]. 文物保护与考古科学, 2017, 29(2): 67-75.

[110] 王明娣, 刘金聪, 潘煜, 等. 厨房油污激光清洗方法和设备: CN108577786A[P]. 2018-09-28.

[111] 孟绍贤. 用激光清洗路面上的油污[J]. 激光与光电子学进展, 1983, 10: 35-36.

[112] 陈继民. 激光清洗技术[J]. 洗净技术, 2003, (9m): 24-27.

[113] 徐世珍, 窦红强, 韩丰明, 等. K9 玻璃表面颗粒污染物的激光清洗[J]. 实验室研究与探索, 2017, 36(6): 5-8,17.

[114] Ye Y Y, Yuan X D, Xiang X, et al. Laser cleaning of particle and grease contaminations on the surface of optics[J]. Optik, 2012, 123(12): 1056-1060.

[115] Rivas T, Pozo-antonio J S, Lopez D E, et al. Laser versus scalpel cleaning of crustose lichens on granite[J]. Applied Surface Science, 2018, 440: 467-476.

[116] 朱玉峰, 谭荣清. 激光清洗应用于清除城市涂鸦[J]. 激光与红外, 2011, 41(8): 840-844.

[117] Minami K, Li L, Schmidt M, et al. Materials behavior and process characteristics in the removal of industrial cement tile grout using a 1.5 kW diode laser[J]. Thin Solid Films, 2004, 453-454: 52-58.

[118] Delaporte P, Gastaud M, Marine W, et al. Radioactive oxide removal by XeCl laser[J]. Applied Surface Science, 2002, 197-198: 826-830.

[119] Costes J, Remy B, Briand A, et al. Decontamination by ultraviolet laser: the Lexdin prototype[C]. Washington: International Conference on Nuclear and Hazardous Waste Management, 1996.

[120] Pang H, Lipert R, Hamrick Y, et al. Laser decontamination: a new strategy for facility decommissioning[C]. Proceedings of the Spectrum 1992 Conference of American Nuclear Society, Boise, ID, 1992: 1335-1341.

[121] Clar G, Martin A, Cartry J P. Apparatus for working by laser, especially for the decontamination of a pipe of a nuclear reactor: US5256848[P]. 1993-10-26.

[122] Costesj R, Briand A, Remy B, et al. Decontamination by ultraviolet laser: the LEXDIN prototype[C]. Proceedings of the Spectrum 1996 Conference of American Nuclear Society, Seattle, 1996: 1760-1764.

[123] Lacour B, Brunet H, Besaucele H, et al. 500 watts industrial excimer laser at high repetition

rate[J]. High-Power Gas and Solid-State Lasers, Proc. SPIE, 1994, 2206.

[124] Delaporte P, Gastaud M, Marine W, et al. Dry excimer laser cleaning applied to nuclear decontamination[J]. Applied Surface Science, 2003, 208: 298-305.

[125] 周道其. 激光清除宇宙垃圾和小行星[J]. 现代科技译丛, 2006, 2: 25.

[126] Leone C, Genna S, Caggiano A. Compact disc laser cleaning for polycarbonate recovering[C]. Procedia CIRP 9, 2013: 73-78.

[127] Tang Q H, Zhou D, Wang Y L, et al. Laser cleaning of sulfide scale on compressor impeller blade[J]. Applied Surface Science, 2015, 355: 334-340.

[128] 宋桂飞, 李良春, 夏福君, 等. 激光清洗技术在弹药修理中的应用探索试验研究[J]. 激光与红外, 2017, 47(1): 29-31.

[129] 林伟成. 激光清洗技术在雷达 T/R 组件制造中的运用[J]. 电子工艺技术, 2013, 34(6): 352-355.

第2章 激光清洗研究发展动态

1960 年梅曼成功研制成第一台激光器。不久，科技人员就发现把高能量激光束聚焦后照射一些物品的被污染部位，可以使污染物最终脱离物品表面，从而清除掉表面污染物，这就是激光清洗。之后科研人员对激光清洗的机理进行了深入研究，激光清洗也从实验室逐渐走向了实际应用，包括去除文物、微电子线路板、工业设备、交通工具等各种材料表面的微粒、油污、锈蚀、油漆等污染物，取得了很好的经济和社会效益。本章将介绍激光清洗的起源和研究动态。

2.1 激光清洗的起源

2.1.1 激光清洗的早期尝试

1965 年，诺贝尔奖获得者 Arthur Schawlow[1]用脉冲激光照射有字(油墨印刷)的纸，纸表面的墨色字体快速汽化，而纸本身没有损伤。他第一次提出了"激光擦"(laser eraser)的概念，如图 2.1.1 所示。

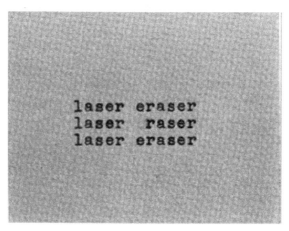

图 2.1.1 激光擦——激光照射去除墨迹

1969 年，Bedair 等[2]用调 Q 激光清除镍表面的氧和硫污染，高功率调 Q 激光可以用来清洁物体表面。当所用激光参数不合适时，如在 100 MW/cm^2 的激光作用下，基底材料表面会产生不可恢复的损伤。

1973 年，Asmus 等[3]研究团队在国际会议上报道了艺术品的激光清洗工作。这是最早的激光清洗文物的报道。此后，他的团队[4-9]对多种文物古迹进行了激光清洗，包括大理石材料、达·芬奇壁画、建筑物石雕像，对激光清洗之前和之后的石材表面形貌和表面属性变化做了详细研究。后来激光清洗文物成为文物修复和保护的一个非常重要的手段。

激光除漆是当今激光清洗的一个重要应用方向，最早的激光除漆实验研究可以追溯到 1974 年，Fox[10]在树脂玻璃和金属基底上涂上油漆，用 Q 开关掺钕玻璃激光有效去除了该油漆层。

有资料报道，1975 年，苏联科学家曾用激光来清除水面上漂浮的石油，与常规方法相比，可以提高清除效率，无二次污染。这大概是激光清洗技术首次实际进行大面积清洗。1982 年，苏联科学家采用 20 W 连续 CO_2 激光器清洁柏油路面的燃料斑和油斑，高效而且快捷[11]。

虽然在 20 世纪 80 年代之前有一些激光清洗的报道，但是真正称得上较为系统的激光清洗研究的，当始于 20 世纪 80 年代激光清洗电子掩模版上附着的微粒。

2.1.2 激光清洗电子掩模版的早期研究

20 世纪 80 年代，随着微电子技术的迅速发展，对线路板的清洗变得越来越重要。当时美国 IBM 公司研究出了电子束投影刻蚀技术，简称 EBP 技术，利用电子的高分辨率提高光刻技术线宽精度，成为当时工业上批量生产存储器的最理想的高新技术。EBP 技术的核心是电子束投影掩模，但在实际应用当中却遇到了问题：在制备过程中，掩模版表面不可避免地会沾上污染物；当室内的气压达到 10^{-6} mbar 数量级或更低时，晶片制造工艺中产生的微粒就会附着在掩模版上；同时，在光刻室内部也可能产生污染物，污染掩模版[12]。

事实表明，不论是导电微粒还是不导电微粒，只要是尺寸大于 1/4 线宽，附着在掩模版上，在曝光时就会引起很高的映射失真。当时动态随机存储器 (DRAM)的线宽尺寸为 1 μm，尺寸大于 250 nm 的微粒(亚微米颗粒)都会对掩模版造成污染，在 EBP 过程中导致产品出现问题。因此必须清除掉这些微粒污染物。

最初，科研人员试图用超声波清洗技术去除掩模版上的微粒，但是超声波清洗法需要将掩模版置于声波振动中心，这会导致掩模版破裂。而且，超声波清洗导致掩模版再次污染的可能性很高。其他传统清洗方法如机械清洗法、化学清洗法，也被尝试用来去除掩模版上附着的微粒。但是，亚微米量级的微粒附着于掩模版上表面的附着力大约是其重力的 10^6 倍，这使得微粒的移除很困难[13]。机械清洗法无法在不破坏掩模版的前提下清除如此微小的颗粒，而化学清洗又会导致掩模版的腐蚀及再污染。总之，这些传统的清洗方法对于掩模版上的亚微米颗粒的清除都难以奏效。

对于精细的硅掩模版，如何去除其表面和缝隙里的亚微米大小的微粒污染物，同时避免掩模版破裂或掩模图案变形或损伤，成了当时需要立即解决的难题。最后，这一问题在 1982 年由 IBM 德国公司的 Zapka 等科研人员[12]借助于当时还处于研究起步阶段的激光清洗技术成功解决，研究发现，用聚焦的 N_2 激光照射掩模版，可以将附着的 35 nm 黄金涂层清洗掉，而掩模图案丝毫不会受到损伤。此后他们开始了激光清洗半导体掩模版上附着的污染微粒的系统研究，先尝试用短脉冲准分子激光，照射一种特殊的"泛处理"的掩模版(尺寸为 4 mm×9 mm，无涂层硅掩模)，在光能量密度超过 100 mJ/cm^2 时，掩模版没有任何损伤；接着，尝试用短脉冲准分子激光将微粒从掩模版表面清除。微粒材料包括 Si、SiO_2、Al_2O_3 和聚苯乙烯，微粒尺寸在 0.3～5 μm。图 2.1.2(a)为一块污染后的硅掩模版，图案线宽大概为 1.8 μm，膜厚为 3 μm，白色不规则的形状代表着污染微粒，其线度为 0.3～1.5 μm。用脉冲长度为 20 ns 的 KrF 激光垂直入射，当激光能量密度在 300～500 mJ/cm^2 时，辐射区域内的微粒被有效地清除掉，而掩模版没有明显损伤。采用 4 个 350 mJ/cm^2 的 KrF 激光脉冲照射后，表面和缝隙中的微粒被清除掉了。图 2.1.2(b)为激光清洗后的照片。整个实验是在大气环境中完成的。

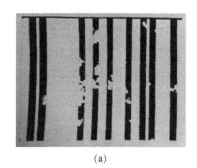 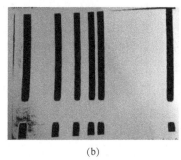

(a)   (b)

图 2.1.2　一个附着有 Al_2O_3 球形污染微粒的硅掩模版(a)和 KrF 激光清洗后的照片(b)

实验还发现，只有达到一定的激光能量密度才能将污染微粒清洗掉。块状硅晶片和硅掩模版上附着微粒的激光清洗效率是相近的，这说明了硅表面层的吸收过程起着主导作用。在激光清洗之后，掩模版并没有受到二次污染。这表明微粒要么气化了，没有熔化黏附在掩模版上，要么被弹射到足够远，离开了掩模版且没有重新吸附。

总之，研究结果表明，激光清洗这种新方法能够有效地清除掩模版上的亚微米量级的微小颗粒，同时又不会造成掩模版的破裂以及二次污染，是一种以非接触的干燥方式清洗敏感硅半导体材料的有效方法[14]。

1987 年 7 月 2 日，Zapka 等[15]在德国申请了第一个关于激光清洗的专利 EP0297506A。几乎是在德国的扎普卡从事激光清洗研究工作的同时，苏联的 Petrov 领导的研究小组在激光清洗线路板方面也独立地开展了研究工作。1987 年彼得洛夫课题组率先发表了激光清洗物体表面微粒的论文，这是公认的第一篇激光清洗微粒方面的论文。该论文的作者之一 Prokhorov 是激光领域的先驱，于 1964 年因为激光方面的开创性工作和突出贡献，与汤斯、巴索夫共同获得了诺贝尔物理学奖。彼得洛夫等在激光清除材料表面微粒的研究中，发现微粒尤其是金属微粒会强烈吸附在固体表面。而激光照射具有高效的解吸附作用，在硅片等半导体材料表面更是如此。他们成功地利用激光去除了硅表面的钾、钠、铜和铁等金属[14]。

2.2　20 世纪 90 年代激光清洗的研究

由于 20 世纪七八十年代在激光清洗文物方面的尝试，尤其是 20 世纪 80 年代在掩模版清洗方面的成功，进入 90 年代，激光清洗技术逐渐引起了科技界和工业界的注意。在激光清洗方法(主要是干式激光清洗、湿式激光清洗)、激光清洗对象(文物、电子线路板、工件、设备等)、激光清洗机理、激光清洗监测等方面取得了长足进展；逐步开发了一些激光清洗机，如应用于微电子工业的半导体掩模版激光清洗机，用于艺术品保护的文物激光清洗机，以及用于造船工业的除锈和除漆激光清洗机，并且应用范围不断拓展，如法国科学家用激光清洗城墙，美国科学家用激光来清除航空器上的油漆。

但是，跟一些成熟的清洗技术相比较，激光清洗的应用和机理研究还在不断探索与完善之中，也一直吸引着各国科学家和企业家的关注。在不同时期，研究热点也有所不同，比如早期对微电子领域和文物领域的激光清洗研究较多，此后重点转向脱漆除锈；早期对于激光清洗的可行性关注较多，后期更多关注清洗效率、清洗率、工艺参数的影响、清洗过程的监测控制；早期欧美国家的研究成果较多，近年来中国科学家的研究成果更多。

为了方便，我们以约十年为一个阶段，分成三节介绍激光清洗的研究动态。由此也可以看出不同年代激光清洗的关注点的不同。本节针对 1990～1999 年十年内的激光清洗，从电子元器件、文物保护、脱漆除锈等几个主要方面介绍其研究进展。

2.2.1　激光清洗电子元器件(硅、锗等基底)上的污染物

印制电路板(PCB)生产过程中会沾染各种污染物，其中微粒和金属氧化膜是最主要的两种污染物。对 PCB 的清洗是工业生产中必不可少的环节，传统的清洗

方法需要使用破坏大气层的有机溶剂，而且难以清洗亚微米级的污染物。20世纪80年代末90年代初，德国、美国、俄罗斯科学家在开展了电子掩模版的清洗方面的研究后，证明激光清洗是一种有效的清洗方法，具有无接触、无二次污染以及可清洗亚微米级颗粒的特点。进入20世纪90年代，对于印制电路板、电子元器件的激光清洗的研究越来越深入。研究了不同波长、不同脉冲宽度、不同能量密度、不同入射角等因素对清洗效果的影响。研究的基底大多是Si板，主要是因为半导体工业中硅片上的微粒去除最为迫切，其他的基底还有聚酰亚胺(PI)、聚甲基丙烯酸甲酯(PMMA)、Ge、NiP、锂、石英玻璃等。研究的微粒材料有聚苯乙烯(PS)、Cu、W、SiO_2、Al_2O_3、橡胶、光刻胶等，形状有球形、扁平形以及无规则形状，尺寸从几十纳米到几百微米[16]。

IBM公司阿尔马登研究中心的Tam博士是激光清洗领域的一个重要领军人物，在激光清洗方面进行了很多系统性的研究工作。他于20世纪80年代建立了一个准分子激光实验室，利用准分子激光作为光源，进行激光清洗研究。IBM德国公司的Zapka等[15]在申请了第一个激光清洗专利后，也来到该实验室，与Tam教授合作研究，共同发表了很多论文[17,18]，在相当长的一段时间内他们有关激光清洗的论文是该领域引用最多的论文。此后十余年，Tam博士团队比较系统地研究了激光清洗，研究的清洗对象以半导体材料为主，污染物主要是金属和半导体颗粒。比较了干式、湿式激光清洗的效果，激发波长的影响，样品吸收、液体吸收、污染物吸收等几种不同情形下的清洗效果。

其他科研团队也开展了半导体材料或电子元器件材料上的污染物的干式和湿式激光清洗研究。

1. 干式激光清洗

20世纪90年代，Tam团队发表了多篇论文，报道了干式激光清洗微粒研究。1991年，他们[18]采用紫外和红外脉冲激光，对硅晶片表面和精密光刻胶掩模版上的微粒污染物进行激光清洗，清洗的微粒包括乳胶、氧化铝、硅和金。通过选择短脉冲(不会造成基底损坏)且波长被表面强烈吸收的激光，有效去除了小至0.2 μm的金颗粒[19]。这种直接将激光照射在清洗对象上进行清洗的方法被称为干式激光清洗(DLC)。

1992年，Park等[20]采用脉冲准分子激光清洗沉积在熔融石英衬底上的非晶态硅(a-Si)薄膜。Larciprete等[21,22]利用KrF (λ = 248 nm)和ArF (λ = 193 μm)准分子激光对Si(100)表面的氧化物层(SiO_x ($x < 2$)层)和含F、C和O的吸附层进行了清洗，激光能量密度达到一定值时，可去除氧化物层，获得清洁、无损伤的Si(100)表面。Solis等[23]用193 nm脉冲准分子激光去除晶体Ge片上的氧化物，清洗阈值和损伤阈值分别为180 mJ/cm^{2}和370 mJ/cm^2。这些研究结果表明，激光清洗可以实现

与化学清洗相同的效果。在某些特定辐照条件下，通过激光清洗去除氧化物覆盖层后，甚至有可能增强近表面区域的晶体质量。

线路板上往往残留有铜或氧化铜微粒，Wesner 等[24]用脉冲准分子激光(脉冲宽度 20 ns，波长 248 nm)进行了清洗。起初样品含有 15～25 nm 厚度的 Cu、O 和 C 污染覆盖层。清洗后，覆盖层厚度减少到 10 nm。

Lu(陆永枫)等在激光清洗领域做出了重要贡献，在 20 世纪 90 年代，他和他的同事们尝试了多种材料的激光清洗，提出了激光清洗的一些理论模型[25]。使用脉冲宽度为 23 ns 的 KrF 准分子激光器，从 NiP 表面去除石英颗粒，清洗阈值约为 20 mJ/cm^2，随着激光能量密度的增加，激光清洗效率迅速提高[26]。

基于聚酰亚胺的柔性电路板中，采用 CO_2 激光钻孔会产生大量的表面微粒，需要予以清理。Coupland 等[27]采用可调谐 CO_2 激光器的干式激光清洗工艺，通过激光加热聚酰亚胺基板使之快速热膨胀，仅在 5 个激光脉冲后即可移除这些微粒。Braun 等[28]采用 KrF 激光去除 Si 母版中的丙烯酸残余物，清洗阈值为 400 mJ/cm^2，需要 40～60 个激光脉冲。与之相比，采用氧等离子体刻蚀技术，仅能在有限程度内去除丙烯酸残余物，因为丙烯酸混合物中含有二丙烯酸硅组分。Vereecke[29,30]以脉宽 30 ns 的 KrF 激光器为光源，对硅片上的 0.3～1 μm 的 Al_2O_3、SiO_2、Si_3N_4 以及有机胶进行了干式清洗实验，所使用的激光能量密度为 300 mJ/cm^2，清洗率从 12%～88%不等。

对半导体材料上的清洗，主要采用准分子紫外激光，也有采用 CO_2 红外激光的。清洗的污染物大部分为微粒，也有薄膜，其成分包括氧化物、金属、有机物。这一阶段的研究工作主要是验证性的，验证干式激光清洗法能够去除什么样的污染物(微粒、氧化膜、有机胶等)，清洗条件如何(清洗阈值、激光波长、清洗率等)。在 20 世纪 80 年代有关实验的基础上进一步证明了激光清洗在清洗印制电路板上的有效性。不过，激光清洗效率还是偏低，清洗率(微粒去除比例)也不是很高。

2. 湿式激光清洗

为了提高激光清洗效率，科学家们发明了湿式激光清洗，就是将待清洗对象浸泡在液体中或者在待清洗对象表面敷上液膜或喷上蒸气。最早报道湿式激光清洗的是俄罗斯科学家 Petro 小组的 Assendel'ft 等[31]。他们将硅片浸泡在深度为 0～5 mm 的水中，使用脉宽 100 ns、单脉冲能量 300 mJ 的 CO_2 激光照射硅片，激光能量密度 10 J/cm^2。当硅晶片上水的厚度降低时，微粒去除效率增加。在激光作用过程中会产生声波，这种声波有助于微粒清除。1998 年 Kolomenskii 等[32]对此做了进一步研究，证明这种声波属于表面声波(SAW)，他们使用 30 J/cm^2 的高能量密度的 Nd:YAG 激光，在硅片表面上产生了强烈的 SAW，使附着的微粒产生了超过 10^9 m/s^2 的极高加速度，可以移除 50 nm 的微粒。不过，高能量激光造成了基底损伤。这种将待清洗对象浸泡在液体中，采用激光进行清洗的方法，被称为湿式激光清洗(WLC)法。

Tam 等[33]将激光通过光束整形后，照射在样品(研究中使用的是半导体掩模版)上，蒸气发生器将水蒸气喷洒在样品表面，喷洒的频率与激光频率保持一致。通过照相机拍摄激光照射后液体喷射的轨迹，以观测清洗效果。这种在清洗对象上喷洒一定量蒸气(水、酒精等)的方法称为蒸气式激光清洗(steam laser cleaning，SLC)法。

蒸气式激光清洗中，要控制好喷洒在清洗样品上的蒸气量。喷洒后，蒸气在样品表面形成液膜。液膜要很薄，不至于导致金颗粒漂移或溶解。研究表明，采用蒸气式激光清洗法，可以从硅和其他表面去除直径范围在 $0.1 \sim 10$ μm 的环氧树脂、氧化铝、硅或金颗粒，且清洗效率要高于干式激光清洗效率[34]。

湿式激光清洗法和蒸气式激光清洗法，最常用的液体是水，使用方便，没有污染。前者将清洗对象浸泡在水中，后者则是喷洒气态物质使得在样品表面形成液膜，控制好液膜厚度。二者都需要液体作为辅助。液体的功效是：保护清洗对象不至于因为温升过快产生热应力而使得样品碎裂，不至于因为温度过高而熔化或气化。而在清洗机理上，液体吸收激光能量后，通过液体的相变，形成相爆炸，将污染物清洗掉。在实际操作中，湿式激光清洗和蒸气式激光清洗中使用的液体量很难控制、清洗机理很难区分，所以一般不加区分，而统一称为湿式激光清洗法。

研究湿式激光清洗的还有美国 Allen 教授课题组[35,36]，采用 10.6 μm 的 CO_2 激光，照射喷洒一定厚度水膜的基底材料，激光清洗时肉眼可见到蒸气喷射，并于 1991 年获得美国激光清洗专利[37]。他们[38]还采用氩离子连续波激光(488 nm)作为探针激光，用脉冲 CO_2 激光作为清洗激光。在硅衬底上喷射水膜，探针激光束平行于样品表面移动，与因为 CO_2 激光清洗而喷射出的液体相互作用，观测到了超声速激波的产生和传播，随后是较慢速度的水蒸气/气溶胶/粒子云。根据激波的演化过程，用自相似近似法得到入射激光束向激波转换的总转换效率。Allen 小组[39]还对比了不同激光器的湿式清洗效率，发现红外激光的清洗效率要比准分子激光的清洗效率低得多。采用准分子激光时，当微粒粒径为 $20 \sim 100$ μm 时，使用的紫外激光能量密度仅需要 0.1 J/cm^2。其原因在于：蒸气激光清洗时，紫外线导致液膜和硅层二者界面(即粒子的下方)产生了爆炸，爆炸的液体界面可以推动这些粒子；而在红外激光辐照的情况下，爆炸贯穿水膜，或发生在水膜的顶部表面，因此清洗效果有限。

She 等[40]也进行了湿式激光清洗研究。在激光清洗前，在磁盘表面沉积了一层微米厚度的液膜。采用波长 $\lambda = 1064$ nm 和 355 nm 的基频和三倍频 Nd:YAG 纳秒脉冲激光，得到了清洗阈值和清洗效率，有效清除了 NiP 硬盘基板上直径为 0.3 μm 的污染颗粒。

这一阶段的研究中，湿式激光清洗的激光器主要是准分子紫外激光器和 CO_2 红外激光器。研究表明，湿式激光清洗的效率更高，并对其进行了清洗机理的初步研究。

2.2.2　激光清洗文物

考古遗址出土的文物表面覆盖有土壤污染物和污渍，改变了文物的化学成分和外观；自然存放的古代制品，如石雕、青铜制品、玻璃和陶器等表面也会覆盖不同的污染物，包括腐蚀产物、灰尘、有机污渍和结壳。对受到污染的文物需要进行清洗，以避免进一步腐蚀污染，同时恢复文物本来的面貌。文物是不可再生的稀有物品，清洗时需要非常谨慎，不能有任何破坏。传统的文物清洗方法(主要是化学法、机械法)，均会在清洗过程中对文物本体造成一定程度的损伤。自从激光清洗技术问世后，从 1974 年到 1978 年，Asmus 等陆续对多种文物古迹进行了激光清洗研究，由此开启了激光清洗在文物保护和处理方面的应用。进入 20 世纪 90 年代后，文物的激光清洗研究得到进一步发展。

Cooper 等[41]利用 Q 开关 Nd:YAG 激光清洗受污染的石灰石雕塑，选择性地去除了表面的黑色结壳。如果清洗之前在外壳表面施加薄层水膜，清洗效果更好，也就是说湿式激光清洗效果更好一些。Siano 等[42]采用不同脉冲宽度(分别为 6 ns、20 μs 和 200 μs)的 Nd:YAG 激光，去除大理石样品上的污染表层。通过时间分辨图和发射光谱，研究了激光清洗的副作用，例如对基材的热损伤和机械损坏。Maravelakl 等[43]采用 Q 开关 Nd:YAG 激光对覆盖着黑色外壳的古代大理石进行了激光清洗，并用激光诱导击穿光谱(LIBS)对清洗样品进行了元素分析。

在古代，羊皮纸是重要的书写载体。留存至今的羊皮纸因为时间久远，往往污染严重。化学和机械方法清洗易造成羊皮纸损伤，清洗效果也不好。科学家们尝试了激光清洗。Kautek 等[44]用 308 nm 的紫外准分子脉冲激光对 15、16 世纪的羊皮纸手稿和 19 世纪的印刷纸等进行了激光清洗研究。Duarte 等[45]采用准分子激光清洗了纸和羊皮，通过破坏最后一层和待清洗材料之间的化学键来去除污染物，准分子激光器在清洗时对羊皮纸完全没有热的影响，不会改变材料结构，也不会影响某些样品中存在的色素。

这一阶段，文物清洗仍然处于初步研究阶段，相关报道并不多，涉及的文物主要是大理石雕塑和羊皮纸，激光源包括准分子激光器和更经济、更常用的 Nd:YAG 激光器。由于文物的特殊性，还尝试了清洗过程的监测，如 LIBS 监测[43]。

2.2.3　激光清洗其他物质

除了半导体材料和文物以外，在 20 世纪 90 年代，科学家们也尝试了其他材料的清洗。

汤姆孙散射实验中，光学窗经常受到污染，日本的 Narihara 等[46]率先开展了激光清洗汤姆孙散射窗的可行性研究。采用 30 Hz、单脉冲能量 0.4 J 的 Nd:YAG 激光器,在 6 cm²/s 的扫描速度下,在不损害光学窗的前提下获得了满意的清洗效果。Mann 等[47]研究了脉冲紫外激光辐射去除铝镜表面微粒,实验数据表明,在镀铝的 BK7 玻璃和陶瓷玻璃样品上,KrF 激光清洗可获得最佳结果。

Lu 团队尝试了很多材料的激光清洗[48]。1994 年,他们用 KrF 准分子激光器、连续波及脉冲 CO₂ 激光清洗玻璃和石英表面上的指纹,发现较短的波长和脉宽更容易清洗指纹。在脉冲能量密度足够大的情况下,KrF 准分子激光可以用少量脉冲有效去除玻璃和石英表面的指纹;而 CO₂ 激光照射无论是连续波还是脉冲都不能有效去除指纹。1996 年他们定量研究了磁头表面吸附颗粒(主要是 Al 颗粒和 Sn 颗粒)的激光清洗[49]。清洗效率随激光强度和脉冲数的增加而增加,不依赖于重复频率。对 Al 颗粒和 Sn 颗粒,激光清洗率分别可以达到约 90%和约 100%。研究者认为激光清洗磁头吸附颗粒的机理是激光引起的表面振动、颗粒振动、颗粒热膨胀以及激光烧蚀[50]。他们还对不锈钢表面进行了准分子激光清洗,发现当激光强度和脉冲数超过了某个值时,不锈钢表面的颜色变为 γ-Fe₂O₃ 的颜色,认为这是空气中的氧气与不锈钢之间的热化学反应导致的。

Bahar 等[51]用脉冲 Nd:YAG 激光清洗人牙釉质凹坑和裂缝,并与化学和机械方法进行了比较,发现激光可以清洗到的凹坑和裂缝的深度更大,但不会改变凹坑和裂缝的形状。通过电子探针显微分析仪测量了凹坑和裂缝釉质中钙、磷和氟化物的分布。结果表明,Nd:YAG 激光清洗可以有效地提高凹坑和裂缝釉质的耐酸性,同时去除凹坑和裂缝的杂质并增加氟对凹坑和裂缝釉质的吸收。

Tsunemi 等[52]使用 TEA CO₂ 激光脉冲清洗金属表面上的油漆涂层,从金属表面可以选择性地清洗掉油漆,但清洗效率取决于基材的表面状况,施加少量的二甲基甲酰胺可有效去除树脂而不焦化表面。Oltra 等[53]在控制电化学势的液体限制条件下,用脉冲激光去除了金属表面氧化膜。Lee 等[54]用 248 nm 脉冲准分子激光,清洗镀锡的 Al-Cu 金属薄膜上的聚合物,损伤阈值为 250~280 mJ/cm²,45°为激光清洗最佳入射角。

Tomas 等[55,56]采用五倍频皮秒级 Nd:YAG 激光器(脉冲宽度为 16 ps,波长为 213 nm,单脉冲能量为 0.5 mJ),清洗钨多晶光电阴极,讨论了激光脉冲作用以及残余压力对光阴极表面清洗的影响,研究了激光脉冲和残余压力对金属功函数的影响。

沉积在低碳钢板上的镀锌层的性能取决于其表面的化学状态。钢板和镀锌层这两种材料之间的附着力受到工业制备过程中钢表面残留化合物的影响。在表面处理前,一些残余的含碳化合物仍然以较低比例存在于钢板表面。Lafargue 等[57]使用两种不同的激光器(准分子激光器和 Nd:YAG 双倍频和四倍频)和激光功率密度,去除了约 90%的残余含碳污染物和 75%的铁粉(轧制后残留在钢表面的微粒)。

由以上介绍可知，在 20 世纪，激光清洗的效果已经得到科学家的认可，其在微电子领域、文物保护领域中的研究相对较多，同时，尝试了多种清洗对象，基底材料有光学窗口、磁头、牙齿、金属，污染物有颗粒、油漆、氧化层等。所采用的激光器除了准分子激光、CO_2 激光器外，Nd:YAG 激光器的使用增多了。研究不仅仅是验证性的，还考虑了清洗机制、激光入射参数等因素。

2.3 21 世纪初激光清洗的研究

进入 21 世纪，激光清洗研究出现了一个高潮。2000 年之后的几年内，关于激光清洗的论文出现了大幅度增长。采用的激光光源包括紫外线、可见光、红外线，清洗对象包括半导体、金属、文物，污染物包括半导体微粒、有机胶、油漆、铁锈等。

国际上从 2001 年起曾经连续召开了四届激光清洗会议，第一届国际激光清洗会议于 2001 年 5 月在新加坡召开；第二届于 2002 年 6 月在马德里举行；第三届于 2003 年 10 月在希腊克里特岛举行；第四届于 2004 年 12 月在澳大利亚悉尼召开。中国也逐渐进入激光清洗的研究领域，取得了一定成果。

这一时期，激光清洗文物成为激光清洗的主流研究领域，半导体激光清洗的研究则相对较少了，激光脱漆除锈的研究开始兴起。下面分领域予以介绍。

2.3.1 文物类物品的激光清洗

激光清洗诞生后不久，就被用于文物清洗。经过一段时间的探索，激光清洗文物得到了广泛关注。尤其是在欧洲，文物保护专家和物理学家进行了大量的文物激光清洗研究和实际应用。这主要是因为欧洲文物众多，而文物又具有不可再生的特殊性，传统的机械法、化学法在清洗文物时都难免有损伤，这迫使人们开始研究新的文物清洗技术。这一阶段关于激光清洗文物的研究，有效地解决了文物清洗中复杂的诊断和修复问题，确保了清洗过程的精确控制和实时反馈。

本节将从文物基质材料出发，按石材、玻璃、纤维等分类予以介绍。

1. 石材基底的文物

石材是建筑、雕塑等的重要原材料，其品种很多，包括大理石、石灰岩、花岗石等。古代建筑和雕塑经过漫长的岁月，日晒雨淋等自然作用或人为活动会在文物表面形成各种污染物。20 世纪的初步研究表明，激光清洗石材文物是一种行之有效的清洗方法。进入 21 世纪后，激光清洗石材文物的报道非常多。

Aldrovandi 等[58]采用 Q 开关激光(20 ns 脉冲)和自由运转脉冲激光(脉宽 20 μs)清洗白色大理石，研究了其成分变化。Marakis 等[59]用 355 nm(Nd:YAG 的三次谐波)、308 nm(XeCl 准分子)、248 nm(KrF 准分子)、1064 nm(Nd:YAG 基波)激光对德国德累斯顿茨温格宫的砂岩样品表面上覆盖的黑色污染壳层进行了激光清洗,对比了不同波长的清洗效果。Mazzinghi 等[60]用自由运转(脉冲宽度 20 μs)Nd:YAG 激光清洗石材文物,中等脉冲宽度可以避免调 Q 激光引起的损伤和长脉冲激光引起的表面熔化的热损伤。Rodriguez-Navarro 等[61]用 1064 nm 的纳秒 Nd:YAG 激光清洗大理石,比较了两种不同粒径的大理石和单晶方解石在 $0.12\sim1.25$ J/cm² 激光能量密度内的清洗效果。

激光清洗石材文物时,表面污染物(如灰层、硬壳中的有机物等)剥离后,石材基底吸收了激光可能会产生有害物质,有害物质对身体健康的影响取决于其浓度、颗粒大小,Kusch 等[62]通过采用脉冲 Nd:YAG 激光清洗表面污染的砂岩和石灰石,可以确定其排放物及其浓度。激光清洗时,被清洗掉的污染物的发射速率为 $0.1\sim3.5$ mg/s。与砂岩有关的主要有害物质是石英粉尘;与石灰石有关的主要有害物质是氧化钙粉尘和二氧化硫,而其他有害物质(如铁、铝、镁和磷的氧化物)则较少。清洗过程中在工作场所的操作人员吸入粉尘的浓度可以达到 50 mg/m³,如果没有保护措施,有害物质的浓度将可能超过人体的安全阈值。可以通过排气系统来降低有害物质的浓度,比如,在去除白色铅涂料期间,利用排气系统,可以使工作场所的铅浓度明显低于其有害阈值,仅为 0.1 mg/m³。

在文物清洗过程中,要避免文物损伤,这就需要选择合适的激光波长和激光剂量(单位面积的激光能量或峰值功率),既要达到清洗阈值,将污染物去除掉,又不能达到损伤阈值使得文物损伤。Pérez 等[63]在比恩斯文化保护中心研究了 Nd:YAG 激光(波长 1064 nm,脉宽 6 ns)清洗类石头材料。通过扫描电子显微镜(SEM)、傅里叶变换红外光谱(FTIR)进行测试,给出了合适的激光剂量。Sanjeevan 等[64]采用能量 500 mJ、脉宽 10 μs、波长 1064 nm 的 Nd:YAG 激光,研究了激光清洗对砂浆表面粗糙度、孔隙率和含水率的影响。Marczak 等[65]用脉冲激光清洗了波兰克拉科夫瓦维尔城堡的石灰岩墓志铭和巴托里国王教堂的小棚,研究了激光波长等参数对清洗效率的影响。Siano 等[66]采用调 Q、长调 Q 和短自由运转 Nd:YAG 激光器的基波(1064 nm)及调 Q 二次谐波(532 nm)清洗结垢石材,研究了激光参数与清洗效率、清洁度和色度外观的量化关系。Grossi 等[67]研究了 Nd:YAG 调 Q 激光清洗时激光对花岗岩颜色的影响。

在激光清洗石材文物时发现了变色问题。泥灰岩和砂岩等材料,自罗马时期以来就是捷克最常见的建筑和雕塑石材。Svobodová 等[68]用 Nd:YAG 激光器在两种不同的剂量下对这些材料进行了激光清洗,分析了激光清洗中出现的表面变色问题。Jankowska 等[69]对于表面覆盖有结壳的戈特兰砂岩文物样品,用 1064 nm 脉冲激光在空气和氮气环境中进行了清洗,研究了激光清洗对表面变色的影响。与空气环境相比,在氮气中进行激光清洗后样品的表面亮度略有下降。这种差异归因于材料氧化和表面残余物的部分燃烧。Vergès-Belmin 等[70]使用 Nd:YAG 调 Q 激光(1064 nm，6～20 ns)清洗了圣丹尼教堂北门的两个区域，清洗后留下了黄色斑痕，可通过水基膏药来消除这种黄斑。Śliwiński 等[71]介绍并讨论了在研究和保护项目框架下开展的激光清洗文物中的研究成果，指出激光清洗在空气或纯氮环境中应用时，会出现轻微的黄色差异，这是材料氧化和表面残余物的部分燃烧(由于氧的存在)导致的。Jasinska 等[72]对一处历史悠久的哥特兰砂岩进行了激光清洗，采用比色法、扫描电子显微镜和能量色散 X 射线能谱技术，研究了在空气和氮气低速流动的屏蔽环境中激光清洗时变色的差异。1064 nm 脉冲激光 0.5 J/cm^2 时，观察到颜色变化；在氮气条件下，变暗和变黄比在空气环境中稍强，且这种影响与气体流速无关。证实了铁氧化对激光致黄的贡献。

研究表明，与传统清洗技术相比，激光清洗石材文物的效果更好。而且，在清洗前后和清洗过程中，还可以通过各种监测手段判断清洗效果和清洗进程。Pouli 等[73]用紫外和红外调 Q 激光清洗大理石文物表面的无机污染层，并与传统的微型空气研磨、超声波清洗法进行了比较，证明激光清洗更为理想，因为激光清洗保留了浮雕表面的真实细节。清洗后，用多光谱成像方法对结果进行了评估，突出了激光清洗过程现场评估的潜力。Siedel 等[74]对 19 世纪留存下来的因风化、老化和油漆而被污染的砂岩文物进行激光清洗。与其他清洗方法相比，激光清洗可以在脆性区域以最小的材料损失去除油漆层，还保留住了严重受损、破碎的雕刻区域。Colao 等[75]对从地中海地区古代采石场收集的各种大理石碎片表面进行了激光清洗。Salerno 等[76]在修复西班牙塞维利亚大教堂的帕洛斯门户的鼓室雕像和被污染的陶土兵俑时，发现用 Nd:YAG 调 Q 激光器的 1064 nm 清洗比 532 nm 或 266 nm 更有效。激光清洗消除了污染层的碳成分，而且石膏层中出现的硬石膏成分，起到了保护作用。Sarzynski 等[77]用激光对瓦维尔城堡西吉斯蒙德礼拜堂文艺复兴时期穹顶建筑石材进行了清洗。法国波尔多市的大多数历史建筑都是由石灰石建造的，由于风化，这些建筑呈现出黑色外观，Chapoulie 等[78]使用了包括激光清洗技术的 11 种表面处理技术进行清洗，发现激光清洗效果更好。为了研究激光束对石头建筑的影响，使用了多种测试技术，对清洗前后的表面进行了分析。测试表明：黑色结壳由不同类型的颗粒组成，如工业来源的多孔碳微粒，土壤和岩石侵蚀产生的大气粉尘，城市污染产生的硅酸铝微粒，这些颗粒均由石膏胶结而成。

2. 金属制品文物

金属制品文物包括古钱币、工艺品、装制品等。Pini 等[79]对从意大利遗址收集的硬币、盘子、夹子和装饰品等考古样本进行了激光清洗研究，文物包含的金属有青铜、铜、银和铅。他们比较了不同的激光系统和不同的辐照条件，发现激光清洗可以选择性地清洗污染物，并且具有高精确度，能够保留精细的表面细节。

　　钱币是最常见的文物之一，通过对钱币进行研究，可以了解不同时期的历史和社会经济。但是由于使用和储存等原因，钱币往往污染严重。从英国阿伯加文尼窖藏中发现了一批撒克逊晚期和诺曼时期的银币，其细节已经被腐蚀产物严重掩盖住了。Davis[80]采用 1064 nm Nd:YAG 调 Q 激光对这些银币进行清洗后，硬币表面的细节包括原始模具上的"粗糙"痕迹和抛光痕迹以及铭文都显现了出来，而清洗引起的表面损伤很小。

　　罗马帝国后期的政治问题使钱币的品质发生了重大变化，当时引进了一项新技术，即使用大量铜基四元合金，在其表面覆盖着银汞合金镀层，以大幅度降低钱币中的银含量。现在已经发现了数千枚这类钱币。然而，对它们的清洗和维护一直是个问题。传统的机械和化学清洗都会导致薄银层部分或完全损坏。Vlachoumogire 等[81]采用 Nd:YAG(532 nm 和 266 nm)激光，清洗了这种古罗马晚期货币，通过对比清洗实验，优化了激光参数。Drakaki 等[82]用激光清洗了希腊雅典货币博物馆的收藏品——古罗马和拜占庭钱币，采用 Nd:YAG 调 Q 激光、CO_2 和 Er:YAG 脉冲激光，清洗干湿表面的钱币，清洗效果受硬币表面腐蚀类型的影响。Fortes 等[83]通过控制激光清洗的实验参数，如脉冲间延迟时间、激光到目标的距离，对古代亚历山大硬币进行了激光清洗，检测了清洗效果。

　　青铜制品是重要的金属文物。为了保护佛罗伦萨文艺复兴时期镀金青铜文物天堂之门，Siano 等[84]研究了不同脉冲持续时间的 Nd:YAG 激光清洗时的光热和光声机制，优化了激光清洗参数，他们[85]还对镀金青铜艺术品表面激光清洗的热过程进行了数值模拟，对镀金青铜清洗激光输出参数的选择提出了实用建议。

　　建于 19 世纪初的波兰华沙维拉努夫宫(Wilanów Palace)铜屋顶因为环境影响而退化，为了解决这一问题，Garbacz 等[86]采用激光进行了清洗。采用显微结构检测技术、表面形貌分析和颜色分析，研究了激光能量和脉冲宽度对其微观结构的影响。结果表明，100 μs 脉冲系列清洗效果最好。通过控制激光脉冲的数量，可以控制清洁表面的粗糙度。

　　对于纺织绣品文物，其中有一类用金、银或铜线绣成，或者镶嵌有金属丝线。Degrigny 等[87]对纺织品上失去光泽的银和铜线，用 Nd:YAG 红外、可见和紫外激光进行了清洗。他们对制作的实验样品，如经过人工硫化的铜板、银板以及根据传统方法染色的丝绸带，进行了激光清洗实验，然后对真实的文物进行了测试，并对结果进行了讨论。

　　韩国某博物馆有一件由银线和丝绸制成的纺织品，用银丝带包裹着一堆丝纤维。由于时间久远，丝绸中的银丝已经变色，需要在不损坏丝绸的情况下对变色银丝进行清洗，常规的化学处理方法无能为力。Lee 等[88]使用 Nd:YAG 激光清洗银丝上的表面污染物，激光波长分别为 1064 nm、532 nm、266 nm。其中 266 nm

激光清洗最合适，可以清洗干净银表面而丝毫不损伤银或丝表面，而 1064 nm 波长很容易造成诸如银的熔化和燃烧之类的损害，并损伤丝绸。Abdel-Kareem 等[89]采用波长为 532 nm 的 Nd:YAG 调 Q 激光，通过两种改良的湿式清洗方法，对埃及考古织物上锈蚀的铜绣线进行了清洗。清洗前后对样品进行了测量和分析，以跟踪激光清洗过程。结果表明，激光清洗是所有清洗方法中最有效的，可以安全去除腐蚀产物，对金属条和纤维芯没有任何损伤。激光清洗技术解决了通常用于博物馆纺织品金属线清洗的其他传统清洗技术所带来的问题。

3. 木制品文物

为了美观和长久保存，人们会在木质物件上面刷上油漆、镀上金膜。现存的木质文物，由于年代久远，涂层表面沾染上了污染物，或受到了损坏。在修复时，以往采用的传统机械法很容易损害文物，而化学溶剂清洗方法，在修复后由于化学物质的长期作用，会导致木头腐朽。因此，文物保护者对激光清洗木质文物的兴趣与日俱增。

激光清洗木质文物时，不同激光波长的作用效果不同。Gaspar 等[90]用 1064 nm(红外)、532 nm(可见光、绿色)和 266 nm(紫外线)Nd:YAG 调 Q 激光，清洗镀金木制样品。激光波长对镀金表面(紫红漆、清漆和金)产生了不同的影响。在低能量的多脉冲模式下，紫外线(266 nm)是清洗镀金表面最有效的波长。西班牙萨拉戈萨的米索内斯德伊斯乌埃拉(Mesones de Isuela)城堡内一座礼拜堂的十四世纪彩色木制天花板上涂有红、绿、黄、黑油漆，油漆表面覆盖着黑色沉积物和复合污垢，Castillejo 等[91]采用 Nd:YAG 调 Q 激光器(波长分别为 1064 nm、532 nm、355 nm 和 266 nm)进行清洗，266 nm 激光可有效清洗红色(朱红)、绿色(铜绿)和黄色(雌黄)涂漆区域，而长波长激光清洗样品会引起变色，实验中没有发现颜料或黏合剂降解的迹象。Acquaviva 等[92]采用准分子激光器和 Nd:YAG 激光器，波长分别为 248 nm(紫外)、532 nm(可见光)和 1064 nm(近红外)，清洗镀金木质文物。通过改变激光参量(激光波长、能量和脉冲数)，观测清洗效果以及表面损伤和颜色变化的情况。

能量密度是影响清洗效果的另外一个重要因素。Romina 等[93]用 KrF 准分子激光清洗史前木质文物，以恢复其原始的表面形貌。这些文物是 20 世纪 70 年代在意大利特伦托的五卡雷拉湖居遗址(公元前 1500～前 1400 年)发现的。在合适的激光能量密度下可以进行有效清洗，当激光能量密度较低时，固化物表面会出现特殊的结构，这是热应力作用于固化物表面所致。

激光清洗和传统化学、机械清洗木质艺术品的效果也被进行了比较。实验表明[94]，当采用传统清洗技术时，即使是经验丰富的修复者也不能满足艺术品清洗的所有要求，而激光清洗则非常成功地去除了陈旧的涂装、艺术品深裂缝和凹槽中的污垢，还去除了由烟灰、蜡、硬脂和多色颜料形成的混合物。研究表明，对于木制艺术品文物，激光清洗是更快和更安全的清洗方法，尤其是对比较深的雕刻凹槽区，清洗效果更好。

从以上研究可见，能量合适的紫外激光对于木质文物清洗具有传统化学和机械清洗法所不能达到的良好效果。

4. 油画

油画是西方常见的艺术品，现今留存有大量的油画文物。油画表面通常有一层清漆涂层来保护画作。但是经过长时间的风化，表面的涂层都会受到损坏，在维护和修复时，需要去除表面破损涂层，然后再重新涂刷一层保护涂层，在去除旧涂层时不能影响原画。

研究者们采用了一些技术来评估、研究激光清洗油画的效果。Gaetani 等[95]通过测量温度、pH、电导率和光谱比色实验，用 Nd:YAG 激光器研究了不同激光参数(调 Q 或自由运转模式、波长、重复频率和能量密度)的激光辐射对油画表面的影响。Marta 等[96]用 KrF 准分子激光(248 nm)对绘画进行了清洗，并采用一系列分析技术对激光清洗所引起的化学和物理变化进行了评估。Andriani 等[97]采用 Nd:YAG 激光和传统清洗技术，对清洗过程的效率和画布完整性的保存进行了比较研究。激光采用自由运行模式(1064 nm，脉冲宽度 40～110 μs)，长调 Q 脉冲模式(1064 nm，脉宽 200 ns)和调 Q 模式(1064 nm 及 532 nm，脉冲宽度 6 ns)，样品为十七世纪的麻质画布上的绘画。Selimis 等[98]为了研究激光清洗绘画的安全性，研究了几种油画中常用的聚合物油漆材料的激光清洗，聚合物材料掺杂有已知光化学的芳香族光敏剂，涂有不同厚度的丙烯酸均匀层。在激光照射之后，采用了几种光谱技术监测激光清洗引起的任何光化学和结构变化。Vounisiou 等[99]利用聚合物材料掺杂芳香光敏剂和涂覆均匀的丙烯酸层组成的涂料，模拟油画表面涂装层。在激光照射后，采用各种光谱技术，评估激光诱导的任何光化学和结构修饰的变化。

Pouli 等[100]研究了激光清洗油画的机理，认为热效应、光化学效应和光机械效应的协同作用是激光清洗的机制。激光清洗是否成功，关键要看是否能够清洗掉基底表面的污染物，同时保护基底表面不受损伤。大量研究表明，在许多情况下，激光和清洗对象之间存在最佳的相互作用，选定好参数，可保证在清洗污染物时原始基质不引起光化学或结构改变，其中激光脉冲宽度是激光清洗油画中的一个重要参数。

5. 纤维素类(羊皮纸类、纸、棉质)文物

羊皮纸、宣纸、丝绸等材料是古代人写字、作画的常用介质，在保存中常因为虫蛀、氧化、灰尘吸附等在其表面沾染有各种污渍。很多出土文物长期处于厌

氧环境下，虽然可以保存很久，但是出土后进入有氧环境中化学结构会产生变化。这类文物几乎无法采用传统的机械和化学法进行有效清洗。而激光清洗则提供了一个具有前景的手段。

Kennedy 等[101]研究了红外(1064 nm)、绿光(532 nm)和紫外(266 nm)激光清洗对羊皮纸结构、热学和分子特性的影响。红外或绿色波长的激光清洗不会改变原图案，在紫外波长下清洗的羊皮纸显示出结构损伤，水热稳定性和分子完整性也降低了。Ochocińska 等[102]在用 532 nm 调 Q 脉冲 Nd:YAG 激光清洗彩色纸质文件后，通过光谱评估清洗效果。

激光清洗纤维类文物，也会出现"发黄"等变色现象，甚至导致纤维素成分的不稳定。为此，研究者们进行了深入研究。Bloisi 等[103]用倍频(532 nm)Nd:YAG激光清洗棉样品，即使在低能量下也会出现"发黄"现象。Kolar 等[104]用 532 nm和小于 2.5 J/cm² 的脉冲激光对污染纤维素进行清洗，用黏度法测定聚合度，用漫反射红外光谱法观察化学组成的变化，发现含有碳质污垢的纸张经过激光清洗后有显著变色，进而讨论了广泛形成的黄色发色团的可能原因。Strlic 等[105]研究了脉冲激光(Nd:YAG 激光，532 nm 和 1064 nm)清洗后的变色原因，认为大分子共轭体系是变色的最可能原因，变色是由热分解反应形成的。通过使用低激光重复率，即 1 Hz，使得基底材料在连续激光脉冲之间有足够的时间冷却，可以降低激光清洗的变色程度。

Belli 等[106]研究了激光清洗棉织物文物的可行性，制备了样品，并研究了两个主要激光参数，即能量密度和脉冲数的几种组合的清洗效果，采用扫描电子显微镜观测纤维对紫外激光清洗的响应效果。进而，他们[107]还对四种不同的纺织品(羊毛、丝绸、亚麻和棉花)进行了激光清洗，研究了能量密度和脉冲数最佳的清洗条件，分析了形态学变化。

中国研究者也开展了纸质文物的激光清洗，赵莹等[108]采用波长为 355 nm 的三倍频 Nd:YAG 激光对纸本书画(宣纸)上产生的霉菌进行了激光清洗。清洗机理主要是激光光子与霉菌微生物大分子的相互作用产生的光分解效应以及热效应。实验结果表明，选择适当的激光能量密度，可以实现对霉菌的清洗而不会损伤宣纸基底。

6. 化石、玻璃文物

化石是一种特殊文物，其表面污染物包括土壤等无机物、表面氧化及其他化合物。Landucci 等[109]用 Nd:YAG 激光对从意大利遗址采集的哺乳动物骨骼化石样本进行了清洗，此方法具有很高的精度和可控性。他们还对由佛罗伦萨大学地球科学系的一个研究考察队发现的、目前保存在阿斯马拉(厄立特里亚)博物馆的人类"布亚头骨"化石进行了激光清洗[110]，进一步证明激光清洗骨骼化石的方法是可行和有效的。去除象牙和相关材料上的墨水污渍对管理员来说是一个棘手的问题，Madden 等[111]用 Nd:YAG、KrF 准分子、ArF 准分子、OPO 等激光进行清洗，波长从红外到远紫外，研究发现可见光清洗这些油墨污渍最为成功。

Fekrsanati 等[112]采用波长为 λ=193 nm(ArF 准分子)、248 nm(KrF 准分子)、308 nm (XeCl 准分子)、355 nm(Nd:YAG 三次谐波)和 1064 nm(Nd:YAG 基波)的激光清洗了玻璃文物上的表面沉积层，研究了激光波长对清洗效果的影响。

对于文物的激光清洗，Marczak 等[113]做了一些总结，介绍了激光在几种文物清洗方面的工作。主要有：激光系统和计算机控制的操作台，用于清洗纸张、羊皮纸和绘画的"在线"激光清洗诊断系统；2.94 μm 波长的窄脉冲宽度激光，用于清洗油漆；Nd:YAG 调 Q 激光脉冲进行时间和振幅整形后，用于清洗金属艺术品。

由上述介绍可见，21 世纪的最初十年，对文物的激光清洗研究得到了蓬勃发展，尤其是石材类、绘画类文物的激光清洗研究更是热点，从最初的清洗是否有效、与传统清洗技术(主要是机械清洗和化学清洗技术)的比较，到激光参数(波长、能量、脉冲数等)对清洗效果的影响、采用光谱等测试手段评判清洗效果、清洗机理和副作用(激光清洗石材和纸张后的变色等问题)的成因分析，科学家都做了大量的研究，得到了有用的结论。除了实验室研究外，还在实际文物清洗中开展了行之有效的工作。

2.3.2　激光清洗半导体材料

进入 21 世纪后，对半导体材料上微粒等污染物的激光清洗研究还在继续，但是更注重激光参数和清洗参数对清洗效果的影响。

激光能量、入射角、污染微粒种类和粒径等参数对激光清洗效果的影响是重点研究方向。Vereecke 等[30]用 248 nm 的深紫外脉冲激光去除硅片上的微粒时，研究了入射角对硅片的影响。当入射角从 80°减小到 10°时，0.15～0.30 μm 的 Si$_3$N$_4$ 粒子的清洗率提高了 30%～45%，而 0.3 μm 的 SiO$_2$ 粒子的清洗率却没有提高。理论计算表明掠入射时微粒清洗率的提高是由激光引起的热应力的水平分量不同而引起的。同样清洗条件下清洗率的不同是 Si$_3$N$_4$ 与 SiO$_2$ 颗粒形状导致的范德瓦耳斯力不同引起的。Zheng 等[114]采用 7 ns 的二倍频(532 nm)和三倍频(355 nm)Nd:YAG 激光，干式清洗硅片上的 0.5 μm 硅球微粒，阈值能流小于 5 mJ/cm^2，当能流为 10(三倍频)～15 mJ/cm^2(二倍频)时，可以 100%清除干净。Devarapalli 等[115]利用脉冲激光诱导等离子体产生的压力场，清洗尺寸为 100 nm 及以上的氧化铈微粒，对基底未造成任何损伤。Cruz 等[116]用 KrF 准分子激光器的 248 nm 紫外激光清洗 Si(100)表面，在 600 mJ/cm^2 能量密度下，可以得到清洁的表面。Graf 等[117]也表明对半导体上的直径 50 nm 以下的聚苯乙烯颗粒的无损伤激光清洗是可行的, 其清洗效率非常接近 100%。Hwang 等[118]用激光清洗硅衬底上的单个亚微米颗粒, 用电子显微镜观察了颗粒去除前后的基质, 研究了激光清洗微粒的机理。

湿式激光清洗法仍然是研究热点。Zapka 等[119]采用 XeCl 准分子激光, 湿式清除硅片上的铝颗粒, 激光清洗阈值为 280 mJ/cm^2, 当能量密度为 350 mJ/cm^2 时, 清除率达到 99%。Meunier 等[120,121]用 22 ns 脉宽的 KrF 湿式激光清洗硅片上的 Al_2O_3、SiO_2, 能量密度为 180 mJ/cm^2 时清洗率为 95%; 相比之下, 干式清洗有机物颗粒时, 能量密度大于 320 mJ/cm^2 才能基本清洗干净。Neves 等[122]用 KrF 准分子干式激光和蒸气式清洗了三种不同金属微粒污染的单晶硅晶片, 激光能量密度为 0.3 J/cm^2。干式清洗时, 金、铜和钨微粒的清洗率分别为 91%、71% 和 59%, 而在蒸气式清洗中, 清洗率均约为 100%。研究了激光辐照对 Si 表面的影响, 无论是干式清洗还是蒸气式清洗, 硅片表面不会损伤。Lang 等[123]研究了蒸气激光清洗对工业硅片上聚苯乙烯胶体颗粒的去除效果和不同液膜厚度对清洗过程的影响, 指出对于纳米尺度的微粒, 可能会有近场增强。Frank 等[124]使用对水吸收较大的红外激光(λ=2.94 μm, 10 ns), 对透明基底(玻璃、硅)上的粒径为 1 μm～300 nm 的微粒进行了清洗研究。

韩国的半导体工业发展较快, 在半导体材料的激光清洗方面也开展了研究。Lee 等[125,126]采用脉宽为 10 ns 的四倍频电光 Q 开关 Nd:YAG 激光(266 nm), 对硅片上 1 μm 的金属铜微粒进行干式清洗。采用 10 个脉冲连续作用, 当能流密度为 180 mJ/cm^2 时, 清洗率为 100%。但是对于 1 μm 的钨微粒, 激光密度提高到 280 mJ/cm^2 也清洗不掉, 直到峰值功率提高到 10^{12} W/cm^2, 才可以全部清洗干净。Lee 等[127]采用喷雾沉积法在裸硅片表面均匀沉积了直径为 0.05 μm 的 γ-Al_2O_3 颗粒, 用表面扫描仪测量清洗前后硅片表面的微粒数。采用 Nd:YAG 激光对硅片表面进行干式冲击清洗后, 硅片表面 90% 微粒被去除, 清洗率随粒径增大略有提高。Kim 等[128]用激光冲击波去除硅片表面的二氧化硅纳米微粒, 分析了激光功率密度、气体种类等工艺参数的变化。结果表明, 声强与冲击波强度密切相关。入射激光功率密度增加, 则声强逐渐增强。此外, 氩气能更有效地增强声强, 与空气或氮气相比, 氩气具有更高的清洗性能。Kim 等[129]用纳秒脉冲 Nd:YAG 激光(三次谐波 355 nm)对玻璃基板上的光刻胶(PR)进行激光清洗。激光后向辐照(BWI)时可完全去除 1.2 μm 厚的 PR 层; 而同样条件下前向辐照(FWI)时只能部分清洗。为了研究不同辐照方向下的微粒去除机理的差异, 利用光学颗粒计数器观察了激光清洗过程中产生的微粒大小分布, 发现后向辐照的大微粒浓度明显高于前向辐照的, 这说明二者的去除机制不同。考虑到微粒的尺寸特征和 PR 层的温度分布, 后向辐照最可能的清洗机制是 PR/玻璃界面的高温引起的爆炸。Lee 等[130]研究了激光清洗晶圆表面污染物, 指出清洗效果与激光照射时间和重复频率成正比, 用图像处理方法进行了定量分析，给出了清洗效率和清洗机理。此外，指纹污染晶圆的清洗效率与光热清洗机理密切相关。

国内的学者也加入到半导体材料的激光清洗研究中。陈浩[131]从理论和实验上对湿式激光清洗印刷线路板进行了初步研究。理论计算了不同粒径的微粒对印制电路板的吸附压强，以及纯水液膜在激光作用下爆炸产生的压强。采用低浓度弱酸作为液膜，进行湿式激光清洗，当液膜和激光工艺参数适当时，可以在不损坏印制电路板的情况下同时清洗微粒和铜氧化膜。Hou 等[132]用 248 nm 的紫外激光脉冲，研究了去除硅片上弱吸收微粒时激光入射角的影响。当入射角从 80°减小到 10°时，0.15～0.30 μm 的 Si_3N_4 粒子的清洗率提高了 30%～45%，而 0.3 μm 的 SiO_2 粒子的清洗率没有提高。理论计算表明，将入射角从 80°减小到 10°时，辐射压力的水平分量增加了 30 倍，而垂直分量则保持不变。这种辐射压力会使微粒滚动，从而有助于去除微粒。Si_3N_4 与 SiO_2 颗粒之间的差异归因于微粒形状对范德瓦耳斯黏附力的影响：形状不规则的 Si_3N_4 微粒的黏附力与辐射压力的水平分量相当，而球形 SiO_2 颗粒的黏附力更高[30]。

与十年前的激光清洗半导体材料上污染微粒的研究相比，进入 21 世纪后，激光清洗的研究更加注重细节，如激光入射角度、前向和后向激光照射、不规则微粒的清洗；采用了更多的测试仪器，如各种光谱仪、颗粒计数器等；从事研究的国家和科技人员也更多，既包括欧美国家的研究团队，也包括亚洲的新加坡和韩国学者，中国学者也加入了研究队伍。

2.3.3 激光除锈脱漆

工农业生产建设和仪器设备维护中，除锈脱漆是最常见的工序之一。进入 21 世纪后，随着人类对环境保护意识的增强和各国环保法规的进一步完善，作为一种更环保节能的清洗技术，激光除锈和脱漆得到越来越多的关注。

1. 激光除锈

去除金属腐蚀的方法很多，工业上最常用的是喷丸和化学清洗法，这两种方法效率高、技术成熟，但是污染环境，有损操作者健康。激光清洗作为一种新的环保清洗技术，进入了研究和实际应用阶段。研究者们采用多种激光(早期主要有 CO_2 激光器和 Nd:YAG 激光器)进行了除锈研究，通过显微镜观测、化学成分测量等多种手段，分析激光波长、脉宽等参数对除锈效果的影响，提出激光除锈的物理机制。Psyllaki 等[133]采用脉冲 Nd:YAG 激光($λ$=1.064 μm，10 ns)对三种不同化学成分的不锈钢上的锈蚀进行了清洗，研究了激光清洗对材料的影响以及清洗机理。能量密度为 1.0～2.0 J/cm² 时，无论表面层的成分和厚度如何，都可以清除锈蚀，而基底金属不会受到损伤。Siatou 等[134]使用纳秒脉冲宽度的红外(1064 nm)

和紫外(355 nm 和 248 nm)激光，对样品(参考试样和人工腐蚀试样)进行了激光清洗研究，分析确定了各层的矿物学和化学成分，研究了波长和脉宽对清洗的影响。Kim 等[135]采用 Nd:YAG 调 Q 激光清洗钢表面氧化物和细小微粒。Ke 等[136]研究了 TEA CO$_2$ 激光除锈的工艺参数对清洗效率和钢材性能的影响。Veiko 等[137]研究了激光清除金属表面的污垢微粒、涂层和近表面氧化物或腐蚀层所发生的物理过程。

关于激光除锈和机械除锈、化学除锈的效果也做了对比研究。Pereira 等[138]采用机械、化学和激光(脉冲 CO$_2$ 和 Nd:YAG 调 Q 激光)三种方法去除锈蚀，用光学显微镜、穆斯堡尔光谱对金属表面进行表征。结果表明：机械清洗不能完全清除腐蚀，而且很容易对基底造成机械损伤；在密闭环境中使用化学清洗方法，当精细控制实验条件时，可以有效去除腐蚀产物而不损伤物体表面；使用激光清洗虽然没有完全清除腐蚀，但通过合理选择参数，可以有选择性地进行清洗。Koh 等[139]对 8 种清洗方法进行了定量比较，其中 3 种是机械清洗(用 Al$_2$O$_3$ 细丸或玻璃珠或微喷砂清洗)，5 种是激光清洗(TEA CO$_2$ 或 Nd:YAG 激光，干式或湿式)，比较清洗前后的表面质量，证实了激光清洗的有效性。

考虑到各种清洗方法的特点，Lim 等[140]将激光清洗与传统的化学清洗技术相结合，去除低碳钢表面的氧化层，大大提高了清洗率。Nd:YAG 调 Q 激光(波长 1064 nm，半宽 6 ns)在酸性溶液中引起光击穿，产生了强烈的压力波，起到非接触式阻垢剂的作用。用光学显微镜、X 射线光电子能谱和能量色散 X 射线分析等方法测定了清洗率，研究了激光诱导压力脉冲、酸浓度和反应时间对氧化物去除效率的影响。

激光除锈的同时还可以对金属表面进行改性。Dimogerontakis 等[141]用 Nd:YAG 调 Q 激光(脉冲宽度为 10 ns)对铝-镁合金材料进行激光清洗，激光能量在 0.6~1.4 J/cm^2 范围内，检测到清洁表面的氧化，这主要是由瞬态热效应引起的改性。李伟等[142]也证实了激光清洗同时对金属材料具有钝化防护作用。

南开大学田彬等[143]介绍了干式激光除锈的原理、具体特点和结构，对干式激光除锈进行了初步实验，获得了激光除锈阈值、除锈效率、成本和效果等数据。

2. 激光脱漆

在 21 世纪的第一个十年中，对激光脱漆的研究也逐步开展。Bracco 等[144]采用 Er:YAG(2.94 μm)激光清洗油漆，该波长激光可被 OH 键吸收。通过设计一套诊断控件，研究激光清洗对样品的影响，得到了各种类型(包括涂漆层数、厚度及成分)的激光安全清洗的能量阈值。Rode 等[145]采用脉宽 12 ps、重复频率为 1.5 MHz 的激光和脉宽 0.5 ps、重复频率为 10 kHz 的超快飞秒激光脉冲，清洗较大区域的油漆。他们认为，飞秒激光清洗对清洗材料的损害最小。

陈菊芳等[146]为了获得工艺参数对激光清洗金属表面油漆层效果的影响,采用波长为 10.6 μm 的快轴流 CO_2 激光去除铝板表面的油漆层,研究了激光功率密度、扫描速度及扫描道间搭接量与油漆去除效果之间的关系。增加激光功率,可获得更高的扫描速度和更好的清洗效果;扫描道间搭接量大于 40%时,可实现漆板的大面积清洗。

与激光清洗文物、半导体相比,激光除锈脱漆的研究相对较晚。这一阶段的研究表明,与其他除锈和脱漆方法(主要是机械法、化学法)相比,干式激光清洗是一种较好的除锈脱漆方法,其成本低、环保、效果好,有望在工业中得到应用。

2.3.4　其他清洗研究和应用

除了以上激光清洗研究以外,激光清洗还被用在其他材料上。工业上常用的陶瓷砂轮,在经过一段时间的磨削工序后,表面会黏上金属屑,使得磨削效率下降,因此需要定期修整处理。Chen 等[147]用 CO_2 激光对砂轮表面进行清洗,选择高功率激光和较短辐照时间可以有效清洗砂轮。Jackson 等[148]采用高功率激光清除砂轮表面的金属屑,与常规清洗修整砂轮的性能相当。

在玻璃制品清洗方面,德国于 1997 年启动了一个研究项目——"彩色玻璃窗的激光清洗",旨在促进跨学科合作的系统研究。Römich 等[149]用 248 nm 准分子激光清洗玻璃基底,对于成分和颜色不同的玻璃、腐蚀壳和聚合物涂层,给出了激光-基底相互作用机制,讨论了激光在彩色玻璃修复中的可行性和局限性。李绪平等[150]采用连续 CO_2 激光和真空等离子体相结合的方法对石英基片进行清洗,清洗后的基片表面的油珠被清除干净,水滴接触角由 63°下降到 4°,在 400 nm 附近,基片透过率由 92.3%上升到 93.3%,损伤阈值由 3.77 J/cm^2 上升到 5.09 J/cm^2。

在泄漏石油的清洗应用方面,Mateo 等[151]用激光可控地清洗了"威望(Prestige)号"油轮泄漏的石油,整个过程通过激光诱导等离子体光谱控制,清洗前后用显微镜技术进行了表征。

激光清洗用于处理油污零件方面,Turner 等[152]研究了 Nd:YAG(λ=1.064 μm)激光对用 Ti-6A-4V 合金制成的航空航天零件的清洗效果。刘建华等[153]利用脉冲 Nd:YAG 激光清洗被污染的零件。Hidai 等[154]利用 ArF 准分子激光通过分解作用清洗目标物(被分解污染物为切削油),以及控制激光焦点和清洗对象的位置来避免清洗过程对基底金属板的影响,经过 18000 次辐照脉冲后,污染物得到清洗。

办公用纸的处理也可采用激光清洗,Svedas[155]用亚纳秒激光脉冲清洗被人为污染的办公用纸,可恢复 80%以上。韩伟[156]用钛宝石飞秒激光(1 kHz、50 fs、800 nm)脉冲,通过改变入射激光能量、扫描速度和样品位置等参数,实现了对普通纸张表面彩色印刷图案在显微量级上的完全去除,并保持纸张基底纤维未受损伤，获得了最佳清洗效果与这些实验参数之间的依赖关系，样品表面完全清洗所需的激光能量密度为 21～30 J/cm²。

在激光清洗发动机积碳应用方面，Ranner 等[157]研究了 Nd:YAG 点火激光清洗燃烧室沉积物。在一台 1.8 kW 四冲程内燃机上，安装了一个光学窗口来耦合激光。当 5 ns 激光通过窗口时，只要能量密度在 10 mJ/mm² 左右，就可以去除沉积物。托卡马克装置的表面碳基沉积会影响聚变反应堆运行。Widdowson 等[158]采用脉冲激光烧蚀来去除这种积碳，以 $1.2×10^{-2}$ m²/h 的速率可以完全去除 300 μm 厚的富氢同位素碳膜。

还有其他的激光清洗研究和应用。激光清洗蛋壳材料：Cornish 等[159]用 Nd:YAG 激光非接触清洗禽类蛋壳，并采用扫描电子显微镜研究了清洗效果；激光清洗有机泡沫：Dinesen 等[160]用激光去除聚氨酯泡沫，通过对颜色测量数据的统计，找到了最佳的激光参数；激光清洗皮革：Batishche 等[161]用波长分别为 1064 nm、532 nm 和 266 nm 的纳秒 Nd:YAG 激光，对软垫家具的皮革进行清洗处理，发现同时采用 UV-IR(266 nm+1064 nm)清洗效果最好；激光清洗模具：周桂莲等[162]介绍了激光清洗模具；激光清洗复合材料：Klemm 等[64]对大量具有不同内部微观结构、表面粗糙度和水分含量的样品进行了激光清洗，讨论了激光清洗对胶凝复合材料几何微观结构的影响；激光清洗丝织物：Lerber 等[163]用计算机控制的 532 nm 的 Nd:YAG 调 Q 激光，以 30 种不同的能量和脉冲数组合，对三种不同的未染色和染色的真丝织物(新净、新污、自然老化)进行了清洗，通过黏度计、X 射线衍射和聚焦离子束二次离子质谱(FIB-SIMS)结合温度计算研究了它们的化学变化；激光清洗蒸气发生器传热管：Hou 等[164]针对蒸气发生器传热管，进行了激光清洗实验和分析；激光清洗印刷机械中的丝网部件：徐世垣[165]利用激光束清洗印刷网纹辊上的污染物，发现不但能去除油墨残留物，还能去除聚合物残渣；激光清洗钴铯污染层：高智星等[166]利用高功率准分子激光，对铸铁、不锈钢、碳钢和铜、铝等多种金属表面钴、铯污染层进行清洗，1 J/cm² 的紫外激光脉冲连续辐照 100 次，可以有效清洗；激光清洗城市涂鸦：Costela 等[167]比较了 Nd:YAG 调 Q 激光器二次谐波和三次谐波激光对城市建筑涂鸦的清洗效果，发现三次谐波是最有效的波长。

2.4　近十余年激光清洗的研究

2010 年以后，激光清洗的研究进一步深入，其中，文物的激光清洗仍然是受关注的研究方向，激光除锈脱漆成为新的研究热点，半导体清洗的研究则逐渐减少。中国科研人员对激光清洗表现出极大的热情，发表了大量论文，涵盖了激光清洗机理和应用等多个方面。

2.4.1 文物清洗

1. 石材类文物清洗

Pouli 等[168]认为，基于烧蚀机制的激光清洗石材是一个微妙的和不可逆的过程，充满了许多潜在的复杂因素。因此，根据材料特性等具体情况、所涉及的清洗机制，选择最佳的激光清洗参数是至关重要的。Rivas 等[169]用 355 nm 波长的 Nd:YVO$_4$激光，对具有不同矿物学性质、结构和孔隙度的两种花岗岩上的四种不同颜色的油漆进行清洗，白、蓝、红和黑色漆的表面清洗效果有所不同，这主要是因为油漆的化学成分不同。此外，花岗岩上的裂缝深度和分布也影响油漆的渗透情况，最终影响了清洗效率。

意大利有很多历史性大门的古门柱是石灰岩制成的，砖石块区域有明显的黑色外壳沉积，这些黑色结垢和石灰岩的化学成分各不相同。Senesi 等[170]将 Nd:YAG 调 Q 脉冲激光与 LIBS 相结合，有效地监测、控制和表征石灰石激光清洗过程，可避免过度清洗和不充分清洗。

此前的研究已表明，激光清洗石材时，可能会出现变色现象。科学家们对此进行了深入研究。Urones-Garrote 等[171]研究了激光清洗花岗岩样品的纳米结构和化学成分，发现原始花岗岩中有大量的 ZnFe$_2$O$_4$ 纳米粒子，激光清洗后这种纳米粒子数减少了，认为这与变色有关。Pelosi 等[172]研究了激光清洗对 19 世纪和 20 世纪石膏雕塑的影响。清洗前的测量发现，表面有虫胶、锌白、干燥油和蛋白质。采用 Nd:YAG 调 Q 激光进行清洗后，有效地去除了污垢层，保持了表面原有光洁度。

2. 金属制品清洗

金属制品，如铜、金制品或镀铜镀金制品，位于潮湿环境中会被腐蚀。前期研究表明，激光清洗对金属制品表面腐蚀具有很好的清洗效果。在激光清洗前后和清洗过程中，各种技术手段被用于检测清洗效果和控制清洗过程。Kudryashov 等[173]采用 X 射线荧光分析仪，监测激光清洗历史遗迹(圣彼得堡原始历史遗迹的碎片)表面污染物和自然沉积物的质量。Cacciari 等[174]用三维数字显微技术评估艺术品(青铜器)激光清洗过程中的微观形态特征，提供了纹理和颜色信息。Sharp 等[175]用 Nd:YAG 调 Q 激光清洗青铜腐蚀产物、玻璃和陶器，并与常规方法进行了比较。张晓彤等[176]针对一件鎏金青铜造像进行激光清洗后，造像面部及周身线条轮廓清晰，散发鎏金光泽，体现了原有工艺价值。Dajnowski[177]采用 1064 nm 长 Q 开关与自由运行脉冲激光，清洗了一艘古代沉船的船舵上铜合金板，还原了舵的原始形貌。Buccolieri 等[178]分析了户外青铜钟的紫外激光清洗过程中硫、氯、钙、铜、铅和锡的浓度变化，评估了激光清洗效果。Lee 等[179]对镀金青铜试样进行了激光和化学清洗，化学清洗通过溶解去除铜的腐蚀产物，但去除不均匀，金属基体与镀金层会分离；而 Nd:YAG 激光清洗，可以清除部分腐蚀和一些损坏区域，但是棕色残留物仍然存在。棕色残留物是铜腐蚀产物与留在镀金层内的土壤混合的产物。

在 20 世纪 70 年代末到 90 年代初,欧洲公共场所的许多青铜雕像都被涂上了一层漆，以保护雕像。当这些涂层超过了使用寿命时，就不再能充分保护雕塑。比如，塞缪尔·莫尔斯雕像是由拜伦·皮克特在 1870 年创作的，以纪念这位 19 世纪的画家和发明家，莫尔斯电码就是以他的名字命名的。Basso 等[180]通过 XRD 鉴定了莫尔斯雕像上不同的腐蚀产物，这些腐蚀产物主要是硫酸盐和氯化物，而热解−气相色谱/质谱(Py-GC/MS)联用分析表明，有机涂层主要由矿物蜡和丙烯酸组成。将雕像移到车间进行激光清洗，从褐色涂层和大气污染沉积中去除了富含铁和铅的化合物。

3. 其他文物

纸、布、陶土、石膏、木雕、蜡雕等文物材料具有特殊的性质，表面的污垢、烟尘或含碳沉积物以及其他来自环境的污染物很难采用传统清洗方法清洗，如机械法、化学法会破坏材料本身或者用这些清洗方法清洗效果不好，而激光清洗则是一种可行的方法。这类文物特别容易被损伤，所以在清洗时需要进行监测。Pelosi 等[181]用波长 1064 nm 和 532 nm、能量 4～28 mJ、脉宽 10 ns、光斑直径 2～8 mm、频率 5 Hz 的 Nd:YAG 调 Q 激光，对陶土、石膏、木雕、蜡雕进行了清洗。研究表明，激光清洗是一种可消除表面沉积物保留文物原有形貌的有效方法。他们[182]还对伊格纳兹·冈瑟工作室的一个圣约瑟夫时期的木雕采用 Nd:YAG 调 Q 激光进行了清洗，对表面材料的分析证实了存在干燥油、硫酸钡和虫胶，污染物成分比较复杂。激光清洗可以去除表面污垢，同时减少保护层老化而又不影响木材性能。

2.4.2　微粒清洗

对微粒的清洗，最早开始于半导体材料，在过去几十年中也一直是激光清洗研究的主要对象，对此，Peri 等[183]做了综述。综述指出，在激光技术中，短脉冲激光是微粒脱离基底材料的能量来源。微纳米尺度以下的粒子与基底的黏附力是多重作用力的综合，其中分子间作用力占主导。在半导体工业中，随着纳米制造中特征尺寸的不断缩小和待去除表面上的微粒数量的不断减少，微粒清洗越来越难，成品率仍然是微纳制造中的一个关键问题。各种高科技行业中最常用的清洗技术包括机械刷洗、超声波清洗、离心喷雾清洗、气相清洗、流体喷射清洗和低温清洗，基本都属于湿式清洗，通常可以被有效地用于去除大量的微/纳米尺度的粒子。但是也存在三个主要问题：①基底材料损坏；②化学残留物造成的污染问题

(如雾状缺陷)；③难以精确清洗。而激光清洗则可以全部或至少部分解决这些问题。

半导体材料上的微粒清洗研究还在继续。Tsai 等[184]用 Nd:YAG 激光照射浸在水中的晶圆片背面。激光能量在硅片内产生激波，激波传输到水中，形成流动的气泡流。冲击波和气泡流将 0.5 μm 大小的氧化铝颗粒从晶圆表面除去。由于晶圆与水接触，激光热造成的损伤大大减小。所需激光功率小于 50 W，激光加热引起的硅片内温度升高小于 30℃，清洗效率很高。

除了半导体工业中的微粒清洗外，金属、玻璃等材料上的微粒激光清洗研究逐渐增多。Zhang 等[185]采用干式激光清洗(DLC)和激光冲击波清洗(LSC)法去除硅溶胶–凝胶光学薄膜中的微粒污染物，可以在不损伤基底的情况下去除 SiO₂ 薄膜上 10 μm 以下的 SiO₂ 微粒，光学薄膜的透过率可以恢复到刚制备时的水平。LSC 法比 DLC 法具有更好的效率，可以获得更均匀的表面微观结构。Ye[186,187]利用 Nd:YAC 激光(1064 nm)对镀金 K9 玻璃进行清洗，激光使得玻璃表面空气击穿，产生的冲击波有效去除了镀金膜上的 SiO₂ 微粒，清洗率可达 90%以上，还研究了单脉冲激光清洗时微粒位置和间隙距离与清洗率的关系。大孔径采样光栅在使用一段时间后，会有损伤和微粒污染等影响正常功能的问题，紫外激光清洗可以有效地去除污染微粒，提高使用时的激光损伤阈值，比化学清洗具有更好的安全性和适用性[188]。

为了满足不同的工业要求，人们开发了不同的超精密加工方法，如化学机械抛光、进动抛光、磁流变抛光等。磁流变抛光是一种新型的精密光学加工技术，工艺灵活，能消除表面损伤，平滑表面粗糙度，修正表面形貌误差。不过大多数情况下，使用磁流变液后，在光学表面也会产生一定的污染微粒，以往采用流水或超声波进行清洗，不能完全去除污染微粒。采用激光清洗技术，则取得了良好的效果[189]。Nilaya 等[190]用 1064 nm、532 nm 和 355 nm 波长的亚纳秒到纳秒脉冲从不锈钢表面去除 CsNO₃ 微粒，这些微粒是半透明的，对观测到的实验结果提供了定性解释。

在激光清洗时，某些有凹槽和狭缝的材料，因为凹缝侧壁不能吸收足够的激光能量，所以很难清洗。激光清洗时，一般需要聚焦，离焦后的激光束会分散开，而凹槽狭缝又有一定深度。Yue 等[191]将一束轴向激光(准分子激光，248 nm)聚焦在狭缝略靠前面的位置，使散焦的光束传播到狭缝中，使得侧壁吸收激光能量。槽结构是由三个硅片(两个作为侧壁，一个作为槽的底部)构成的，槽宽可以很好控制。结果表明，粘在槽壁上的熔融二氧化硅细小微粒(直径约 5 μm)可以成功地被清洗掉。

Bäuerle 等[192]概述了激光与物质相互作用的基本原理，即清洗固体表面的微小颗粒或扩展污染层，讨论了该技术的各种不同应用和局限性，以及在纳米和生物技术领域开辟全新表面修饰方法的可能性。Grojo 等[193]利用紫外纳秒激光脉冲清洗不同类型的透明吸收粒子，利用光学显微镜测量颗粒去除效率和能量阈值。同时，借助增强电荷耦合器件(ICCD)相机进行快速成像，以微秒时间尺度表征物质的喷射。由于粒子下方的近场增强和/或与热粒子的热接触，对粒子的激光照射可以引起表面的损伤。Bloisi 等[194]提出了一个简单的激光清洗力学模型，将清洗效率与脉冲作用期间的表面变形特性联系起来，并将其应用于研究"反"激光清洗的行为。

2.4.3　激光除漆

除漆作业是工业中常见的重要工序，例如船舶、飞机、桥梁等大型设备都需要定期除漆后重新涂装。多年来，工业上主要使用喷砂法和化学法等传统方法进行除漆，这些传统方法存在一些问题，比如基底磨损、损害施工人员健康、严重污染环境。激光除漆法对金属基底无损伤、耗电量低、可自动操控、对环境污染小。

在工业应用中，使用最多的材料是钢铁、铝合金等金属材料和有机复合材料。下面对这些基底材料上油漆的激光清洗，分类给予介绍。

1. 钢铁表面油漆清洗

Chen 等[195]用激光清洗钢铁材料上的油漆，用光学显微镜和其他表面表征仪器检查清洗后的样品，认为激光清洗可以替代常规清洗方法。杜鹏[196]使用 Nd:YAG 声光调 Q 激光器，较为系统地研究了准连续激光除漆。通过简化的一维热应力模型计算出激光照射后基底的表面温升、清洗阈值和损伤阈值。实验结果与理论模拟值基本吻合，还讨论了光斑的扫描速度以及搭接量对除漆效果和效率的影响。施曙东等[197]利用波长为 1064 nm、重复频率为 0.5～50 kHz 可调的准连续 Nd:YAG 声光调 Q 激光对钢基底表面漆层进行了清洗实验和机理研究。模拟和实验结果表明，在钢基底表面漆层去除中，阈值清洗条件下清洗机理主要是振动效应，而有基底损伤时清洗机理则是振动效应和烧蚀效应。对于 50 μm 厚的漆层的钢铁基底，在平均功率 20 W 以上且搭接率为 80%时，能够完全清除表面油漆而不损伤基体。在保证合适激光功率密度和扫描搭接率的同时，通过提高激光器输出功率、脉冲重复频率或增加光斑直径，可以获得更好的清洗效果和更高的清洗效率。Li 等[198]研究了纳秒脉冲激光去除 Q345 钢表面油漆的情况以及清洗后表面的组织和硬度，对其表面形貌和显微结构进行了表征。x 方向扫描速度为 1500 mm/s，y 方向扫描速度为 7 mm/s 时，清洗后的表面相对平坦，只有少量残留油漆。表面 Fe 和 C 元素含量分别达到 89%和 9%。以 500 mm/s 和 1000 mm/s 的 x 方向扫描速度进行激光清洗后，清洗后的表面出现了细小的颗粒层。细晶粒层的最大硬度大于 400 HV，高于基底的。

　　轮船上使用的钢板处于海洋高盐高湿工作环境中，极易锈蚀，因此需要定期重新涂装，涂装之前需要去除油漆。Shamsujjoha 等[199]用激光清洗船用钢板上的环氧基涂料，发现底层金属基板在激光清洗过程中会熔化和再凝固，表面在微观水平上有明显的变化，而平均粗糙度在统计上没有显著变化。清洗后的钢板上重新喷涂涂料后，附着力与喷砂清洗样品的相当，甚至更好。Liu 等[200]用脉冲光纤激光清洗轮船甲板上的聚氨酯涂料，研究了激光功率对表面粗糙度的影响，分析了激光功率与船板的表面粗糙度和表面形貌的关系，表明激光清洗对船板聚氨酯漆的去除效果非常显著。

　　2. 铝合金表面清洗

　　铝合金因其强度高、耐腐蚀能力强，在工业中的使用越来越多，占有极其重要的地位。用激光去除铝合金表面油漆，清洗质量也会影响原器件和设备使用寿命。激光清洗铝合金基底油漆的研究主要包括激光参数对清洗效果的影响、清洗监控、清洗机制等。

　　章恒等[201]采用低频 Nd:YAG 脉冲激光对 FV520B 铝合金基底的表面漆层进行了激光除漆实验和机制研究。激光除漆机制因实验条件的改变而不同。当吹氩气时，激光除漆机制主要是烧蚀效应；当喷涂水膜时，激光除漆机制主要是烧蚀效应和振动效应，而且湿式激光清洗不但能提高表面漆层的清洗率，还能极大地提高基体的损伤阈值。实验验证了理论计算得到的搭接率的除漆效果，在激光扫描速度为 249 mm/min，扫描道间的搭接量为 0.6 mm 时，可完全去除整个漆层，激光除漆效率达 15.5 mm²/s。Razab 等[202]用 Nd:YAG 激光清洗了两种马来西亚汽车涂层，铝含量较高的样品的激光清洗效率较高。Jasim 等[203]采用纳秒脉冲光纤激光对 20 μm 厚的白色高分子涂料和铝合金基板进行了激光除漆研究。对重叠、通道数和脉冲重复频率的影响进行了评估，利用发射光谱技术进行监控。Zhang 等[204]用频率 20 kHz、脉宽 140 ns 的准连续激光对铝基板上的油漆涂层进行了激光清洗，实现了面漆 80 μm、中间漆 50 μm、底漆 50 μm 三层漆的定量清除。用二维模型进行了分析和模拟，当涂料较厚时，实验结果与模拟结果吻合较好。Zhao 等[205]用 1064 nm 高重复频率光纤激光器去除飞机外壳(LY12 铝合金板)上 50 μm 厚的聚丙烯酸树脂底漆层，通过选择合适的扫描速度和脉冲频率组合，可以提高扫描质量和效率。单脉冲激光剥离油漆的量随着激光功率的增加而增加。通过分析清洗后的表面和清洗过程中收集到的微粒，提出了三种可能的剥离机制：烧蚀效应、热应力振动效应和等离子体冲击效应。

　　在激光清洗中，设置条件的不同会影响工件表面的粗糙度。Zhang 等[206]详细探讨了激光清洗工艺参数对表面粗糙度的影响。表面粗糙度与能量密度呈线性正相关，通过改变能量密度和重叠比可改变表面粗糙度。在相同的能量密度下，表面粗糙度随重叠率的增加先增大后减小，最大粗糙度在 50%～66.7%。

激光除漆后，铝合金基底材料的性能(疲劳性能、硬度、杨氏模量等)没有变差，有些还会有提高。Lu 等[207]研究了连续波激光清洗铝合金基材上的涂层后的性能，从理论上解释了基于清洗模型、温度和热应力分布的清洗过程；通过测量激光烧蚀坑的径迹宽度和深度，研究了清洗效果，表面强度为 11.9 W/cm²，具有较好的耐蚀性和表面粗糙度。Shan 等[208]利用最大功率为 30 W 的纳秒光纤脉冲激光器清洗铝合金涂层，探讨了激光清洗能量密度对基体表面完整性的影响。清洗能量密度阈值为 17.69 J/cm²，损伤能量密度阈值为 24.77 J/cm²。当能量密度为 21.23 J/cm² 时，激光清洗的清洁度和表面完整性最好。激光清洗后表面的显微硬度和杨氏模量分别提高了 6% 和 25%，机械性能得到了显著改善。

3. 复合材料表面

制造业中，复合材料的使用越来越广泛，比如，在飞机中，碳纤维增强聚合物(CFRP)的使用越来越多。在使用中，黏合剂可以最大限度地提高 CFRP 的材料性能，但是碳纤维表面残留的脱模剂会引起黏附问题。Rauh 等[209]利用纳秒脉冲紫外激光(266 nm)清洗脱模剂，用光学显微镜、扫描电子显微镜和 X 射线光电子能谱(XPS)仪，对激光清洗前后以及传统机械清洗工艺后的 CFRP 试件进行了测试，结果表明激光可以清洗 CFRP，且清洗后试件强度比机械磨削清洗的强度提高了 100%。Gao 等[210]用紫外激光对 CFRP 表面进行了清洗，并分析了清洗后样品的残余树脂和表面能与胶黏剂黏结拉伸性能的关系。紫外激光完全清洗和部分清洗后的 CFRP 的主要损伤形式为混合破坏，局部清洗样品表面残留的树脂有利于提高黏结样品的拉伸性能。表面能的大小在一定程度上反映了碳纤维布的黏结性能，实验测得紫外激光部分清洗后的 CFRP 表面能为 83.35 mJ/m²，远高于原始表面的；但紫外激光完全清洗后的 CFRP 表面能为 56.67 mJ/m²，低于紫外激光部分清洗后的 CFRP 表面能。因此，部分清洗后的 CFRP 胶黏剂接头的强度要强于完全清洗后的 CFRP 接头。CFRP 材料表面的树脂残留也会导致黏附问题，Tong 等[211]通过激光清洗去除表面树脂，提高了碳纤维复合材料的表面性能。激光功率 16 W(扫描速度 1500 mm/s)清洗后的表面无树脂残留，黏结性能最佳，是未处理表面的 1.6 倍。

4. 其他材料除漆

Lee 等[212]采用 1064 nm 和 532 nm 的 Nd:YAG 激光清洗铜片上的丙烯酸树脂。用显微镜、红外光谱、扫描电子显微镜和 X 射线光电子能谱仪对激光清洗后的样品进行了分析，在激光能量密度较低的情况下，大部分样品都能去除丙烯酸树脂，波长 532 nm 比 1064 nm 的激光更为有效。

TiN 涂层对提高航空发动机在沙尘环境下的耐磨性和抗冲击性有积极作用。Hu 等[213]在 Ti6Al4V 合金表面沉积 TiN 涂层，采用不同的激光参数对该镀层进行激光清洗，揭示了清洗后 TiN 涂层的形貌变化及激光清洗机理。对于 Ti6Al4V 结构上的 TiN 涂层，当激光平均功率密度为 2.54×10^3 W/cm^2 时，清洗机制为热膨胀；激光平均功率密度提高到 5.08×10^3 W/cm^2 时，清洗机制为热熔化，同时伴随着基材的热熔化，可以观察到少量基材熔融液从裂纹中溢出；保持激光平均功率密度为 5.08×10^3 W/cm^2，增加激光脉冲数，基材和涂层均会出现熔化现象，清洗效果明显，此时清洗机制为热膨胀和热熔化。

在激光除漆中，由于油漆熔点较低，有可能产生火焰，不仅会部分地阻挡激光束，减弱其清洗效率，也会污染光学设备，更有甚者，有火灾隐患。在实际应用中，必须考虑到安全问题。Kuang 等[214]介绍了一种能有效抑制燃烧火焰、等离子体和火花的激光脱漆技术，所用样品为涂有多层涂料的铝合金薄板。将激光束散焦以减少激光能量密度，同时向激光作用区域吹惰性气体氩气，以减少光束材料相互作用区周围的热量和氧气，避免形成火焰。仔细控制激光束的扫描速度，确保适当的脉冲重叠，以防止铝合金基体过热。结果表明，该工艺能有效地去除油漆，并能有效地抑制火焰和火花。

5. 激光除漆机理研究

激光清洗的机理比较复杂，上面介绍的部分研究工作中，通过理论模拟和实验进行了机理研究。这里，再单独介绍一些激光清洗机理的研究工作。

Zou 等[215]研究了 Nd:YAG 调 Q 激光($\lambda = 1064$ nm，$\tau = 10$ ns)除漆机理，建立了短脉冲激光除漆理论模型，根据一维热传导方程计算了不同样品的温度。因为热膨胀而产生了热应力，通过对比热应力和油漆在基底上的附着力，得到了理论上的清洗阈值和损伤阈值，与实验结果一致。Han 等[216]结合实验和数值模拟，研究了激光除漆机理，包括激光气化效应、热应力效应和激光等离子体效应，其中热应力效应为主要因素。数值计算了 1064 nm 激光脉冲照射下涂层和基体的温度与热应力的空间分布，可为不同厚度的涂层选择合适的激光参数提供参考标准。Li 等[217]认为，激光除漆效果与激光作用机理直接相关，激光作用机理由激光能量密度决定。通过对不同激光能量密度下金属基底上的涂层烧蚀特性和涂层去除效果进行对比观察，得到了理想的漆层完全去除的激光参数。理论上研究了不同激光能量密度对涂层去除的烧蚀效应。

Zhao 等[218]在 Nd:YAG 光纤激光除漆中，发现单脉冲形成的凹坑深度、半径和体积随能量密度的增加而增大。在除漆过程中，表面发生了燃烧。在脉冲激光作用下，聚丙烯酸酯漆涂层分子链中 C—C、C—N、C—O 等化学键发生断裂和重排。激光除漆是化学键断裂、燃烧、热膨胀和等离子激振所产生的机械作用。

利用有限元模型，对清洗过程中产生的温度场进行了分析和验证。利用光纤激光器除漆，对激光除漆机理进行了研究。与原始漆层相比，清洗后由于键的解理和重排，在表面形成了新的有机化合物和复杂的化合物。此外，在等离子体冲击作用下产生了不同大小和形状的油漆颗粒。在高能激光照射下，涂层发生燃烧，形成形状均匀的球形纳米粒子[219]。

何宗泰等[220]采用纳秒脉冲激光对印制电路板表面的有机硅树脂三防漆进行清洗，考察了不同激光能量密度与激光脉冲宽度对印制电路板表面有机硅树脂的剥离效果。当输入的激光能量密度较低且激光脉冲宽度较大时，有机硅树脂发生局部热解产生气化现象，使有机硅树脂涂层发生膨胀。随着激光能量密度的增大，有机硅树脂部分结构发生降解，有机硅树脂涂层形成鳞状裂纹。随着激光能量密度增加，有机硅树脂处于由膨胀向裂解转变的临界状态，此时能够更轻易地从印制电路板表面剥离三防漆，且对印制电路板基材无明显损伤。

Yang 等[221]通过有限元分析法，研究了激光清洗 CFRP 上保护漆的机理，得到了激光能量密度、光斑重叠率和相邻扫描线间距对材料去除和基板峰值温度的影响，认为在激光清洗中，烧蚀机制起到主要作用。

2.4.4　锈蚀

1. 激光除锈的可行性和有效性研究

已有研究表明，金属表面的腐蚀层，采用激光进行清洗是可行的，且对工作场所的要求比传统喷丸和化学法要低。Veiko 等[222]用调 Q 脉冲镱光纤激光(平均功率为 50 W，脉冲持续时间为 100 ns)清洗污染轨道，可使钢轨与车轮之间的摩擦系数增加 30%。Kumar 等[223]用脉冲光纤激光对 Ti-3Al-2.5V 管表面进行清洗，表面形貌、硬度、化学成分、金相和 X 射线照相结果显示，激光清洗后样品的焊接质量明显提高。Park 等[224]用研磨机和喷砂机，以及 Nd:YAG 激光进行了除锈实验并做了对比分析，发现激光可有效清洗青铜样品中的铜绿，1064 nm 比 532 nm 激光波长去除铜绿的效果更好。路磊[225]采用双波长激光(1064 nm 和 532 nm)同时清洗了大面积钢板和铜板锈蚀。Kayahan 等[226]将低功率光纤激光器(20 W)用于金属表面清洗(除锈和脱漆)，并给出了这些应用的最佳激光参数。Park 等[227]对两种不同涂层体系的样品进行了激光除漆和除锈，对涂层、锈蚀厚度和附着力进行了实验研究，认为激光功率、脉冲宽度、扫描宽度和扫描速度等参量综合决定了激光除锈的最佳条件。

2. 激光除锈对基底的影响

由于腐蚀产物和基底材料的结合比油漆与基底的结合更为紧密，在激光除锈时，往往需要更大的能量或峰值功率密度。同时，由于基底材料上各处腐蚀层不均匀，在激光除锈时对于腐蚀轻微处基底吸收激光能量更多，容易导致基底损伤。因此，采用激光清洗金属表面腐蚀后，金属基底材料的性能是否有所改变，是工业上非常关心的。Narayanan 等[228]研究了各种重要的激光参数对激光除锈后表面性能的影响。通过改变扫描速度、孔道数等参数，观察被清洗材料的表面轮廓、粗糙度、硬度等特性随清洗深度的变化。清洗深度随激光功率和扫描次数的增加而增加，随扫描速度的增加而降低。在较低速度和较高功率下，表面会变色和变形。激光清洗后的表面粗糙度与清洗前的粗糙度几乎没有变化。激光清洗后的显微硬度随激光束轨迹的变化而变化，这说明激光清洗后样品的显微组织发生了改变。

Wan 等[229]利用纳秒激光对不锈钢表面进行清洗。采用扫描电子显微镜、接触角测量仪测试不锈钢表面形貌和疏水性能。分析了纳秒激光清洗后表面的微观结构和化学成分，研究了不同温度下液滴在激光清洗前后的不锈钢表面上的接触角。经干燥箱加热后，不锈钢表面具有超疏水性，静态接触角达到 $152°\pm1.3°$。研究表明激光清洗后的超疏水表面具有良好的自清洁性能。Zhang 等[230]的研究表明，激光清洗后的合金表面比热轧合金具有更高的耐蚀性，其阻抗显著增加，电容显著降低；激光清洗去除掉表面原有的 MgO 和 $MgAl_2O_4$ 等保护作用较弱的氧化层，新形成了 Al_2O_3 和 MgO 等保护作用较强的氧化层，这是提高合金表面抗腐蚀性能的主要原因。

Zhu 等[231]采用 Nd:YAG 声光调 Q 激光对 5A12 铝合金进行清洗，研究了不同激光功率和不同清洗速度对铝合金表面粗糙度、组织、元素含量、显微硬度、残余应力和耐腐蚀性能的影响。当激光平均功率为 98 W，清洗速度为 4.1 mm/s 时，激光除锈效果最好。激光清洗后，铝合金表面的光洁度和强度均可有效提高。作为 5A12 铝合金的主要元素，镁的含量下降。铝合金表面产生残余拉应力，耐蚀性略有下降。Liu 等[232]用激光对轮船甲板进行了清洗，清洗前后，通过图像评价纹理粗度、纹理熵、纹理强度、纹理对比度、纹理聚类程度和纹理均匀性等特征，并借助拉曼光谱分析腐蚀成分及其含量，得到了初始腐蚀程度下激光功率输出与拉曼光谱的关系。Lu 等[233]用紫外纳秒激光清洗 AH36 钢表面锈蚀层，以降低其表面粗糙度，提高耐蚀性，测量了样品表面的化学成分和微观结构，通过电化学测试来评价样品耐蚀性。在能量密度为 3.17 J/cm^2 时激光清洗后的表面具有最佳的耐蚀性和粗糙度，表面耐蚀性约为锈蚀表面的 5 倍。Wan 等[234]研究了不同功率对激光清洗效果和清洗后表面性能的影响，通过实验和仿真分析了 60～120 W 激光对 Q235 表面氧化层的清洗效果，70 W 的激光使样品清洗后的表面性能相对更加优化；100 W 激光清洗后的样品表面最光滑，但基底有轻微损伤。

Q345 钢是矿山机械常用的机械材料，由于工作环境潮湿，容易发生氧化，长时间放置后会形成复合污染物层和其他有机成分组成的污染物。Ma 等[235]研究了不同激光功率、重复频率和激光光斑重叠率下采矿零件的表面完整性，随着脉冲能量和重叠率的增加,样品表面的完整性逐渐提高,功率 280 W、重复频率 10 kHz(脉冲宽度 84 ns)、光斑重叠率 70%为最佳清洗参数。过量的能量容易破坏表面完整性,如增加表面粗糙度、产生烧蚀坑、氧化、降低显微硬度和降低耐腐蚀性。

激光焊接技术已经广泛使用,铝合金和钢材容易氧化,在焊接前需要对工件进行清洗,以提高焊接质量。实验结果表明,激光清洗预处理可以有效地消除工件表面的锈蚀、油脂和污垢,并在工件表面形成波纹纹理,增加激光能量的吸收速度,有助于避免发生焊接裂缝,显著增加焊接后接头处的力学性能[236]。Zhou 等[237]通过改变激光平均功率、光斑重叠率和扫描轨迹重叠率,进行了皮秒和 100 纳秒脉冲激光清洗铝合金实验,氧化物激光去除深度和直径与平均功率有关。随着激光平均功率的增大,烧蚀坑的深度和直径增大。在相同的平均功率下,纳秒激光的烧蚀深度大于皮秒激光的。皮秒激光清洗获得的表面质量远优于纳秒激光清洗的。焊接实验表明,激光清洗预处理能有效提高焊接质量。焊接后会留有一些残渣。Zhu 等[238]采用 Nd:YAG 激光对焊接后的 5154 铝合金进行清洗,研究了不同清洗速度下焊接接头的表面形貌、能谱、摩擦磨损性能、硬度和残余应力,在一定的清洗速度下,Nd:YAG 激光能有效清除焊渣,消除焊缝中的气孔,清洗速度在 5.2~20.7 mm/s 范围内时,激光清洗可以改善热影响区的摩擦学特性,消除焊接接头的残余应力,提高焊接接头的强度。激光清洗可省去传统热处理工序。

以上研究表明,激光清洗对材料性能基本没有负面影响,反之还可能提高某方面的性能,如耐腐蚀性。

3. 激光除锈的机理研究

Zhang 等[239]认为激光除锈机制是激光烧蚀。在激光烧蚀中,激光束与氧化层之间的相互作用产生了显著的热效应,导致下表面层发生热氧化,甚至会使表面薄层融化。表面氧化物状态的改变会影响金属合金的腐蚀行为。采用电化学阻抗谱法研究了激光清洗对 AA5083-O 铝合金腐蚀行为的影响。

Kravchenko 等[240]使用纳秒脉冲 Nd:YAG 激光,通过多模光纤传输,进行干式和湿式激光清洗。从衬底层界面区域的等离子体微爆炸和浸渍液体的厚锈层内部蒸气泡的形成两个方面对清洗机理进行了研究。用液体浸渍钢表面上的厚生锈层会显著提高清洗速度和效率,这可归因于在去除层内爆炸沸腾时蒸气泡的形成和破裂。

2.4.5　其他材料和部件

1. 玻璃与金属镜面

在大功率激光设备中,光学器件表面的污染会使激光束质量变差,从而对光学器件造成损伤。微粒污染和油脂污染是光学表面常见的两种污染。叶亚云等[241,242]分别采用连续 CO_2 激光和 Nd:YAG 激光清洗镜片金膜表面的二甲基硅油和微粒，研究了激光功率和作用时间对清洗效果的影响，通过控制激光参数，获得了较好的清洗效果，微粒清洗率可达 95%以上，而 K9 玻璃表面的金膜完好无损。Gan 等[243]用低功率 LD 清洗衰减器玻璃板表面的指纹和灰尘，研究了不同激光参数(包括激光功率和照射时间)对不同程度指纹污染的去除效果。Widdowson 等[244]对镜面进行了激光清洗，清洗后镜面反射率恢复较好，在红外光谱中的清洗通常优于可见光谱，在 1600 nm 波长下清洗的镜面反射率恢复高达 90%。

Leontyev 等[245]采用高重复频率镱光纤激光器(20 kHz、1.06 μm、120 ns)清洗钼和不锈钢镜面，建立了多脉冲损伤的一维解析模型，实验损伤阈值与理论损伤阈值基本一致。Uccello 等[246]对托卡马克第一反射镜的铑膜上的再沉积碳污染物进行了激光清洗。在托卡马克操作期间，溅射材料的沉积降低了反射镜性能。采用 1064 nm 和 7 ns 脉冲 Q 开关 Nd:YAG 激光，清洗铑膜上的碳沉积物，讨论了铑薄膜激光损伤阈值随激光能量和脉冲数的变化规律。通过目视检查和扫描电子显微镜对清洗区进行了表征，显示出良好的清洗结果。Hai 等[247]用激光去除反射镜上的沉积污染层。Nd:YAG 激光器的 532 nm 和 355 nm 波长比 1064 nm 波长激光能更有效、更均匀地去除杂质层。清洗阈值约为 0.01 J/cm²，损伤阈值约为 0.55 J/cm²。对不同激光能量下清洗后的烧蚀斑进行了表征。经多次脉冲和 0.3～0.55 J/cm² 的重复空间扫描，沉积层几乎完全去除。

碳氢化合物裂解和碳污染是软 X 射线同步辐射(SR)束线中的常见问题。光学元件上的碳污染会吸收和散射靠近 CK 边缘(284 eV)光谱区域的辐射。Singh 等[248]用脉冲宽度为 100 ns 的 Nd:YAG 激光器进行碳污染物的清洗，研究了激光脉冲宽度、激光能量、激光通过次数、入射角和光斑重叠对清洗性能的影响，分析了激光清洗的效果和膜的质量。

Wisse 等[249]用 5 ns 脉宽、220～1064 nm 波长范围的激光清洗不锈钢、铑和钼镜面，测量了损伤阈值。在真空中，当波长小于 400 nm 时，材料的损伤阈值随波长的减小而增大。在氮气环境中损伤阈值降低了 1/3～1/2。在清洗过程中的原位 X 射线光电子能谱分析以及非原位反射率测量表明，涂层几乎完全去除，反射率显著恢复。

同步辐射(SR)源中的反射镜片采用镀有一层金膜的硅片。使用一段时间后，金膜会被破坏，可采用激光清洗损坏的金膜。Choubey 等[250]用纳秒脉冲 Nd:YAG 激光作为清洗光源，在 3 分钟内，从约 48 cm² 的镜面面积上清洗了约 48 nm 厚的金层。研究了脉冲时间、光束入射角、光斑重叠、激光能量密度和通道数对清洗效率的影响。通过优化清洗参数，清洗效率接近 98%。这项研究表明，可以将镜子清洗干净后重新镀金，降低了使用成本。

2. 特种元件与设备

Tokura 等[251]用激光清洗探针上的污染，根据探针的材料和形状等信息，控制激光输出强度、脉冲间隔、波长和脉冲宽度，使探针上的污染物可以被清洗掉而不损坏探针。Hou 等研究者[252]对核电站蒸气发生器管进行了激光清洗。通过对声发射信号的实验分析，对激光清洗过程进行了监测。实验表明，激光清洗比其他清洗方法能更好地去除蒸气发生器管表面的细小颗粒。

Allcock 等[253]利用三倍频 Nd:YAG 激光器的 ns 脉冲(355 nm)，对平面微晶离子阱的电极进行了激光清洗。通过测量单个俘获离子的升温速率与长期频率的关系，验证了不同能量密度下激光脉冲的影响，观测到电场噪声谱密度降低了 50%，并注意到频率依赖性的变化。该技术为更好地控制离子微阱电极表面质量开辟了道路。Zhou 等[254]用激光清洗 SLAC 国家加速器实验室的直线加速器相干光源(LCLS)中的 X 射线自由电子激光器(FEL)的光电阴极。激光清洗后，量子效率(QE)增加了 8~10 倍，在清洗后的最初 2~3 周内发射度显著改善。目前，LCLS 光电阴极的 QE 稳定在 1.2×10^{-4} 左右。

Ti-3Al-2.5V 钛合金是一种冷加工成形且性能优异的钛合金，广泛用于制造航空液压管路系统。传统的化学方法清理焊件污染层时容易产生过浸蚀或欠浸蚀。黄先明[255]用脉冲激光清洗了焊管表面，而后用脉冲钨电极弧焊技术焊接管材接头。Ochedowski 等[256]用中等功率的短脉冲激光清洗石墨烯，利用原子力显微镜(AFM)研究了在激光清洗后 TiO_2 表面石墨烯片的剥落。激光清洗 6 min 后，表面电势升高，表明 p 型载流子浓度降低，这种效应归因于石墨烯表面的水和氧等吸附质的去除。激光清洗没有改变石墨烯的结构。

Lin[257]采用激光清洗工艺对雷达收发组件进行了清洗，文献中报道了激光清洗工艺有环保和无损伤的优点，而且能有效地清除组件中的氧化物、有机污染物和各种细小的颗粒等。可以预测，激光清洗必将在雷达 T/R 组件的制造中发挥越来越重要的作用。Tang 等[258]利用脉冲光纤激光器研究了压气机叶轮叶片的清洗阈值和损伤阈值。利用脉冲光纤激光器研究了衬底上、内层的清洗阈值和损伤阈值。为获得实验证据，采用扫描电子显微镜、X 射线光电子能谱仪和三维表面轮廓仪对激光清洗前后试样表面的两种硫化物层进行了研究。

3. 其他

激光清洗在医疗中也有应用。在口腔科治疗中，使用托槽黏结技术在初次黏结正畸托槽时常发生位置不当或脱落的情形，采用激光清洗技术对脱落正畸托槽进行清洗，可有效减少资源浪费，减轻患者负担。凌晨等[259]分别使用光纤激光器和 KrF 准分子激光对脱落金属正畸托槽进行了清洗实验。用短脉冲紫外准分子激光进行清洗，热效应较小，能在最大限度地不损伤托槽底板的情况下获得高质量的清洗效果。Park 等[260]采用 1064 nm 和 532 nm 的脉冲光纤激光器，通过改变峰值输出、单脉冲能量及能量密度、脉冲宽度和脉冲次数，进行牙体的激光清洗，发现波长为 532 nm 的激光比 1064 nm 的激光具有更高的清洗效率。

激光在纸张、油污、城市涂鸦等方面的清洗也取得了一定成效。Arif 等[261]用可见光激光清洗了黄酸机械磨木纤维素纸和漂白亚硫酸盐软木纤维素纸中的木炭颗粒，通过红外光谱测量揭示了脱水/脱氢反应和醚键交联以及纤维素链排列和结晶度的结构变化。Sobotova 等[262]研究了钢板表面合成油的清洗问题。朱玉峰等[263]验证了 TEA CO_2 激光在清除涂鸦方面的显著效果。当激光能量密度为 $4\sim6$ J/cm^2 时，去除效率最高，去除的涂鸦面积超过 2.5 cm^2/J；当激光能量密度低于 4 J/cm^2 时，基底和表层材料对 CO_2 激光的吸收系数差异引发的热效应起主要作用；在最佳能量密度范围内，激光等离子体爆轰产生的力学冲击效应为主要作用机制；能量密度超过 6 J/cm^2 时，样品表面空气被击穿，消耗大量激光能量，去除效率明显下降。Lu 等[264]采用纳秒紫外激光清洗铁基表面的微生物污垢，对清洗后的表面形貌和化学成分，以及耐腐蚀性能进行了测量和表征。在激光能量为 5.30 J/cm^2 条件下，表面防腐性能显著提高。Ramil 等[265]用纳秒 Nd:YVO$_4$ 激光器对花岗岩涂鸦进行清洗，无论要清洗的涂鸦颜色是什么，在相同的能量范围内，石英和钾长石颗粒都能得到满意的清洗效果。然而，如果是斜长石，则取决于要清除的涂鸦的颜色。因此，为了获得满意和安全的激光清洗，需要事先识别花岗岩成分和结构，以调整激光能量。

2.5　激光清洗的监控

激光清洗效果如何，效率为多少，清洗过程中是否会损伤基底，这些都需要进行监测。尤其是在基底较为敏感和易损的情况下，更需要实时或高频次监测以判断清洗效果和损伤状况。

监测可以分为线下监测和在线监测。前者是激光清洗后，将激光关闭，对样品进行测量，判断清洗效果，污染物是否被清洗干净，样品是否有损伤；后者是在清洗过程中进行监测，在激光辐照样品的同时，监测相关参数，判断清洗效果，并判定激光参数是否合适。

监测的目的是合理选择和控制激光清洗参数，以控制清洗进程，保证良好的清洗效果。线下监测是对测得的数据进行分析后，通过改变激光和清洗参数来更好地实现清洗；在线监测则可以实时分析数据并调整激光清洗相关参数。

由于激光清洗中监控的重要性，这里单独以一节篇幅对激光清洗的线下监测、在线监测和智能控制的研究动态予以介绍。在第 10 章，将详细介绍具体的监控技术。

2.5.1　线下监测

早在 1995 年，Larciprete[21,22]在研究 KrF(λ = 248 nm)和 ArF(λ = 193 μm)准分子激光对 Si(100)表面的氧化物层(SiO$_x$($x < 2$)层和含 F、C 和 O 的吸附层)进行清洗时，通过光学显微镜观察到的形态，对清洗前后的样品做了观测和比较，并采用俄歇电子能谱(AES)、低能电子衍射(LEED)能谱、X 射线光电子能谱等方法研究了激光能量密度和总光子数对清洗效果的影响，判断了清洗效果，分析了弱键合有机吸附剂的解吸以及氧化物的去除过程。Wesner 等[24]在脉冲准分子激光清洗电路板上的铜和氧化铜的研究中，用光学显微镜、光学轮廓扫描仪和扫描电子显微镜对处理后的表面形貌进行分析，用 X 射线光电子能谱对表面的化学状态进行研究，用椭偏仪测定氧化层的厚度。Tsunemi 等[52]使用 TEA CO$_2$脉冲激光清洗金属表面上的油漆层时，用能量色散 X 射线分析仪和光学显微镜观察清洗效果。Gobernado-Mitre 等[266]在用 Nd:YAG 脉冲激光清洗历史建筑中的石灰石时，使用光学显微镜和扫描电子显微镜评估激光辐照对表面形态的影响，通过显微拉曼光谱法、扫描电子显微镜和能量色散 X 射线分析(EDX)，检测石材的化学和矿物成分的变化。Maravelaki 等[43]在 Nd:YAG 激光清洗覆盖着黑色外壳的古代大理石样品时，采用了 LIBS 进行元素分析，结合烧蚀速率，得到清洗深度和形貌的信息。通过分析结果，以选择最佳的激光参数进行有效清洗。他们认为，LIBS 得到的信息，比传统分析技术如扫描电子显微镜、能量色散 X 射线分析、傅里叶变换红外光谱和光学显微镜得到的结果更好，并相信 LIBS 可以作为一种自主的在线诊断技术，为完成诊断提供必要的信息。Lu 等[50]在对不锈钢表面进行激光清洗时，利用俄歇电子能谱分析和光学显微镜观察，发现了不锈钢表面上形成的 γ-Fe$_2$O$_3$ 和 Fe$_3$O$_4$，进而判定是氧气与不锈钢之间产生了热化学反应。Braun 等[28]用 KrF 准分子激光清洗 Si 片上的丙烯酸酯时，采用原子力显微镜、光学和扫描电子显微镜进行测试清洗效果。Lee 等[267]利用 Nd:YAG 调 Q 激光清洗铜、大理石、纸张等材料，通过检测激光清洗过程中激光与表面相互作用产生的声发射，监测清洗过程，利用色度调制技术测量材料表面，利用声谱模式识别的方法，实现了基于神经网络逻辑的激光能量监测，采用模糊规则库的方法开发了表面损伤预测系统。这些技术可以提供独特的信息来监测清洗过程。

Castillejo 等[91]用 Nd:YAG 调 Q 激光(1064 nm、532 nm、355 nm 和 266 nm)清洗西班牙萨拉戈萨城的米索内斯德伊斯乌埃拉(Mesones de Isuela)城堡内一座礼拜堂的十四世纪彩色木制天花板，利用激光诱导荧光(LIF)光谱、LIBS、傅里叶变换拉曼(FT-Raman)光谱和傅里叶变换红外光谱等光学和振动光谱研究了激光波长的影响。Aleksandra 等[268]通过测定色度学参数，对比研究激光清洗对 17 世纪历史纸张样品和新制纸张样品的影响，清洗前后，色度学参数有明显的不同。佟艳群等[269]利用光栅光谱仪探测脉冲激光清洗铜币样品产生的等离子体光谱，表面污染的铜币光谱图中包含多元素原子谱线和连续谱线，清洗干净铜币的光谱图连续谱线消失且只有铜元素谱线，可据此判断样品是否被清洗干净。

Baek 等[270]采用扫描电子显微镜、X 射线光电子能谱仪、表面扫描仪和接触角测量等方法对激光清洗效果进行了定量分析。其中接触角测量法测量速度快，测量成本低，可以有效地分析激光清洗效率。Mateo 等[271]用光学显微镜和傅里叶变换红外光谱技术对激光清洗前后的青铜器进行了检测，结果表明，表面涂层结构完整，涂层完全去除。此外，还将 LIBS 用于分析和监测。Kudryashov 等[173]采用 X 射线荧光分析仪，监测激光清洗历史遗迹表面污染物和自然沉积物。Harris 等[272]利用时间分辨等离子体光谱技术，研究了单次 10 ns 脉冲激光烧蚀透明衬底上金属粒子时的能量和温升。当粒子被喷射时，温度的差异与等离子体在微球-衬底界面的约束是一致的，用泵浦-探针影图显示与脉冲激光能量的函数关系。

Razab 等[202]采用 Nd:YAG 激光清洗两种马来西亚汽车涂层(A 和 B)，通过能量色散 X 射线分析，确定其元素组成，进而判断出铝含量较高的 A 样品的激光清洗效率较高，在清洗过程中，碳、氧成分的平衡有助于涂层的还原。Rauh 等[209]用 266 nm 波长的 ns 脉冲紫外激光清洗 CFRP 复合材料上的脱模剂，用光学显微镜、扫描电子显微镜和 X 射线光电子能谱进行了测试。结果表明，激光清洗后碳纤维复合材料表面的强度比磨削时提高了 100%。Zhang[230]采用动态电势极化、电化学阻抗谱(EIS)和扫描振动电极技术(SVET)研究了激光清洗后的 AA7024-T4 铝合金，发现比热轧合金具有更高的耐蚀性，其阻抗显著增加，电容显著降低；通过辉光放电发射光谱(GDOES)和 X 射线光电子能谱测量，认为清洗后性能改善和表面氧化物状态的变化有关。Zhao 等[219]用光纤激光除漆，结合傅里叶变换红外光谱、X 射线光电子能谱和扫描电子显微镜对其机理进行了研究。

Basso 等[180]用各种技术分析了严重影响城市雕像表面的降解产物和用于保护青铜的有机涂层的特征：通过 X 射线粉末衍射(XRD)发现腐蚀产物主要是硫酸盐和氯化物，通过热解-气相色谱-质谱联用分析了有机涂层主要由矿物蜡和丙烯酸组成。在激光清洗过程中，使用便携式 X 射线荧光光谱(pXRF)在选定的位置进行三次分析，对处理进行监测，以表征雕塑表面的腐蚀程度，通过扫描电子显微镜和能量色散 X 射线能谱(SEM/EDS)检查清洗效果。Li 等[198]对 Q345 钢表面油漆进行激光清洗后，采用扫描电子显微镜和电子背散射衍射对其表面形貌和显微结构进行了观测，清洗后表面相对平坦，表面 Fe 和 C 元素含量分别达到 89%和 9%。粗糙度最小为 0.5 μm，表面出现了细小晶粒层，其最大硬度大于 400 HV，高于母材。Liu 等[200]采用激光清洗船壳板表面聚氨酯涂料，测量了不同脉冲光纤激光功率下舰船壳板的表面粗糙度和表面形貌，分析了脉冲光纤激光功率与表面粗糙度、表面形貌的关系。两次激光清洗对舰船壳厂聚氨酯漆的去除效果非常显著。Lu 等[232]在船舶的激光除锈中，采用 X 射线光电子能谱和扫描电子显微镜对激光清洗前后样品表面的化学成分和微观结构进行了测定，还通过电化学测试评价了样品的耐蚀性。结果表明，激光清洗后的表面耐蚀性约为锈蚀表面的 5 倍。Tong 等[211]对 CFRP 材料表面的树脂残留进行激光清洗，研究了不同激光条件下 CFRP 材料表面的化学活性和黏结强度，经激光清洗的表面黏结强度是未经激光清洗的 1.6 倍。

　　计算机和图像处理技术也被用来辅助监测。郭为席等[273]在用高功率脉冲 TEA CO₂ 激光器清除不同颜色不同种类的油漆时，用数码照片分析程序计算出清洗率、清洗阈值和损伤阈值。王续跃等[274]借助 MATLAB 图像处理工具箱，对清洗前后硅片表面光学显微镜照片进行处理，通过编写程序统计清洗前后硅片表面评价区域的污染颗粒个数，定量评价清洗效果。研究结果证明，利用此方法统计的颗粒数准确度达 97.6%，得到的激光清洗率准确度达 99.2%。借助图像处理技术评定清洗效果是一种高效、快速、准确的新方法。Pelosi 等[182]在对伊格纳兹·冈瑟(德国，1727~1775)工作室的木雕进行激光清洗前，用显微镜、反射分光光度计和扫描电子显微镜对表面进行检查，确定木雕的成分为酸橙树；采用显微拉曼光谱和傅里叶变换红外光谱对表面层状材料分析发现，表面存在干燥油和硫酸钡，还存在虫胶。创建了雕塑的数字三维模型，以仔细记录清洗过程。Liu[232]在清洗前通过图像识别，评价钢铁腐蚀程度，图像的特征包括纹理粗糙度、纹理熵、纹理强度、纹理对比度、纹理聚类程度和纹理均匀性。激光清洗后，通过拉曼光谱分析腐蚀成分及其含量，建立了激光功率输出与拉曼光谱的关系。Liu 等[275]提出了一种基于图像分析的两阶段工艺参数调整和表面粗糙度估计算法。利用直角坐标机器人进行图像采集和清洗。清洗前，先调整合适的激光参数，控制金属图像采集的环境照明，对图像提取分类特征，包括灰度共生矩阵(GLCM)纹理特征、凹凸区域特征、直方图对称性差特征和成像热物性特征。然后，随机生成激光初始参数并进行迭代计算：使用支持向量机(SVM)预测清洗效果。然后进行激光清洗，对清洗后的图像计算多个图像特征，包括粗度、GLCM 特征和凸区特征。经测试，SVM、预测函数和综合控制与估计算法的精度约为 90.0%、80.0%和 80.0%。Li 等[276]为了提高 Q235 碳钢的激光清洗效率，提出了一种基于成像分析的智能技术。在离线过程中，对腐蚀图像进行累加，计算灰度共生矩阵和凹凸区域特征，在激光清洗后获得不同的清洗图像，再通过计算金属色差特征和动态重量分配腐蚀纹理，利用粒子群算法和支持向量机对激光工艺参数进行预测。该方法可以提高清洗效率，合格率为 92.5%。

　　通过各种仪器设备，对半导体、文物、金属等各类物品进行监测，在激光清洗其表面附着的微粒、油漆、腐蚀等污染物之后，一般进行线下监测，主要是通过测量清洗对象的化学成分来判断清洗效果，具体的技术手段有：光谱仪、显微镜、X 射线分析仪、接触角、粒度仪，等等。计算机建模、图像分析也被引进到线下监测，提高了对激光清洗效果的判断能力。

2.5.2　在线实时监测

离线监测需要暂停激光清洗过程，而且监测过程比较烦琐。在实际应用中，在线实时监测是更为高效的方法。相比离线监测，在线实时监测更能够确保清洗过程的安全，不会对底层的原始表面造成不可逆损伤。20 世纪 90 年代，科学家们就尝试了通过清洗过程中的声波、反射率等信息进行在线监测激光清洗效果和清洗过程。

Lu 等[277]在研究中发现，激光清洗时，清洗对象的表面所发出的声波，可以反映其表面状态，即表面清洁度，通过实时监测激光清洗过程中声波的振幅和频率，可以实时监测表面的清洁情况。Cooper 等[41]在用 Nd:YAG 调 Q 激光清洗受污染的石灰石雕塑时，也是通过声学监测来实时判断激光清洗效果的。

Solis 等[23]则使用纳秒分辨率的实时反射率测量，监测了脉冲紫外激光(193 nm)清洗晶体 Ge 片上氧化物的过程。反射率可以表征激光清洗得是否干净，进而确定 193 nm 清洗 c-Ge 片的能量密度清洗阈值和损伤阈值，分别为 180 mJ/cm² 和 370 mJ/cm²。Tomas[56]在使用五倍频皮秒锁模 Nd:YAG 激光器($\lambda = 213$ nm，$\tau = 16$ ps，重复频率 10 Hz)清洗纯钨光阴极时，通过连续测量表面光电流来实时监测清洗效果。Kautek 等[44]用 308 nm 的紫外准分子脉冲激光清洗 15、16 世纪的羊皮纸手稿和 19 世纪的印刷纸等精细生物复合材料时，研究了激光诱导等离子体光谱技术、激光诱导荧光光谱技术作为无损在线监测技术的可行性。She 等[40]为了研究 NiP 硬盘基板上污染颗粒的湿式激光清洗的机理，弄清快速相变和薄液膜烧蚀过程，利用光学反射和光声束偏转探头用于监测蒸发阈值和产生的瞬态声波信号，利用激光闪光摄影技术观察了烟羽的演变和声波在大气中的传播。

Lee 等[278]基于色度调制技术，研制了激光清洗表面在线监测系统。色度监测系统由三个激光电探测器、光纤和基于 PC 机的数据采集和处理系统组成。此监视器产生的测量值取决于表面反射光的光谱特征，但与光强度无关。为了证明该系统的实用性和通用性，将其应用于激光清洗纸张和石材的表面监测。结果表明，由色度检测得到的光谱参数不仅能清楚地反映表面的清洁度和损伤程度，而且能从其独特的特性中获得大量的表面色度信息。文中还介绍了色调制技术如何作为一种快速、可靠的激光清洗表面监测方法。

Grönlund 等[279]在文物进行激光清洗时，实时测量 LIBS，并利用同轴牛顿望远镜和光学多道分析仪对 LIBS 信号进行监测。Khedr 等[280]在激光清洗大理岩时，跟踪和观察了激光清洗过程中产生的羽流，认为其是一种简单、安全和直接的实时在线监测方法。Klemm 等[281]通过激光散斑分析来评估激光清洗效果。Mutin 等[282]致力于激光清洗过程中激光火花的光谱研究，利用光纤光谱仪对光纤激光清洗过程进行了在线监测分析。Onofri 等[283]研究了消光光谱法(LES)远距离监测激光清洗粉尘效果，在探测长度为 1 m 时可以表征小于 1～10 ppb①的粉尘体积分数(或在探测长度为 10 m 时外推大约 0.1～1 ppb)。

在线监测主要是通过声学、光学等方法，通过收集清洗过程中的声信号、光信号来进行监测。近年来，除了继续在这方面进行研究外，还通过在线监测信号，实时判断来控制激光清洗过程。

2.5.3 激光清洗的智能控制

基于声学、色度学和智能技术的激光清洗过程的监控技术已经发展起来，不仅可以实现表面的清洗，而且可以实现过程的自动控制。

早在 20 世纪 90 年代，就有一些研究人员指出激光在线监测和自动控制的可能性。Maravelakl 等[43]在用 Nd:YAG 调 Q 激光清洗大理石时，通过 LIBS 对清洗样品进行元素分析，指出 LIBS 可以作为一种自主的在线诊断技术，为完成诊断提供必要的信息。

Bregar 等[284,285]对不同样品使用了干式和蒸气式激光清洗技术。用探针束偏转技术研究了激光清洗过程中冲击波的产生，观察了污染物突然加热和脱落产生的光声波，确定了光声波的两个特征参数：声信号的振幅和传播时间。通过测量光声波可以在线观察清洗过程，连续波的振幅和传播速度(接近声速)都达到一定值时，清洗过程结束。

光谱法用于激光清洗，需要复杂的仪器，成本较高。Hildenhagen[286]使用一个简单的光电二极管来监测来自艺术品表面辐照区域的散射光。所探测到的散射光来源于激光诱导等离子体和反射的激光辐射。结果表明，激光彻底去除污染物后，散射光振幅甚至脉冲带宽有明显的改变。相应的信号可用于闭环控制或在线监测。

Janik 等[287]介绍了一种用于分析薄膜的系统，此系统同时将脉冲清洗束和测量束应用于测试样品上的分析位置，以提高测量精度。为了最大限度地减少脉冲清洗光束对测量数据的热瞬变影响，可以对清洗脉冲进行时间设定，使其落在数据样本之间。或者，可以在每次清洗操作期间(即每个清洗脉冲和随后的冷却期)阻塞数据采样，在清洗操作开始之前将数据级别固定在测量级别上。在每次清洗操作期间采集的数据样本可以被丢弃,或者用清洗操作之前的数据样本进行替换。

---

① ppb 表示十亿分之一浓度。

　　Hou 等[164]分析了当时研究的激光清洗技术的实验和原理,包括实时监测。认为声发射信息中包含了大量的激光清洗信息,能够实时监控激光清洗过程。田彬[288]运用频谱分析方法研究了干式激光除锈过程中产生的声波信号的频率与清洗程度的关系,发现刚开始清洗与彻底清洗干净后所产生的声波特征频谱会发生很大的变化,即通过比较分析特征频谱就可对清洗过程做出判断,设计了一种利用声波监测、智能化频谱分析和模型阈值模拟等技术来实现自动化清洗的新型干式激光清洗装置。

　　Khedr 等[289]利用调 Q 的纳秒模式和短自由运行微秒模式 Nd:YAG 激光清洗大理石基底表面,采用羽流成像技术实时监测激光烧蚀,以控制文物激光清洗过程。Cucci 等[290]对意大利巴里市的斯维沃(Svevo)城堡深黑色石灰岩的表面进行激光清洗时,采用光纤反射光谱(FORS)和可见光及近红外(VNIR)高光谱成像(HSI)对清洗过程进行评估和控制。研究发现所得结果与利用 LIBS 研究元素组成的结果一致。将 FORS 和 VNIR-HIS 结合,可得到最佳清洗条件,并通过控制清洗过程,保护基底材料,避免清洗不足或过度清洗。

　　Senesi 等[170]用 Nd:YAG 调 Q 脉冲激光清洗意大利古石灰岩门柱的过程中,采用 LIBS 监测、控制和表征。覆盖在石头表面和底部石头上的黑色结垢的不同可用来评估清洗,即不同的元素组成可以判断清洗过程是过度清洗还是不充分清洗。Jasim 等[203]采用纳秒脉冲光纤激光器对 20 μm 厚的白色高分子涂料和铝合金基板进行激光除漆时,利用发射光谱技术识别清洗是否完成以及激光是否到达基底材料,并据此设计了监测策略。

　　在线监测并实现激光清洗的智能控制,离不开计算机技术。近年来,这方面的工作逐渐展开。Li 等[276]对 Q235 碳钢的激光清洗,采用了一种基于成像分析的智能技术,包括离线和在线计算模型。在离线模型中,先对腐蚀图像进行分析,计算灰度共生矩阵和凹凸区域特征,激光清洗后,计算金属色差特征和动态重量分配腐蚀纹理,再利用粒子群算法和支持向量机对激光工艺参数进行预测,相应的激光参数包括功率、线速度和行间距。对于在线计算,在计算 GLCM 和凹凸区域特征后,使用迭代计算对工艺参数进行调整:不断产生随机激光参数,只有 PSO-SVM 输出为正时,迭代才执行并结束。通过该方法,可以提高清洗效率,合格率为 92.5%。

　　Liu 等[275]在激光清洗前,对样品采集图像,通过计算得到分类特征,使用支持向量机预测清洗效果。激光清洗后,对清洗后的图像提取出多个图像特征,提出了一种基于图像分析的两阶段工艺参数调整和表面粗糙度估计算法,可以利用直角坐标机器人进行图像采集和控制激光清洗。

　　由以上介绍可知,测量手段可以大致分为三类。①利用显微镜观测,包括光学显微镜、金相显微镜、扫描电子显微镜、透射电子显微镜(TEM)、原子力显微镜、高速摄影等；②利用光谱法进行分析，主要有俄歇电子能谱(AES)、低能电子衍射能谱、X 射线光电子能谱、声谱、LIBS、激光诱导荧光光谱、傅里叶变换拉曼光谱和傅里叶变换红外光谱等，光谱可以得到材料成分的信息；③利用物理参数测量仪器，如硬度计、粒度计、光学轮廓扫描仪等，测量得到表面信息。

　　在线测量要求更高，难度更大，相对而言研究较少。根据在线测量结果，通过计算机进行数据处理、分析、判断，进而控制激光清洗过程才刚刚起步。未来，基于在线监测的激光清洗智能控制将是研究的主流方向。

参 考 文 献

[1] Schawlow A L. Lasers: the intense, monochromatic, coherent light from these new sources shows many unfamiliar properties[J]. Science, 1965, 149(3679): 13-22.

[2] Bedair S, Smith H P, Jr. Atomically clean surfaces by pulsed laser bombardment[J]. Journal of Applied Physics, 1969, 40(12): 4776-4781.

[3] Asmus J F, Murphy C G, Munk W H. Studies on the interaction of laser radiation with art artifacts[C]. SPIE. Proceedings of the Developments in Laser Technology II, F, San Diego, United States, 1973-08-27.

[4] Lazzarini L, Marchesini L, Asmus J F. Lasers for the cleaning of statuary: initial results and potentialities[J]. Journal of Vacuum Science and Technology, 1973, 10(6): 1039-1043.

[5] Lazzarini L, Asmus J F. The application of laser radiation to the cleaning of statuary[J]. International Institute for Conservation of Historic and Artistic Works, 1973, 13(2): 39-49.

[6] Asmus J F, Westlake D, Newton J R H. Laser technique for the divestment of a lost Leonardo da Vinci mural[J]. Journal of Vacuum Science and Technology, 1975, 12(6): 1352-1355.

[7] Asmus J F. The development of a laser statue cleaner[C]. Proceedings of the Deuxieme Colloque International sur la Deterioration des Pierres en Oeuvre,1976: 137-141.

[8] Asmus J F, Seracini M, Zetler M J. Surface morphology of laser-cleaned stone[J]. Lithoclastia, 1976, (1): 23-46.

[9] Asmus J F. Light cleaning: laser technology for surface preparation in the arts[J]. Technology and Conservation Boston, 1978, 3(3): 14-18.

[10] Fox J A. Effect of water and paint coatings on laser-irradiated targets[J]. Applied Physics Letters, 1974, 24(10): 461-464.

[11] 金杰, 房晓俊, 姚建铨, 等. 激光应用的新领域——激光清洗[J]. 应用激光, 1997, 17(5): 228-230.

[12] Lukyanchuk B. Laser Cleaning: Optical Physics, Applied Physics and Materials Science[M]. Singapore: World Scientific, 2002.

[13] Mittal K L. Detection, Adhesion, and Removal[M]. New York: Plenum Press, 1988.

[14] Beklemyshev V, Makarov V, Makhonin I, et al. Photodesorption of metal ions in a semiconductor-water system[J]. JETP Letters, 1987, 46(7): 347-350.

[15] Zapka W, Asch K, Keyser J, et al. Removal of particles from solid-state surfaces by laser bombardment . German Patent DE 3721940C2[P].1989-4.

[16] 陈菊芳, 张永康, 孔德军, 等. 短脉冲激光清洗细微颗粒的研究进展[J]. 激光技术, 2007, 31(3): 301-305.

[17] Zapka W, Tam A C, Ziemlich W. Laser cleaning of wafer surfaces and lithography masks[J]. Microelectronic Engineering, 1991, 13(1-4): 547-550.

[18] Zapka W, Ziemlich W, Tam A C. Efficient pulsed laser removal of 0.2 μm sized particles from a solid surface[J]. Applied Physics Letters, 1991, 58(20): 2217-2219.

[19] Tam A C, Leung W P, Zapka W, et al. Laser-cleaning techniques for removal of surface particulates[J]. Journal of Applied Physics, 1992, 71(7): 3515-3523.

[20] Park H K, Xu X, Grigoropoulos C P, et al. Temporal profile of optical transmission probe for pulsed-laser heating of amorphous silicon films[J]. Applied Physics Letters, 1992, 61(7): 749-751.

[21] Larciprete R, Borsella E. Excimer laser cleaning of Si (100) surfaces at 193 and 248 nm studied by LEED, AES and XPS spectroscopies[J]. Journal of Electron Spectroscopy and Related Phenomena, 1995, 76: 607-612.

[22] Larciprete R, Borsella E, Cinti P. KrF-excimer-laser-induced native oxide removal from Si (100) surfaces studied by Auger electron spectroscopy[J]. Applied Physics A, 1996, 62: 103-114.

[23] Solis J, Vega F, Afonso C. Kinetics of laser-induced surface melting and oxide removal in single-crystalline Ge[J]. Applied Physics A, 1996, 62: 197-202.

[24] Wesner D, Mertin M, Lupp F, et al. Cleaning of copper traces on circuit boards with excimer laser radiation[J]. Applied Surface Science, 1996, 96: 479-483.

[25] Lu Y F, Song W D, Ye K D, et al. A cleaning model for removal of particles due to laser-induced thermal expansion of substrate surface[J]. Japanese Journal of Applied Physics, 1997, 36(10A): L1304.

[26] Lu Y F, Song W D, Ye K D, et al. Removal of submicron particles from nickel-phosphorus surfaces by pulsed laser irradiation[J]. Applied Surface Science, 1997, 120(3-4): 317-322.

[27] Coupland K, Herman P R, Gu B. Laser cleaning of ablation debris from CO_2-laser-etched vias in polyimide[J]. Applied Surface Science, 1998, 127: 731-737.

[28] Braun A, Otte K, Zimmer K, et al. Cleaning of submicrometer structures on Si-masters with pulsed excimer laser and reactive ion etching[J]. Applied Physics A, 1999, 69: S339-S342.

[29] Vereecke G, Röhr E, Heyns M. Laser-assisted removal of particles on silicon wafers[J]. Journal of Applied Physics, 1999, 85(7): 3837-3843.

[30] Vereecke G, Röhr E, Heyns M. Influence of beam incidence angle on dry laser cleaning of surface particles[J]. Applied Surface Science, 2000, 157(1-2): 67-73.

[31] Zapka W. The road to 'steam laser cleaning' [M]//Luk'yanchuk B. Laser Cleaning. Singapore: World Scientific, 2002: 23-48.

[32] Kolomenskii A A, Schuessler H, Mikhalevich V, et al. Interaction of laser-generated surface acoustic pulses with fine particles: surface cleaning and adhesion studies[J]. Journal of Applied Physics, 1998, 84(5): 2404-2410.

[33] Tam A C, Park H K, Grigoropoulos C P. Laser cleaning of surface contaminants[J]. Applied Surface Science, 1998, 127: 721-725.

[34] Zapka W, Ziemlich W, Leung W, et al. Laser cleaning: laser-induced removal of particles from

surfaces[J]. Advanced Materials for Optics and Electronics, 1993, 2(1-2): 63-70.

[35] Lee S J, Imen K, Allen S D. Threshold measurements in laser-assisted particle removal[C]. SPIE, Proceedings of the Lasers in Microelectronic Manufacturing, F, San Jose, CA, United States, 1991.12.01.

[36] Imen K, Lee S J, Allen S D. Laser-assisted micron scale particle removal[J]. Applied Physics Letters, 1991, 58(2): 203-205.

[37] Imen K, Lee S J, Allen S D. Method and apparatus for removing minute particles from a surface: US Patent 4987286[P]. 1991-1-22.

[38] Lee S, Imen K, Allen S. Shock wave analysis of laser assisted particle removal[J]. Journal of Applied Physics, 1993, 74(12): 7044-7047.

[39] Allen S, Miller A, Lee S. Laser assisted particle removal 'dry' cleaning of critical surfaces[J]. Materials Science and Engineering: B, 1997, 49(2): 85-88.

[40] She M, Kim D, Grigoropoulos C P. Liquid-assisted pulsed laser cleaning using near-infrared and ultraviolet radiation[J]. Journal of Applied Physics, 1999, 86(11): 6519-6524.

[41] Cooper M, Emmony D, Larson J. Characterization of laser cleaning of limestone[J]. Optics & Laser Technology, 1995, 27(1): 69-73.

[42] Siano S, Margheri F, Pini R, et al. Cleaning processes of encrusted marbles by Nd:YAG lasers operating in free-running and Q-switching regimes[J]. Applied Optics, 1997, 36(27): 7073-7079.

[43] Maravelakl P, Zafiropulos V, Kilikoglou V, et al. Laser-induced breakdown spectroscopy as a diagnostic technique for the laser cleaning of marble[J]. Spectrochimica Acta Part B: Atomic Spectroscopy, 1997, 52(1): 41-53.

[44] Kautek W, Pentzien S, Rudolph P, et al. Laser interaction with coated collagen and cellulose fibre composites: fundamentals of laser cleaning of ancient parchment manuscripts and paper[J]. Applied Surface Science, 1998, 127: 746-754.

[45] Duarte J, Pecas P. Excimer laser cleaning of mud stained paper and parchment[J]. Revista de Metalurgia, 1998, 34(2): 101-103.

[46] Narihara K, Hirokura S. Cleaning of Thomson scattering window by a laser blow-off method[J]. Review of Scientific Instruments, 1992, 63(6): 3527-3528.

[47] Mann K, Wolff-Rottke B, Mu F. Cleaning of optical surfaces by excimer laser radiation[J]. Applied Surface Science, 1996, 96: 463-468.

[48] Lu Y F, Komuro S, Aoyagi Y. Laser-induced removal of fingerprints from glass and quartz surfaces[J]. Japanese Journal of Applied Physics, 1994, 33(8R): 4691-4696.

[49] Lu Y F, Song W D, Hong M H, et al. Laser removal of particles from magnetic head sliders[J]. Journal of Applied Physics, 1996, 80(1): 499-504.

[50] Lu Y F, Song W D, Hong M H, et al. Mechanism of and method to avoid discoloration of stainless steel surfaces in laser cleaning[J]. Applied Physics A, 1997, 64: 573-578.

[51] Bahar A, Tagomori S. The effect of normal pulsed Nd-YAG laser irradiation on pits and fissures in human teeth[J]. Caries Research, 1994, 28(6): 460-467.

[52] Tsunemi A, Hagiwara K, Saito N, et al. Complete removal of paint from metal surface by ablation with a TEA CO_2 laser[J]. Applied Physics A, 1996, 63(5): 435-439.

[53] Oltra R, Yavag O, Kerrec O. Pulsed laser cleaning of oxidized metallic surfaces in electrochemically controlled liquid confinement[J]. Surface and Coatings Technology, 1997, 88(1-3): 157-161.

[54] Lee Y P, Loong S T, Zhou M S, et al. Application of laser-cleaning technique for efficient removal of via-etch-induced polymers[J]. Journal of the Electrochemical Society, 1998, 145(11): 3966-3973.

[55] Tomas C, Girardeau-Montaut J P, Afif M, et al. Dependence of photoemission efficiency on the pulsed laser cleaning of Tungsten photocathodes, part 1: experimental[J]. Applied Physics A: Materials Science & Processing, 1997, 64(5): 465-471.

[56] Tomas C, Girardeau-Montaut J P, Afif M, et al. Photoemission monitored cleaning of pure and implanted tungsten photocathodes by picosecond UV laser[J]. Applied Surface Science, 1997, 109: 509-513.

[57] Lafargue P, Chaoui N, Millon E, et al. The laser ablation/desorption process used as a new method for cleaning treatment of low carbon steel sheets[J]. Surface and Coatings Technology, 1998, 106(2-3): 268-276.

[58] Aldrovandi A, Lalli C, Lanterna G, et al. Laser cleaning: a study on greyish alteration induced on non-patinated marbles[J]. Journal of Cultural Heritage, 2000, 1: S55-S60.

[59] Marakis G, Maravelaki P, Zafiropulos V, et al. Investigations on cleaning of black crusted sandstone using different UV-pulsed lasers[J]. Journal of Cultural Heritage, 2000, 1: S61-S64.

[60] Mazzinghi P, Margheri F. A short pulse, free running, Nd:YAG laser for the cleaning of stone cultural heritage[J]. Optics and Lasers in Engineering, 2003, 39(2): 191-202.

[61] Rodriguez-Navarro C, Rodriguez-Navarro A, Elert K, et al. Role of marble microstructure in near-infrared laser-induced damage during laser cleaning[J]. Journal of Applied Physics, 2004, 95(7): 3350-3357.

[62] Kusch H G, Heinze T, Wiedemann G. Hazardous emissions and health risk during laser cleaning of natural stones[J]. Journal of Cultural Heritage, 2003, 4: 38-44.

[63] Pérez C, Barrera M, Díez L. Positive findings for laser use in cleaning cellulosic supports[J]. Journal of Cultural Heritage, 2003, 4: 194-200.

[64] Sanjeevan P, Klemm A J, Klemm P. The Effects of Microstructural Features of Mortars on the Laser Cleaning Process[M]. Amsterdam:Elsevier,2006.

[65] Marczak A J, Koss A, Ostrowski R, et al. Batory's chapel at wawel castle, cracow: laser cleaning and hue measurements of epitaph and stalls[C]. SPIE, Proceedings of the O3A: Optics for Arts, Architecture, and Archaeology, F, Munich, Germany, 2007-7-16.

[66] Siano S, Giamello M, Bartoli L, et al. Laser cleaning of stone by different laser pulse duration and wavelength[J]. Laser Physics, 2008, 18(1): 27-36.

[67] Grossi C M, Alonso F J, Esbert R M, et al. Effect of laser cleaning on granite color[J]. Color Research & Application, 2010, 32(2):152-159.

[68] Svobodová J, Slovák M, Přikryl R, et al. Effect of low and high fluence on experimentally laser-cleaned sandstone and marlstone tablets in dry and wet conditions[J]. Journal of Cultural Heritage, 2003, 4: 45-49.

[69] Jankowska M, Śliwiński G. Laser cleaning of historical sandstone and the surface discoloration

due to gas shielding[C]. SPIE, Proceedings of the Lasers and Applications, F, Warsaw, Poland, 2005-10-11.

[70] Vergès-Belmin V, Labouré M. Poultices as a Way to Eliminate the Yellowing Effect Linked to Limestone Laser Cleaning[M]. New York: Springer, 2007.

[71] Śliwiński G, Jasińska M, Bredal-Jørgensen J, et al. Laser techniques for cultural heritage research case studies[C]. SPIE, Proceedings of the 14th International School on Quantum Electronics: Laser Physics and Applications, F, Sunny Beach, Bulgaria, 2007-3-13.

[72] Jasinska M, Nowak A, Lukaszewicz J W, et al. Colour changes of a historical Gotland sandstone caused by laser surface cleaning in ambient air and N_2 flow[J]. Applied Physics A, 2008, 92(1): 211-215.

[73] Pouli P, Zafiropulos V, Balas C, et al. Laser cleaning of inorganic encrustation on excavated objects: evaluation of the cleaning result by means of multi-spectral imaging[J]. Journal of Cultural Heritage, 2003, 4: 338-342.

[74] Siedel H, Neumeister K, Robert J. Laser cleaning as a part of the restoration process: removal of aged oil paints from a Renaissance sandstone portal in Dresden, Germany[J]. Journal of Cultural Heritage, 2003, 4: 11-16.

[75] Colao F, Fantoni R, Lazic V, et al. LIBS used as a diagnostic tool during the laser cleaning of ancient marble from Mediterranean areas[J]. Applied Physics A, 2004, 79(2): 213-219.

[76] Salerno A, Lago G, Berti A, et al. Laser cleaning of terracotta decorations of the portal of Palos of the Cathedral of Seville[J]. Journal of Cultural Heritage, 2005, 6(4): 321-327.

[77] Sarzynski A, Skrzeczanowski W, Marczak J. Colorimetry, LIBS and Raman Experiments on Renaissance Green Sandstone Decoration During Laser Cleaning of King Sigismund's Chapel in Wawel Castle, Cracow, Poland[M]. New York: Springer, 2007.

[78] Chapoulie R, Cazenave S, Duttine M. Laser cleaning of historical limestone buildings in Bordeaux appraisal using cathodoluminescence and electron paramagnetic resonance[J]. Environmental Science and Pollution Research, 2008, 15(3): 237-243.

[79] Pini R, Siano S, Salimbeni R, et al. Tests of laser cleaning on archeological metal artefacts[J]. Journal of Cultural Heritage, 2000, 1: S129-S137.

[80] Davis M. Laser Cleaning the Abergavenny Hoard: Silver Coins from the Time of William the Conqueror[M]. New York: Springer, 2007.

[81] Vlachoumogire C, Draakaki E, Serafetinides A, et al. Experimental study on the effect of wavelength and fluence in the laser cleaning of silvering in late Roman coins(Mid 3rd/4th century AD)[C]. SPIE, Proceedings of the 14th International School on Quantum Electronics: Laser Physics and Applications, F, Sunny Beach, Bulgaria, 2007-3-15.

[82] Drakaki E, Dreischuh T, Taskova E, et al. Laser cleaning experimental investigations on ancient coins[C]. SPIE, Proceedings of the 15th International School on Quantum Electronics: Laser Physics and Applications, F, Bourgas, Bulgaria, 2008-12-19.

[83] Fortes F, Cabal í n L, Laserna J. The potential of laser-induced breakdown spectrometry for real time monitoring the laser cleaning of archaeometallurgical objects[J]. Spectrochimica Acta Part B: Atomic Spectroscopy, 2008, 63(10): 1191-1197.

[84] Siano S, Salvatore S, Salimbeni R, et al. Laser cleaning methodology for the preservation of the Porta del Paradiso by Lorenzo Ghiberti[J]. Journal of Cultural Heritage, 2003, 4: 140-146.

[85] Siano S, Grazzi F, Parfenov V A. Laser cleaning of gilded bronze surfaces[J]. Journal of Optical Technology, 2008, 75(7): 419-427.

[86] Garbacz H, Fortuna E, Marczak J, et al. Laser cleaning of copper roofing sheets subjected to long-lasting environmental corrosion[J]. Applied Physics A, 2010, 100: 693-701.

[87] Degrigny C, Tanguy E, Gall R L, et al. Laser cleaning of tarnished silver and copper threads in museum textiles[J]. Journal of Cultural Heritage, 2003, 4: 152-156.

[88] Lee J M, Yu J E, Koh Y S. Experimental study on the effect of wavelength in the laser cleaning of silver threads[J]. Journal of Cultural Heritage, 2003, 4: 157-161.

[89] Abdel-Kareem O, Harith M A. Evaluating the use of laser radiation in cleaning of copper embroidery threads on archaeological Egyptian textiles[J]. Applied Surface Science, 2008, 254(18): 5854-5860.

[90] Gaspar P, Rocha M, Kearns A, et al. A study of the effect of the wavelength in the Q-switched Nd:YAG laser cleaning of gilded wood[J]. Journal of Cultural Heritage, 2000, 1(2): 133-144.

[91] Castillejo M, Martín M, Mohamed O, et al. Effect of wavelength on the laser cleaning of polychromes on wood[J]. Journal of Cultural Heritage, 2003, 4(3): 243-249.

[92] Acquaviva S, D'Anna E, Giorgi M, et al. Laser cleaning of gilded wood: a comparative study of colour variations induced by irradiation at different wavelengths[J]. Applied Surface Science, 2007, 253(19): 7715-7718.

[93] Romina B, Antonio M, Paolo M, et al. Preliminary laser cleaning studies of a consolidated prehistoric basketry coming from the pile building of fiave-carera in the North-East of Italy[J]. Laser Chemistry, 2006, 2006: 1-5.

[94] Koss A, Lubryczynska M, Czernichowska J, et al. Conservation of wooden art works and laser cleaning[C]. SPIE, Proceedings of the O3A: Optics for Arts, Architecture, and Archaeology Ⅱ, F, Munich, Germany, 2009-7-10.

[95] Gaetani C, Santamaria U. The laser cleaning of wall paintings[J]. Journal of Cultural Heritage, 2000, 1: S199-S207.

[96] Marta C, Martin M, Oujia M, et al. Analytical study of the chemical and physical changes induced by KrF laser cleaning of tempera paints[J]. Analytical Chemistry, 2002, 74(18): 4662-4671.

[97] Andriani S E, Catalano I M, Brunetto A, et al. A New Solution for the Painting Artwork Rear Cleaning and Restoration: The Laser Cleaning[M]. New York: Springer, 2007.

[98] Selimis A, Vounisiou P, Tserevelakis G J, et al. In-depth assessment of modifications induced during the laser cleaning of modern paintings[C]. SPIE, Proceedings of the O3A: Optics for Arts, Architecture, and Archaeology Ⅱ, F, Munich, Germany, 2009-7-10.

[99] Vounisiou P, Selimis A, Tserevelakis G J, et al. The use of model probes for assessing in depth modifications induced during laser cleaning of modern paintings[J]. Applied Physics A, 2010, 100(3): 647-452.

[100] Pouli P, Bounos G, Georgiou S, et al. Femtosecond Laser Cleaning of Painted Artefacts; Is This

the Way Forward[M]. New York: Springer, 2007.

[101] Kennedy C J, Vest M, Cooper M, et al. Laser cleaning of parchment: structural, thermal and biochemical studies into the effect of wavelength and fluence[J]. Applied Surface Science, 2004, 227(1-4): 151-163.

[102] Ochocińska K, Kamińska A, Śliwiński G. Experimental investigations of stained paper documents cleaned by the Nd:YAG laser pulses[J]. Journal of Cultural Heritage, 2003, 4: 188-193.

[103] Bloisi F, Vicari L, Barone A C, et al. Effects of Nd:YAG(532 nm)laser radiation on 'clean' cotton [J]. Applied Physics A, 2004, 79(2): 331-333.

[104] Kolar J, Strlič M, Müller-Hess D, et al. Laser cleaning of paper using Nd:YAG laser running at 532 nm[J]. Journal of Cultural Heritage, 2003, 4: 185-187.

[105] Strlic M, Šelih V, Kolar J, et al. Optimisation and on-line acoustic monitoring of laser cleaning of soiled paper[J]. Applied Physics A, 2005, 81(5): 943-951.

[106] Belli R, Miotello A, Mosaner P, et al. Laser cleaning of ancient textiles[J]. Applied Surface Science, 2005, 247(1-4): 369-372.

[107] Belli R, Miotello A, Mosaner P, et al. Laser cleaning of artificially aged textiles[J]. Applied Physics A, 2006, 83(4): 651-655.

[108] 赵莹, 陈继民, 蒋茂华. 书画霉菌的激光清洗研究[J]. 应用激光, 2009, (2): 154-157.

[109] Landucci F, Pini R, Siano S, et al. Laser cleaning of fossil vertebrates: a preliminary report[J]. Journal of Cultural Heritage, 2000, 1: S263-S267.

[110] Landucci F, Pecchioni E, Torre D, et al. Toward an optimised laser cleaning procedure to treat important palaeontological specimens[J]. Journal of Cultural Heritage, 2003, 4: 106-110.

[111] Madden O, Pouli P, Abraham M, et al. Removal of dye-based ink stains from ivory: evaluation of cleaning results based on wavelength dependency and laser type[J]. Journal of Cultural Heritage, 2003, 4: 98-105.

[112] Fekrsanati F, Klein S, Hildenhagen J, et al. Investigations regarding the behaviour of historic glass and its surface layers towards different wavelengths applied for laser cleaning[J]. Journal of Cultural Heritage, 2001, 2(4): 253-258.

[113] Marczak J, Ostrowski R, Rycyk A, et al. Set of advanced laser cleaning heads and systems[C]. SPIE, Proceedings of the O3A: Optics for Arts, Architecture, and Archaeology Ⅱ, F, Munich, Germany, 2009-7-10.

[114] Zheng Y, Lu Y, Song W. Angular effect in laser removal of spherical silica particles from silicon wafers[J]. Journal of Applied Physics, 2001, 90(1): 59-63.

[115] Devarapalli V K, Li Y, Cetinkaya C. Post-chemical mechanical polishing cleaning of silicon wafers with laser-induced plasma[J]. Journal of Adhesion Science and Technology, 2004, 18(7): 779-794.

[116] Cruz M P, DíAZ J A, Siqueiros J M. Si (100) wafers cleaned by laser ablation[J]. International Journal of Modern Physics B, 2004, 18(23n24): 3169-3176.

[117] Graf J, Luk'Yanchuk B S, Mosbacher M, et al. Matrix laser cleaning: a new technique for the removal of nanometer sized particles from semiconductors[J]. Applied Physics A, 2007, 88(2):

激光清洗原理与技术

227-230.

[118] Hwang D J, Misra N, Grigoropoulos C P, et al. *In situ* monitoring of laser cleaning by coupling a pulsed laser beam with a scanning electron microscope[J]. Applied Physics A, 2008, 91(2): 219-222.

[119] Zapka W, Lilischkis R, Zappe H P. Laser cleaning of silicon membrane stencil masks[C]. SPIE, Proceedings of the 16th European Conference on Mask Technology for Integrated Circuits and Microcomponents, F, Munich, Germany, 2000-2-3.

[120] Meunier M, Wu X, Beaudoin F, et al. Excimer laser cleaning for microelectronics: modeling, applications, and challenges[J]. Laser Applications in Microelectronic and Optoelectronic Manufacturing IV, 1999, 3618: 290-301.

[121] Wu X, Sacher E, Meunier M. The modeling of excimer laser particle removal from hydrophilic silicon surfaces[J]. Journal of Applied Physics, 2000, 87(8): 3618-3627.

[122] Neves P, Arronte M, Vilar R, et al. KrF excimer laser dry and steam cleaning of silicon surfaces with metallic particulate contaminants[J]. Applied Physics A, 2002, 74(2): 191-199.

[123] Lang F, Mosbacher M, Leiderer P. Near field induced defects and influence of the liquid layer thickness in Steam Laser Cleaning of silicon wafers[J]. Applied Physics A, 2003, 77(1): 117-123.

[124] Frank P, Lang F, Mosbacher M, et al. Infrared steam laser cleaning[J]. Applied Physics A, 2008, 93(1): 1-4.

[125] Lee J, Watkins K, Steen W. Angular laser cleaning for effective removal of particles from a solid surface[J]. Applied Physics A, 2000, 71: 671-674.

[126] Lee J, Watkins K. Removal of small particles on silicon wafer by laser-induced airborne plasma shock waves[J]. Journal of Applied Physics, 2001, 89(11): 6496-6500.

[127] Lee S H, Park J G, Lee J M, et al. Si wafer surface cleaning using laser-induced shock wave: a new dry cleaning methodology[J]. Surface and Coatings Technology, 2003, 169: 178-180.

[128] Kim T, Lee J M, Cho S H, et al. Acoustic emission monitoring during laser shock cleaning of silicon wafers[J]. Optics and Lasers in Engineering, 2005, 43(9): 1010-1020.

[129] Kim J, Suh Y, Kim S. Enhanced cleaning of photoresist film on a transparent substrate by backward irradiation of a Nd:YAG laser[J]. Applied Surface Science, 2006, 253(4): 1843-1848.

[130] Lee M H, Baek J Y, Song J D, et al. Surface cleaning of a wafer contaminated by fingerprint using a laser cleaning technology[J]. Journal of ILASS-Korea, 2007, 12(4): 185-190.

[131] 陈浩. TEA-CO2 脉冲激光清洗印刷电路板的研究[D]. 武汉: 华中科技大学, 2007.

[132] Hou S X, Luo J J, Zhang Q H, et al. Influence of beam incidence angle on laser cleaning of surface particles[C]. SPIE, Proceedings of the International Symposium on Photoelectronic Detection and Imaging 2007: Laser, Ultraviolet, and Terahertz Technology, F, Beijing, China, 2008-2-22.

[133] Psyllaki P, Oltra R. Preliminary study on the laser cleaning of stainless steels after high temperature oxidation[J]. Materials Science and Engineering: A, 2000, 282(1-2): 145-152.

[134] Siatou A, Charalambous D, Argyropoulos V, et al. A comprehensive study for the laser cleaning of corrosion layers due to environmental pollution for metal objects of cultural value: preliminary

studies on artificially corroded coupons[J]. Laser Chemistry, 2007, 2006(7): 131-143.

[135] Kim K, Kang G, Lee J. Laser cleaning and NIR spectroscopy for the pickling process of oxidized steel layers[C]. IEEE, Proceedings of the 2009 34th International Conference on Infrared, Millimeter, and Terahertz Waves, F, Busan, Korea(South), 2009-11-10.

[136] Ke L, Zhu H, Lei W, et al. Laser cleaning of rust on ship steel using TEA CO_2 pulsed laser[C]. SPIE, Proceedings of the Photonics and Optoelectronics Meetings(POEM)2009: Industry Lasers and Applications, F, Wuhan, China, 2009-10-21.

[137] Veiko V P, Mutin T J, Smirnov V N, et al. Laser cleaning of metal surfaces: physical processes and applications[C]. SPIE, Proceedings of the Fundamentals of laser assisted micro-and nanotechnologies, F, Petersburg, Russian Federation, 2008-1-15.

[138] Pereira G, Pires M, Costa B, et al. Laser selectivity on cleaning museologic iron artefacts[C]. SPIE, Proceedings of the XVI International Symposium on Gas Flow, Chemical Lasers, and High-Power Lasers, F, Gmunden, Austria, 2007-4-26.

[139] Koh Y S, Powell J, Kaplan A, et al. Laser Cleaning of Corroded Steel Surfaces: A Comparison with Mechanical Cleaning Methods[M]. New York:Springer, 2007.

[140] Lim H, Kim D. Laser-assisted chemical cleaning for oxide-scale removal from carbon steel surfaces[J]. Journal of Laser Applications, 2004, 16(1): 25-30.

[141] Dimogerontakis T, Oltra R, Heintz O. Thermal oxidation induced during laser cleaning of an aluminium-magnesium alloy[J]. Applied Physics A, 2005, 81(6): 1173-1179.

[142] 李伟, 杜鹏, 宋峰. 双光束激光湿洗除锈并同步实现均匀钝化[J]. 中国激光, 2014, 41(s1): s103002.

[143] Tian B, Zou W, Liu S, et al. Introduction of rust removed by dry laser cleaning[J]. Cleaning World, 2006, 22(8): 33-38.

[144] Bracco P, Lanterna G, Matteini M, et al. Er: YAG laser: an innovative tool for controlled cleaning of old paintings: testing and evaluation[J]. Journal of Cultural Heritage, 2003, 4: 202-208.

[145] Rode A V, Freeman D, Baldwin K G H, et al. Scanning the laser beam for ultrafast pulse laser cleaning of paint[J]. Applied Physics A, 2008, 93(1): 135-139.

[146] 陈菊芳, 张永康, 许仁军, 等. 轴快流 CO_2 激光脱漆的实验研究[J]. 激光技术, 2008, 32(1): 64-66.

[147] Chen X, Feng Z. Effectiveness of laser cleaning for grinding wheel loading[J]. Key Engineering Materials, 2003, 238-239: 289-294.

[148] Jackson M J, Khangar A, Chen X, et al. Laser cleaning and dressing of vitrified grinding wheels[J]. Journal of Materials Processing Technology, 2007, 185(1-3): 17-23.

[149] Römich H, Dickmann K, Mottner P, et al. Laser cleaning of stained glass windows-final results of a research project[J]. Journal of Cultural Heritage, 2003, 4: 112-117.

[150] 李绪平, 祖小涛, 袁晓东, 等. CO_2 激光和等离子体清洗提高石英基片损伤阈值[J]. 强激光与粒子束, 2007, 19(10): 1739-1743.

[151] Mateo M P, Nicolas G, Pinon V, et al. Laser cleaning: an alternative method for removing oil-spill fuel residues[J]. Applied Surface Science, 2005, 247(1-4): 333-339.

[152] Turner M W, Schmidt M J J, Li L L. Preliminary study into the effects of YAG laser processing of titanium 6Al-4V alloy for potential aerospace component cleaning application[J]. Applied Surface Science, 2005, 247(1-4): 623-630.

[153] 刘建华, 柳权. 激光清洗技术应用初探[J]. 中国激光, 2007, 34(s1): 160-162.

[154] Hidai H, Tokura H. Cleaning with water decomposed products obtained by laser irradiation[J]. Applied Surface Science, 2006, 253(3): 1431-1434.

[155] Švedas V. Cleaning of contaminated paper with the subnanosecond Nd:YAG laser pulses[J]. Lithuanian Journal of Physics and Technical Sciences, 2007, 47(2): 221-228.

[156] 韩伟. 飞秒激光清洁技术和光纤传感实现激光窃听的实验研究[D].天津: 南开大学, 2009.

[157] Ranner H, Tewari P K, Kofler H, et al. Laser cleaning of optical windows in internal combustion engines[J]. Optical Engineering, 2007, 46(10): 104301-104308.

[158] Widdowson A, Coad J P, Farcage D, et al. Detritiation of JET tiles by laser cleaning[J]. Fusion Science and Technology, 2008, 54(1): 51-54.

[159] Cornish L, Ball A, Russell D. Laser Cleaning of Avian Eggshell[M]. New York: Springer, 2007.

[160] Dinesen U S, Westergaard M. Laser Cleaning of Polyurethane Foam: An Investigation using Three Variants of Commercial PU Products[M]. New York: Springer, 2007.

[161] Batishche S, Kouzmouk A, Tatur H, et al. Simultaneous UV-IR Nd:YAG Laser Cleaning of Leather Artifacts[M]. New York: Springer, 2007.

[162] 周桂莲, 孙海迎, 汪传生. 橡胶模具激光清洗的工艺研究[J]. 特种橡胶制品, 2008, 29(6): 34-36.

[163] Von Lerber K, Strlič M, Kolar J, et al. Laser cleaning of undyed silk: indications of chemical change[J]. Lasers in the Conservation of Artworks, 2007: 313-320.

[164] Hou S, Tai Y, Liu C. Study on laser cleaning technology of steam generator heat transfer tube[C]. Proceedings of the Progress Report on Nuclear Science and Technology in China-Proceedings of the 2009 Annual Conference of the Chinese Nuclear Society, F, 2010-5-13.

[165] 徐世垣. 激光清洗网纹辊[J]. 印刷杂志, 2013, (9): 52-53.

[166] 高智星, 汤秀章, 张绍哲, 等. 利用紫外激光清洗放射性沾染金属模拟靶[J]. 中国原子能科学研究院年报, 2009: 302.

[167] Costela A, Garcia-Moreno I, Gomez C, et al. Cleaning graffitis on urban buildings by use of second and third harmonic wavelength of a Nd:YAG laser: a comparative study[J]. Applied Surface Science, 2003, 207(1-4): 86-99.

[168] Pouli P, Oujja M, Castillejo M. Practical issues in laser cleaning of stone and painted artefacts: optimisation procedures and side effects[J]. Applied Physics A, 2012, 106(2): 447-464.

[169] Rivas T, Pozo S, Fiorucci M P, et al. Nd:YVO₄ laser removal of graffiti from granite. Influence of paint and rock properties on cleaning efficacy[J]. Applied Surface Science, 2012, 263: 563-572.

[170] Senesi G S, Carrara I, Nicolodelli G, et al. Laser cleaning and laser-induced breakdown spectroscopy applied in removing and characterizing black crusts from limestones of Castello Svevo, Bari, Italy: a case study[J]. Microchemical Journal, 2016, 124: 296-305.

[171] Urones-Garrote E, López A, Ramil A, et al. Microstructural study of the origin of color in Rosa

Porriño granite and laser cleaning effects[J]. Applied Physics A, 2011, 104(1): 95-101.

[172] Pelosi C, Fodaro D, Sforzini L, et al. Study of the laser cleaning on plaster sculptures. The effect of laser irradiation on the surfaces[J]. Optics and Spectroscopy, 2013, 114: 917-928.

[173] Kudryashov V I, Serebryakov A S, Parfenov V A. Using an X-ray-fluorescence analyzer to monitor laser cleaning in restoration[J]. Journal of Optical Technology, 2010, 77(8): 469-472.

[174] Cacciari I, Ciofini D, Mascalchi M, et al. Novel approach to the microscopic inspection during laser cleaning treatments of artworks[J]. Analytical and Bioanalytical Chemistry, 2012, 402(4): 1585-1591.

[175] Sharp M C, Yadav R, Batako A, et al. Fibre laser cleaning of grinding wheels[J]. Key Engineering Materials, 2012, 496: 55-60.

[176] 张晓彤, 张鹏宇, 杨晨, 等. 激光清洗技术在一件鎏金青铜文物保护修复中的应用[J]. 文物保护与考古科学, 2013, (3): 98-103.

[177] Dajnowski B A. Laser ablation cleaning of an underwater archaeological bronze spectacle plate from the HMS DeBraak shipwreck[C]. SPIE, Proceedings of the Optics for Arts, Architecture, and Archaeology Ⅳ, F, Munich, Germany, 2013-5-30.

[178] Buccolieri G, Nassisi V, Buccolieri A, et al. Laser cleaning of a bronze bell[J]. Applied Surface Science, 2013, 272: 55-58.

[179] Lee H, Cho N, Lee J. Study on surface properties of gilt-bronze artifacts, after Nd:YAG laser cleaning[J]. Applied Surface Science, 2013, 284(1): 235-241.

[180] Basso E, Pozzi F, Reiley M C. The Samuel F. B. Morse statue in Central Park: scientific study and laser cleaning of a 19th-century American outdoor bronze monument[J]. Heritage Science, 2020, 8(1): 1-14.

[181] Pelosi C, Fodaro D, Sforzini L, et al. Laser cleaning experiences on sculptures' materials: terracotta, plaster, wood, and wax[C]. SPIE, Proceedings of the Fundamentals of Laser-Assisted Micro-and Nanotechnologies 2013, F, Petersburg, Russian Federation, 2013-11-28.

[182] Pelosi C, Calienno L, Fodaro D, et al. An integrated approach to the conservation of a wooden sculpture representing Saint Joseph by the workshop of Ignaz Günther (1727-1775): analysis, laser cleaning and 3D documentation[J]. Journal of Cultural Heritage, 2016, 17: 114-122.

[183] Peri M, Varghese I, Cetinkaya C. Laser Cleaning for Removal of Nano/Micro-scale Particles and Film Contamination[M]. Developments in Surface Contamination and Cleaning. Amsterdam: Elsevier, 2011: 63-122.

[184] Tsai C H, Peng W S. Laser cleaning technique using laser-induced acoustic streaming for silicon wafers[J]. Journal of Laser Micro/Nano Engineering, 2017, 12(1): 1-5.

[185] Zhang C L, Li X B, Wang Z G, et al. Laser cleaning techniques for removing surface particulate contaminants on sol-gel SiO_2 films[J]. Chinese Physics Letters, 2011, 28(7): 074205.

[186] Ye Y, Yuan X, Xiang X, et al. Laser plasma shockwave cleaning of SiO_2 particles on gold film[J]. Optics and Lasers in Engineering, 2011, 49(4): 536-541.

[187] 叶亚云, 袁晓东, 向霞, 等. 激光冲击波清洗 K9 玻璃表面 SiO_2 颗粒的研究[J]. 激光技术, 2011, 35(2): 245-248.

[188] Miao X, Cheng X, Wang H, et al. Experiment on cleaning side of large-aperture optics in high

power laser system[J]. 强激光与粒子束, 2013, 25(4): 890-894.
[189] Kang G W. Research on laser cleaning of ultra precision machining hard-brittle workpieces[J]. Applied Mechanics & Materials, 2011, 44-47: 3314-3317.
[190] Nilaya J P, Prasad M S, Biswas D J. Observation of pitting due to field enhanced surface absorption during laser assisted cleaning of translucent particulates off metal surfaces[J]. Applied Surface Science, 2012, 263: 25-28.
[191] Yue L, Wang Z, Guo W, et al. Axial laser beam cleaning of tiny particles on narrow slot sidewalls[J]. Journal of Physics D: Applied Physics, 2012, 45(36): 365106-365113.
[192] Bäuerle D, Gumpenberger T, Brodoceanu D, et al. Laser cleaning and surface modifications: Applications in nano-and biotechnology[M]. Laser Cleaning Ⅱ. Singapore, World Scientific. 2006: 1-28.
[193] Grojo D, Cros A, Delaporte P, et al. Experimental investigation of ablation mechanisms involved in dry laser cleaning[J]. Applied Surface Science, 2007, 253(19): 8309-8315.
[194] Bloisi F, Barone A C, Vicari L. Dry laser cleaning of mechanically thin films[J]. Applied Surface Science, 2004, 238(1-4): 121-124.
[195] Chen G, Kwee T, Tan K, et al. Laser cleaning of steel for paint removal[J]. Applied Physics A, 2010, 101: 249-253.
[196] 杜鹏. 脉冲激光除漆实验研究与激光除漆试验的制作[D]. 天津: 南开大学, 2012.
[197] 施曙东, 杜鹏, 李伟, 等. 1064 nm 准连续激光除漆研究[J]. 中国激光, 2012, 39(9): 58-64.
[198] Li X, Wang D, Gao J, et al. Influence of ns-laser cleaning parameters on the removal of the painted layer and selected properties of the base metal[J]. Materials, 2020, 13(23): 5363.
[199] Shamsujjoha M, Agnew S R, Melia M A A, et al. Effects of laser ablation coating removal (LACR) on a steel substrate: Part 1: surface profile, microstructure, hardness, and adhesion[J]. Surface and Coatings Technology, 2015, 281: 193-205.
[200] Liu Y, Liu W, Zhang D, et al. Experimental investigations into cleaning mechanism of ship shell plant surface involved in dry laser cleaning by controlling laser power[J]. Applied Physics A, 2020, 126(11): 1-17.
[201] 章恒, 刘伟嵬, 董亚洲, 等. 低频 YAG 脉冲激光除漆机理和实验研究[J]. 激光与光电子学进展, 2013, 50(12): 114-120.
[202] Razab M, Jaafar M S, Abdullah N H, et al. Influence of elemental compositions in laser cleaning for automotive coating systems[J]. Journal of Russian Laser Research, 2016, 37(2): 197-206.
[203] Jasim H A, Demir A G, Previtali B, et al. Process development and monitoring in stripping of a highly transparent polymeric paint with ns-pulsed fiber laser[J]. Optics & Laser Technology, 2017, 93: 60-66.
[204] Zhang Z Y, Zhang J Y, Wang Y B, et al. Removal of paint layer by layer using a 20 kHz 140 ns quasi-continuous wave laser[J]. Optik, 2018, 174: 46-55.
[205] Zhao H, Qiao Y, Du X, et al. Laser cleaning performance and mechanism in stripping of Polyacrylate resin paint[J]. Applied Physics A, 2020, 126(5): 360.
[206] Zhang G, Hua X, Li F, et al. Effect of laser cleaning process parameters on the surface

roughness of 5754-grade aluminum alloy[J]. The International Journal of Advanced Manufacturing Technology, 2019, 105(5-6): 2481-2490.

[207] Lu Y, Yang J, Wang Z L, et al. Paint removal on the 5A06 aluminum alloy using a continuous wave fiber laser[J]. Coatings, 2019, 9(8): 488.

[208] Shan T, Yin F, Wang S, et al. Surface integrity control of laser cleaning of an aluminum alloy surface paint layer[J]. Applied Optics, 2020, 59(30): 9313-9319.

[209] Rauh B, Kreling S, Kolb M, et al. UV-laser cleaning and surface characterization of an aerospace carbon fibre reinforced polymer[J]. International Journal of Adhesion and Adhesives, 2018, 82: 50-59.

[210] Gao Q, Li Y, Wang H E, et al. Effect of scanning speed with UV laser cleaning on adhesive bonding tensile properties of CFRP[J]. Applied Composite Materials, 2019, 26(3): 1087-1099.

[211] Tong Y, Chen X, Zhang A, et al. Effect of laser cleaning of carbon fiber-reinforced polymer and surface modification on chemical activity and bonding strength[J]. Applied Optics, 2020, 59(32): 10149-10159.

[212] Lee H, Cho N. Experimental study of Nd:YAG laser cleaning system for removing acrylic resin and surface characteristic[J]. Journal of the Korean institute of surface engineering, 2012, 45(4): 143-150.

[213] Hu C, He G, Chen J, et al. Research on cleaning mechanism of anti-erosion coating based on thermal and force effects of laser shock[J]. Coatings, 2020, 10(7): 683.

[214] Kuang Z, Guo W, Li J N, et al. Nanosecond fibre laser paint stripping with suppression of flames and sparks[J]. Journal of Materials Processing Technology, 2019, 266: 474-483.

[215] Zou W F, Xie Y M, Xiao X, et al. Application of thermal stress model to paint removal by Q-switched Nd: YAG laser[J]. Chinese Physics B, 2014, 23(7): 074205.

[216] Han J, Cui X, Wang S, et al. Laser effects based optimal laser parameter identifications for paint removal from metal substrate at 1064 nm: a multi-pulse model[J]. Journal of Modern optics, 2017, 64(19): 1947-1959.

[217] Li X K, Zhang Q H, Zhu X Z, et al. The influence of nanosecond laser pulse energy density for paint removal[J]. Optik, 2018, 156: 841-846.

[218] Zhao H, Qiao Y, Zhang Q, et al. Study on the characteristics and mechanism of pulsed laser cleaning of polyacrylate resin coating on aluminum alloy substrates[J]. Applied Optics, 2020, 59(23): 7053-7065.

[219] Zhao H, Qiao Y, Du X, et al. Paint removal with pulsed laser: theory simulation and mechanism analysis[J]. Applied Sciences, 2019, 9(24): 5500.

[220] 何宗泰, 金聪, 张润华, 等. 纳秒脉冲激光剥离印制电路板三防漆试验研究[J]. 电镀与涂饰, 2022, 41(5): 371-376.

[221] Yang H, Liu H, Gao R, et al. Numerical simulation of paint stripping on CFRP by pulsed laser[J]. Optics & Laser Technology, 2022, 145: 107450.

[222] Veiko V P, Veiko V P, Vartanyan T A, et al. Laser rail cleaning for friction coefficient increase[C]. SPIE, Proceedings of the Fundamentals of Laser-Assisted Micro-and Nanotechnologies 2010, F, Petersburg, Russian Federation, 2011-2-28.

[223] Kumar A, Sapp M, Vincelli J, et al. A study on laser cleaning and pulsed gas tungsten arc welding of Ti-3Al-2.5 V alloy tubes[J]. Journal of Materials Processing Technology, 2010, 210(1): 64-71.

[224] Park C S, Cho N C. Experimental study for removing artificial patinas of bronze sculpture by Nd:YAG laser cleaning system[J]. Journal of the Korean Institute of Surface Engineering, 2013, 46(5): 197-207.

[225] 路磊. 全固态 1064 nm/532 nm 双波长激光清洗机关键技术的研究[D]. 长春: 长春理工大学, 2012.

[226] Kayahan E, Candan L, Aras, M, et al. Surface cleaning of metals using low power fiber lasers[J]. Acta Physica Polonica A, 2018, 134(1): 371-373.

[227] Park J E, Kyung K S, Moon M G, et al. Applicability evaluation of clean laser system in surface preparation on steel[J]. International Journal of Steel Structures, 2020, 20(6): 1882-1890.

[228] Narayanan V, Singh R K, Marla D, et al. Laser cleaning for rust removal on mild steel: an experimental study on surface characteristics[C]. EDP Sciences, Proceedings of the MATEC Web of Conferences, F, 2018-10-29.

[229] Wan Y, Xi C, Yu H. Fabrication of self-cleaning superhydrophobic surface on stainless steel by nanosecond laser[J]. Materials Research Express, 2018, 5(11): 115002.

[230] Zhang F D, Liu H, Suebka C, et al. Corrosion behaviour of laser-cleaned AA7024 aluminium alloy[J]. Applied Surface Science, 2018, 435: 452-461.

[231] Zhu G D, Wang S R, Cheng W, et al. Investigation on the surface properties of 5A12 aluminum alloy after Nd: YAG laser cleaning[J]. Coatings, 2019, 9(9): 578.

[232] Liu H, Xue Y, Li J, et al. Investigation of laser power output and its effect on Raman spectrum for marine metal corrosion cleaning[J]. Energies, 2019, 13(1): 12.

[233] Lu Y, Ding Y, Wang G, et al. Ultraviolet laser cleaning and surface characterization of AH36 steel for rust removal[J]. Journal of Laser Applications, 2020, (323): 032023.

[234] Wan Z, Yang X, Li D, et al. Effect of laser power on cleaning mechanism and surface properties[J]. Applied Optics, 2020, 59(30): 9482-9490.

[235] Ma M, Wang L, Li J, et al. Investigation of the surface integrity of Q345 steel after Nd:YAG laser cleaning of oxidized mining parts[J]. Coatings, 2020, 10(8): 716.

[236] Zhu L, Sun B, Pan X M, et al. The weld quality improvement *via* laser cleaning pre-treatment for laser butt welding of the HSLA steel plates[J]. Welding in the World, 2020, 64(10): 1715-1723.

[237] Zhou C, Li H, Chen G, et al. Effect of single pulsed picosecond and 100 nanosecond laser cleaning on surface morphology and welding quality of aluminium alloy[J]. Optics & Laser Technology, 2020, 127: 106197.

[238] Zhu G, Wang S, Zhang M, et al. Application of laser cleaning in postwelding treatment of aluminum alloy[J]. Applied Optics, 2020, 59(34): 10967-10972.

[239] Zhang SL, Suebka C, Liu H, et al. Mechanisms of laser cleaning induced oxidation and corrosion property changes in AA5083 aluminum alloy[J]. Journal of Laser Applications, 2019,

31(1): 012001.

[240] Kravchenko Y V, Klimentov S M, Derzhavin S I, et al. Optimization of laser cleaning conditions using multimode short-pulse radiation[J]. Optical and Quantum Electronics, 2020, 52(6): 1-10.

[241] 叶亚云, 袁晓东, 向霞, 等. 用激光清洗金膜表面硅油污染物[J]. 强激光与粒子束, 2010, 22(5): 968-972.

[242] Ye Y, Yuan X, Xiang X, et al. Laser cleaning of particle and grease contaminations on the surface of optics[J]. Optik, 2012, 123(12): 1056-1060.

[243] Gan X J, Chen Y, Li L. Laser cleaning of neutral attenuator plate based on low power laser diode[J]. Advanced Materials Research, 2013, 614-615: 1547-1552.

[244] Widdowson A, Coad J P, Temmerman G D, et al. Removal of beryllium-containing films deposited in JET from mirror surfaces by laser cleaning[J]. Journal of Nuclear Materials, 2011, 415(1): S1199-S1202.

[245] Leontyev A, Semerok A, Farcage D, et al. Theoretical and experimental studies on molybdenum and stainless steel mirrors cleaning by high repetition rate laser beam[J]. Fusion Engineering and Design, 2011, 86(9-11): 1728-1731.

[246] Uccello A, Maffini A, Dellasega D, et al. Laser cleaning of pulsed laser deposited rhodium films for fusion diagnostic mirrors[J]. Fusion Engineering and Design, 2013, 88(6-8): 1347-1351.

[247] Hai R, Xiao Q, Zhang L, et al. Characterization and removal of co-deposition on the first mirror of IIL-2A by excimer laser cleaning[J]. Journal of Nuclear Materials, 2013, 436(1-3): 118-122.

[248] Singh A, Choubey A K, Modi M H, et al. Study on effective laser cleaning method to remove carbon layer from a gold surface[J]. Journal of Physics Conference, 2013, 425(15): 152020.

[249] Wisse M, Marot L, Eren B, et al. Laser damage thresholds of ITER mirror materials and first results on in situ laser cleaning of stainless steel mirrors[J]. Fusion Engineering and Design, 2013, 88(5): 388-399.

[250]　Choubey A, Singh A, Modi M H, et al. Study on effective cleaning of gold layer from fused silica mirrors using nanosecond-pulsed Nd:YAG laser[J]. Applied Optics, 2013, 52(31): 7540-7548.

[251] Tokura F, Kikuchi K, Akasaki Y. Laser Cleaning Apparatus and Laser Cleaning Method: US11052436B2[P]. 2010.

[252] Hou S, Luo J, Xu J, et al. Research of laser cleaning technology for steam generator tubing[C]. SPIE, Proceedings of the 5th International Symposium on Advanced Optical Manufacturing and Testing Technologies: Optical Test and Measurement Technology and Equipment, F, 2010.

[253] Allcock D, Guidoni L, Harty T, et al. Reduction of heating rate in a microfabricated ion trap by pulsed-laser cleaning[J]. New Journal of Physics, 2011, 13(12): 814-823.

[254] Zhou F, Brachmann A, Decker F J, et al. High-brightness electron beam evolution following laser-based cleaning of a photocathode[J]. Physical Review Special Topics-Accelerators and Beams, 2012, 15(9): 090703.

[255] 黄先明. 激光清洗和脉冲钨极电弧焊接 Ti-3Al-2.5V 钛合金管的研究[J]. 钛工业进展,

2012, 29(1): 44.

[256] Ochedowski O, BußMann B K, Schleberger M. Laser cleaning of exfoliated graphene[J]. MRS Online Proceedings Library, 2012, 1455: 25-30.

[257] Lin W. Application of laser cleaning technology in manufacture of radar T/R module[J] . Electronics Process Technology, 2013, 34(6): 352-355.

[258] Tang Q, Zhou D, Wang Y, et al. Laser cleaning of sulfide scale on compressor impeller blade[J]. Applied Surface Science, 2015, 355: 334-40.

[259] 凌晨, 季凌飞, 李秋瑞, 等. 正畸托槽底板残余粘结剂的激光清洗技术研究[J]. 应用激光, 2013, 33(1): 40-43.

[260] Park E K, Yang Y S, Lee K R, et al. Study on Implant cleaning effect of lasers of different wavelengths[J]. Journal of the Korean Society of Manufacturing Technology Engineers, 2013, 22(4): 643-51.

[261] Arif S, Kautek W. Laser cleaning of particulates from paper: comparison between sized ground wood cellulose and pure cellulose[J]. Applied Surface Science, 2013, 276: 53-61.

[262] Sobotova L, Badida M, Wessely E. Research of laser cleaning of materials and environmental requirements[J]. Annals of DAAAM & Proceedings, 2020, 7(1): 0176-0183.

[263] 朱玉峰, 谭荣清. 激光清洗应用于清除城市涂鸦[J]. 激光与红外, 2011, 41(8): 840-844.

[264] Lu Y, Ding Y, Wang M, et al. An environmentally friendly laser cleaning method to remove oceanic micro-biofoulings from AH36 steel substrate and corrosion protection[J]. Journal of Cleaner Production, 2021, 314: 127961.

[265] Ramil A, Pozo-antonio J, Fiorucci M, et al. Detection of the optimal laser fluence ranges to clean graffiti on silicates[J]. Construction and Building Materials, 2017, 148: 122-130.

[266] Gobernado-Mitre I, Medina J, Calvo B, et al. Laser cleaning in art restoration[J]. Applied Surface Science, 1996, 96-98: 474-478.

[267] Lee J M, Watkins K G. In-process monitoring techniques for laser cleaning[J]. Optics and Lasers in Engineering, 2000, 34(4-6): 429-442.

[268] Aleksandra K, Miroslaw S, Maciej C, et al. Colorimetric study of the post-processing effect due to pulsed laser cleaning of paper[J]. Optica Applicata, 2004, 34(1): 121-132.

[269] 佟艳群, 张永康, 姚红兵, 等. 空气中激光清洗过程的等离子体光谱分析[J]. 光谱学与光谱分析, 2011, 31(9): 2542-2545.

[270] Baek J Y, Jeong H, Lee M H, et al. Contact angle evaluation for laser cleaning efficiency[J]. Electronics Letters, 2009, 45(11): 553-554.

[271] Mateo M P, Ctvrtnickova T, Fernandez E, et al. Laser cleaning of varnishes and contaminants on brass[J]. Applied Surface Science, 2009, 255(10): 5579-5583.

[272] Harris C D, Shen N, Rubenchik A M, et al. Characterization of laser-induced plasmas associated with energetic laser cleaning of metal particles on fused silica surfaces[J]. Optics Letters, 2015, 40(22): 5212-5215.

[273] 郭为席, 胡乾午, 王泽敏, 等. 高功率脉冲 TEA CO₂ 激光除漆的研究[J]. 光学与光电技术, 2006, 4(3): 32-35.

[274] 王续跃, 许卫星, 司马媛, 等. 利用图像处理技术评价硅片表面清洗率[J]. 光学精密工程,

2007, 15(8): 1263-1268.

[275] Liu H, Li J, Yang Y, et al. Automatic process parameters tuning and surface roughness estimation for laser cleaning[J]. IEEE Access, 2020, 8: 20904-20919.

[276] Li J, Liu H, Shi L, et al. Imaging feature analysis-based intelligent laser cleaning using metal color difference and dynamic weight dispatch corrosion texture[J]. Photonics, 2020, 7(4): 130.

[277] Lu Y F, Aoyagi Y. Acoustic emission in laser surface cleaning for real-time monitoring[J]. Japanese Journal of Applied Physics, 1995, 34(11B): L1557-1560.

[278] Lee J M, Steen W M. In-process surface monitoring for laser cleaning processes using a chromatic modulation technique[J]. The International Journal of Advanced Manufacturing Technology, 2001, 17(4): 281-287.

[279] Grönlund R, Lundqvist M, Svanberg S. Remote imaging laser-induced breakdown spectroscopy and remote cultural heritage ablative cleaning[J]. Optics Letters, 2005, 30(21): 2882-2884.

[280] Khedr A, Pouli P, Fotakis C, et al. Cleaning of black crust from marble substrate by short free running μs Nd:YAG laser[J]. AIP Conference Proceedings, 2009.

[281] Klemm A J, Sanjeevan P. Application of laser speckle analysis for the assessment of cementitious surfaces subjected to laser cleaning[J]. Applied Surface Science, 2008, 254(9): 2642-2649.

[282] Mutin T Y, Smirnov V N, Veiko V P, et al. Cleaning laser spark spectroscopy for online cleaning quality control method development[J]. Proceedings of SPIE-The International Society for Optical Engineering, 2010, 7996(8): 1056-1062.

[283] Onofri F R A, Barbosa S, Wozniak M, et al. *In situ* characterization of dust mobilized by laser cleaning methods and loss of vacuum accidents[J]. Fusion Science and Technology, 2012, 62(1): 39-45.

[284] Bregar V B, Možina J. Optoacoustic analysis of the laser-cleaning process[J]. Applied Surface Science, 2002, 185(3-4): 277-288.

[285] Bregar V B, Možina J. Shock-wave generation during dry laser cleaning of particles[J]. Applied Physics A, 2003, 77(5): 633-639.

[286] Hildenhagen J, Dickmann K. Low-cost sensor system for online monitoring during laser cleaning[J]. Journal of Cultural Heritage, 2003, 4: 343-346.

[287] Janik G R, Georgesco D G. Film measurement with interleaved laser cleaning: U.S. Patent 7110113[P]. 2006-9-19.

[288] 田彬. 干式激光清洗的理论模型与实验研究[D]. 天津: 南开大学, 2008.

[289] Khedr A, Papadakis V, Pouli P, et al. The potential use of plume imaging for real-time monitoring of laser ablation cleaning of stonework[J]. Applied Physics B, 2011, 105(2): 485-492.

[290] Cucci C, Pascale O D, Senesi G S. Assessing laser cleaning of a limestone monument by Fiber Optics Reflectance Spectroscopy (FORS) and Visible and Near-Infrared (VNIR) Hyperspectral Imaging (HSI)[J]. Minerals, 2020, 10(12): 1052.

第3章　基底与污染物的附着力

激光清洗的对象很多，基底材料包括金属、非金属、复合材料等，污染物包括金属粒子、油脂、灰尘、油墨、锈蚀、水垢等。根据污染物在基底上呈现出的不同形态，可以分为离散分布的微粒和连续分布的污染层。有些污染物与基底的性质接近甚至材质相同，有些则相差很大。

激光清洗是利用激光的作用，克服污染物与基底的吸附力而使得污染物剥离。因此，研究激光清洗的本质，首先要研究基底与污染物之间的相互作用。本章主要介绍基底材料与污染物之间的作用力及其理论模型。

本章涉及的物理量及其对应的符号如表 3.0.1 所示。

表 3.0.1　主要符号列表

物理量	符号	物理量	符号
法向压力	F	相互作用能/电势差	U
接触半径	a	球 1 的体积	V_1
球 1 半径	R_1	球 2 的体积	V_2
球 2 半径	R_2	伦敦–范德瓦耳斯常数	λ
球面上点 M 到 z 轴的距离	r	哈马克常数	A
球面上点 M 的 z 坐标	z_1	弹性模量	E
球面上点 N 的 z 坐标	z_2	点 M 为原点的极坐标系	(s,φ)
点 M 的形变位移	w_1	接触面内一点到原点的距离	ρ
点 N 的形变位移	w_2	等效曲率半径	R
形变量	δ	等效弹性模量	K
压力分布	p	两物体之间的分离距离	h
泊松比	ν	单位面积的表面能	γ
球 1 直径	D_1	两球心间距/电容	C
球 2 直径	D_2	介电常数	ε
球 1 数密度	q_1	面积	S
球 2 数密度	q_2	点 O 为原点的极坐标系	(ρ,θ)

3.1　基底材料与污染物之间的作用力

在第 1 章中我们提到，清洗的四个要素是：基底材料(或基材)、污染物(或目标物)、清洗介质和清洗力，附着有污染物的基底材料又称为清洗对象。清洗过程就是利用清洗介质，通过物理、化学或生物反应，产生清洗力，以抵消基材和污染物之间的结合力，最终使得污染物剥离[1]。

污染物之所以黏附在基底材料上，是因为各种力的作用[2,3]。污染物可以是离散分布的微小颗粒，也可以是连续分布的。连续分布的污染物如油漆以及铁锈等，可以看成是很多微粒连续排布。当然，连续分布的污染物除了纵向与基材之间的作用力以外，横向之间也有结合力。目前，一般认为微小颗粒与基底材料之间的作用力主要有三种：范德瓦耳斯力、毛细力和静电力，如图 3.1.1 所示。

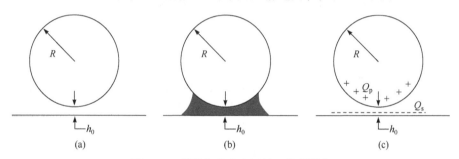

图 3.1.1　微粒与基底之间的三种黏附力
(a) 范德瓦耳斯力；(b) 毛细力；(c) 静电力

3.1.1　范德瓦耳斯力

对于尺寸小于几微米的微粒，黏附力主要来源于微粒分子与基底分子之间的作用力，属于范德瓦耳斯力(van der Waals force)，如图 3.1.1(a)所示。范德瓦耳斯力是分子间作用力，存在于中性分子或原子之间，属于一种弱碱性的电性吸引力，不具有方向性和饱和性，作用范围在几百个皮米。范德瓦耳斯力有三个来源：①极性分子相互靠近时，它们的固有偶极矩同性相吸，异性相斥，定向排列，相互作用，这种力称为取向力；②极性分子与非极性分子靠近，使非极性分子产生极化，产生诱导偶极矩并相互吸引，这种力称为诱导力；③分子中的电子不断运动，导致瞬间正负电荷中心不重合，从而形成瞬时偶极矩，它使邻近分子瞬时极化，后者又反过来增强原来分子的瞬时偶极矩，因相互耦合产生静电吸引作用力，这种力称为色散力，分子量越大，色散力则越大。这三种力的贡献不同，通常色散力的贡献最大。

Hamaker 等[4,5]提出了一种模型，认为微粒和所附着的基底之间的吸引力(范

德瓦耳斯力) F 满足

$$F = \frac{AR}{6h_0^2}\left(1 + \frac{a^2}{Rh_0}\right) \tag{3.1.1}$$

式中，R 是微粒半径；h_0 约为 0.4 nm，是颗粒和基底相互分离的平衡距离；a 为微粒与基底之间的接触半径；A 为哈马克常数，取决于微粒和基底的种类。哈马克常数满足

$$A = \pi^2 q_1 q_2 \lambda \tag{3.1.2}$$

式中，q_1、q_2 是两种相互作用物质的数密度。λ 是伦敦-范德瓦耳斯常数，它描述了孤立的原子间偶极子和偶极子间的相互作用。

对于(亚)微米量级的粒子，式(3.1.1)括号中的第二项很重要，其值远远大于 1。1 μm 球形微粒的范德瓦耳斯附着力的数量级为 10^{-6} N 左右。

3.1.2 毛细力

如图 3.1.1(b)所示，在潮湿的环境下，空气中的水汽会凝结在基底材料表面；或者采用湿式激光清洗时，在清洗前需要先喷洒液体。这时，黏附在基底材料表面的微粒与基底材料之间就多了一层液态介质，液态介质与基底之间存在相互作用力，称为毛细力。毛细力的表达式为[6]

$$F_c = 4\pi\gamma R \tag{3.1.3}$$

式中，γ 是液膜单位面积的表面能；R 是微粒半径。

3.1.3 静电力

微粒与基底材料之间还存在着静电力，这是因为微粒与基底接触时二者之间存在着接触电势差，在该电势差的作用下，电荷在微粒与基底材料之间发生了转移，在接触面的两侧形成了带有异号电荷的双电荷层，形成了类似于电极板的结构。如图 3.1.1(c)所示，此时，微粒与基底材料表面之间存在静电引力[6]。

设微粒与基底的电容为 C，则有[7]

$$C = 4\pi\varepsilon R\left[\gamma_0 + \frac{1}{2}\ln\frac{2R}{h_0}\right] \tag{3.1.4}$$

其中，ε 是微粒与基底材料间空气的介电常数；$\gamma_0 \approx 0.5772$ 是欧拉常数；R 是微粒半径；h_0 是微粒与基底之间分离的平衡距离。

于是静电引力可以写成静电能对 h_0 的微分

$$F_e = \frac{\mathrm{d}}{\mathrm{d}h_0}\left(\frac{1}{2}CU^2\right) = -\frac{\pi \varepsilon RU^2}{h_0} \tag{3.1.5}$$

其中，U 是微粒与基底的恒定接触电势差。

3.1.4 黏附力与重力的比较

由式(3.1.1)、式(3.1.3)、式(3.1.5)可知，上述三种黏附力都与微粒半径 R 成正比。而对于半径为 R 的微粒，其重力为

$$G = mg = \frac{4}{3}\pi \rho g R^3 \tag{3.1.6}$$

式中，ρ 为微粒的密度；g 为重力加速度。

由式(3.1.6)可见，重力与 R 的三次方成正比。随着微粒尺寸变小，重力随微粒尺寸呈三次方减小，而由式(3.1.1)、式(3.1.3)可见，附着力则随微粒尺寸呈一次方减小。因此，对于很小的微粒，附着力将远大于重力。以石英基底上的二氧化硅颗粒为例，石英与二氧化硅的哈马克常数[8]为 $A = 7.59 \times 10^{-20}\,\mathrm{J}$，二氧化硅密度为 $\rho = 2.2\,\mathrm{g/cm^3}$。在对数坐标下，二氧化硅颗粒的附着力和重力与颗粒半径的关系如图 3.1.2 所示，可以看到，当颗粒半径为 $R = 1\,\mu\mathrm{m}$ 时，其附着力(范德瓦耳斯力)约为重力的 10^6 倍，因此在微粒的动力学分析中，可以忽略重力。同时也说明粒径越小的微粒，附着力相对就越强，越难以被去除。

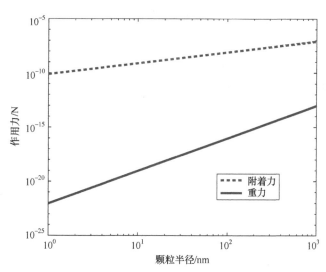

图 3.1.2 二氧化硅颗粒的附着力和重力与颗粒半径的关系(扫描封底二维码可见彩图)

3.1.5 化学键

此外，有些污染物因与基底材料发生化学反应而成为一个整体，比如金属表

面形成的氧化物。以铁基底材料为例，置于空气中会与空气中的水分子和空气分子发生化学反应，形成氧化铁，铁的价态有二价、三价。氧化物之间通过化学键连接，$\alpha\text{-}Fe_2O_3$ 的键能[9]为 196.4 kcal / mol = 836.8 kJ / mol。而 Fe 原子和 O 原子之间的范德瓦耳斯相互作用势能由下式计算

$$U = -\frac{\lambda}{h^6} \tag{3.1.7}$$

其中，λ 为伦敦–范德瓦耳斯常数，其量级约为 10^{-2} kJ·nm^6 / mol；h 为 Fe 原子和 O 原子之间的距离，当它们相距 0.4 nm 时，可求出 Fe 原子和 O 原子之间的范德瓦耳斯相互作用势能约为 2.5 kJ / mol。由此可见，化学键比范德瓦耳斯力要大 1~2 个数量级。

化学键是相邻两个或多个原子(或离子)间强烈的相互作用力的统称。化学键又分为离子键、共价键、金属键等。

离子键是由正负离子之间通过静电作用而形成的，正负离子为球形或者类球形，电荷呈球形对称分布，离子键就可以在各个方向上发生静电作用，没有方向性。金属表面的腐蚀层属于金属氧化物，而金属氧化物基本上都属于离子键。共价键是原子间通过共用电子对(电子云重叠)而形成的相互作用，具有饱和性和方向性。C 与 C 原子之间、N 与 N 原子之间会形成共价键。

3.2　范德瓦耳斯力的哈马克模型

一般情况下，污染物与基底之间的附着力主要是范德瓦耳斯力。对于范德瓦耳斯力，可由哈马克模型得出。

3.2.1　哈马克模型

1. 哈马克模型概述

1937 年 Hamaker[5]研究了基底材料表面的微粒吸附情况，认为吸附力是范德瓦耳斯力。该模型的研究对象是尺寸小于几微米的小球，通过伦纳德–琼斯(Lennard-Jones)势能定律、经典弹性理论等理论[10]，探究研究对象之间的力与能量。该模型假设：①两个物体原子对之间的相互作用累加求和构成相互作用力；②对于连续介质，每个物体均由微小体积元连续构成，通过对这两个物体进行体积积分得到相互作用力。

哈马克根据朗道理论[11]，提出了一种模型，给出了微粒和所附着的基材之间的吸引力，即式(3.1.1)。

2. 颗粒之间作用能的数学推导

对于分子数密度分别为 q_1、q_2 的两个球形颗粒而言，颗粒之间相互作用势能 E 的计算公式如下[9]

$$U = -\int_{V_1}\mathrm{d}V_1\int_{V_2}\mathrm{d}V_2\frac{q_1q_2\lambda}{r^6} \tag{3.2.1}$$

式中，V_1、V_2、$\mathrm{d}V_1$ 和 $\mathrm{d}V_2$ 分别表示球体 1 和球体 2 的体积和体积微元；r 表示体积微元 $\mathrm{d}V_1$ 到 $\mathrm{d}V_2$ 的距离；λ 为伦敦常数；q_1、q_2 分别为两球形颗粒的分子数密度。

如图 3.2.1 所示，考虑一个球心为点 O_1，半径为 R_1 的球体，球外一点 P 到球心的距离为 $O_1P = R$。球 O_1 被另外一个球心在点 P，半径为 r 的球截出一个表面 ABD。该表面的表面积为

$$S_{ABD} = \int_0^{2\pi}\mathrm{d}\varphi\int_0^{\theta_0}r^2\sin\theta\mathrm{d}\theta = 2\pi r^2\left(1-\cos\theta_0\right) \tag{3.2.2}$$

其中，θ_0 由下式给出：

$$R_1^2 = R^2 + r^2 - 2Rr\cos\theta_0 \tag{3.2.3}$$

于是

$$S_{ABD} = \pi\frac{r}{R}\left[R_1^2 - (R-r)^2\right] \tag{3.2.4}$$

一个在点 P 处的原子与球 O_1 的相互作用势能可以写为

$$U_P = -\int_{R-R_1}^{R+R_1}\frac{\lambda q_1}{r^6}\pi\frac{r}{R}\left[R_1^2 - (R-r)^2\right]\mathrm{d}r \tag{3.2.5}$$

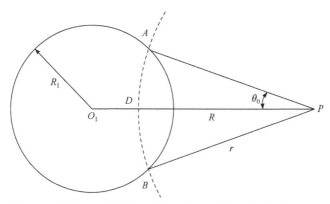

图 3.2.1　球心为点 O_1，半径为 R_1 的球体，球外一点 P 到球心的距离为 $O_1P = R$。球 O_1 被另外一个球心在点 P，半径为 r 的球截出一个表面 ABD

考虑另一个球心为点 O_2，半径为 R_2 的球，两球心距离为 C，两球体之间的分离距离为 h，如图 3.2.2 所示。可用同样的方法求得两个球体的相互作用势能为

$$U = \int_{C-R_2}^{C+R_2} E_p q_2 \pi \frac{R}{C} \left[R_2^2 - (C-R)^2 \right] dR$$

$$= -\frac{\pi^2 q_1 q_2 \lambda}{C} \int_{C-R_2}^{C+R_2} \left[R_2^2 - (C-R)^2 \right] dR \int_{R-R_1}^{R+R_1} \frac{R_1^2 - (R-r)^2}{r^5} dr \qquad (3.2.6)$$

解出上式的第二个积分，得

$$U = -\frac{\pi^2 q_1 q_2 \lambda}{C} \int_{C-R_2}^{C+R_2} \left[R_2^2 - (C-R)^2 \right] dR$$

$$\times \frac{1}{12} \left[\frac{2R_1}{(R+R_1)^3} + \frac{2R_1}{(R-R_1)^3} + \frac{1}{(R+R_1)^2} - \frac{1}{(R-R_1)^2} \right] \qquad (3.2.7)$$

再解之，得到最终结果为

$$U = -\frac{\pi^2 q_1 q_2 \lambda}{6} \left[\frac{2R_1 R_2}{C^2 - (R_1+R_2)^2} + \frac{2R_1 R_2}{C^2 - (R_1-R_2)^2} + \ln \frac{C^2 - (R_1+R_2)^2}{C^2 - (R_1-R_2)^2} \right] \qquad (3.2.8)$$

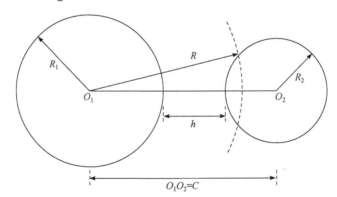

图 3.2.2　两球 O_1 和 O_2 的半径分别为 R_1 和 R_2，球心间距为 C，
两球之间的分离距离为 h

由图 3.2.2 可知

$$C = R_1 + R_2 + h \qquad (3.2.9)$$

h 表示两球体之间的分离距离。从式(3.2.8)可以看到，势能 U 与半径 R_1、R_2 以及两球心间距 C 呈函数关系。为了简化方程，引入新的变量

$$x = \frac{h}{2R_1} = \frac{h}{D_1}, \quad y = \frac{R_2}{R_1} = \frac{D_2}{D_1} \tag{3.2.10}$$

其中, x 表示球体间最短距离 h 与球 1 直径 D_1 的比值; y 表示球 2 直径 D_2 与球 1 直径 D_1 的比值。将式(3.2.9)和式(3.2.10)代入式(3.2.8), 得到

$$U = -\frac{A}{12}\left[\frac{y}{x^2 + xy + x} + \frac{y}{x^2 + xy + x + y} + 2\ln\frac{x^2 + xy + x}{x^2 + xy + x + y}\right] \tag{3.2.11}$$

其中, $A = \pi^2 q_1 q_2 \lambda$ 为哈马克常数。将上式改写成如下形式

$$U = -AU_y(x) \tag{3.2.12}$$

其中

$$U_y(x) = \frac{1}{12}\left[\frac{y}{x^2 + xy + x} + \frac{y}{x^2 + xy + x + y} + 2\ln\frac{x^2 + xy + x}{x^2 + xy + x + y}\right] \tag{3.2.13}$$

3. 力的分析

假设 D_1 为两球体中较小球体的直径。对于大小相等的两个球体,即 $y=1$, 由式(3.2.13)可得

$$U_1(x) = \frac{1}{12}\left[\frac{1}{x^2 + 2x} + \frac{1}{x^2 + 2x + 1} + 2\ln\frac{x^2 + 2x}{x^2 + 2x + 1}\right] \tag{3.2.14}$$

当两球体非常靠近, 即 $x \ll 1$ 时, 可得

$$U_1(x) = \frac{1}{24x} \quad (x \ll 1) \tag{3.2.15}$$

对于一个球体和一个具有平面边界的半无限大空间的情况, 即 $y = \infty$ (D_2 趋向于无穷大), 如图 3.2.3 所示, 由式(3.2.13)可得

$$U_\infty(x) = \frac{1}{12}\left[\frac{1}{x} + \frac{1}{x+1} + 2\ln\frac{x}{x+1}\right] \tag{3.2.16}$$

同时, 当 $x \ll 1$ 时, 有

$$U_\infty(x) = \frac{1}{12x} \quad (x \ll 1) \tag{3.2.17}$$

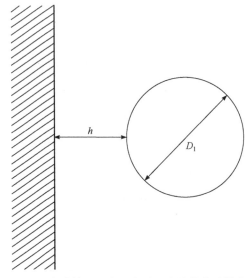

图 3.2.3　一个球体和一个具有平面边界的半无限大空间

1) 能量对应的力的分析

有时我们更倾向于考虑两种物质之间的相互作用力而不是能量。这可以通过将式(3.2.11)对 h 求偏导来得到。因为

$$\frac{\partial}{\partial h} = \frac{\partial x}{\partial h}\frac{\partial}{\partial x} = \frac{1}{D_1}\frac{\partial}{\partial x} \qquad (3.2.18)$$

于是从式(3.2.11)得到

$$F = \frac{\partial U}{\partial h} = -\frac{A}{D_1}\frac{\partial U_y(x)}{\partial x} = -\frac{A}{D_1}F_y(x) \qquad (3.2.19)$$

可见 $F_y(x)$ 只与 x, y 有关。

对于直径相等的两个球体 $(y=1)$，从式(3.2.13)得到

$$F_1(x) = \frac{1}{6}\left[\frac{2(x+1)}{x^2+2x} - \frac{x+1}{\left(x^2+2x\right)^2} - \frac{2}{(x+1)} - \frac{1}{(x+1)^3}\right] \qquad (3.2.20)$$

当 $x \ll 1$ 时，有

$$F_1(x) = -\frac{1}{24x^2} \quad (x \ll 1) \qquad (3.2.21)$$

同样地，当 $y = \infty$ (球体–平面)时，有

$$F_\infty(x) = \frac{1}{12}\left[\frac{2}{x} - \frac{1}{x^2} - \frac{2}{(x+1)} - \frac{1}{(x+1)^2}\right] \tag{3.2.22}$$

同时当 $x \ll 1$ 时，有

$$F_\infty(x) = -\frac{1}{12x^2} \quad (x \ll 1) \tag{3.2.23}$$

可以看到，如果给定 A 的值，式(3.2.11)中的能量 E 仅取决于比值 $x = \dfrac{h}{D_1}$ 和

$y = \dfrac{D_2}{D_1}$。如果以同样的比例增大 h、D_1 和 D_2，则能量保持不变。然而，这对于力却不再成立；这是因为从式(3.2.19)可以看到，D_1 显式地出现在公式中。

2) 两个光滑表面之间的附着力

在一些实验中，常常需要研究两个抛光表面之间的黏附力，在此，我们将给出一些与这种情况有关的公式。

已知单个原子与一个相距为 h 的平面的(伦敦–范德瓦耳斯)势能为

$$U(h) = -\frac{q\pi\lambda}{6}\frac{1}{h^3} \tag{3.2.24}$$

从上式可以很容易地得到，对于间距为 h 的两个平面，单位面积上的能量为

$$U = -\int_h^\infty \frac{\pi q_1 \lambda}{6}\frac{1}{d^3}q_2 \mathrm{d}h = -\frac{\pi q_1 q_2 \lambda}{12 h^2} = -\frac{A}{12\pi}\frac{1}{h^2} \tag{3.2.25}$$

对上式求微分可以得到单位面积上的相互作用力为

$$F = \frac{A}{6\pi}\frac{1}{h^3} \tag{3.2.26}$$

式(3.2.16)、式(3.2.22)、式(3.2.25)和式(3.2.26)针对的都是具有平面边界的半无限大空间的情况。然而实际上，应该考虑的是有限厚度的平板，如图3.2.4所示。于是相互作用势能为

$$U = -A\left[E_\infty(x_1) - E_\infty(x_2)\right] \tag{3.2.27}$$

其中，$x_1 = \dfrac{h_1}{D_1}$；$x_2 = \dfrac{h_2}{D_1}$。

如果球体足够接近表面，则有 $x_2 \gg x_1$，由于 $E_\infty(x)$ 随着 x 增大而急剧减小，于是 $U_\infty(x_2) \ll U_\infty(x_1)$。

如果球体距离表面足够远，那么上述推理将不再成立，但 $U_\infty(x_1)$ 和 $U_\infty(x_1)$ 会变得很小，以至于无法测量，所以这种情况没有任何实际意义。

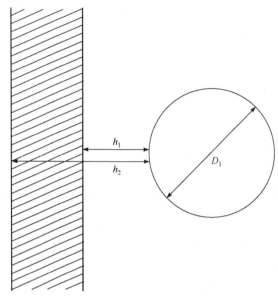

图 3.2.4　一个直径为 D_1 的球和一个有限厚度的无限大平板，平板的两个表面与球体的最近距离分别为 h_1 和 h_2

　　需要进一步注意的是，式(3.2.11)中的能量仅是 x 和 y 的函数，这意味着如果我们把两个微粒的大小都放大 c 倍，同时把它们之间的距离也放大 c 倍，那么能量将保持不变。这个结论可以用一种简单的方式来理解，从而得出一个基本的概括。

　　如图 3.2.5 所示，考虑两个微粒和其上的体积元 dV_1 和 dV_2。如果两个微粒的原子数密度分别为 q_1 和 q_2，并且它们之间的相互作用势能为 λ/r^n，则 dV_1 和 dV_2 中的原子对总势能的贡献为

$$dU = \frac{\lambda q_1 dV_1 q_2 dV_2}{r^n} \tag{3.2.28}$$

　　如果我们将所有的几何参数都增大为原来的 c 倍，那么在新系统中，对应的体积元 dV_1' 和 dV_2' 对相互作用势能的贡献为

$$dE = \frac{\lambda q_1 dV_1' q_2 dV_2'}{(r')^n} = \frac{\lambda q_1 q_2 c^3 dV_1 c^3 dV_2}{c^n r^n} = \frac{dU}{c^{n-6}} \tag{3.2.29}$$

　　由于能量的每个基本部分都以 $1/c^{n-6}$ 的比例变化，那么对于总能量也是如此。因此，如果我们将微粒的大小都放大 c 倍，同时把它们之间的距离也放大 c 倍，那么相互作用的能量变为原来的 $1/c^{n-6}$；可以看到，当 $n=6$ 时能量保持不变，$n<6$ 时能量增大，$n>6$ 时能量减小。

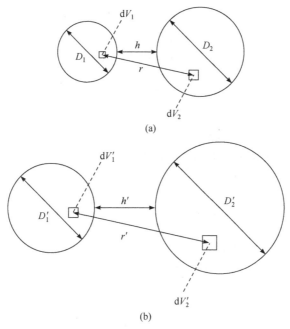

图 3.2.5　两球形微粒(a)的几何参数放大为原来的 c 倍，得到(b)。其中
$D_1' = cD_1, h' = ch, \mathrm{d}V_1' = c^3\mathrm{d}V_1$，以此类推

3.2.2　卡斯米尔力

哈马克给出的常数 A 的表达式(3.1.2)，对于固体来说并不适用。1948 年 Casimir[12,13]对固体的哈马克常数做了推导，并计算了两个导电板之间的相互吸引力。为了纪念他，将微粒和所附着的基材之间的吸引力称为"卡斯米尔力"。卡斯米尔力的产生根源是电场中的量子波动。卡斯米尔力是一个普遍适用的力，不依赖于金属特性，单位面积内的卡斯米尔力由下式给出[14,15]

$$F_{\infty} = -\frac{\pi^2}{240}\frac{\hbar c}{h^4} \tag{3.2.30}$$

式中，$\hbar$ 为约化普朗克常量；c 为光速；h 为两导电板之间的距离。

对于很多材料，具体的哈马克常数值已经测量出了，其值在 $(0.5\sim5.0)\times10^{-19}$J 范围内。关于哈马克常数的实验测量，相关文献已对其作出报道[5]。

哈马克模型以及卡斯米尔模型，是从宏观的角度来考虑的。那么从微观角度考虑，又是怎样的呢？栗弗席兹理论对此进行了阐述。

3.2.3　栗弗席兹理论与哈马克常数

在微观理论框架中，介质间的范德瓦耳斯力是通过电磁场起作用的。20 世纪

50 年代, Lifshitz 等[16-18]在前人的研究基础上提出了电磁波动理论, 根据该理论可以从微观角度推导出附着力的表达式[19]。

我们定义一个虚变量的函数来代表物质的介电常数

$$\varepsilon(\mathrm{i}\xi) = 1 + \frac{2}{\pi}\int_0^\infty \frac{\omega\varepsilon''(\omega)}{\omega^2 + \xi^2}\mathrm{d}\omega \tag{3.2.31}$$

其中, ξ 可随实际情况从 0 取到 ∞。当 $\xi = 0$ 时, $\varepsilon(\mathrm{i}\xi) = \varepsilon_0$, 即稳恒电场的情况。

从微观角度推导出附着力的表达式为

$$F = \frac{\hbar c}{32\pi^2 h^4}\int_0^\infty\int_1^\infty \frac{x^3}{p^2}\left\{\left[\frac{(s_{10}+p)(s_{20}+p)}{(s_{10}-p)(s_{20}-p)}e^x - 1\right]^{-1}\right.$$
$$\left. + \left[\frac{(s_{10}+p\varepsilon_{10})(s_{20}+p\varepsilon_{20})}{(s_{10}-p\varepsilon_{10})(s_{20}-p\varepsilon_{20})}e^x - 1\right]^{-1}\right\}\mathrm{d}p\mathrm{d}x$$
$$s_{10} = \sqrt{\varepsilon_{10}-1+p^2}, \quad s_{20} = \sqrt{\varepsilon_{20}-1+p^2} \tag{3.2.32}$$

式中, h 约等于 $0.4\,\mathrm{nm}$, 是两个分子平衡时的距离; $\hbar$ 为约化普朗克常量; c 为光速; ε 为介电常数, ε_0 为相对介电常数, 下标 1、2 代表两种接触的物质; x 和 p 分别为两个无量纲的积分变量。

栗弗席兹理论认为, 两个固体间的范德瓦耳斯力由于电磁场波动与本征能量 $\langle\hbar\omega\rangle$ 交换而增加。本征能量 $\langle\hbar\omega\rangle$ 也称为栗弗席兹-范德瓦耳斯常数, $\langle\hbar\omega\rangle$ 与哈马克常数 A 只差一个系数

$$A = \frac{3}{4\pi}\hbar\omega \tag{3.2.33}$$

对于两种金属接触的情况, 静电介电常数趋于无穷, 则式(3.2.32)就简化成式(3.2.30)中的卡斯米尔力了。根据 Drude 模型[20-23], 金属的本征能量满足下列近似:

$$\hbar\omega \approx \frac{\pi^{3/2}}{8}\hbar\omega_\mathrm{p} \tag{3.2.34}$$

式中, ω_p 为等离子频率。比如, 对于铝这种很好地符合 Drude 模型的金属(理想 Drude 金属), 可计算出 $\langle\hbar\omega\rangle = 8.11\,\mathrm{eV}$, 与实验得到的值 $\langle\hbar\omega\rangle = 8.59\,\mathrm{eV}$ 十分接近。

栗弗席兹理论从电磁理论出发, 解释了哈马克模型及所给出的哈马克常数。此后, Klimchitskaya 等[24]讨论了栗弗席兹公式在球色散占主要作用情况下的普遍形式, 加入了对频率的依赖关系。

3.3　基底材料与污染物之间的赫兹接触模型

从作用效果来看，微粒与基底之间的作用力使得污染物(微粒、薄膜层)吸附在需要清洗的基底材料上，所以统称为附着力或黏附力。在附着力作用下，吸附在表面的微粒会产生形变，形变相当复杂，需要考虑多种因素。对于硬基底材料和软基底材料，情况完全不同。

目前，广泛接受的模型有两个。其一，适用于"硬"材料的 Derjaguin-Muller-Toporov(简称为 DMT)模型[25,26]；其二，适用于"软"材料的 Johnson-Kendall-Roberts(简称 JKR)模型[27,28]。

JKR 模型是 Johnson、Kendall 和 Roberts 在研究微粒吸附于材料时引入了表面能的概念而提出的。即在微粒吸附过程中，挤压力和排斥力同时产生作用，产生接触、相互重叠。1975 年，Derjaguin、Muller 和 Toporov 三位科学家对模型进行了改进，他们假设微粒与物体的接触不受到相互重叠区域外部的赫兹压痕影响，称为 DMT 模型，该模型认为微粒与基底相互作用的一半存在于接触区域的外部，且微粒吸附力不受弹性矫正的影响。这两个模型都是在赫兹模型基础上，结合材料的具体情况做的改进。因此，在了解 JKR 模型和 DMT 模型之前，我们需要先了解赫兹模型，该模型解决了两个弹性球体之间的接触问题。

3.3.1　赫兹接触模型的假设

赫兹接触模型假设：①接触的两个物体为球体，其表面连续光滑、无摩擦，小球表面之间不存在作用力；②每个接触物体都可以看作是弹性半空间；③接触面在外力作用下产生微小形变，且接触面的有效尺度远远小于两个物体的相对曲率半径。

如图 3.3.1(a)所示，设 R_1 和 R_2 分别为球体1(代表微粒)和球体2(代表基底)的半径，两球体的球心分别为 O_1 和 O_2。开始时两球不受外界压力作用，仅接触于点 O。以 O 为原点建立柱坐标系 (ρ, θ, z)，两个球体的球心连线为 z 轴，通过 O 点的切平面为 xOy 平面，ρ 轴处于 xOy 平面内。M 和 N 分别为两个球体上的点，与 xOy 平面的距离分别为 z_1 和 z_2，M、N 点到 z 轴的距离都为 r。由几何关系可知

$$R_1^2 = (R_1 - z_1)^2 + r^2, \quad R_2^2 = (R_2 - z_2)^2 + r^2 \tag{3.3.1}$$

得

$$z_1 = \frac{r^2}{2R_1 - z_1}, \quad z_2 = \frac{r^2}{2R_2 - z_2} \tag{3.3.2}$$

当 z_1、z_2 很小时，可近似表达为

$$z_1 = \frac{r^2}{2R_1}, \quad z_2 = \frac{r^2}{2R_2} \tag{3.3.3}$$

则 M 与 N 两点之间的距离为

$$z_1 + z_2 = \frac{r^2}{2}\left(\frac{1}{R_1} + \frac{1}{R_2}\right) \tag{3.3.4}$$

令

$$R = \left(\frac{1}{R_1} + \frac{1}{R_2}\right)^{-1} \tag{3.3.5}$$

为等效曲率半径，则

$$z_1 + z_2 = \frac{r^2}{2R} \tag{3.3.6}$$

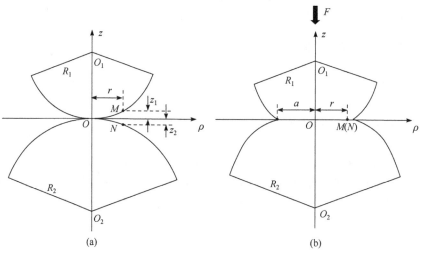

图 3.3.1　(a)两个弹性球体不受压力作用的示意图，仅接触于一点 O；(b)对两个弹性球体施加
　　　　法向压力 F 下的示意图

3.3.2　压力作用下的接触半径和形变量

当沿着 z 方向向下对球 1 施加一个法向压力 F 时，两个球体将产生形变，形

成一个半径为 a (称为接触半径)的圆形接触区(称为接触圆),如图 3.3.1(b)所示。设球体 1 上点 M 沿着 z 方向的形变位移为 w_1,球体 2 上点 N 沿着 z 方向的形变位移为 w_1,设 δ 为施加压力后两球心缩短的距离,亦称为形变量。由于局部变形,M 和 N 两点在空间上重合,成为接触区面内同一点,由几何条件可知

$$\delta = w_1 + w_2 + z_1 + z_2 = w_1 + w_2 + \frac{r^2}{2R} \tag{3.3.7}$$

设在法向压力 F 的作用下,接触面产生一个未知的压力分布(即压强) $p(\rho,\theta)$,如图 3.3.2(a)所示,利用半空间表面受到垂直集中力的作用的相关结论[29],可以得到在压力分布 p 作用下,点 M 的形变位移为

$$w_1 = \frac{1-v_1^2}{\pi E_1} \iint p(s,\varphi) \mathrm{d}s \mathrm{d}\varphi \tag{3.3.8}$$

其中,v_1 和 E_1 分别为球 1 的泊松比和弹性模量;s 和 φ 分别为以 M 点为原点的极坐标系中接触圆内任一点 A 的极径和极角,极径的延长线与接触圆交于点 B,如图 3.3.2(b)所示。

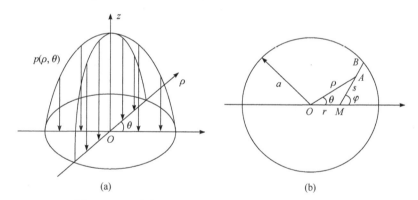

(a)　　　　　　　　　　　　　　　(b)

图 3.3.2　(a)未知的压力分布;(b)极坐标系建立示意图

同理可得球 2 的形变位移为

$$w_2 = \frac{1-v_2^2}{\pi E_2} \iint p(s,\varphi) \mathrm{d}s \mathrm{d}\varphi \tag{3.3.9}$$

于是总形变位移为

$$w_1 + w_2 = \left(\frac{1-v_1^2}{\pi E_1} + \frac{1-v_2^2}{\pi E_2} \right) \iint p(s,\varphi) \mathrm{d}s \mathrm{d}\varphi \tag{3.3.10}$$

赫兹模型假设在外界压力 F 作用下，接触区域的压力分布为半球体形状，如图 3.3.3 所示，即

$$p(\rho) = p_0\left(1 - \frac{\rho^2}{a^2}\right)^{1/2} \tag{3.3.11}$$

其中，p_0 为最大压强。可以根据

$$F = \int_0^a p(\rho)\rho\mathrm{d}\rho = p_0\int_0^a\left(1 - \frac{\rho^2}{a^2}\right)^{1/2}\rho\mathrm{d}\rho = \frac{2\pi p_0 a^2}{3} \tag{3.3.12}$$

得到

$$p_0 = \frac{3F}{2\pi a^2} \tag{3.3.13}$$

于是

$$p = \frac{3F}{2\pi a^2}\left(1 - \frac{\rho^2}{a^2}\right)^{\frac{1}{2}} \tag{3.3.14}$$

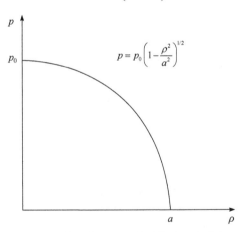

图 3.3.3　赫兹模型中的半球体状压力分布

为了求解式(3.3.10)，需要写出 p 在极坐标系 (s, φ) 中的表达式。由图 3.3.2(b) 可知

$$\rho^2 = r^2 + s^2 + 2rs\cos\varphi \tag{3.3.15}$$

因此有

$$p(s,\varphi) = \frac{p_0}{a}\left(a^2 - r^2 - s^2 - 2rs\cos\varphi\right) \tag{3.3.16}$$

将其代入式(3.3.10)中，有

$$w_1 + w_2 = \left(\frac{1-\nu_1^2}{\pi E_1} + \frac{1-\nu_2^2}{\pi E_2}\right)\frac{p_0}{a}\int_0^{2\pi}\mathrm{d}\varphi\int_0^{s_0}\left(a^2 - r^2 - s^2 - 2rs\cos\varphi\right)\mathrm{d}s \tag{3.3.17}$$

其中，积分限 s_0 为线段 MB 的长度，即为下式的正根

$$a^2 - r^2 - s^2 - 2rs\cos\varphi = 0 \tag{3.3.18}$$

求解式(3.3.17)，得

$$w_1 + w_2 = \left(\frac{1-\nu_1^2}{E_1} + \frac{1-\nu_2^2}{E_2}\right)\frac{3F}{8a^3}\left(2a^2 - r^2\right) \tag{3.3.19}$$

代入式(3.3.7)，得

$$\delta = \left(\frac{1-\nu_1^2}{E_1} + \frac{1-\nu_2^2}{E_2}\right)\frac{3F}{8a^3}\left(2a^2 - r^2\right) + \frac{r^2}{2R} \tag{3.3.20}$$

　　由于形变量 δ 不依赖于点 M、N 的选取，即 δ 与 r 无关，因此上式中 r^2 项的系数必须为零。从中可以解出接触半径

$$a = \left[\frac{3RF}{4}\left(\frac{1-\nu_1^2}{E_1} + \frac{1-\nu_2^2}{E_2}\right)\right]^{1/3} \tag{3.3.21}$$

令

$$K = \frac{4}{3}\left(\frac{1-\nu_1^2}{E_1} + \frac{1-\nu_2^2}{E_2}\right)^{-1} \tag{3.3.22}$$

为等效弹性模量，则有

$$a = \left(\frac{RF}{K}\right)^{1/3}, \quad \delta = \frac{a^2}{R} = \left(\frac{F^2}{RK^2}\right)^{1/3} \tag{3.3.23}$$

此即赫兹接触模型中的接触半径和形变量。

3.3.3　数值模拟

　　以半径为 1 μm 的 SiO_2 颗粒为例，弹性模量为 7.3×10^{10} N / m^2，泊松比为 0.17[4]，根据式(3.3.23)，可得压力与接触半径和形变量的关系。从图 3.3.4 中可以看到，

开始施加压力时，接触半径和形变量明显增加，随着压力的增加，接触半径和形变量增加的幅度逐渐较小。

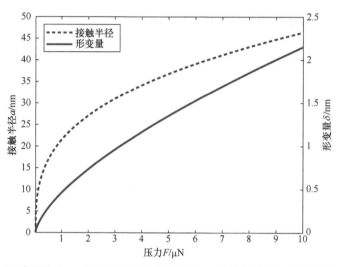

图 3.3.4　以半径为 1 μm 的 SiO_2 颗粒为例，压力 F 与接触半径 a 和形变量 δ 的关系

3.4　基底材料与污染物之间的 JKR 接触模型

3.4.1　JKR 接触模型假设

大量实验表明[30,31]，法向压力较大时，实验结果与赫兹接触模型理论数值较为吻合；当法向压力较小时，实际接触半径比赫兹接触模型的理论预测要大得多。并且当压力降到零时，接触半径趋于一个恒定的有限值，这表明研究对象的接触区域存在着相互作用力。因此，需要对赫兹模型进行修正，也就是要考虑在接触区内，两个弹性物体之间存在作用力。该作用力是弹力，可利用弹性能和表面能的平衡关系，对赫兹接触模型做出修正，这就得到 JKR 模型，它是由 Johnson、Kendall 和 Roberts[27]提出的。JKR 模型假设：①仅考虑材料线弹性性质；②附着力的作用范围远小于表面位移；③接触区尺寸远小于接触体尺寸，因此基底可以被认为是半无限大空间。

在两弹性球体之间的接触平衡系统中，需要借助总能量 U_T 与接触半径 a 的函数关系进行计算。当达到平衡时，有

$$\frac{\mathrm{d}U_T}{\mathrm{d}a} = 0 \qquad (3.4.1)$$

3.4.2 系统的总能量

当两个表面之间存在黏附力时，该系统的总能量为

$$U_\mathrm{T} = U_\mathrm{E} + U_\mathrm{M} + U_\mathrm{S} \tag{3.4.2}$$

其中，U_E 为储存的弹性能；U_M 为载荷压力产生的机械势能；U_S 为表面能。

1. 弹性能 U_E

不考虑黏附能，当没有表面力(即不考虑接触区域存在相互作用力)时，接触半径 a_0 由赫兹接触模型给出。在施加压力 F_0 时，根据式(3.3.23)，接触半径和形变量分别为

$$a_0 = \left(\frac{RF_0}{K} \right)^{1/3}, \quad \delta_0 = \frac{a_0^2}{R} = \left(\frac{F_0^2}{RK^2} \right)^{1/3} \tag{3.4.3}$$

记为状态 C。

如果表面间存在相互作用力，平衡时的接触半径 a_1 将会大于 a_0，如图 3.4.1(a) 所示。虽然施加的压力为 F_0，但其产生的接触半径等同于赫兹接触模型中压力 F_1 产生的接触半径，即

$$a_1 = \left(\frac{RF_1}{K} \right)^{1/3} \tag{3.4.4}$$

对应的形变量为 δ_1，需要的能量为 U_1，记为状态 A。根据式(3.3.23)，有

$$\delta_1 = \frac{a_1^2}{R} = \left(\frac{F_1^2}{RK^2} \right)^{1/3} \tag{3.4.5}$$

于是

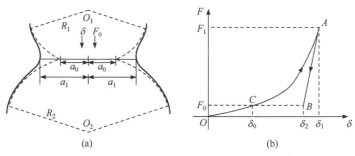

图 3.4.1 (a)施加压力 F_0 时两球的接触情况。实线：JKR 模型(接触半径 a_1)，虚线：赫兹模型(接触半径 a_0)；(b)接触面的压力-位移关系

$$U_1 = \int_0^{\delta_1} F \mathrm{d}\delta = \int_0^{F_1} \frac{2}{3} \frac{F^{-1/3}}{K^{2/3}R^{1/3}} F \mathrm{d}F = \int_0^{F_1} \frac{2}{3} \frac{F^{2/3}}{K^{2/3}R^{1/3}} \mathrm{d}F = \frac{2}{5} \frac{F_1^{5/3}}{K^{2/3}R^{1/3}} \qquad (3.4.6)$$

现保持接触半径 a_1 不变,将压力减小到 F_0(这里面的 F_0 指的是在考虑表面相互作用力的情况下接触半径为 a_1 时所对应的压力),对应的形变量为 δ_2,释放的能量为 U_2,记为状态 B。

上述考量中,增大压力的过程与赫兹模型增大压力的过程相同。然而,当两球在表面力的作用下保持接触时,表面之间的应力在接触区域的边缘被拉伸,并且只在中心保持压缩。应力的精确分布由 Johnson[32]计算出来,接触区域的压力-位移关系确实被光学干涉测量法观察到了[27]。压力-位移关系为

$$\delta = \frac{2}{3} \frac{F}{Ka_1} \qquad (3.4.7)$$

于是

$$U_2 = \int_{F_0}^{F_1} \frac{2}{3} \frac{F}{Ka_1} \mathrm{d}F = \frac{1}{3K^{2/3}R^{1/3}} \frac{F_1^2 - F_0^2}{F_1^{1/3}} \qquad (3.4.8)$$

弹性能 U_E 可以通过考虑图 3.4.1(b)中所示的接触面压力-位移关系曲线来计算。弹性能 U_E 为

$$U_E = U_1 - U_2 = \frac{2}{5} \frac{F_1^{5/3}}{K^{2/3}R^{1/3}} - \frac{1}{3K^{2/3}R^{1/3}} \frac{F_1^2 - F_0^2}{F_1^{1/3}} = \frac{1}{K^{2/3}R^{1/3}} \left(\frac{1}{15} F_1^{5/3} + \frac{1}{3} F_0^2 F_1^{-1/3} \right)$$

$$(3.4.9)$$

2. 机械势能 U_M

从真实情况来看,对系统施加压力 F_0,产生 δ_2 的形变量,对应的机械势能为

$$\begin{aligned}
U_M &= -F_0\delta_2 \\
&= -F_0 \left[\delta_1 - \frac{2(F_1 - F_0)}{3Ka_1} \right] \\
&= -F_0 \left[\frac{F_1^{2/3}}{K^{2/3}R^{1/3}} - \frac{2}{3} \left(\frac{K}{RF_1} \right)^{1/3} \frac{F_1 - F_0}{K} \right] \\
&= \frac{-F_0}{K^{2/3}R^{1/3}} \left(\frac{1}{3} F_1^{2/3} + \frac{2}{3} F_0 F_1^{-1/3} \right)
\end{aligned} \qquad (3.4.10)$$

3. 表面能 U_S

表面能可以表示为

$$U_S = -\gamma \pi a_1^2 = -\gamma \pi \left(\frac{RF_1}{K} \right)^{2/3} \qquad (3.4.11)$$

其中，γ 为两个表面单位面积上的黏附能。

4. 总能量 U_T

根据式(3.4.2)、式(3.4.9)～式(3.4.11)，系统的总能量为

$$U_T = U_E + U_M + U_S$$

$$= \frac{1}{K^{2/3} R^{1/3}} \left(\frac{1}{15} F_1^{5/3} + \frac{1}{3} F_0^2 F_1^{-1/3} \right) - \frac{F_0}{K^{2/3} R^{1/3}} \left(\frac{1}{3} F_1^{2/3} + \frac{2}{3} F_0 F_1^{-1/3} \right) - \gamma \pi \left(\frac{RF_1}{K} \right)^{2/3}$$

$$(3.4.12)$$

当系统平衡时，有

$$\frac{\mathrm{d}U_T}{\mathrm{d}a_1} = 0 \qquad (3.4.13)$$

等价于

$$\frac{\mathrm{d}U_T}{\mathrm{d}F_1} = \frac{F_1^{-4/3}}{9K^{2/3} R^{1/3}} \left(F_1^2 + F_0^2 - 2F_1 F_0 - 6\gamma \pi R F_1 \right) = 0 \qquad (3.4.14)$$

于是

$$F_1 = F_0 + 3\pi\gamma R \pm \sqrt{\left(F_0 + 3\gamma\pi R \right)^2 - F_0^2} \qquad (3.4.15)$$

通过检查总能量的二阶微分可知，该平衡为稳定平衡，于是上式应取正号，即

$$F_1 = F_0 + 3\pi\gamma R + \sqrt{6\gamma\pi R F_0 + \left(3\gamma\pi R \right)^2} \qquad (3.4.16)$$

将式(3.4.16)代入式(3.4.4)，并将 F_0 和 a_1 分别改写为 F 和 a，于是得到考虑表面能效应修正后的赫兹方程

$$a = \left[\frac{R}{K} \left(F + 3\gamma\pi R + \sqrt{6\gamma\pi R F + \left(3\gamma\pi R \right)^2} \right) \right]^{1/3} \qquad (3.4.17)$$

由式(3.4.17)可知：当 $\gamma = 0$ 时，它退化到简单的赫兹方程(3.3.23)

$$a = \left(\frac{RF}{K} \right)^{1/3} \qquad (3.4.18)$$

当 $F=0$ 时，有

$$a = \left(\frac{6\gamma\pi R^2}{K}\right)^{1/3}$$ (3.4.19)

这说明外界压力为零，两球间也存在一个有限的接触半径。

当 $F<0$，即施加拉力时，接触半径减小，当两个球体恰好分离时，有

$$F = -\frac{3\gamma\pi R}{2}$$ (3.4.20)

由此可见，对于黏附在一起的两个球形微粒，如果需要使之恰好分离，则需要施加一个反向的拉力，该拉力与微粒的单位表面的黏附能 γ 以及微粒等效曲率半径 R 有关。

3.5　基底材料与污染物之间的 DMT 接触模型

3.5.1　DMT 接触模型假设

DMT 接触模型的主要研究对象为弹性小球与刚性平面，与 JKR 接触模型相比，DMT 接触模型考虑了接触区外围的黏附力，但忽略了该力对接触体物理量的影响，且在接触区域内保持赫兹的变形情况。该模型假设：①表面力在有限范围内扩展，恰好作用在接触之外的面积内；②弹性小球和刚性平面接触。如图 3.5.1 所示，在受到外压力 F 的作用下，弹性球与刚性平面接触时产生了变形。R 为弹性小球的半径。

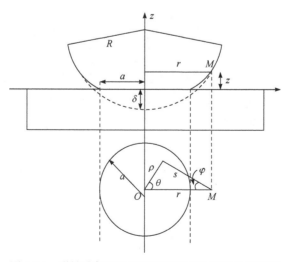

图 3.5.1　弹性球与刚性平面接触时产生变形的原理图

3.5.2　法向压力下的形变

施加法向压力 F，在接触区域内产生压力分布 p 如下

$$p(\rho)=\frac{3F}{2\pi a^2}\left(1-\frac{\rho^2}{a^2}\right)^{1/2} \quad (\rho \leqslant a) \tag{3.5.1}$$

其中，ρ 为接触面圆心到所考虑点的距离；a 为接触半径。

仿照 3.3.2 节坐标变换的方法，将压力分布 $p(\rho)$ 转化为 $p(s,\varphi)$，即

$$p(s,\varphi)=\frac{3F}{2\pi a^3}\left(a^2-r^2-s^2+2rs\cos\varphi\right) \tag{3.5.2}$$

当 $r<a$ 时，接触区域内的形变位移由赫兹模型式(3.3.19)给出

$$w=\frac{1-v^2}{E}\frac{3F}{8a^3}\left(2a^2-r^2\right) \quad (r<a) \tag{3.5.3}$$

当 $r>a$ 时，接触区域外的形变位移由下式给出

$$w=\frac{1-v^2}{\pi E}\int_{-\varphi_0}^{\varphi_0}\int_{s_1}^{s_2}\frac{p(s,\varphi)}{\left(s^2+z^2\right)^{1/2}}s\mathrm{d}s\mathrm{d}\varphi \quad (r>a) \tag{3.5.4}$$

其中，s 的积分限 s_1、s_2 为下式的两个根

$$a^2-r^2-s^2+2rs\cos\varphi=0 \tag{3.5.5}$$

φ 的积分限 φ_0 为

$$\varphi_0=\arcsin\left(\frac{a}{r}\right) \tag{3.5.6}$$

在计算靠近接触区域边缘 $r\approx a$ 处的球面的形变时，式(3.5.4)中的 z 可以忽略不计。

当 $r\gg a$ 时，近似有

$$\left(s^2+z^2\right)^{1/2}=\left(r^2+z^2\right)^{1/2}\leqslant r\left(1+\frac{r^2}{4R^2}\right)^{1/2} \tag{3.5.7}$$

根据赫兹模型的假设，有

$$\frac{r^2}{4R^2}\ll 1 \tag{3.5.8}$$

于是，式(3.5.7)括号中的第二项也可以忽略。因此无论在何种情况下，都可以通过假设 $z=0$ 来计算形变位移。

将 $z=0$ 代入式(3.5.2)，有

$$w = \frac{1-v^2}{\pi E} \int_{-\varphi_0}^{\varphi_0} \int_{s_1}^{s_2} p(s,\varphi) \mathrm{d}s \mathrm{d}\varphi \tag{3.5.9}$$

解之得

$$w = \frac{1-v^2}{\pi E} \frac{3F}{8a^3} \left[2a\left(r^2 - a^2\right)^{\frac{1}{2}} + \left(2a^2 - r^2\right)\arccos\left(1 - \frac{2a^2}{r^2}\right) \right] \quad (r > a) \tag{3.5.10}$$

在 $r = a$ 处，有

$$w(a) = \frac{3F}{8a} \frac{1-v^2}{E} \tag{3.5.11}$$

在 $r = 0$ 处，有

$$w(0) = \frac{3F}{4a} \frac{1-v^2}{E} = 2w(a) \tag{3.5.12}$$

对于变形的球面上的任意一点 M，存在如下关系

$$z = z_0 + w - \delta \tag{3.5.13}$$

其中，z_0 是施加压力前点 M 的 z 坐标，其值为

$$z_0 = \frac{r^2}{2R} \tag{3.5.14}$$

可见在坐标原点处有 $z = z_0 = 0$，$w(0) = \delta$，根据式(3.5.13)，得

$$\delta = \frac{1-v^2}{E} \frac{3F}{4a} \tag{3.5.15}$$

根据式(3.5.13)和式(3.5.14)，可得到在接触边界 $r = a, z = 0$ 处的关系式

$$\frac{a^2}{2R} + \frac{\delta}{2} - \delta = 0 \tag{3.5.16}$$

解得

$$\delta = \frac{a^2}{R} \tag{3.5.17}$$

比较式(3.5.15)和式(3.5.17)，可得

$$\frac{1-v^2}{\pi E} \frac{3F}{8a^3} = \frac{1}{2\pi R} \tag{3.5.18}$$

将式(3.5.18)代入式(3.5.10)，得

$$w = \frac{1}{2\pi R} \left[2a\left(r^2 - a^2\right)^{\frac{1}{2}} + \left(2a^2 - r^2\right)\arccos\left(1 - \frac{2a^2}{r^2}\right) \right] \quad (r > a) \tag{3.5.19}$$

将 z_0, w, δ 的表达式代入式(3.5.13)并做整理，得

$$z = \frac{1}{\pi R}\left[a\left(r^2 - a^2\right)^{1/2} - \left(2a^2 - r^2\right)\arctan\left(\frac{r^2}{a^2} - 1\right)^{1/2} \right] \quad (r > a) \quad (3.5.20)$$

上式即为球与平面的相对点之间的距离。

由于在接触面上，球和平面之间相对点的距离不等于零，而是趋于一个定值 $h_0 \approx 0.4\,\text{nm}$，如图 3.5.2 所示，那么

$$z(r) = \frac{1}{\pi R}\left[a\left(r^2 - a^2\right)^{1/2} - \left(2a^2 - r^2\right)\arctan\left(\frac{r^2}{a^2} - 1\right)^{1/2} \right] + h_0 \quad (3.5.21)$$

系统的总表面能为

$$U_S = \int_0^\infty \gamma(z) 2\pi r \mathrm{d}r \quad (3.5.22)$$

其中，$\gamma(z)$ 为单位面积上的表面能。总表面能由接触区域内和接触区域外两部分的表面能组成。

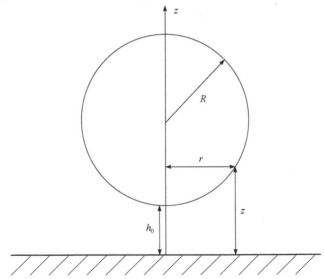

图 3.5.2 球与刚性平面相互作用的示意图

在接触区域内，$0 < r < a, z = h_0$，对应的表面能为

$$U_S' = \int_0^a \gamma(h_0) 2\pi r \mathrm{d}r = \pi a^2 \gamma(h_0) = \pi \delta R \gamma(h_0) \quad (3.5.23)$$

在接触区域外，$r > a$，对应的表面能为

$$U_S'' = \int_a^\infty \gamma(z) 2\pi r \mathrm{d}r \tag{3.5.24}$$

令 $x^2 = r^2 - a^2$，代入式(3.5.21)和式(3.5.24)，得

$$z(x,\delta) = \frac{1}{\pi R}\left[ax + \left(x^2 - a^2\right)\arctan\left(\frac{x}{a}\right) \right] + h_0 \tag{3.5.25}$$

$$U_S''(\delta) = 2\pi \int_0^\infty \gamma\left[z(x,\delta)\right] x \mathrm{d}x \tag{3.5.26}$$

将总表面能对 δ 求导，可得广义力为

$$F_s = \frac{\mathrm{d}U_S}{\mathrm{d}\delta} = \frac{\mathrm{d}U_S'}{\mathrm{d}\delta} + \frac{\mathrm{d}U_S''}{\mathrm{d}\delta} = \pi R \gamma(d) + \frac{\mathrm{d}U_S''}{\mathrm{d}\delta} = F_S' + F_S'' \tag{3.5.27}$$

根据式(3.5.26)得

$$F_s'' = \frac{\mathrm{d}U_S''}{\mathrm{d}\delta} = 2\pi \int_0^\infty \frac{\mathrm{d}\gamma\left[z(x,\delta)\right]}{\mathrm{d}z}\frac{\mathrm{d}z(x,\delta)}{\mathrm{d}\delta} x \mathrm{d}x \tag{3.5.28}$$

对式(3.5.25)求导，得

$$\frac{\mathrm{d}z(x,\delta)}{\mathrm{d}\delta} = \frac{\mathrm{d}z}{\mathrm{d}a}\frac{\mathrm{d}a}{\mathrm{d}\delta} = \frac{1}{\pi}\left[\frac{ax}{x^2 + a^2} - \arctan\left(\frac{x}{a}\right) \right] \tag{3.5.29}$$

$$\frac{\mathrm{d}^2 z(x,\delta)}{\mathrm{d}\delta^2} = \frac{Rx^3}{\pi a\left(x^2 + a^2\right)^2} \tag{3.5.30}$$

接下来考虑无形变，即 $\delta \to 0, a \to 0$ 的情况(点接触)。由式(3.5.29)和式(3.5.25)可得

$$\frac{\mathrm{d}z}{\mathrm{d}\delta}\Big|_{\delta \to 0} = -\frac{1}{2} \tag{3.5.31}$$

$$z\big|_{\delta \to 0} = \frac{x^2}{2R} + h_0 \tag{3.5.32}$$

对上式求微分，得

$$x\mathrm{d}x = R\mathrm{d}z \tag{3.5.33}$$

将式(3.5.31)～式(3.5.33)代入式(3.5.28)，得

$$F_s'(\delta = 0) = 2\pi \int_0^\infty \frac{\mathrm{d}\gamma\left[z(x,\delta)\right]}{\mathrm{d}z}\left(-\frac{1}{2}\right)R\mathrm{d}z = -\pi R \gamma(z)\big|_0^\infty = \pi R \gamma(h_0) \tag{3.5.34}$$

其中已使用到 $\gamma(\infty) = 0$。最后，从式(3.5.34)和式(3.5.27)得到

$$F_s(\delta = 0) = \frac{\mathrm{d}U_S}{\mathrm{d}\delta} = \pi R \gamma(h_0) + \pi R \gamma(h_0) = 2\pi R \gamma(h_0) \tag{3.5.35}$$

根据上述结论对赫兹模型进行修正,得到球体受到压力 F 的作用下与一刚性平面接触,产生的接触半径为

$$a = \left[\frac{R}{K} (F + 2\pi\gamma R) \right]^{1/3} \tag{3.5.36}$$

形变量为

$$\delta = \frac{a^2}{R} \tag{3.5.37}$$

其中已经把 $\gamma(h_0)$ 简写为 γ 。

3.6   三种接触模型的讨论

取颗粒的半径为 $R = 1\,\mu m$,弹性模量 $E = 7.5 \times 10^{10}\,N/m^2$,泊松比 $\nu = 0.17$,单位面积的表面能 $\gamma = 1\,J/m^2$,代入式(3.3.23)、式(3.4.17)和式(3.5.36),分别求赫兹、JKR、DMT 模型中接触半径 a 与压力 F 的关系,结果如图 3.6.1 所示。可以看到,三种模型给出的接触半径 a 都随着压力 F 的增加而增加。当压力 F 较小时,赫兹模型和 DMT 模型得到的接触半径 a 接近,而与 JKR 模型中接触半径 a 差距较大。这主要是因为在赫兹模型中没有考虑研究对象接触区域的相互作用力。在 DMT 模型中考虑了接触区域的相互作用力,并将该作用力扩展为接触区外围的黏附力,也忽略了该力对接触体物理量的影响,且在接触区域内保持 Hertz 接触形变情况。三种模型的对比总结如表 3.6.1 所示。

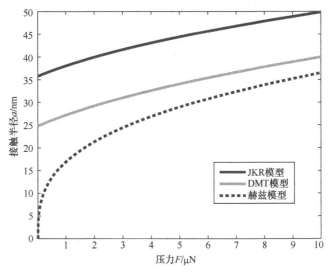

图 3.6.1   三种接触模型中接触半径 a 与压力 F 的关系

表 3.6.1　模型对比总结

模型	前提假设	接触半径
赫兹模型	不考虑两个小球表面之间的作用力	$a = \left(\dfrac{RF}{K}\right)^{1/3}$
JKR 模型	考虑弹性体接触区内存在黏附力	$a = \left[\dfrac{R}{K}\left(F + 3\gamma\pi R + \sqrt{6\gamma\pi RF + (3\gamma\pi R)^2}\right)\right]^{1/3}$
DMT 模型	考虑了接触区外围的黏附力	$a = \left[\dfrac{R}{K}(F + 2\gamma\pi R)\right]^{1/3}$

Maugis 和 Greenwood 等[33-35]对 JKR 模型和 DMT 模型做了进一步的研究,发现这两个模型是相通的,在一定条件下是可以互相转换的。

赫兹接触模型主要考虑两个接触球体之间无相互作用力时接触面和形变量与压力之间的相互作用关系,得到了两球刚好分离的临界条件。JKR 接触模型是对赫兹方程的修正,在零压力下,两个表面之间存在有限的接触面积,可以预测接触区域分离所需的外力。DMT 接触模型考虑了接触区域变形与分子引力相互影响的关系。所以,对于不同的清洗对象,选取不同的参数并运用对应的接触模型,对清洗过程具有重要的理论指导意义。

参 考 文 献

[1] Kelley J D, Hovis F E. A thermal detachment mechanism for particle removal from surfaces by pulsed laser irradiation[J]. Microelectronic Engineering, 1993, 20(1-2): 159-170.

[2] Mittal K L. Particles on Surfaces[M]. New York: Marcel Dekker, Inc., 1995.

[3] Visser J. Adhesion of Colloidal Particles[M]. New York: Wiley, 1976.

[4] Zheng Y W, Luk'yanchuk B S, Lu Y F, et al. Dry laser cleaning of particles from solid substrates: experiments and theory[J]. Journal of Applied Physics, 2001, 90: 2135-2142.

[5] Hamaker H C. The London-van der Waals attraction between spherical particles[J]. Physica, 1937, 4(10): 1058-1072.

[6] Bowling R A. An analysis of particle adhesion on semiconductor surfaces[J]. Journal of the Electrochemical Society, 1985, 132: 2208-2214

[7] Krupp H. Particle adhesion theory and experiment[J]. Advances in Colloid and Interface Science, 1967, 1(2): 111-239.

[8] Bergström L. Hamaker constants of inorganic materials[J]. Advances in Colloid and Interface Science, 1997, 70: 125-169.

[9] 清山哲郎. 金属氧化物及其催化作用[M]. 合肥: 中国科学技术大学出版社, 1991.

[10] Muller V M, Yushchenko V S, Derjaguin B V. On the influence of molecular forces on the deformation of an elastic sphere and its sticking to a rigid plane[J]. Journal of Colloid and Interface Science, 1980, 77(1): 91-101.

[11] Landau L D, Lifshitz E M. Course of Theoretical Physics[M]. Oxford: Pergamon Press, 1999.

[12] Casimir H B G. On the attraction between two perfectly conducting plates[J]. Proceedings of the Koninklijke Nederlandse Akademie van Wetenschappen, 1948, 51: 793-795.

[13] Casimir H B G. Haphazard Reality: Half a Century of Science[M]. New York: Harper & Row, 1983.

[14] Bordag M. The Casimir Effect 50 Years Later[M]. Singapore: World Scientific, 1999.

[15] Maclay G J, Fearn H, Milonni P W. Of some theoretical significance: implications of casimir effects[J]. European Journal on Physics, 2001, 22: 463-469.

[16] Leontovich M A, Rytov S M. On the theory of electrical fluctuations[J]. Doklady Akademii Nauk SSSR, 1952, 102: 535-539.

[17] Rytov S M. Theory of electromagnetic fluctuations and thermal radiation[J]. Publ. of USSR Academy of Sciences, Moscow, Englishs Translation, AFCRL TR 59-162, 1953.

[18] Lifshitz E M. The theory of molecular attractive forces between solids[J]. Perspectives in Theoretical Physics, 1992: 329-349.

[19] Lifshitz E M, Pitaevskii L P. Statistical Physics[M]. Oxford: Pergamon Press, 1980.

[20] Parker G A, Snow R L, Pack R T. Calculation of molecule-molecule intermolecular potentials using electron gas methods[J]. Chemical Physics Letters, 1975, 33: 399-403.

[21] Nielson G C, Parker G A, Pack R T. Intermolecular potential surfaces from electron gas methods. I. Angle and distance dependence of the He-CO_2 and Ar-CO_2 interactions[J]. Journal of Chemical Physics, 1976, 64: 1668-1678.

[22] Detrich J H, Conn R W. Interaction potentials for He-HF and Ar-HF using the Gordon-Kim method[J]. Journal of Chemical Physics, 1976, 64: 3091-3096.

[23] Green S, Garrison B J, Lester W A. Hartree-Fock and Gordon-Kim interaction potentials for scattering of closed-shell molecules by atoms: (H_2CO,He) and (H_2,Li^+)[J]. Journal of Chemical Physics, 1975, 63: 1154-1161.

[24] Klimchitskaya G L, Mohideen U, Mostepanenko V M. Casimir and van der Waals forces between two plates or sphere (lens) above a plate made of real metals[J]. Physical Review A, 2000, 61: 062107.

[25] Derjaguin B V, Muller V M, Toporov Y P. Effect of contact deformations on the adhesion of particles[J]. Journal of Colloid and Interface Science, 1975, 53(2): 314-326.

[26] Muller V M, Yushchenko V S, Derjaguin B V. General theoretical consideration of the influence of surface forces on contact deformations and the reciprocal adhesion of elastic spherical particles[J]. Journal of Colloid and Interface Science, 1983, 92(1): 92-101.

[27] Johnson K L, Kendall K, Roberts A D. Surface energy and the contact of solids[J]. Proceedings of the Royal Society A, 1971, 324: 301-313.

[28] Johnson K L. Adhesion at the contact of solids[J]. Theoretical and Applied Mechanics,1976: 133-143.

[29] Yun T. The exact integral equation of Hertz's contact problem[J]. Applied Mathematics and Mechanics, 1991, 12(2): 165-169.

[30] Roberts A D. The Extrusion of Liquids Between Highly Elastic Solids[D]. Cambridge:

University of Cambridge, 1968.

[31] Tabor D, Winterton R H S. The direct measurement of normal and retarded van der Waals forces[J]. Proceedings of the Royal Society of London, 1969, 312(1511): 435-450.

[32] Johnson K L. A note on the adhesion of elastic solids[J]. British Journal of Applied Physics, 1958, 9(5): 199-200.

[33] Maugis D. The JRK-DMT transition using a Dugdale model[J]. Journal of Colloid and Interface Science, 1992, 150: 243-269.

[34] Maugis D, Gauthier-Manuel B. JDK-DMT Transition in the Presence of Liquid Meniscus, in Fundamentals of Adhesion and Interfaces[M]. Boston: De Gruyter, 1995.

[35] Greenwood J A, Johnson K L. An alternative to the maugis model of adhesion between elastic spheres[J]. Journal of Physics D: Applied Physics, 1998, 31: 3279-3290.

第4章 激光清洗机制

激光清洗主要分为干式清洗和湿式清洗两种方法，其清洗机制不完全相同。对于干式清洗，激光本身的参数、基底和污染物的性质会影响清洗机制；对于湿式清洗，除了激光参数、基底和污染物的性质以外，液体介质与激光之间的作用也会影响清洗机制。对于一些光学、热学和弹性特性不均匀的系统，比如对金属表面上的油漆层进行激光清洗，激光烧蚀和振动机制就都显得尤其重要；对于吸收激光能力强的污染层，在激光能量密度很高时，会有激光诱导的冲击波现象产生，导致污染层碎裂并从基底剥离。对于透明污染物微粒，如半导体线路板上直径从几十纳米到几微米之间的颗粒，受到激光辐射时还可能产生近场效应。本章将首先介绍激光相关知识，接着具体阐述激光清洗机制，最后介绍激光清洗中的几个重要参数和指标。

4.1 激光简述

激光清洗中，激光是清洗媒介。污染物和/或基底吸收了达到清洗阈值的激光后才有清洗效果。本节主要介绍激光的特点、基本参数、激光器的分类与举例[1]。

4.1.1 激光的特点

激光是受激辐射的光，与普通光源相比有着独特的特点，主要是：①单色性好，激光能量集中在很窄的波长或频率范围内；②方向性好，激光发散角很小，一般只有几毫弧度，激光能量可以集中在很小的空间范围内；③亮度极高，激光在单位立体角、单位面积上的功率极高，比太阳表面的亮度还要高很多倍；④相干性好，激光光源的辐射机理和普通光源不同，属于受激辐射，其空间相干性和时间相干性很好。

1. 单色性好

单色性用谱线宽度(简称谱宽)来表征，在光谱图中最大光强的一半对应的频率宽度(FWHM)即谱线宽度 $\Delta\nu$，也有采用半宽度(HWHM)来表征的。$\Delta\nu$ 越小，谱线越窄，则激光单色性越好。太阳光的谱宽超过 10^{14} Hz，激光的谱宽一般是 $10^2 \sim 10^6$ Hz 量级。谱宽也可用对应的波长宽度 $\Delta\lambda$ 来表示

$$\Delta\lambda = \Delta\left(\frac{c}{v}\right) = \frac{c}{v^2}\Delta v = \frac{\lambda^2}{c}\Delta v \tag{4.1.1}$$

式中，λ 为激光波长；c 为光速。

普通光源中，单色性相对较好的氪灯谱宽为 $\Delta\lambda = 4.7\times10^{-3}\,\mathrm{nm}$，而稳频 He-Ne 激光器的谱宽窄到 $\Delta\lambda = 10^{-9}\,\mathrm{nm}$。

2. 方向性好

如图 4.1.1 所示，采用输出激光的立体角 $(\Delta\Omega)$ 或平面上的发散角 $\Delta\theta$ 来表征方向性

$$\Delta\Omega = \lim_{z\to\infty}\frac{\pi w^2(z)}{z^2} = \lim_{z\to\infty}\frac{\pi w_0^2\left[1+\left(\dfrac{\lambda z}{\pi w_0^2}\right)^2\right]}{z^2} = \frac{\lambda^2}{\pi w_0^2} = \frac{\lambda^2}{A} \approx (\Delta\theta)^2 \tag{4.1.2}$$

式中，$w(z)$ 为 z 处的光束半径；w_0 为束腰半径；λ 为激光波长；$A = \pi w_0^2$ 为光源表面积。如果 $\lambda = 500\,\mathrm{nm}$，$A = 5\,\mathrm{mm}^2$，则 $\Delta\Omega \approx 10^{-8}$。这是一个非常小的发散角，比普通光源的发散角要小得多。

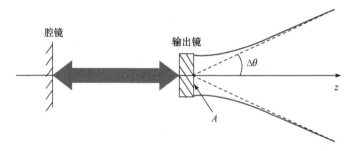

图 4.1.1　激光腔输出的光束发散示意图

3. 亮度极高

激光的亮度用光谱亮度 β_v 来表示，定义为单位面积上每个频率带宽和球面度上的能流

$$\beta_v = \frac{P_v}{A\Delta\Omega\Delta v} \tag{4.1.3}$$

式中，P_v 为光谱的强度密度；$\Delta\Omega$ 为光源发出光线的立体发散角；A 为光源表面积；Δv 为光谱宽度。注意到 $P_v/(A\Delta v)$ 是光谱密度，所以 β_v 就是单位立体角上的光谱密度。

普通光源的亮度不高。比如太阳，向整个立体空间发散，立体角为 $\Delta\Omega = 4\pi$，能量非常分散，而且其颜色多(频率很多，谱线宽度大)，所以亮度不高。而对于激光器，发出的激光方向性好，能量在空间高度集中，且在颜色上也高度集中(谱线宽度窄)，所以其亮度很大。使用脉冲技术还可以使能量在时间上也高度集中，峰值功率达 10^{14} W，其亮度更大。

4. 相干性好

相干性包括时间相干和空间相干。光的相干时间 $\Delta\tau$ 反比于光的谱线宽度 $\Delta\nu$，即 $\Delta\tau = 1/\Delta\nu$，由于激光的谱线宽度小，所以相干时间长。比如谱线宽度为 $\Delta\nu \approx 1\,\mathrm{MHz}$ 的激光，相干时间 $\Delta\tau \approx 10^{-6}\,\mathrm{s}$。而太阳光的谱线宽度的数量级为 $10^{14}\,\mathrm{Hz}$，其相干时间只有 $10^{-15}\,\mathrm{s}$。

相干长度则是在相干时间内光传播的距离，也称为相干距离。例如，相干时间 $\Delta\tau \approx 10^{-6}\mathrm{s}$ 的光，其相干距离为 $300\,\mathrm{m}$。激光因为相干距离长，很容易产生干涉现象。

4.1.2 激光的基本参数

1. 光波表达式

激光是一种电磁波，可用电场强度 E 来表征。在均匀且无吸收的传播介质中，激光的电场强度方向垂直于传播方向，其大小为

$$E = E_0 \exp\left[\mathrm{i}\left(\frac{2\pi z}{\lambda} - \omega_0 t\right)\right] \tag{4.1.4}$$

其中，E_0 为光波的振幅；z 为激光传播方向的坐标轴；λ 为波长；ω_0 为角频率；t 为时间。波长 λ 与角频率 ω_0 的关系可以写为

$$\lambda = \frac{2\pi}{\omega_0}\frac{c}{n} \tag{4.1.5}$$

其中，c 是光速；n 是传播介质的折射率。

2. 激光的主要物理量

激光有连续输出和脉冲输出两种，对于连续输出激光(称为 CW 激光)，其主要参数有波长、功率等；对于脉冲激光，其主要参数还有单脉冲能量、重复频率、峰值功率、平均功率等。详见表 4.1.1[2]。

对于连续激光器，用功率来表征光的输出强弱。对于脉冲激光器，用单脉冲能量、脉冲宽度、平均功率、峰值功率来表征光的强弱。

表 4.1.1　描述激光的主要物理量

物理量	常用表示字母	定义或说明	国际单位	其他常用单位
波长	λ	光波在一个振动周期内传播的距离。光波长与光频率的乘积等于光速	m	μm, nm
发散角	$\Delta\theta$	表征光束的发散程度	rad	(°)
模式	m, n, q	一般分为横模和纵模，横模是在谐振腔内往返传播时，其横向分布(即垂直于腔轴线的方向)可以保持相对稳定；纵模是指沿着腔轴方向的稳定场分布，决定激光器出射光束的频率特征	1	—
功率	P	激光每秒钟发出的光能量	W	mW, kW
单脉冲能量	E	单个激光脉冲所具有的能量	J	mJ, kJ
脉冲宽度	τ	单脉冲的持续时间	s	ns, ps, fs
重复频率	f	单位时间内输出脉冲的个数	Hz	kHz, MHz
峰值功率	P_{peak}	单脉冲能量 E 与脉冲宽度 τ 之比：$P_{peak} = E/\tau$	W	mW, kW
平均功率	P_{avg}	单脉冲能量 E 与重复频率 f 的乘积：$P_{avg} = Ef$	W	mW, kW
输入功率	P_{in}	一般指输入的电功率或光功率	W	mW, kW
电光转换效率	η_{el}	输出激光功率与输入电功率之比	%	—
光光转换效率	η_{ll}	输出功率与泵浦光功率	%	—
斜率效率	η_{s}	在一定范围内，输出功率与输入功率成正比，该比例系数称为斜效率	%	—

3. 高斯光束

从激光器发射出来的光为高斯光束。根据波动方程，可以得到直角坐标系下高斯光束的光强分布，场强分布满足

$$E = E_0 \frac{w_0}{w(z)} \exp\left[-\frac{x^2 + y^2}{w^2(z)} \right] \tag{4.1.6}$$

式中，z 轴为光轴；E_0 为 $z = 0$ 处的电场；$w(z)$ 为 z 处的光斑半径；而 w_0 为 $z = 0$ 处的光斑半径，即束腰。由式(4.1.6)可知，在垂直于 z 的截面上，其振幅按照高斯函数规律变化，如图 4.1.2 所示。在光束截面内，振幅下降到最大值的 1/e 的点

离光轴的距离定义为 z 处的光斑半径 $w(z)$。

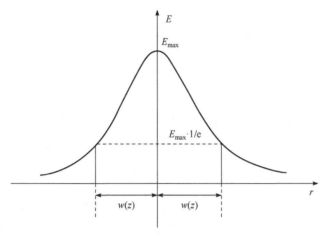

图 4.1.2　高斯光束的光强分布

图 4.1.3 为沿着 z 向的电场分布，其中光束半径最小处设为 $z=0$，即束腰位置。定义高斯光束的远场发散角为

$$\theta = \lim_{z \to \infty} \frac{w(z)}{z} = \frac{\lambda}{\pi w_0} \tag{4.1.7}$$

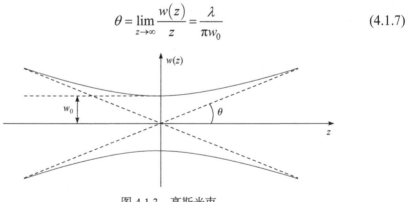

图 4.1.3　高斯光束

4. 激光模式

激光模式分为横模和纵模。横模是垂直于传播方向(图 4.1.3 中的 z 轴)的横截面内激光光场的分布，根据其平面上的光强分布，分别为基模(用 TEM_{00} 表示)、低阶模(如 TEM_{01}、TEM_{10} 等)、高阶模。如图 4.1.4 所示的是几个低阶横模的光场强度分布照片。横模阶数越高，光强分布就越复杂且分布范围越大，光束发散角也越大。基模光强分布图案呈圆形，光束发散角小，光强密度大，亮度高，径向强度分布均匀。基模高斯光束损耗最小，最容易起振，从激光器输出。不过，实际上从激光器发出的光，往往是低阶混合模，其中基模占据主导地位。

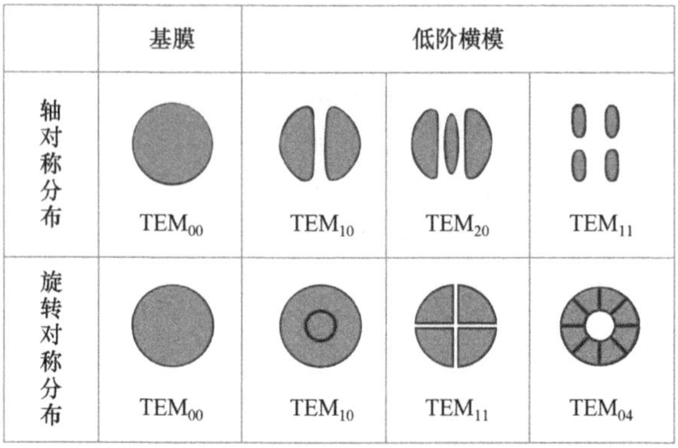

	基膜	低阶横模		
轴对称分布	TEM$_{00}$	TEM$_{10}$	TEM$_{20}$	TEM$_{11}$
旋转对称分布	TEM$_{00}$	TEM$_{10}$	TEM$_{11}$	TEM$_{04}$

图 4.1.4　激光束横截面上几种不同横模的光场强度分布

　　只有特定频率或波长的光才能在谐振腔内形成稳定的驻波，这些频率中，满足激光条件的，才能形成激光输出。因此，激光的输出频率是有限的，将这些可形成振荡输出的不同频率的激光称为纵模。一般的激光器，往往同时产生成千上万个纵模振荡，纵模个数取决于激光的增益曲线宽度及相邻两个纵模的频率间隔。图 4.1.5 为沿腔轴线方向上的激光纵模。

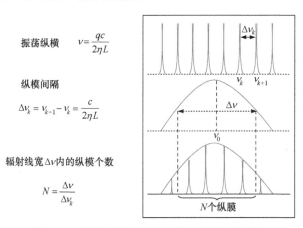

振荡纵横　　$v = \dfrac{qc}{2\eta L}$

纵模间隔

$\Delta v_k = v_{k+1} - v_k = \dfrac{c}{2\eta L}$

辐射线宽Δv内的纵模个数

$N = \dfrac{\Delta v}{\Delta v_k}$

图 4.1.5　沿腔轴线方向上的激光纵模光场分布

4.1.3　激光器的分类与举例

　　按照激光输出方式划分，激光器可以分为连续(CW)激光器和脉冲激光器。脉冲激光器又有自由运转激光器、调 Q 激光器和锁模激光器等，调 Q 激光器和锁模激光器是采用特殊的激光技术使得输出脉冲宽度压窄，可以达到$10^{-7} \sim 10^{-15}$ s的量级，因而其峰值功率可以极高，可达到10^{17} W / cm^2。具体的激光技术参见本书第 8 章。

按照工作物质分,激光器可以分为固体激光器(如 Nd:YAG 激光)、液体激光器(如若丹明 6G 染料激光器)和气体激光器(如 CO_2 激光器)。此外,半导体激光器、光纤激光器、自由电子激光器或因其应用广泛,或因激光特性独特,有时也单独分成一类。

固体激光器一般小而坚固,输出功率或能量较高,其中 Nd:YAG 激光器是激光清洗中的主力军。光纤激光器以光纤为增益介质,构型简单,可靠性高,光束质量好,使用方便,价格便宜,如 Yb 光纤激光器,近年来在激光清洗中的应用越来越多。气体激光器单色性好,种类多,如氮分子激光器、氩离子激光器,还有铜蒸气激光器,等等,其中 CO_2 激光器价格低、功率大,在激光清洗中早有应用。准分子激光器波长短,在半导体材料的清洗中占有重要位置,在早期激光清洗中应用较多。

在清洗中得到较多应用的激光器有:气体激光器中的 10.6 μm CO_2 激光器,固体激光器中的 1064 nm Nd:YAG 及其倍频激光器(266 nm 四倍频、355 nm 三倍频、532 nm 倍频),Yb 光纤激光器等,以及准分子激光器中的 193 nm ArF 准分子激光器、248 nm KrF 准分子激光器、308 nm XeCl 准分子激光器、351 nm XeF 准分子激光器等。下面重点介绍几种激光器。

1. CO_2 激光器

CO_2 激光器输出功率范围较大,从几十瓦到几十万瓦,能量转换效率高达 40% ,工作稳定,能以脉冲方式或连续方式工作,工作气体纯度要求低(工业纯度二氧化碳气体即可),结构紧凑,设计简单,寿命长。

CO_2 激光器中, CO_2 是产生激光辐射的气体, N_2 和 He 为辅助性气体,He 有利于激光能级 100 及能级 020 的抽空和有效传热, N_2 起能量传递作用,辅助 CO_2 激光上能级粒子数的积累。 CO_2 激光器按激励方式分电激励、化学激励、热激励、光激励与核激励等,按结构可以分为封闭式和循环式。 CO_2 激光器的效率一般高达 40% 。

根据激光管内的气体流动方向是垂直或沿着轴向(激光光轴方向), CO_2 激光器可分为横向流动 CO_2 激光器和快速轴流 CO_2 激光器。前者全称为横向激励高气压二氧化碳激光器(简称 TEA CO_2 激光器),放电方向与激光光轴垂直,且在高压下运转,输出单脉冲能量为数千焦,峰值功率可达 10^{12} W ;而快速轴流激光器的光束质量较好,一般都是基模或低阶模输出,功率密度较高,电光效率可达到 26% ,可以运行在脉冲和连续运转两种模式下,结构比较紧凑,适用外场使用,应用环境很广。

2. Nd:YAG 激光器

Nd:YAG 激光器是最常用的固体激光器,具有良好的物理、化学和机械特性,激光效率高、阈值低、寿命长、光束质量好,是所有固体激光器中应用最广泛的一种,大量应用于材料加工、测距、医疗等领域,尤其是在工业加工方面应用广泛。

Nd:YAG 激光器一般由激光棒、泵浦源、谐振腔等组成。可以连续和脉冲两种输出方式工作。Nd^{3+} 在 $0.81\,\mu m$ 和 $0.75\,\mu m$ 处有两个主要的吸收带,各吸收带的带宽约为 $30\,nm$。可以用波长约为 $800\,nm$ 的闪光灯或激光二极管作为泵浦源。图 4.1.6 为 Nd:YAG 激光器的基本结构示意图,其中(a)为传统的闪光灯泵浦,(b)为 LD 侧面泵浦,(c)为 LD 端面泵浦。

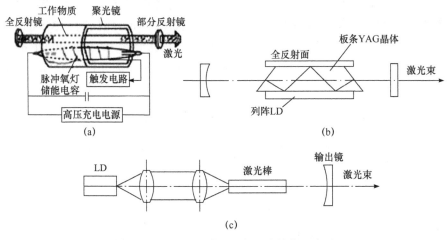

图 4.1.6　Nd:YAG 激光器的基本结构示意图

(a) 闪光灯泵浦; (b) LD 侧面泵浦; (c) LD 端面泵浦

可以通过调 Q 技术、锁模技术得到高峰值功率(兆瓦以上)的激光输出,还可以通过倍频技术和参量振荡技术得到其他频率的激光输出。

3. 光纤激光器

光纤激光器是近年来发展迅猛、应用越来越多的一种激光器,具有光束质量好、效率高(25%以上)、成本低、散热特性好、结构紧凑、可靠性高等特点,越来越多地应用于光通信、工业加工、国防、医疗器械等领域,还可以作为其他激光器的泵浦源。

光纤是光导纤维的简写,其典型结构如图 4.1.7 所示,分为纤芯(芯层)、包层、涂覆层(自内向外),纤芯的折射率 n_1 高,包层的折射率 n_2 比 n_1 稍低一点点,涂覆层用于保护光纤[3,4]。根据几何光学原理，从光纤端面入射进光纤的光，其入射角大于光纤的临界角 θ_c 时，光就被限制在纤芯内部。

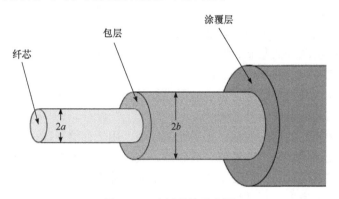

图 4.1.7　光纤结构示意图

光纤激光器的结构主要由三部分组成：泵浦源(LD)、工作介质、谐振腔。其中工作介质为纤芯中掺入激活离子的光纤，即掺杂光纤，常见的掺杂元素有：铒(Er^{3+})、钕(Nd^{3+})、镨(Pr^{3+})、铥(Tm^{3+})、镱(Yb^{3+})、钬(Ho^{3+})。对于掺 Nd^{3+} 光纤，使用 800 nm、900 nm、530 nm 波长的泵浦光源，可在 900 nm、1060 nm、1350 nm 波长处得到激光。Yb^{3+}光纤激光器转换效率高，热效应小，在光纤激光器中的应用最多。Yb^{3+}能级结构很简单，只有两个能级 $^2F_{7/2}$ 和 $^2F_{5/2}$，由于斯塔克效应，前者展宽成四个子能级，后者则展宽成三个子能级。能级的展宽使得激光器的增益带宽很大(975～1200 nm)。Yb^{3+}激光器有两个吸收峰 915 nm 和 975 nm，当采用 915 nm 光泵浦时，可得到 940～975 nm 的激光或 1010～1200 nm 的激光。用 975 nm 光泵浦时，可得到 1010～1200 nm 的激光。

现在多采用双包层增益光纤作为激光工作物质，双包层光纤包括纤芯、内包层、外包层、保护层四部分，与单包层光纤比，多了一个外包层，该包层由折射率比内包层小的材料构成。泵浦光进入双包层光纤的内包层，在其中反射并多次穿越纤芯被掺杂离子吸收。双包层光纤激光器可更有效地利用泵浦光，激光效率高，输出模式好，光束质量高。还可选用大功率的多模激光二极管阵列作泵浦，可获得高功率激光。

光纤激光器有连续和脉冲两种工作模式，并且通过放大技术，可获得较大的输出功率或峰值功率，是激光清洗领域的新生力量。

4. 准分子激光器

准分子激光器的输出激光波长主要在紫外线到可见光段，具有波长短、频率高、能量大、焦斑小、加工分辨率高的特点，更适合用于高质量的激光加工[5]。

准分子激光器的工作位置为常态下化学性质稳定的惰性气体，如 He、Ne、Ar、Kr、Xe 和化学性质较活泼的卤素，如 F、Cl、Br 等组成配合气体，在正常情况下，这些惰性气体原子与卤素原子不会结合形成分子。采用电子束或横向快速脉冲放电激励时，两种原子就能合成为激发态的准分子。这些激发态的分子寿命很短，会很快跃迁回基态，辐射出光子。回到基态的分子的寿命更短，会立刻分解、还原成本来的两种原子。由于分子在激光下能级的寿命远小于激光上能级的，因此下能级几乎是空的，很容易形成粒子数反转。辐射出的光子经谐振腔放大后，发射出高能量的紫外激光[6]。

准分子激光器的结构包括：①激光谐振腔，用于存储气体、气体放电激励产生激光和激光选模，它由前腔镜、后腔镜、放电电极和预电离电极构成，并通过两排小孔与储气罐相通，以便工作气体的交换、补充；②激光放电箱体，主要由放电电极、预电离器、循环风扇、颗粒物捕获井、内部箱体窗口等组成；③激光调谐模块，一般通过光栅来选择波长；激光能量和波长采样及校准模块，由校准器、光栅、光电接收器、原子波长基准 AWR(atomic wavelength reference)组成；④高压电源脉冲转换及脉冲压缩模块，用来提供激励脉冲电输出，由 CPU 电路、高压电源、延时器、功率开关器、脉冲压缩模块、耦合模块等组成；还包括气体控制和水冷却系统模块。图 4.1.8 为准分子激光器的结构示意图。

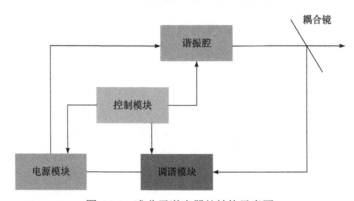

图 4.1.8　准分子激光器的结构示意图

常用作激光介质的准分子有 XeCl、KrF、ArF 和 XeF 等气态物质，这些准分子介质发出的激光波长在紫外波段，波长范围在 193～351 nm，其中 XeCl 的激光波长为 308 nm；KrF 的激光波长为 248 nm。准分子激光器的主要工作方式为脉冲方式，重复频率可达到 500 Hz，单脉冲能量最大为数焦耳，脉冲宽度为 5～80 ns，平均输出功率可达到 100～200 W。紫外波段的准分子激光器用于激光清洗主要是利用准分子激光能量比较大的特点，通常要比材料分子或原子结合键的能量大，可以用来清除固体表面的微粒，也可以用来进行有机涂层的剥离。

4.2 激光清洗过程中的辐照效应

激光照射在清洗对象上，被反射(散射)、折射和吸收。当材料所吸收的激光能量密度达到某个阈值时，材料特性和状态会发生较明显的变化[7]。在激光清洗过程中，激光照射清洗对象，在激光作用区域，材料吸收激光光束能量，迅速产生局部高温区，当温度达到某一数值时，污染物和基底之间会通过振动机制、烧蚀机制、等离子体冲击波机制等，使得污染物脱离基底，达到清洗的目的。

4.2.1 材料对激光的反射和散射

如图 4.2.1 所示，上层灰色代表平均厚度为 d 的污染物，下层黑色代表基底。激光入射到工作表面时，首先发生反射和散射。有散射是因为污染物往往不是光滑的，而且在很多情况下，污染物是颗粒状的，如线路板上的微球。反射和散射消耗了正常传播方向上的光能量。在激光清洗过程中真正起到清洗作用的部分是吸收的光，只有入射激光被吸收了，才能转化为去除污染物的能量。对于薄层污染物，若激光足够强，则能够到达污染物-基底材料界面。激光在污染物-基底界面上还会反射一部分，剩余的进入基底材料。

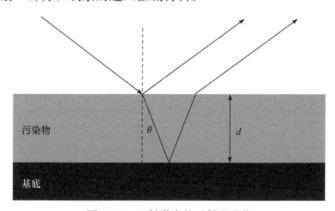

图 4.2.1 入射激光的反射和吸收

在激光清洗中，为了获得更高的清洗效率，常常采取激光垂直入射清洗对象表面的方式。污染物不透明时，垂直入射激光在空气-污染物表面处的反射率为[8]

$$R = \frac{(n-1)^2 + K^2}{(n+1)^2 + K^2} \tag{4.2.1}$$

式中，n 为污染物的折射率；K 为污染物的消光系数。在室温下部分材料在 $1.06\ \mu m$ 波长处的折射率 n 和消光系数 K 见表 4.2.1，注意这两个系数跟激光波长和温度有关。有时，激光清洗中需要将激光束以一定角度入射清洗对象，根据菲涅耳公式，平行于和垂直于入射面的两个不同方向(分别用下标 1 和 v 代表)的偏振光的反射率分别为

$$R_1 = \frac{\left(n - \dfrac{1}{\cos\theta}\right)^2 + K^2}{\left(n + \dfrac{1}{\cos\theta}\right)^2 + K^2} \tag{4.2.2}$$

$$R_v = \frac{(n - \cos\theta)^2 + K^2}{(n + \cos\theta)^2 + K^2} \tag{4.2.3}$$

式中，θ 为入射角。

表 4.2.1　部分材料的消光系数 K 、折射率 n 、垂直入射时的反射率 R (室温下，波长 $\lambda = 1.06\,\mu m$)

材料	消光系数 K	折射率 n	反射率 R
铝(Al)	8.50	1.75	0.91
铜(Cu)	6.93	0.15	0.99
铁(Fe)	4.44	3.81	0.64
钼(Mo)	3.55	3.83	0.57
镍(Ni)	5.26	2.62	0.74
铅(Pb)	5.40	1.41	0.84
钛(Ti)	4.0	3.8	0.63
钨(W)	3.52	3.04	0.58
锌(Zn)	3.48	2.88	0.58
锡(Sn)	1.60	4.70	0.46
玻璃	0	1.5	0.04

由于 n 、K 和波长有关，所以反射率 R 也和波长有关。一般情况下，塑料、玻璃、树脂等非金属材料对激光的反射率较低，表现为高吸收率。金属对于激光的反射率比较高，吸收率相对较低，且随着激光波长而不同，图 4.2.2 给出了几种常见金属及非金属对不同波长激光的反射率[7]。

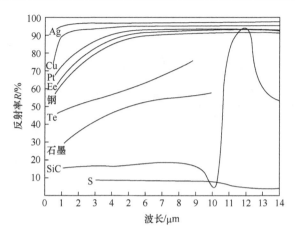

图 4.2.2 室温下常见金属及非金属的反射率与波长的关系

激光的反射和散射虽然损耗了部分激光清洗能量，但是从激光清洗过程的监测角度来看，却可以带来清洗的相关信息。在清洗过程中，反射光和散射光的强度、相位等参数会变化，比如，对于铁板上油漆的激光清洗，刚开始反射和散射光的比例较小，当清洗干净后，露出铁基底，此时反射系数会发生变化，由此可以判断清洗过程到了哪一步，进而研究出在线实时检测技术，控制激光清洗过程。

4.2.2 材料对激光的选择性吸收

激光清洗过程中，材料对激光的吸收特性对清洗机制起着关键作用。如果污染物对激光不透明，则污染物能够将激光能量吸收，产生温升、膨胀、热应力等多种效应；如果污染物对激光透明，而基底能吸收激光，则基底材料会产生一系列光–热–力过程。

1. 吸收率与选择性吸收

1) 吸收率

激光垂直入射材料，当散射相对较小可以忽略时，吸收率 A 为

$$A = 1 - R \tag{4.2.4}$$

其中，R 为反射率，由表 4.2.1 给出或实际测量得到。

2) 选择性吸收

材料的吸收率与激光波长有关，这种特性称为选择性吸收。在室温下，一般材料的吸收率随着入射激光波长的增加而减小。表 4.2.2 给出了常见金属材料的吸收率与常用激光波长的关系[9]。大多数金属对于波长为 10.6 μm 的 CO_2 激光的吸收

率较低,对于波长为1.06 μm 的 YAG 激光的吸收率则要高得多,某些金属甚至相差一个数量级。表 4.2.3 给出了部分非金属材料对1064 nm 激光的吸收率[10],比金属的吸收率要大不少,对于短波长激光,非金属的吸收率较高。

表 4.2.2 材料吸收率与激光波长 λ 的关系

材料	吸收率 $R(\lambda = 1.06\ \mu m)$	吸收率 $R(\lambda = 10.6\ \mu m)$
Al	0.08	0.019
Cu	0.10	0.015
Au	0.053	0.017
Fe	0.35	0.035
Ni	0.26	0.03
Pt	0.11	0.036
Ag	0.04	0.014
Sn	0.19	0.034
Ti	0.42	0.08
W	0.41	0.026
Zn	0.16	0.027

4.2.3 部分非金属材料(涂料)对 1064 nm 激光的吸收率

材料	吸收率 R
聚氨酯黑漆	0.92~0.95
环氧/硅树脂复合涂层(不透明)	0.82
芳纶纤维复合材料	0.60
碳纤维复合材料	0.85

钢铁是工业和生活中最常用的金属之一,钢铁表面通常会刷上涂层以起到保护作用。表 4.2.4 给出了 40 号钢表面上不同涂层材料的吸收率[11]。

表 4.2.4 40 号钢表面上不同涂层材料的吸收率(激光功率:150 W;扫描速度:10 mm/s)

涂层材料	吸收率 A	涂层厚度/mm
石墨	0.63	0.15
炭黑	0.79	0.17
氧化锆	0.90	0.23
氧化钛	0.89	0.20
磷酸盐	>0.90	0.25

3) 影响吸收率的其他因素

除了波长,影响吸收率的还有其他因素,如温度等。一般情况下,温度越高,吸收率越大。在室温时,吸收率很小;接近熔点时,吸收率提高很多,当温度接近沸点时,其吸收率可以达到90%。

对于金属,吸收率 A 与金属的电阻率 ρ 、波长 λ 有关[12]

$$A = 0.1457\sqrt{\frac{\rho}{\lambda}} \tag{4.2.5}$$

而 ρ 随温度升高而变大,因此吸收率 A 与温度 $t(\text{℃})$ 之间存在关系

$$A(t) = A(20\text{℃}) \times \left[1 + \beta \cdot (t - 20)\right] \tag{4.2.6}$$

其中, $A(20\text{℃})$ 为20℃时的吸收率; β 是与材料有关的常数。

图 4.2.3 给出了材料吸收率与温度的关系。

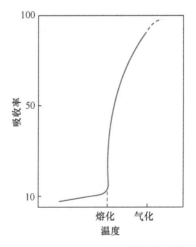

图 4.2.3　材料吸收率与温度的关系

清洗对象表面的污染物,往往并不光滑,其反射率也相对较低,吸收率较高。激光作用下,温度上升,吸收率会进一步提高。这些都是有利于提高激光清洗效率的因素。

2. 吸收系数与吸收长度(或深度)

1) 吸收系数

根据朗伯定律,随着激光在材料内穿透深度的增加,激光光强按指数规律衰减,深入表层以下 z 处的光强为

$$I(z) = AI_0 \cdot \exp(-\alpha z) \tag{4.2.7}$$

其中，A 是材料对激光的吸收率；I_0 是入射激光的强度；AI_0 是表面 $(z=0)$ 处的穿透光强；z 为激光传播方向。吸收系数 α 不仅与材料属性、表面状况有关，还跟温度与光的波长有关，它与消光指数 K 的关系为

$$\alpha = \frac{4\pi K}{\lambda} \tag{4.2.8}$$

2) 吸收长度(或深度)

激光进入材料后，继续向材料深处传输，当光强降至原来的 $1/e$ 时，激光所穿透的距离定义为吸收长度，也称为吸收深度，其表达式为

$$l_\alpha = \frac{1}{\alpha} = \frac{\lambda}{4\pi K} \tag{4.2.9}$$

激光进入材料，如吸收长度小于材料层厚度时，激光束将被材料层完全吸收；吸收长度大于或相当于材料层厚度时，激光能量的吸收将取决于材料层的厚度，此时部分光会透射穿过材料层。在强吸收材料中，$4\pi K > 1$，激光的吸收长度小于激光波长。

4.2.3 激光清洗过程中的光热力转换

激光清洗的实质是材料吸收激光后，激光和材料中的电子、激子、晶格、杂质以及材料缺陷等发生物理和/或化学相互作用，最终转化为清洗力。当清洗力大于污染物与基底之间的附着力时，将实现清洗功能。

1. 材料对激光的吸收

激光清洗中，基底可以是金属材料或非金属材料，基底表面的污染物也各不相同，主要有保护介质层(如油漆)、氧化物层(如铁锈)、其他物质(如微小颗粒、污垢)。

对于金属材料，当激光照射到其表面时，部分激光能量被反射，另一部分能量被激光作用区的薄层吸收，激光光子的能量向金属传输的过程就是金属对激光光子的吸收过程。对于一般金属而言，金属直接吸收光子的吸收长度小于 $0.1\,\mu m$。由式(4.2.9)可知，随着激光进入到材料的深度增加，光强将以几何级数减弱，到达吸收长度 l_α 处时，光强减少到原来的 $1/e$。

对于非金属材料，其对激光的反射比较低，非金属的结构特性对于激光波长的吸收也有着重要的影响。非金属材料中的束缚电子具有一定的固有频率，该频率值取决于电子跃迁的能量变化[13]

$$\nu_0 = \frac{\Delta E}{h} \tag{4.2.10}$$

其中，ν_0 是固有频率；ΔE 是能量变化；h 是普朗克常量。当激光频率等于或接近于材料中束缚电子的固有频率时，这些电子将发生谐振现象，材料在该谐振频率附近的吸收和反射均增强；而当辐射频率与固有频率相差较大时，非金属材料则体现出透明特性，具有较低的反射和吸收特性。

2. 光热转换

金属的光学响应主要取决于金属内的电子，吸收了光子的电子使得晶格振动更加剧烈，导致金属表层温度迅速增加；非金属中的谐振电子的热运动导致了温度上升。也就是说，金属或非金属材料吸收了激光后，分子热运动导致温度上升，材料内能增大，根据热力学第一定律，吸收的激光能量将转化为热量和对外做功(体积膨胀)，这就是光热转换过程。吸收的热量将迅速向材料表面和下方传导，金属内部的大量自由电子是热传导的主力；非金属材料的热导率会小一些，但是通过分子碰撞，也会将热量向下层传递。传递到表层下方的热量，会使得材料温度升高和膨胀，不过越深入到材料内部，温升越小。

对于金属和非金属材料，长波长(低频率)的激光照射时，激光能量可以直接被材料的晶格吸收而使热振荡加强。短波长(高频率)的激光照射时，激光光子能量高，激励原子壳层上的电子，通过碰撞传播到晶格上，使激光能转换为热能被吸收。材料对于光子的吸收及转化为热的过程时间在 $10^{-11} \sim 10^{-10}$ s，一般来说远小于脉冲激光作用于金属的时间。

因此，在激光吸收模型中激光完全可以作为一个表面热源。后面的模型中，我们都将激光作为一个热源来进行处理。

3. 清洗力的产生

污染物和基底材料的种类较多，不同的情况，激光作用也不同。可以细分为以下类型：①污染层较厚且对激光不透明，则激光主要被污染层吸收，属于污染物吸收激光；②污染物不吸收或少吸收激光，即污染物对激光透明，此时主要是基底材料吸收激光；③污染物吸收激光同时基底材料吸收激光，如污染物的吸收长度长，且污染物很薄，因此部分激光穿透污染物进入基底材料。这几种情况如图 4.2.4 所示。

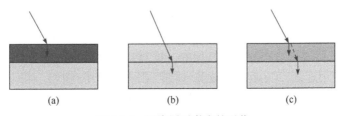

图 4.2.4　污染层对激光的吸收

　　在激光清洗过程中，激光首先进入污染层，对于如图 4.2.4(a)所示的污染物吸收激光这一类型，污染物吸收热量，温度上升，如温度达到污染物的熔点或气点，则固态污染物产生相变，从基底材料上脱离，达到清洗效果。如果采用短脉冲激光(调 Q 或锁模激光)清洗，激光峰值功率高，在激光脉冲作用期间，污染物表面区域温度迅速上升，分子之间的平均距离随着温度升高而急剧膨胀；激光脉冲停止作用，则热源消失，温度下降，材料分子之间的平均距离随着温度的降低而缩小，表面区域产生收缩，从而形成热振动，在这种热振动过程中，如产生的热应力大于污染物于基底的附着力，则污染物从基底剥离。

　　如果污染层对激光透明，如某些半导体微粒、透明有机物等物质，那么激光将穿透污染层，进入基底材料而被吸收，这属于基底材料吸收激光，如图 4.2.4(b)所示。基底吸收激光后迅速升温膨胀，一方面将热量传递给污染物使其温度上升，如果温度达到污染物熔点或气点，则污染物被烧蚀；另一方面，更有可能的是，基底膨胀向外推污染物，使得污染物脱离。

　　如果激光在污染物中被吸收了一部分，且吸收长度大于污染物的厚度，则将有部分激光穿透过污染物，并被基底材料吸收，这属于污染物与基底共同吸收的情形，如图 4.2.4(c)所示。结合前面两种情况的分析，污染物会因为烧蚀或热振动而剥离。

　　如果瞬时激光峰值功率很高，使得清洗对象附近的空气被击穿或者导致污染物气化且被击穿，则会产生等离子体冲击波，其传播速度极快，传递到污染物与基底界面时，所产生的冲击力将使得污染物从基底脱离。这就是等离子体机制或冲击波机制。

　　有时，温度未达到污染物的熔点或气点，但是促成了污染物的化学分解，此时激光光子作用力大于污染物化学键的结合力，也可促使污染物分解后从基底剥离。

4.3　激光清洗机制研究概述

　　在激光清洗出现后，人们就开始研究激光清洗机制。最早的探索始于 20 世纪 60 年代。1969 年，Bedair 等[14]认为在激光作用过程中，可以将吸收激光的薄层作用区域看作一个体热源。1973 年，Fox 和 Barr[15]发现在巨脉冲激光作用下，6061-T6 铝基薄板出现振荡波并有背面爆炸效应。1974 年，Fox[16]用 Q 开关掺钕玻璃激光来进行激光清洗油漆的过程中，检测到了强烈的光致应力波。1981 年，Crane 等[17]使用连续 CO_2 激光对玻璃-树脂、凯夫拉纤维-树脂、碳-树脂等复合材料层进行清洗，发现主要作用机制是烧蚀。1991 年，Kelley[18]建立了激光清除微粒的加速度模型。微粒吸收激光能量后在极短时间内发生热膨胀，使得微粒自身具备足够的加速度进而从基底脱离。该加速度模型也被视为干式激光清洗的基本理论模型之一。在此基础上，Kelley 等[19]进行了细化和改进，建立了热致脱离模型，具体研究了激光热转化后粒子产生的加速度。1992 年，美国 IBM 公司的 Tam 等[20]研究了固体表面亚微米微粒的激光清洗，具体讨论了微粒的主要吸附力，包括范德瓦耳斯力、毛细吸附力，他们还对干式激光清洗和湿式激光清洗模型中微粒和基底对于激光的吸收和能量转换的区别做了对比和全面分析。这些早期工作，研究了污染物与基底之间的附着力和激光清洗力，给出了相应的计算公式，对传统清洗方式与激光清洗方式进行了比较，这成为后来激光清洗机制研究的基础。此后，人们提出了多种激光清洗机制和模型。从已有的文献报道来看，研究者们提出的激光清洗的机制很多，很复杂，给出的清洗机制名词有几十个。

2000 年，英国利物浦大学 Watkins[21]系统总结了激光清洗的机制，认为在激光清洗中主要包括六种机制，即①光压力；②选择性气化；③快速加热和冷却导致的振动波；④气化压力；⑤等离子体爆发；⑥烧蚀。他们认为实际的激光清洗过程中的机制需要根据具体情况而确定，合理地理解和应用这些机制有助于更好地控制和改善激光清洗过程中的效率。Zhang 等[22]认为，在激光去除层状污染物的过程中，存在几个竞争的作用机制，如烧蚀、光裂变，以及快速热膨胀引起的声激励。Autric 等[23]认为，作用机制与激光波长相关，对于透明介质来说，热-机械作用是主要作用机制，而对于激光波长不透明的介质，即吸收介质来说，烧蚀机制是主要作用机制。

Napadłek[24]综述了对各种结垢建筑材料表面层进行激光烧蚀清洗的研究现状，介绍了激光烧蚀清洗的过程和机理。当使用脉冲激光辐射时，可以应用五种不同的去除颗粒、结壳或涂层的机制。去除过程可以通过以下物理过程来完成：表面振动、颗粒振动、颗粒热膨胀(或结壳)、被清洗表面爆轰波以及激光烧蚀。

清洗的机制其实是很复杂的，与污染物、基底材料以及大小形状都有关系。微粒和薄膜是最常见的污染物，对其激光清洗的机制研究也相对较多。这里分类予以介绍。

4.3.1 微粒的干式激光清洗

干式激光清洗半导体线路板上微粒的机制研究得也较早且较完善。其中，Lu 和 Luk'yanchuk 研究组做了很多开创性的工作。Lu 等[25-27]指出，激光清洗机制包括激光光分解、激光烧蚀和激光脉冲影响下的表面振动，在考虑固体表面的附着力(范德瓦耳斯力)和清洗力(热膨胀所致)的基础上，建立了激光清洗固体表面微粒的理论模型，获得清洗条件和阈值，并进行了实验验证[28]。Luk'yanchuk 研究组[29]在激光清洗机理方面同样开展了很多工作，他们基于基板一维热膨胀的干法激光清洗理论，考虑了近场光学增强和三维热膨胀效应，给出了正确的清洗阈值。Arnold[30]讨论了纳秒激光干法清洗的动力学模型，给出了适用于温度相关参数的基片随时间变化的热膨胀公式。对于任意时间分布的激光脉冲，考虑了范德瓦耳斯黏附力、基底和微粒的弹性以及微粒的惯性，揭示了与微粒尺寸和黏附/弹性常数有关的时间尺度，讨论了清洗阈值的简单表达式，给出了数值模拟结果；从理论上研究了基于衬底材料局部烧蚀的激光清洗阈值，给出了温度分布的解析解，分析了蒸气气氛对清洗阈值的影响[31]；导出了激光脉冲辐照下基板表面热膨胀的声学表达式，研究了三种不同吸收率的衬底(硅、玻璃和二氧化硅)的声学效应[32]。

　　Grojo 等[33]在激光清洗的理论研究方面也做了很多工作。他们利用时间和空间分辨前向散射探测，研究了干式激光清洗过程中喷射粒子动力学，发现至少有两种激光清洗机制共存。通过原位诊断方法研究了可能涉及 "激光-微粒-基底表面" 相互作用的清洗机制，通过光学显微镜、快速成像与增强带电耦合装置相机，记录了激光清洗时微粒的喷射，认为激光照射微粒可引起微粒下方近场增强和/或与微粒的热接触[34]。吴东江等[35]建立了一维热传导模型，利用有限元分析软件模拟了硅片表面的温度随激光作用时间和能量密度的分布。通过理论计算，量化了颗粒所受到的清洗力以及其与硅片表面之间的黏附力，理论预测出 1 μm 粒径的 Al_2O_3 颗粒的激光清洗阈值，并用实验进行了验证。Yue 等[36]基于电磁-热-力耦合多物理建模与仿真方法，利用耦合温度场计算揭示了不同颗粒分布下衬底的时空加热场增强效应，研究了清洗过程中狭缝尺寸、颗粒尺寸和颗粒集合体状态的影响，并最终从理论上确定了相应的表面清洗和损伤阈值。

　　其他基底上微粒的激光清洗机制也有研究。Hsu 等[37]采用 KrF 准分子激光对含铜微粒(<45 μm)的 304 不锈钢试样进行激光清洗，认为是产生的表面波使得铜微粒被去除。他们分析了微粒在基材表面的黏附力和表面波在激光清洗过程中产生的清洗力，考虑时变均匀热源照射到具有热弹性特性的材料表面，建立了激光诱导表面波清除微粒的物理模型，采用基于有限元法的非耦合热力学分析方法求解了脉冲激光对衬底的位移和加速度。预测了激光清除微粒的面积和处理条件，提出了短脉冲激光在清洗过程中诱导表面波去除微尺度微粒的机理，并与实验结果进行了比较。

　　对于基底材料上附着的微粒污染物的干式激光清洗，部分科学家提出了激光冲击波清洗(LSC)机制。Oh 等[38]认为 LSC 的核心理论包括光击穿和冲击波形成在内的流体动力学，提出了计算 LSC 过程中流体力学现象的二维理论模型。Zhang 等[39]从理论上分析了等离子体激波与附着球形粒子相互作用的动力学过程，考虑了激波载荷引起的粒子接触半径的变化。对激波与颗粒初始接触处的滚动分析表明，激光脉冲间隙时间对清洗有严重影响，清洗面积越小，粒径越小的颗粒越难以清除。结合反射激波和颗粒不规则翻转，分析了从激波中获得的颗粒能量，并研究了颗粒去除的痕迹和被清理的区域。针对激光等离子体冲击波清洗颗粒技术中的滚动移除机制缺陷，提出了一种基于微粒弹性形变的弹出移除模型。从冲击波与微粒相互作用出发，考虑冲击波后气体分子与微粒的碰撞，结合微粒弹性储能机制，得到弹出所需要的最小弹性形变高度。根据微粒弹出所需最低速度和冲击波基本关系式得到满足颗粒弹出要求的冲击波马赫数，结合冲击波波后压强分布特点给出了颗粒弹出所需的外部条件。清洗实验证实了微粒弹出移除机制的正确性[40]。其他的文献也验证了 LSC 机制[41,42]。

最近十来年，干式激光清洗机制的研究仍在进行，主要是在以前提出的机制基础上进行细化，采用数值方法进行模拟[36,43-45]。

4.3.2　微粒的湿式激光清洗

半导体上的微粒采用湿式激光清洗效率更高。关于湿式激光清洗微粒机理，Tam 等[20]在清洗对象表面沉积一层微米量级的水膜，选择一个被水强吸收的激光波长，水吸收激光能量后产生相变，体积急剧膨胀，带走了黏附在基底材料上的微粒，由此可实现高效率的激光清洗。通过光学传输的应用技术，能够监测不透明基底附近过热液膜的温度变化和成核动态。在界面处产生巨大的瞬态液体压力，使得颗粒去除[46]。利用探头-束偏转传感方案，结合先前开发的传输监测器，研究了界面处液体爆炸产生冲击波引起的信号变化[47]。Yavas 等[48]实验研究了脉冲激光加热和声空化在纳秒时间尺度上的气泡成核和生长动力学。通过一些测试方法，如光学反射和光散射、压电换能器和表面等离子体元，用于监测各种液体中气泡成核阈值、气泡生长速度和压力等参数。Vereecke 等[49]在激光加工前，将硅片暴露在饱和水分的空气中，0.3 mm SiO_2 和 Si_3N_4 颗粒的清洗率分别为 88%±6% 和 78%，其清洗机制为毛细管冷凝水的爆炸蒸发，类似于液体辅助激光清洗的机制。Lu 等[50]在考虑黏附力和清洗力的基础上，建立了在薄液层激光清洗去除固体表面微小颗粒的理论模型。当脉冲激光照射涂有液膜的固体表面时，靠近液体与清洗对象界面的一层液体可以通过热扩散而导致过热，过热液体中气泡快速增长产生高压瞬态应力波，大到足以将微米和亚微米颗粒从基底表面排出。通过对黏附力和清洗力的计算，可以预测激光清洗阈值，随着激光能量增加，清洗效率提高。Yavas 等[51]研究了激光诱导气泡形成后液-固界面处的空化现象。Park 等[52]实验研究了准分子激光脉冲加热固体表面液体快速沸腾的热力学过程。Allen 等[53]认为激光能量被液膜吸收(直接吸收，或者通过基材传导后吸收)，产生相爆炸，将粒子推离基材。Kim 等[54]讨论了有关液体辅助激光清洗的物理机制的两个问题：①在液膜爆炸蒸发过程中，清洗力和气泡动力学之间的关系；②液膜厚度如何影响清洗过程。采用光学干涉法、利用时间分辨可视化和光学反射探测技术，测量清洗靶的瞬时位移，实现清洗力的现场检测。Song[55]研究了湿式激光清洗中冲击波引起的气泡生成。当高功率激光束聚焦到液体中时，会产生冲击波并产生气泡。将刚性清洗对象插入液体后，气泡向清洗材料迁移。在气泡破裂期间形成了高速液体射流，在清洗材料附近产生了破裂冲击波。这些冲击波和液体射流会产生很大的力，作用在清洗对象上使得颗粒被清除掉。清洗效率随着激光能量密度的增加而增加。倾斜的液体喷射和冲击波使得清洗效率高于干式激光清洗。Unlusu 等[56]采用二维分子动力学模拟方法研究了液体介质-污染物粒子间的能量传递和相互作用，确定了不同温度下的清洗效率。

Grojo 等[57]用纳秒脉冲激光清洗硅表面上半径为 250 nm 的颗粒，通过飞行时间粒子散射诊断，确定了激光清洗机制，讨论了湿度对清洗力和黏附力的重要影响，残留水分子可避免基底损伤。

4.3.3　连续污染物的干式激光清洗

在激光清洗连续污染物(如腐蚀氧化物、薄膜污染物等)的机理研究方面，Jette 等[58]建立了低温下脉冲激光清洗金属表面的模型，模拟损伤阈值和膜层的去除过程。Tomas 等[59]建立了现象学模型来描述激光清洗纯钨光阴极过程，根据光发射电荷的实验数据进行拟合，估算出清洗过程中表面的污染率和功函数。Watkins 等[60]提出了一个模型来解释激光入射角与清洗效率的关系。Bloisi 等[61]将清洗效率与清洗脉冲期间的表面变形特性联系起来，给出一个简单的激光清洗力学模型，应用于研究"背向"激光清洗纤维素(纸和棉)材料的实验。Lee 等[62]采用三维有限元方法对纳秒脉冲激光烧蚀过程进行了研究，对清洗参数做了优化，并与实验研究进行了比较。Gupta 等[63]模拟预测了从玻璃衬底上清洗钼膜的机械屈曲机制，认为激光首先导致玻璃基板上钼膜的膨胀拉伸，随后弯曲，导致薄膜剥落。

国内对激光清洗模型也做了不少研究，南开大学宋峰课题组[64]建立了一维短脉冲激光除漆模型，计算了由热膨胀产生的热应力，讨论了热应力在短脉冲激光清洗油漆过程中的作用；此后又针对已有干式激光清洗的热弹性振动理论模型中存在的一些问题，建立了一种更为准确的双层热弹性振动模型，尤其考虑了清洗过程中污染物和基底的热弹性振动以及二者的相互作用。通过对模型的解析和数值求解，得出了干式激光清洗过程中污染物与基底各自的温度和位移分布以及随时间的变化，并由此计算出脱离应力，以及清洗阈值和损伤阈值，详细分析了干式激光清洗过程中，基底表面温度、污物力学性质、激光脉冲宽度因素与清洗阈值和清洗机制的影响关系，说明了双层热弹性振动模型中考虑污染物振动效应的必要性[65]。周桂莲等[66]用激光清洗模具过程中，考虑了材料的热物性随温度的变化，建立了有限元模型，利用 ANSYS 软件模拟了模具表面的温度变化，得出了模具表面的温度分布，以及激光功率和扫描速度对温度场的影响。Yue 等[67]还用有限元模型成功模拟了锥形微槽的激光清洗。Zhang 等[68]建立了材料热力学模型，阐明了清洗机理和等离子体行为。在低能量密度下，基体蒸发产生熔融氧化物层，激光烧蚀引起的相爆炸是主要的清洗机制；在高能量密度下，瞬态能量吸收引起热应力耦合效应，形成等离子体冲击波，导致衬底与氧化层分离。

4.3.4　激光清洗机制小结

Siano[69]对清洗机制做了总结，分为气化阈值以下和气化阈值以上两类，如图 4.3.1 所示。

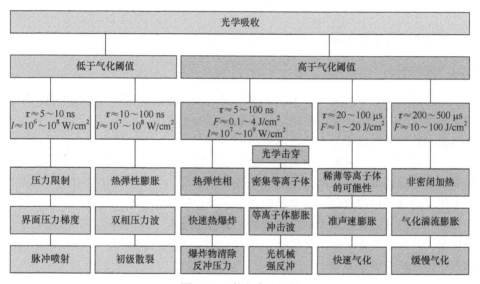

图 4.3.1　激光清洗机制

概括起来，就是材料吸收了激光后，导致温度上升，如果温度超过污染物的熔点或软化点，甚至气化点，则污染物会熔化、软化、气化。很多有机污染物如油污、部分油漆就可能出现这样的现象，这称为激光清洗的烧蚀机制；有些有机材料吸收了光能后，内部分子振荡加剧，通过聚合作用形成的巨分子又解聚，这称为激光清洗的光分解机制。当污染层或者基底吸收了激光脉冲的能量，由于激光清洗所使用的脉冲宽度通常都很短，即材料的受热和冷却是在极短的时间内完成的，在很短的时间内材料受热而产生瞬时热膨胀和收缩，若材料线膨胀系数大，就容易破碎，产生清洗效果，这称为热膨胀机制。由于瞬时膨胀收缩，各材料层中和界面处会产生振动波，因而在与基底接触的界面处形成了强大的脱离应力(纵向应力)，使得被清洗物能够克服其与基底表面的结合力而脱离基底；此外，因为激光光斑很小，作用区域很小，会形成一个很小的热岛，其温度与周围温度相差很大，进而产生热应力(横向应力)。这种是由应力产生振动而引起的，所以称为振动机制。振动机制和热膨胀机制的原理实际上是相同的。如果激光强度很大，在短时间内会使得物质电离(如附近的空气或污染物本身)，形成等离子体冲击波，冲击波使得污染物脱离基底，这称为冲击波机制。振动机制中，因为振动而产生的波也会在污染物和基底材料中传播，这和等离子体冲击波难以区分，或认识上比较模糊，在一些文献中没有区分。

烧蚀机制、振动机制、等离子体冲击波机制是公认的几种激光清洗机制。

4.4　激光清洗的主要机制

本节对几种主要机制进行归纳和详细介绍。

4.4.1　烧蚀机制

前已述及，早在 1981 年，Crane 等[17]进行激光清洗研究时，发现主要作用机制是烧蚀效应，后来很多研究都证实了烧蚀在激光清洗中的作用。污染物吸收激光能量，其表面温度迅速上升，达到污染物的燃点、熔点或沸点以上，导致瞬间燃烧、熔化和气化，从而产生火花、烟雾或气化挥发，实现清洗的目的，这就是激光清洗的烧蚀机制。有些污染物，在激光照射后，会发生光化学过程，或者当光子能量达到一定程度时，污染物中的分子链会被激光剪断，从而产生或分解成为新的物质，该过程称为光的分解机制。为简单起见，我们将这类情况也归于烧蚀机制，因为都是温度升高引起的，而且污染物产生了相变。图 4.4.1 给出了清洗过程中烧蚀机制的示意图。

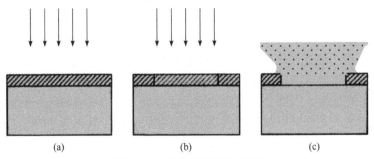

图 4.4.1　烧蚀机制示意图

(a) 吸收激光；(b) 温度上升；(c) 污物去除

利用激光的烧蚀机制来清除污染物的同时，要保证基底表面本身不受损坏，所以必须满足如下条件：①污染层自身对激光能够很好地吸收，同时基底对激光几乎不吸收；②污染层自身的熔化、气化或分解温度相对于基底的温度要低；③污染层的导热能力较差或几乎不导热。只有这样才可以保证在激光作用过程中，基底温度的升高远小于污染物的温升，从而获得理想的清洗效果。

我们认为，当清洗对象吸收激光能量，使得污染物的温度达到其燃点、熔点或沸点的温度以上时，污染物发生了相变，实现从固态变为液态或气态，或者产生化学反应从一种结构变为另外一种结构(因光分解、热分解、燃烧等化学反应)，这种激光清洗机制可统一称为烧蚀机制。

理论上，通过热传导方程得到温度分布即可预测或模拟烧蚀机制。

4.4.2　振动机制

要达到污染物的熔点、气化点或分解温度，激光功率密度要相当大。如果只是达到熔点，则熔化的液态污染物会流动，待温度冷却后可能会重新沾在基底材料上；如果是气化或分解，则气化或分解后的气态污染物排到大气中，会污染环境。事实上，大量研究表明，在污染物燃烧、熔化、气化或分解之前，有部分污染物已经脱离了基底材料，其主要机制是振动机制。

1998 年，俄罗斯的 Kolomenskii 等[70]提出了激光清洗的振动波模型，认为干式激光清洗过程中表面分离是由激光引起的基底表面声波加速的机械力造成的，在实验中观察到纵向和横向的位移证明了这种表面波的存在。该表面波又分为压缩波、剪切波以及瑞利波，其实质是基底表面的弹性振动波。这种波脉冲可以传播到超出激光辐射的区域，也就是说可以在一定程度上扩大激光束的清洗范围。Lu 等[27]数值模拟了基底表面处的温度分布和热膨胀导致的热应力，获得了清洗条件和阈值。对于脉冲激光清洗微粒，他们从能量角度分析，将基底和微粒吸收激光能量引起的加热膨胀作为弹性形变，这种弹性形变结合材料冷却引起的位移产生了足够的脱离作用力，使得微粒与基底脱离，该脱离过程犹如微粒被基底"弹出"一样，又称之为热弹性振动模型。

根据很多学者的研究，当激光脉冲宽度为 $10 \sim 100 \, \mathrm{ns}$ 量级，激光峰值功率密度小于污染层物质的烧蚀阈值(一般情况下为 $10^7 \sim 10^8 \, \mathrm{W/cm^2}$)时，由于激光峰值功率密度不足，被污染层物质吸收的激光能量不足以产生烧蚀(熔化、气化或分解)，但是激光能量会被污染物或者金属基底吸收，也可能被两者同时吸收。最终会因为温度升高产生温度梯度，引起膨胀产生应力，当应力大于附着力时，污染物将脱离基底。

如果污染层对激光的吸收系数足够大，则污染物本身吸收激光能量高，会产生热膨胀；如果污染层对激光的吸收系数小，且污染层厚度很薄，则激光会穿过污染层到达基底，或者激光强度足够大，也可能穿透污染层到达基底，若基底的光的吸收系数大，则基底也会吸收激光能量并转化成热，进而导致温度升高。由于温度分布不均匀，或者由于先发生快速热膨胀后又发生快速热收缩(短脉冲激光作用下)，污染物产生的应力足以克服污染物与基底之间的附着力，就会与基底脱离，同时脱离基底的污染物获得一定的动能。当污物层的动能大于与邻近污物层的切向结合力时，在激光辐照光斑的边缘，污染物会发生断裂，以一定的初速度喷射出去，如图 4.4.2 所示。

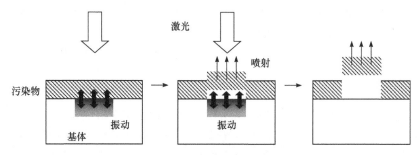

图 4.4.2　振动机制示意图

此外，一般来说污染物和基底的热膨胀系数是不同的，短时间内二者不同程度的热膨胀会导致污染层和基底的结合处产生巨大的应力差，应力差产生的振动能克服附着力的作用，也会促进污染物脱离基底。

对于振动机制，得到温度分布后，可以计算热应力，从而对激光清洗予以具体量化计算。假设污染层与基底为刚体，则污染层相对初始状态的总位移量为[71]

$$z = z_{p} + z_{s} \tag{4.4.1}$$

其中，z_{p} 和 z_{s} 分别是污染层位移量和基底层位移量。位移量与温度升高相关，其表达形式可以表示为

$$z_{p,s} = k_{p,s}\gamma_{p,s}\int_{0}^{h_{p,s}}\left[T_{p,s} - T_{r}\right]\mathrm{d}z \tag{4.4.2}$$

式中，γ 为线膨胀系数；h 为温升区域的厚度；T 为温度；T_{r} 为环境温度。系数 $k_{s}=1$，系数 k_{p} 定义了整个污染层的热膨胀与其质心位移的联系，其取值范围是 $0\sim1$。

基底层和污染层吸收激光能量后，转化为其自身的内能，则有

$$A_{p,s}I\mathrm{d}t = \rho_{p,s}c_{p,s}\int_{0}^{h_{p,s}}\left[T_{p,s} - T_{i}\right]\mathrm{d}z \tag{4.4.3}$$

式中，I 为入射光强；A 为物质的吸收率；ρ 为物质的密度；c 为物质的比热容；T_{i} 为初始温度。

假设热膨胀时取的参考温度和物质的初始温度相同，即 $T_{r}=T_{i}$，对比式(4.4.2)和式(4.4.3)，可以得到

$$\frac{\mathrm{d}z_{p,s}}{\mathrm{d}t} = k_{p,s}\gamma_{p,s}\cdot\frac{A_{p,s}I}{\rho_{p,s}c_{p,s}} \tag{4.4.4}$$

则受热膨胀效应在污染层上产生的惯性力为

$$F = m \frac{\mathrm{d}^2 z_{\mathrm{c,s}}}{\mathrm{d}t^2} = m \frac{\mathrm{d}I}{\mathrm{d}t} \left(\frac{\gamma_{\mathrm{s}} A_{\mathrm{s}}}{\rho_{\mathrm{s}} c_{\mathrm{s}}} + k_{\mathrm{p}} \frac{\gamma_{\mathrm{p}} A_{\mathrm{p}}}{\rho_{\mathrm{p}} c_{\mathrm{p}}} \right) \tag{4.4.5}$$

基底与污染层间的结合力以范德瓦耳斯力为主

$$\frac{F_{\mathrm{ad}}}{m} = \frac{P_{\mathrm{ad}}}{\rho_{\mathrm{p}} \cdot h_{\mathrm{p}}} \tag{4.4.6}$$

式中，P_{ad} 是单位面积上的范德瓦耳斯力；m 为污染物的质量。

当脉冲处于下降沿时，清洗力的来源就是惯性力，当清洗力大于结合力时，清洗现象发生，即

$$F > F_{\mathrm{ad}} \tag{4.4.7}$$

结合式(4.4.5)和式(4.4.6)，可以得到

$$\frac{\mathrm{d}I}{\mathrm{d}t} > \frac{P_{\mathrm{ad}}}{\rho_{\mathrm{p}} h_{\mathrm{p}}} \cdot \left(\frac{\alpha_{\mathrm{s}} A_{\mathrm{s}}}{\rho_{\mathrm{s}} c_{\mathrm{s}}} + k_{\mathrm{c}} \frac{\alpha_{\mathrm{p}} A_{\mathrm{p}}}{\rho_{\mathrm{p}} c_{\mathrm{p}}} \right)^{-1} \tag{4.4.8}$$

上述过程简单建立了激光清洗过程中温升产生的膨胀所带来的热应力变化。

对于微粒、膜层的激光清洗时具体的热应力机制和数值模拟，在后面几章还将具体分析。

我们可以这样概括：基于热弹性膨胀的激光清洗机制称为振动机制。振动机制中，主要是利用脉冲激光作用时间极短的特点，引起污染物与基体的瞬间热膨胀，虽然污染物与基体只是产生极轻微的热膨胀，但是由于这个过程发生的时间极短(一般仅为几到数百纳秒)，因此在污染物与基底接触面形成巨大的脱离应力完全能够克服污染层与基底表面之间的结合力，从而使污染层脱离基底表面，达到清洗的目的。在振动机制清洗过程中，污染物不发生相变。

4.4.3　等离子体冲击波机制

19 世纪奥地利科学家 Mach 提出了冲击波的概念[72]，主要针对气体中的物体运动。冲击波的作用过程极快，持续时间很短。作用过程中，压力、密度、温度等物理量都发生了"跃变"式的急剧变化。

在激光清洗中，激光峰值功率密度大于污染层物质等离子体化的阈值(一般情况下为 $10^8 \sim 10^9 \, \mathrm{W/cm^2}$)，这时激光将直接击穿表层污染物或污染物上方的空气，产生电离，进而生成密集的等离子体，等离子体膨胀将产生冲击波，冲击波会挤压污染物与基底，基底会对污染物产生反冲作用力，当该反冲作用力的作用大于污染物与基底材料之间的附着力时，污染物将脱离基底表面，如图 4.4.3 所示[60]。

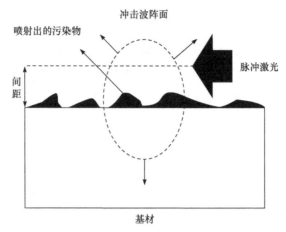

图 4.4.3　激光等离子体清洗的机理图

等离子体膨胀实质是指速度超过声速的强烈冲击波。典型操作范围内，可以产生速度为 1000 m/s 级、强度为 1 MPa 级的冲击波。根据冲击波压强的大小，其可以被分为三个区域：当波阵面压强大于 25000 个标准大气压时为强冲击波区；小于 1000 个标准大气压时为弱冲击波区；在二者之间时为中等冲击波区。其中，强冲击波传播过程是一种熵变过程，而其他的两种冲击波则可以近似看作一种等熵过程。当冲击波波前接触清洗对象表面时，对表面的微粒产生压力作用，引起基底对微粒的反冲作用力，最终使得微粒从表面抛离。

这种方法主要针对光敏材料的表面清洗，由于激光并不直接与材料表面相互作用，所以材料表面的损伤风险较低。目前在微小颗粒清洗、湿式激光清洗、氧化层清洗中都已得到应用。

理论上可以计算出冲击波产生的过程，二维数值模拟的初步结果表明，该过程的理论预测与实验观察结果基本一致。冲击波是由多光子电离和级联电离产生的。电离速率方程为[73]

$$\frac{\mathrm{d}n_\mathrm{e}}{\mathrm{d}t} = n_\mathrm{e}N\left[\frac{377q}{\omega^2}\left(\frac{v_\mathrm{m}}{N}\right)^2\right]I(t) + \frac{NA}{k^{3/2}}I^k(t) \tag{4.4.9}$$

式中，n_e 为电子数密度(cm^{-3})；t 为时间(s)；$N \approx 3.56\times10^{16}\cdot p$，为中性原子的密度，其中 p 为以 Torr[①] 为单位的环境压力数值；ω 为激光束角频率(Hz)；v_m 为电子-原子碰撞频率；q 为一个与气体有关的参数，其参考量级为 10^{21} $\mathrm{cm}^{-1}\cdot\mathrm{s}^{-1}\cdot\mathrm{V}^{-2}$；$k$ 为光电离所需要吸收的光子数；A 和 k 是特定气体的常数，$I(t)$ 为激光光强($\mathrm{W}\cdot\mathrm{cm}^{-2}$)。

① 1 Torr=1.333×10^2 Pa。

在湿式激光清洗中也能形成冲击波。冲击波在液体中的传播距离比在气体中的要短，但是冲击压力和作用时间则会变得更大更长，其对于周围材料的固体壁面的破坏效果要更加严重。在水下的冲击波波阵面上遵循质量、动量和能量守恒方程，因此其波阵面满足下列基本关系式[74,75]

$$u_1 - u_0 = \sqrt{(p_1 - p_0)\left(\frac{1}{\rho_0} - \frac{1}{\rho_1}\right)} \qquad (4.4.10)$$

$$u_D - u_0 = \frac{1}{\rho_0}\sqrt{(p_1 - p_0)\left(\frac{1}{\rho_0} - \frac{1}{\rho_1}\right)^{-1}} \qquad (4.4.11)$$

$$E_1 - E_0 = \frac{1}{2}(p_1 + p_0)\left(\frac{1}{\rho_0} - \frac{1}{\rho_1}\right) \qquad (4.4.12)$$

式中，p_0、ρ_0、E_0、u_0 和 p_1、ρ_1、E_1、u_1 分别是波阵面前和波阵面后的压力、密度、内能和质点速度；u_D 为水下冲击波阵面的传播速度。

对于不同强度的冲击波有着不同的规律。对于强冲击波，其压强与密度的关系为

$$p_1 - p_0 = 4250\left(\rho_1^{6.29} - \rho_0^{6.29}\right) \quad \left(\text{kg}/\text{cm}^2\right) \qquad (4.4.13)$$

对于中等或弱冲击波强度，满足

$$\frac{p + A}{p_0 + A} = \left(\frac{\rho}{\rho_0}\right)^n \qquad (4.4.14)$$

式中，$n = 7$；$A = 3.14 \times 10^8 \text{Pa}$。

4.4.4　微粒引起的近场效应

对于透明球状微粒，激光清洗时，可能会产生聚焦作用。Luk'yanchuk 小组[76]率先指出了微粒的近场聚焦对激光清洗的影响，他们认为，由于散射、衍射、聚焦等光学现象，表面粒子在其附近会产生不均匀的强度分布，例如激光照射一个小的透明微粒，经历了微粒上、下表面两次折射，表现出接近于透镜的聚焦作用，而使微粒下的激光能量密度发生了重新分布。这种聚焦作用称之为微粒的近场增强作用(field enhancement effect)。这种近场增强使得激光能量密度产生几个数量级的增强，从而使得清洗机制发生了改变。这就是激光清洗中的近场效应。基于该模型，他们给出了非稳态三维温度分布和表面的非稳态三维热分布，预测结果与实验结果接近。

其他科学家也注意到近场效应。Pleasants 等[77]考虑了粒子对激光辐射的近场

聚焦，利用米氏散射理论和几何光学近似，得到了粒子下方的光强分布。Kofler 等[78]认为，球形粒子的场增强在干式激光清洗中起着重要作用。通过将几何光学的解与拓扑积分正则所建立的波场(即 Bessoid 积分)相匹配来描述一般的矢量轴对称和强像差聚焦。对于直径为几个波长的透明球体的聚焦情况，计算结果比米氏散射理论更简洁直观。Grojo 等[34,79]的实验研究表明，激光照射微粒可引起微粒下方近场增强，产生粒子的抛射。Yue 等[36]基于电磁-热-力耦合多物理建模与仿真方法，从理论上研究了清洗过程中由于微粒的近场效应、狭缝尺寸、颗粒尺寸和颗粒集合体状态对清洗效果的影响。

4.4.5　湿式激光清洗机制

对于一些特殊的污染物，为了提高激光清洗效果，需要在欲清洗的材料表面喷上一些无污染的液体(主要是水，有时也采用酒精)，受到激光照射时，液体介质吸收激光能量后，把其周围的污染微粒推离材料表面，如图 4.4.4 所示。

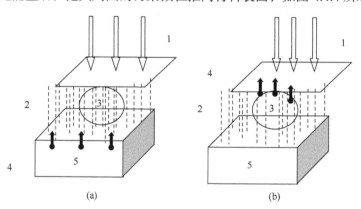

(a)　　　　　　　　　　　　　　(b)

图 4.4.4　湿式清洗的动力学过程示意图

(a) 激光完全为基体所吸收；(b) 激光完全为液体所吸收。1. 入射激光；2. 液体膜；3. 污染粒子；4. 爆炸性蒸发；
5. 基体(被清洗物质)

She 等[80]采用光学反射率和光声光束偏转探头监测气化阈值和产生的声瞬变，用激光闪光摄影技术对羽流的演化过程和声波在周围空气中的传播进行了可视化处理，研究了湿式激光清洗过程中快速相变和薄液膜烧蚀过程。认为在中等激光能量密度下，爆炸气化过程的压力增强和烧蚀羽流提供的动量是提高清洗效率的主要原因。

Kim 等[54]和 Song[81]讨论了有关液体辅助激光清洗机制。当高功率激光束聚焦到液体中时，会产生气泡，如图 4.4.5 所示。在将刚性基质插入液体中后，气泡向基质迁移。在气泡破裂期间形成了高速液体射流，在基底附近产生了破裂冲击波。这些冲击波和液体射流会产生很大的力，作用在基材上使得颗粒被清除掉。清洗效率随着激光通量的增加而增加，倾斜的液体喷射和冲击波可提高清洁效率。

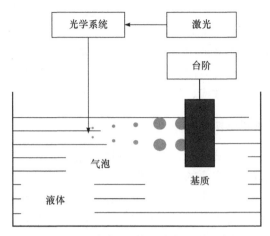

图 4.4.5　湿式清洗的气泡产生过程示意图

Lu 等[50]建立了薄液层辅助的激光去除固体表面微小颗粒的理论模型。激光照射后，液体内部气泡吸热膨胀，温度 T 时的气泡内部气压 $p_v(T)$ 等于饱和蒸气压 $p_{sat}(T)$，即

$$p_v(T) \approx p_{sat}(T) \tag{4.4.15}$$

气泡的生长速度为[82,83]

$$v(T) = \left(\frac{2}{3}\frac{p_v(T)-p_\infty}{\rho_1(T)}\right)^{1/2} \tag{4.4.16}$$

式中，$\rho_1(T)$ 为温度 T 时的液体密度；p_∞ 为环境液体压强。

激光辐照在靠近液/基界面薄层过热液体产生的高压瞬态应力波压力为

$$P = \left[2\rho c(P_v - P_\infty)vf\right]^{1/2} \tag{4.4.17}$$

式中，ρ、c 分别为液体的密度和传输速度；v 和 f 分别为蒸气的膨胀速度和体积分数。该压力对半径为 R 的附着颗粒所产生的清洗力为

$$F_c = \left[2\rho c(P_v - P_\infty)vf\right]^{1/2}\pi R^2 \tag{4.4.18}$$

通过对附着力和清洗力的计算，可以预测激光能量密度的清洗阈值。

湿式激光清洗的机制是液体吸收了激光后，温度急速提高，形成过热液体，过热液体中的气泡快速增长，产生了足够大的高压瞬态应力波，将微米和亚微米

颗粒从基底表面冲出，这称作应力波机制；另一种观点认为，液体吸热后温度达到气化点，蒸发时体积在瞬间(与激光脉冲作用时间相当)急剧增大(气体体积远大于液体的)，形成相爆炸，带动污染粒子脱离基底，这称为相爆炸机制。总地来说，都是因为液体吸热导致温度上升，如果温度上升过快，则形成过热液体，其中的气泡会急剧增大形成冲击波或引力波，从而形成清洗力，带动粒子从基底剥离；如果液体较多，或激光作用时间较长，或激光能量密度不够大，则液体气化，体积瞬间膨胀，产生相爆炸效应，使得污染微粒从基底剥离。

4.4.6 激光清洗多种机制协同作用

对于污染物的激光清洗机制，上述几种机制往往是同时存在的，尤其是振动机制和烧蚀机制是两种最主要的清洗机制。

事实上，很多研究都表明，激光清洗过程中，基底表面振动、颗粒振动、颗粒热膨胀以及激光烧蚀等现象同时存在[24,84]。Grojo 等[33]通过时间和空间分辨前向散射探测，证明至少有两种激光清洗机制共存。Zhang 等[68]提出了低能量密度下，激光烧蚀引起的相爆炸是主要的清洗机制；在高能量密度下，热应力耦合效应导致了污染物与基底的分离，同时产生的等离子体冲击效应导致了污染物的去除。

总之，照射到清洗对象表面的激光能量可以分为三部分，少部分被反射，部分被污染物吸收，部分透过污染物被界面处的基底材料表层吸收。烧蚀机制关注的是污染物吸收激光能量，瞬时达到很高的温度进而熔化或气化；如果激光提供的能量足以破坏表层物质的化学键或使之发生化学反应，则是光分解机制；如果激光使得污染物附近空气电离或者污染物本身电离，形成等离子体，则是等离子体冲击波机制；振动机制来源于污染物和基底材料吸收激光后，产生热弹性膨胀，进而产生脱离应力。湿式激光清洗时，液体吸热升温，因为气泡破裂产生的冲击波或者蒸发引起的相爆炸则是清洗力的主要来源。以上这些机制，在激光清洗过程中，往往并不是单一作用，而是多个机制既相互竞争又共同作用，最终达到清洗的目的。

为了简便起见，结合文献，我们将干式激光清洗机制分为两大类：一类为烧蚀机制，另一类为振动机制。烧蚀机制是污染物的温度达到一定程度(通过污染物吸热，或者基底吸热后将热量再传递给污染物)，使得污染物燃烧、分解、熔化、气化，概括地说，就是污染物的成分或相产生了变化，例如，分解产生了新的物质；熔化、气化则使得污染物从固相变为液相或气相。振动机制则是污染物在温度没有达到燃点、熔点、气点，还没有发生相变时，产生的清洗力大于污染物与基底之间的结合力而剥离，这种机制下的污染物没有发生相变，剥离后仍然保持最初的状态。还有一种机制是冲击波机制，产生的等离子体冲击波使得污染物从基底剥离，这种机制，也可归于振动机制。对于湿式激光清洗，还存在液膜爆发性沸腾机制，液体通过沸腾蒸发，携带污染物脱落基底。

我们将各种可能的激光清洗机制绘制于图 4.4.6 中。

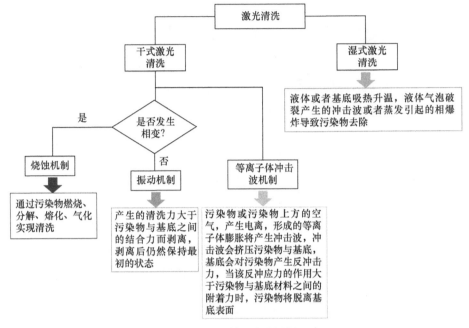

图 4.4.6　激光清洗机制

4.5　激光清洗中的温度场分布

各种清洗机制都涉及材料(污染物和/或基底)　吸收光能，温度上升。所以，激光清洗最关键的是温度场的分布。本节给出热传导方程，并通过不同的边界条件，求解出温度的解析解或数值解。

4.5.1　热传导方程与边界条件

4.3 节指出，无论对于污染层吸收还是基底吸收，吸收的激光可视作热源，激光吸收过程是激光照射清洗样品表面，被物体(污染层或基底)吸收，并向内部扩散。通过求解热传导方程可以计算得到温度。

由于聚焦激光光斑很小，激光正入射时，可以考虑一维情况。选取一维坐标系如图 4.5.1 所示，污染层与基底接触的某处为原点，从基底材料指向污染层的方向为正 z 方向。

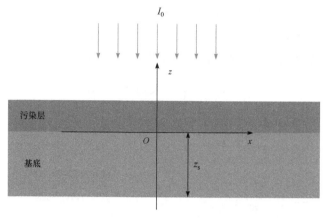

图 4.5.1　一维坐标系

激光光强为 I_0，入射到材料上，其热传导方程为[27,85]

$$\rho_m c_m \frac{\partial T(z,t)}{\partial t} - k_m \frac{\partial^2 T(z,t)}{\partial z^2} = (1 - R_m)\alpha_m I_0 \exp(-\alpha_m z) \qquad (4.5.1)$$

式中，ρ_m、c_m、$k_m(m = p,s)$ 分别是材料(污染物 p 或基底 s)的密度、比热容和热传导系数；R_m 是材料表面的反射率；α_m 是材料的吸收系数。

在实际应用中，要考虑到污染物强吸收、基底强吸收、污染物和基底共同吸收等几种情况。对于前两者，则只需要列出一个热传导方程，对于后者需要列出两个方程。具体计算时需要考虑到边界条件。对于纳秒脉冲激光清洗，激光作用时间很短，可以认为是绝热过程。根据激光在材料中的穿透深度，可以作适当近似，给出一类或二类边界条件。

以一维情况为例，如基底宽度方向可视作无限大，即不存在侧面，则边界条件可表示为

$$-k \frac{dT}{dz}\bigg|_{z=0} = 0 \qquad (4.5.2)$$

$$k \frac{dT}{dz}\bigg|_{z=-z_s} = 0 \qquad (4.5.3)$$

式中，z_s 是基底的厚度；$z = 0$ 表示污染层与基底材料交界处；$z = -z_s$ 表示基底底部。

4.5.2　求解热传导方程得到激光清洗时的温度场

根据热传导方程和边界条件，可以求解得到激光清洗时温度随空间和时间的

分布，即温度场。以式(4.5.1)所示的热传导方程为例，结合边界条件(4.5.2)、(4.5.3)，在激光能量密度均匀分布的情况下，可以得到热传导方程(4.5.1)的解析解

$$T(z,t) = \sum_{n=1}^{\infty} \frac{C_n}{a_{st}} \frac{z_s}{n\pi} \cos\left(\frac{n\pi z}{z_s}\right) \cdot \left\{1 - \exp\left[-a_{st}\left(\frac{n\pi}{z_s}\right)^2 t\right]\right\} + C_0 t \tag{4.5.4}$$

其中，$a_{st} = k_s / \rho_s c_s$ 为基底的热扩散率；C_0、C_n 的表达式如下：

$$C_0 = \frac{(1-R_s)I_0}{\rho_s c_s z_s} \cdot \left[1 - \exp(-\alpha_s z_s)\right] \tag{4.5.5}$$

$$C_n = \frac{2(1-R_s)I_0}{\rho_s c_s z_s} \frac{1}{1 + \left(\frac{n\pi}{z_s \alpha_s}\right)^2} \cdot \left[1 - \exp(-\alpha_s z_s)\cos(n\pi)\right] \tag{4.5.6}$$

另外一种求解热传导方程的方法是，将照射到样品表面的激光能量密度直接视作热流密度，作为边界条件加载在样品表面上。而热传导方程则采用无源方程。这种处理方式是一种简化处理，可以直接根据已知条件，估算出表面温升。这样处理时，基底材料的热传导方程和边界条件为

$$\rho_s c_s \frac{\partial T(z,t)}{\partial t} - k_s \frac{\partial^2 T(z,t)}{\partial z^2} = 0 \tag{4.5.7}$$

$$-k_s \frac{dT}{dz}\bigg|_{z=0} = (1-R_s)I_0 \tag{4.5.8}$$

$$k_s \frac{dT}{dz}\bigg|_{z=-z_s} = 0 \tag{4.5.9}$$

可以得到热传导方程的解析解

$$T(z,t) = \frac{2(1-R_s)I_0}{k_s}\sqrt{a_{st}t} \cdot \text{ierfc}\left(\frac{z}{2\sqrt{a_{st}t}}\right) \tag{4.5.10}$$

其中

$$\text{ierfc}(x) = -x + x \cdot \text{erf}(x) + \frac{1}{\sqrt{\pi}}\exp(-x^2), \quad \text{erf}(x) = \frac{2}{\sqrt{\pi}}\int_0^x \exp(-s^2)ds \tag{4.5.11}$$

是高斯误差函数。

由式(4.5.11)，在 $z=0$ 处，有

$$T(0,t) = \frac{2(1-R_s)I_0}{k_s}\sqrt{a_{st}t} \cdot \frac{1}{\sqrt{\pi}} \tag{4.5.12}$$

此即激光作用而引起的基底表面温度。

在实际的激光清洗过程中，由于激光参数不同，如高斯光束、平顶光束、边界条件的不同，以及清洗对象的不同，如微粒、油漆、铁锈等，得到的温度场分布也是不同的。很多情况下无法得到解析解，只能得到数值解。我们将在第 5~7 章有关激光清洗微粒、油漆、锈蚀的内容中，根据实际情况，予以详细介绍。

对于烧蚀机制，求解出的温度大于熔点、气点或化学分解温度，则污染物将产生相变，从基底表面剥离。对于振动机制，求解出温度场分布后，可以进一步得到热应力，若热应力大于附着力，则污染物从基底剥离。

4.6　激光清洗中的重要参数和指标

在激光清洗中，有一些重要指标用于衡量激光清洗的效果。主要有激光清洗阈值(cleaning threshold)和损伤阈值(damage threshold)，激光清洗率，激光清洗效率，等等。本章对此逐一介绍。

4.6.1　激光清洗阈值和损伤阈值

激光清洗阈值和损伤阈值是激光清洗的两个重要指标，是激光清洗理论模型的研究重点，清洗阈值直接关系着激光清洗的效果和效率，而损伤阈值则关系到清洗效果和清洗成本[86-88]。例如，史兴宽等[89]测量了光学基片表面镀金薄膜的激光清洗阈值和损伤阈值，Tanga 等[90]利用脉冲光纤激光器研究了衬底和内层的清洗阈值和损伤阈值。

1. 激光清洗阈值

激光清洗阈值是指激光作用在清洗样品上，污染物能够被洗掉的最小激光能量或功率值，常采用能量密度(单位面积上的能量)或功率密度(单位面积上的功率)来表征。用能量密度表征，表达式为

$$I_{\mathrm{th}} = \frac{E}{\left[\pi\left(\dfrac{D}{2}\right)^2\right]} = \frac{4E}{\pi D^2} \tag{4.6.1}$$

式中，E 为激光的单脉冲能量，在该能量下，污染物刚好能够被清洗干净；D 为激光光斑直径。如果是连续激光，则采用功率密度(单位面积上的功率)来表征

$$P_{\mathrm{th}} = \frac{P}{\left[\pi\left(\dfrac{D}{2}\right)^2\right]} = \frac{4P}{\pi D^2} \tag{4.6.2}$$

式中，P 为激光的输出功率。在该功率下，污染物刚好能够被清洗干净。

对于准连续激光，如声光调 Q 的 YAG 激光器，则采用平均功率密度(单位面积上的平均功率)来表征，上式中的 P 为平均功率。

实际上，对于"污染物被清洗掉"这句话，是有不同的解读的。一种解读认为激光作用后污染物能够刚刚被清洗掉，也就是说刚刚有清洗效果；一种解读认为污染物能够彻底被清洗干净。对于前者，由于污染物的不均匀(如污染微粒的分布密度不均匀、微粒大小不均匀、油漆层的厚度不均匀，等等)，激光的清洗力能够造成部分微粒的松动但是不足以使得所有微粒脱离基底，或者能够造成部分油漆层剥离，但是不足以克服横向之间的连接力，这是刚刚能够清洗所具有的清洗效果，而不能够完全清洗。如图 4.6.1(a)所示为激光清洗油漆，漆层显然已经因为激光作用而脱离基底，但是和基底还有粘连。图 4.6.1(b)则是污染物被完全清除干净。这两种情况下，所需要的激光能量是不同的，前者的能量略低些。

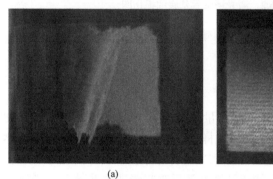

(a)　　　　　　　　　　　　　　　　　　(b)

图 4.6.1　激光清洗金属层上油漆的阈值现象

(a) 激光清洗油漆层开始出现剥离；(b) 激光完全清洗金属层上油漆

一般来说，激光清洗阈值是指污染物能够被完全去除(或者绝大部分被去除)时的能量值。对于刚刚能够清洗的激光能量或功率值，可以称之为初始清洗阈值。

2. 激光清洗损伤阈值

激光清洗中，因为过量激光而导致基底上出现了熔融坑、颜色变化、形变等现象，导致基底产生损伤，如图 4.6.2 所示。这些损伤现象刚出现时，与之相对应的能量密度即为损伤阈值

$$I_{\mathrm{d}} = \frac{E_{\mathrm{d}}}{\left[\pi\left(\dfrac{D}{2}\right)^2\right]} = \frac{4E_{\mathrm{d}}}{\pi D^2} \tag{4.6.3}$$

式中，E_{d} 为基底损伤时的激光能量；D 为激光光斑直径。

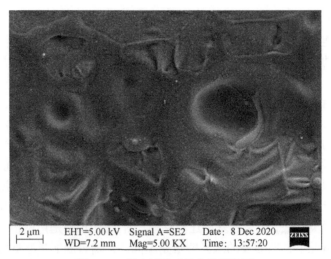

图 4.6.2　激光清洗后基底的损伤图

对于连续激光或准连续激光,清洗阈值和损伤阈值还可以用功率或平均功率来表征。

3. 激光清洗阈值和损伤阈值的测定

激光清洗阈值和损伤阈值可通过能量计或功率计测得。具体实验过程如下。

固定激光能量或功率,移动被清洗样品的前后位置(改变离焦距离)以改变入射光斑面积,调节入射激光能量(功率)密度。将样品置于相对较远处,光斑较大,激光能量(功率)密度较低,进行激光清洗并随后观察清洗效果(光学显微镜、电镜、粒度仪等测量仪器);若无清洗效果或效果不明显,则将被清洗样品前移一小段距离(如每次 5 mm),此时光斑变小,能量(功率)密度相应提高,再次进行实验并观察清洗效果;如此,每次移动一段固定的距离,直到在某个位置,污染能够被彻底清除,则由该位置所对应的光斑直径 D_c 计算得到的能量(功率)密度即为激光清洗阈值。也可固定样品位置,通过改变激光能量(功率)来测得激光清洗阈值。

类似地,减小激光光斑或提高激光能量(功率),进行清洗实验并观察清洗效果,直到发现基底表面被破坏,可测得损伤阈值。

4.6.2　清洗率

前面讲到清洗阈值时,提到了完全清除。是否完全去除,可以通过仪器进行测量。有些情况下是可以做到100%去除的,但是有些情况则难以做到,比如,半导体材料上的微粒,是难以完全去除的;金属上的锈蚀,表面浮锈去除干净了,但是个别重度腐蚀区域则难以去除。所以,存在一个清洗率的问题。

清洗率定义为,在一定的激光参数(单位面积的能量或功率、脉冲宽度、重复率)下，污染物被去除的比例。对于微粒等离散污染物来说，是指去除微粒百分比；对于油漆、锈蚀等连续污染物，是指被清洗面积占总面积之比，或称为表面清洁度。清洗需要达到多大的清洗率，跟实际生产中的需求有关，有些要求达到 99%以上，有些达到 95%即可。

清洗率是一个难以把控的参数。当采用某些参数时，如较高的激光能量(功率)密度、较慢的扫描速度时，清洗率会提高，但是能量消耗增高，清洗效率会降低，且有损伤基底之虞；如果能量(功率)密度低，则可能不能清洗干净，清洗率会降低。

4.6.3　清洗效率

清洗效率体现了激光清洗过程的快慢，可定义为在保证一定清洗率的条件下，单位时间清洗的微粒数、面积或体积。清洗效率受到多个因素的影响，包括清洗率的要求、激光清洗参数(波长、平均功率、峰值功率、光斑尺寸、脉宽等)、振镜等激光清洗部件扫描速度、机械移动平台、排烟尘系统以及材料对激光的吸收特性等因素。除了这些激光和激光清洗设备本身的特性，清洗对象的特点和清洗达标要求也是影响激光清洗效率的重要因素。

首先，需要清洗的对象差别很大，其范围既包括如石材、金属等自然物质，也包括合金、聚合物塑料等人工复合材料，还包括精细光学透镜、半导体晶圆等高精度元器件，而清洗对象中的污染物成分又复杂，有时同一清洗对象上所吸附的污染物还是不同的，这就对清洗前的方案选型和工艺准备提出了很高的要求，要求实施清洗的技术人员要在激光清洗机理、清洗激光选择等方面有丰富的经验。其次，在不同的清洗场景中，完成清洗的标准差别很大。如大型船舶和飞行器激光除漆中，对于清洗只要整体移除原漆层以满足重新涂装要求即可，是否有极少数残留并不是关键。但在先进半导体制备工艺中，激光清洗要求则高得多，因为晶圆上的少数金属或聚合物粒子都会在后续工艺中影响器件的良率。因此，在这些应用场景中的激光清洗要求会很大程度上影响激光清洗的效率。

在实际工作中，激光清洗效率的提高对于激光清洗能否逐渐取代其他清洗方式极为重要。因为，除了清洗时间因素外，综合清洗成本也是商业选择中不可忽视的。当前，对于大型机械装备和高价值清洗对象，对激光清洗效率的要求尤为看重，这也是目前大多科研单位和产业应用中研究较多的领域。实践中主要围绕提高激光器平均功率、与机器人结合以及提高光扫描速度等方面提高清洗效率。

参 考 文 献

[1] 周炳琨. 激光原理[M]. 北京: 国防工业出版社, 2014.
[2] 宋峰, 林学春. 激光清洗技术与应用[M]. 北京: 清华大学出版社, 2021.

[3] 李雪. 有理谐波锁模光纤激光器的研究[D]. 北京: 北京交通大学, 2013.

[4] Digonnet M J F, Gaeta C J. Theoretical analysis of optical fiber laser amplifiers and oscillators[J]. Applied Optics, 1985, 24(3): 333.

[5] 刘晶儒, 胡志云. 准分子激光技术及应用[M]. 北京: 国防工业出版社, 2009.

[6] Song J, Zhu P, Zhang W Y, et al. The principle and application of cymer excimer laser[J]. Equipment for Electronic Products Manufacturing, 2008, 162: 60-62.

[7] 孙承纬. 激光辐照效应[M]. 北京: 国防工业出版社, 2002.

[8] 佟艳群. 激光去除金属氧化物的机理与应用基础研究[D]. 镇江: 江苏大学, 2014.

[9] 陆建. 激光与材料相互作用物理学[M]. 北京: 机械工业出版社, 1996.

[10] 张永强, 王贵兵, 唐小松. 复合材料激光辐照过程中的吸收特性分析[J]. 激光技术, 2009, 33(6): 590-592,596.

[11] 曹凤国. Laser Beam Machining[M]. 北京: 化学工业出版社, 2015.

[12] 陈君, 张群莉, 姚建华, 等. 金属材料的激光吸收率研究[J]. 应用光学, 2008, 29(5): 793-798.

[13] 施曙东. 脉冲激光除漆的理论模型、数值计算与应用研究[D]. 天津: 南开大学, 2012.

[14] Bedair S M, Smith H P. Atomically clean surfaces by pulsed laser bombardment[J]. Journal of Applied Physics, 1969, 40(12): 776-781.

[15] Fox J A, Barr D N. Laser-induced shock effects in plexiglas and 6061-T6 aluminum[J]. Applied Physics Letters, 1973, 22: 594-596.

[16] Fox J A. Effect of water and paint coatings on laser-irradiated targets[J]. Applied Physics Letters, 1974, 24(10): 461-464.

[17] Crane K C A, Brown J R. Laser-induced ablation of fibre/epoxy composites[J]. Journal of Physics D, 1981, 14: 2341-2349.

[18] Kelley J D. Particle removal from surface by pulsed laser irradiation[J]. SPIE, 1991, 1624: 153-160.

[19] Kelley J D, Hovis F E. A thermal detachment mechanism for particle removal from surfaces by pulsed laser irradiation[J]. Microelectronic Engineering, 1993, 20(1-2): 159-170.

[20] Tam A C, Leung W P, Zapka W, et al. Laser-cleaning techniques for removal of surface particulates[J]. Journal of Applied Physics, 1992, 71(7): 3515-3523.

[21] Watkins K G. Mechanisms of laser cleaning[C]. High-Power Lasers in Manufacturing, Proceedings of SPIE, 2000, 3888: 165-174.

[22] Zhang J, Wang Y, Cheng P, et al. Effect of pulsing parameters on laser ablative cleaning of copper oxides[J]. Journal of Applied Physics, 2006, 99(6): 2217.

[23] Autric M, Oltra R. Basic processes of pulsed laser materials interaction. Applications to laser cleaning of oxidized surface[C]. Gas Flow, Chemical Lasers, and High-Power Lasers pt.2, 2004: 982-985.

[24] Napadłek W. Ablative laser cleaning of materials[J]. Journal of Kones, 2009, 16: 357-366.

[25] Lu Y F, Aoyagi Y. Laser-induced dry cleaning in air-a new surface cleaning technology in lieu of carbon fluorochloride(cfc)solvents[J]. Japanese Journal of Applied Physics, 1994, 33: 430-433.

[26] Lu Y F, Song W D, Hong M H, et al. Laser removal of particles from magnetic head sliders[J].

Journal of Applied Physics, 1996, 80(1): 499-504.

[27] Lu Y F, Song W D, Ang B W, et al. A theoretical model for laser removal of particles from solid surfaces[J]. Applied Physics A, 1997, 65(1), 9-13.

[28] Lu Y F, Song W D, Ang B W, et al. A theoretisurfaces by pulsed laser irradiation[J]. Applied Surface Science,1997, 120(3-4): 317-322.

[29] Zheng Y W, Luk'yanchuk B S, Lu Y F, et al. Dry laser cleaning of particles from solid substrates: experiments and theory[J]. Journal of Applied Physics, 2001, 90(5): 2135-2142.

[30] Arnold N. Resonance and steep fronts effects in nanosecond dry laser cleaning[J]. Applied Surface Science, 2002, 197: 904-910.

[31] Arnold N, Schrems G, Baeuerle D. Ablative thresholds in laser cleaning of substrates from particulates[J]. Applied Physics A, 2004, 79(4/6): 729-734.

[32] Pleasants S, Arnold N, Kane D M. Acoustic substrate expansion in modelling dry laser cleaning of low absorbing substrates[J]. Applied Physics A, 2004, 79(3): 507-514.

[33] Grojo D, Cros A, Delaporte P, et al. Dynamics of particle ejection in dry laser cleaning[J]. Proceedings of SPIE—The International Society for Optical Engineering, 2006, 6261: 1-9.

[34] Grojo D, Cros A, Delaporte P, et al. Experimental investigation of ablation mechanisms involved in dry laser cleaning[J]. Applied Surface Science, 2007, 253(19): 8309-8315.

[35] 吴东江, 许媛, 王续跃, 等. 激光清洗硅片表面 Al_2O_3 颗粒的试验和理论分析[J]. 光学精密工程, 2006, 14(5): 764-770.

[36] Yue L, Wang Z, Li L. Multiphysics modelling and simulation of dry laser cleaning of micro-slots with particle contaminants[J]. Journal of Physics D: Applied Physics: A Europhysics Journal, 2012, 45(13): 135401-135408.

[37] Hsu S C, Lin J. Removal mechanisms of micro-scale particles by surface wave in laser cleaning[J]. Optics & Laser Technology, 2006, 38(7): 544-551.

[38] Oh B, Kim D, Lee J M. Analysis of laser-induced hydrodynamic phenomena in the laser shock cleaning process[J]. Journal of Physics Conference, 2007, 59(1): 181-184.

[39] Zhang P, Bian B M, Li Z H. Dynamics of particles removal in laser shock cleaning[C]. Conference on High-Power Laser Ablation, 2006: 626138.1-626138.11.

[40] 张平, 卞保民, 李振华. 激光等离子体冲击波清洗中的颗粒弹出移除[J]. 中国激光, 2007, 34(10): 1451-1455.

[41] Kima J S, Busnaina A, Parka J G. Effect of laser shock wave cleaning direction on particle removal behavior at trenchs[J]. ECS Transactions, 2009, 25(5): 257-262.

[42] Ye Y, Yuan X, Xiang X, et al. Laser plasma shockwave cleaning of SiO_2 particles on gold film[J]. Optics and Lasers in Engineering, 2011, 49(4): 536-541.

[43] Arif S, Kautek W. Laser cleaning of particulates from paper: comparison between sized ground wood cellulose and pure cellulose[J]. Applied Surface Science, 2013, 276: 53-61.

[44] Sun M, Yan G, Zhang Y. Laser cleaning of neutral attenuator plate based on low power laser diode[J]. Advanced Materials Research, 2013, 614-615: 1547-1552.

[45] Luo J, Lai Q, Li Y, et al. Investigation on ultimate results and formation mechanism of the micro-nano particles removal by laser plasma[J]. Laser Physics Letters, 2020, 17(9): 096001.

[46] Leung P T, Nhan D, Klees L, et al. Transmission studies of explosive vaporization of a transparent liquid film on an opaque solid surface induced by excimer-laser-pulsed irradiation[J]. Journal of Applied Physics, 1992, 72(6): 2256-2263.

[47] Nhan D, Klees L, Tam A C, et al. Photo deflection probing of the explosion of a liquid film in contact with a solid heated by pulsed excimer laser irradiation[J]. Journal of Applied Physics, 1993, 74(3): 1534-1538.

[48] Yavas O, Schilling A, Bischof J, et al. Study of nucleation processes during laser cleaning of surfaces[J]. Laser Physics, 1997, 7: 343-348.

[49] Vereecke G, Rohr E, Heyns M M. Laser-assisted removal of particles on silicon wafers[J]. Journal of Applied Physics, 1999, 85(7): 3837-3843.

[50] Lu Y F, Zhang Y, Song W D, et al. A theoretical model for laser cleaning of microparticles in a thin liquid layer[J]. Japanese Journal of Applied Physics, 1998, 37(11): 1330-1332.

[51] Yavas O, Leiderer P, Park H K, et al. Enhanced acoustic cavitation following laser-induced bubble formation: long-term memory effect[J]. Phys. Rev. Lett., 1994, 72(13): 2021-2024.

[52] Park H K, Grigoropoulos C P, Poon C C, et al. Optical probing of the temperature transients during pulsed-laser induced boiling of liquids[J]. Applied Physics Letters, 1996, 68(5): 596-598.

[53] Allen S D, Miller A S, Lee S J. Laser assisted particle removal 'dry' cleaning of critical surfaces[J]. Materials Science and Engineering B, 1997, 49(2): 85-88.

[54] Kim D, Lee J. Physical mechanisms of liquid-assisted laser cleaning[J]. Journal of Applied Physics, 2003, 93(1): 762-764.

[55] Song W D. Laser-induced cavitation bubbles for cleaning of solid surfaces[J]. Journal of Applied Physics, 2004, 95(6): 2952-2956.

[56] Unlusu B, Smith K M, Hussaini M Y, et al. A molecular dynamics study of aser-assisted cleaning: energy transfer medium-contaminant particle interaction[J]. Journal of Computational and Theoretical Nanoscience, 2007, 4(3): 488-493.

[57] Grojo D, Delaporte P, Sentis M, et al. The so-called dry laser cleaning governed by humidity at the nanometer scale[J]. Applied Physics Letters, 2008, 92(3): 033108.

[58] Jette A N, Benson R C. Modeling of pulsed-laser cleaning of metal optical surfaces at cryogenic temperatures[J]. Journal of Applied Physics, 1994, 75(6): 3130-3141.

[59] Tomas C, Girardeau-Montaut J P, Afif M, et al. Photoemission monitored cleaning of pure and implanted tungsten photocathodes by picosecond UV laser[J]. Applied Surface Science, 1997, 109-110: 509-513.

[60] Watkins K G, Curran C, Lee J M. Two new mechanisms for laser cleaning using Nd:YAG sources[J]. Journal of Cultural Heritage, 2003, 4: 59-64.

[61] Bloisi F, Barone A C, Vicari L. Dry laser cleaning of mechanically thin films[J]. Applied Surface Science, 2004, 238(1-4): 121-124.

[62] Lee J, Yoo J, Lee K. Numerical simulation of the nano-second pulsed laser ablation process based on the finite element thermal analysis[J]. Journal of Mechanical Science and Technology, 2014, 28(5): 1797-1802.

[63] Gupta P D, O'Connor G M. Comparison of ablation mechanisms at low fluence for ultrashort

and short-pulse laser exposure of very thin molybdenum films on glass[J]. Applied Optics, 2016, 55(9): 2117-2125.

[64] 宋峰, 邹万芳, 田彬, 等. 一维热应力模型在调 Q 短脉冲激光除漆中的应用[J]. 中国激光, 2007, 11: 1577-1581.

[65] 田彬. 干式激光清洗的理论模型与实验研究[D]. 天津: 南开大学, 2008.

[66] 周桂莲, 孔令兵, 孙海迎. 基于 ANSYS 的激光清洗模具表面温度场有限元分析[J]. 制造业自动化, 2008, 9: 90-92.

[67] Yue L, Wang Z, Li L. Modeling and simulation of laser cleaning of tapered micro-slots with different temporal pulses[J]. Optics & Laser Technology, 2013, 45: 533-539.

[68] Zhang G, Hua X, Huang Y, et al. Investigation on mechanism of oxide removal and plasma behavior during laser cleaning on aluminum alloy[J]. Applied Surface Science, 2020, 506: 144666.

[69] Siano S. Handbook on the Use of Laser in Conservation and Conservation Science[M]. Belgium: COST Office, Brussels, 2006.

[70] Kolomenskii A, Schuessler H A. Interaction of laser-generated surface acoustic pulses with fine particles: Surface cleaning and adhesion studies[J]. Journal of Applied Physics, 1998, 84: 2404-2410.

[71] Luk'yanchuk B S, Zheng Y F, Lu Y F. A new mechanism of laser cleaning[J]. Proc. SPIE, 2001, 4423: 115-126.

[72] Courant R, Friedrichs K O. 超声速流与冲击波[M]. 李维新译. 北京: 科学出版社, 1986.

[73] Ireland C L M, Grey Morgan C. Gas breakdown by a short laser pulse[J]. Journal of Physics D, 1973, 6: 720-729.

[74] 陈笑. 高功率激光与水下物质相互作用过程与机理研究[D]. 南京: 南京理工大学, 2004.

[75] 夏铭. 流体中非中心对称点源冲击波衰减波前测试及传播特性的研究[D]. 南京: 南京理工大学, 2003.

[76] Luk'yanchuk B S, Arnold N, Huang S M, et al. Three-dimensional effects in dry laser cleaning[J]. Applied Physics A, 2003, 77(2): 209-215.

[77] Pleasants S, Luk'yanchuk B S, Kane D M. Modelling laser cleaning of low-absorbing substrates: the effect of near-field focussing[J]. Applied Physics A, 2004, 79(4/6): 1595-1598.

[78] Kofler J, Arnold N. Axially symmetric focusing of light in dry laser cleaning and nanopatterning[M]//Kane D M. Laser Cleaning Ⅱ. Singapore: World Scientific Press, 2007: 113-132.

[79] Grojo D, Delaporte P, Sentis M, et al. The so-called dry laser cleaning governed by humidity at the nanometer scale[J]. Applied Physics Letters, 2008, 92(3): 033108.

[80] She M, Kim D. Liquid-assisted pulsed laser cleaning using near-infrared and ultraviolet radiation[J]. Journal of Applied Physics, 1999, 86(11): 6519-6524.

[81] Song W D. Laser-induced cavitation bubbles for cleaning of solid surfaces[J]. Journal of Applied Physics, 2004, 95(6): 2952-2956.

[82] Carey V P. Liquid-Vapor Phase-Change Phenomena: An Introduction to the Thermophysics of Vaporization and Condensation Processes in Heat Transfer Equipment[M]. Washington: D.C. Hemisphere Publishing Corporation, 1992.

[83] Prosperetti A, Plesset M S. Vapor-bubble growth in a superheated liquid[J]. Journal of Fluid Mechanics, 1978, 85(2): 349-368.

[84] Song W D, Hong M H, Teo B S, et al. Laser removal of particles from magnetic head sliders[J]. Journal of Applied Physics, 1996, 80(1): 499-504.

[85] Bhattacharya D, Singh R K, Holloway P H. Laser-target interactions during pulsed laser deposition of superconducting thin films[J]. J. Appl. Phys., 1991, 70: 5433-5439.

[86] Lu Y F, Song W D, Hong M H, et al. Laser cleaning of microparticles-theoretical prediction of threshold laser fluence. Proceedings of SPIE, 1997, 3097: 352-357.

[87] Fernandes A, Kane D. Dry laser cleaning threshold fluence-How can it be measured accurately[J]. Proceedings of SPIE, 2002, 4426: 290-295.

[88] 谭东晖, 陆冬生. 激光清洗阈值和损伤阈值研究[J]. 激光和光电子进展, 1997, 7(7): 17-20.

[89] 史兴宽, 徐传义, 任敬心, 等. 光学基片表面镀金薄膜的激光清洗阈值和损伤阈值[J]. 航空制造技术, 2000, 5: 34-36.

[90] Tanga Q H, Zhoua D, Wang Y L, et al. Laser cleaning of sulfide scale on compressor impeller blade[J]. Applied Surface Science, 2015, 355: 334-340.

第 5 章　激光清洗微粒污染物

很多污染物是微粒,如半导体材料上的污染颗粒,元器件表面吸附的灰尘。微粒型清洗物基本上都是外部附加的污染性物质,而非出于保护目的主动施加的。微粒污染物的特点是:在法向(垂直于基底表面的方向)上存在附着力,即微粒与基底之间的作用力,而在切向(平行于基底表面)上微粒之间的相互作用力可以忽略。微粒与基底之间的附着力主要是范德瓦耳斯力,微粒越小,则附着力相对越大。本章首先简要介绍激光清洗微粒污染物的方法、理论与模型,重点讲述烧蚀模型、热振动模型,并介绍干式清洗时的影响因素,对冲击波清洗和湿式清洗的有关理论模型也作了叙述。

5.1　激光清洗微粒污染物的方法

20 世纪 80 年代中期,随着电子工业的飞速发展,电子制造业开始批量生产半导体器件和印制电路板(PCB)。这些制造工艺中会使用各类制造模板。在生产制造实践中,工程师发现,模板上总是会附着亚微米量级的微粒。一开始,工艺工程师试图使用传统的清洗方法如机械清洗法、化学清洗法、超声波清洗法去除,但结果都不理想。研究发现,在模板上微粒的吸附力主要是范德瓦耳斯力、静电力等作用力。这些作用力是相当惊人的,比如 1 μm 大小的微粒,它在模板表面的吸附力大约是其重力的 10^6 倍。这种情况下,传统的机械清洗法无法完成对如此微小微粒的清除,化学清洗又会导致模板的腐蚀及二次污染,超声波清洗法需要将模板置于声波振动中心,这可能导致模板的破裂。而激光清洗可以解决模板表面的微粒污染问题,这推动了激光清洗理论和应用技术的发展。

1987 年苏联科学院 Beklemyshev 等[1]、IBM 公司德国制造技术中心(GMTC)的 Zapka 和美国 IBM 公司 Tam 等[2]科学家率先开展了半导体材料上附着微粒的激光清洗研究[3,4]。此后的十来年,人们对干式激光清洗半导体基片上的微粒和有机污染物进行了深入研究。清洗对象包括印制电路板、动态随机存取存储器(DRAM)、光刻和外延生长,清洗的颗粒材料有 S、Cu、W、SiO_2、Al_2O_3、橡胶等,形状有球形、扁平形以及无规则形状,尺寸从几十纳米到几百微米[5]。与此同时,湿式激光清洗微粒法也被提出,并发现其效率比干式法更高[6]。

除了去除半导体材料上的微粒以外,激光清洗还用于光学元件表面以及金属器件表面上的微粒清洗。在激光清洗光学器件表面污染物的研究中，刚开始，激光清洗镜面的清洗率不高，还会损坏基底。为了解决干式清洗透/反射率较高、光学元件效率低下的问题，2001 年，Lee 等[7]提出了激光等离子体冲击波清洗法，成功清洗了吸附于 Si 片表面的 1 μm 钨微粒污染物。其他研究也表明了等离子体冲击波清洗的有效性[8-11]，并且在某些情况下，比常规干式清洗效果更好[12,13]。

在激光清洗微粒的机制研究方面，科学家提出了多种模型，包括干式激光清洗模型、湿式激光清洗模型，以及冲击波清洗模型[14-16]。

5.1.1　清洗对象

激光清洗可以去除多种基底材料上的微粒，根据已有文献，我们将清洗基底材料和微粒种类做了归纳，见表 5.1.1。

表 5.1.1　激光清洗对应的基底和微粒污染物

基底	微粒污染物
硅片、精密光刻掩模版	氧化铝、氮化硅、二氧化硅、金、铜、铝、聚苯乙烯、硅、乳胶等颗粒
磁头滑块	Sn 或 Al 粉末
Al 涂层 BK7 玻璃衬底	石英颗粒
大理石	炭黑、石英粉
镍磷	石英颗粒
不锈钢板	$Al_2Si_2O_5(OH)_4$ 粉末、$CsNO_3$ 颗粒
玻璃	氧化铝、聚苯乙烯以及 SiO_2 颗粒
Ge	SiO_2 微粒
退火 304 不锈钢	铜颗粒
NiP	SiO_2 微粒
石英	铝颗粒
钽基片	460 nm 聚苯乙烯胶乳颗粒
鸟类蛋壳	色素颗粒
金属基底	基底表面不同类型小颗粒
纤维素类	石墨颗粒
花岗岩石类	富含碳的微米级黑色颗粒

5.1.2　激光清洗微粒的方法分类

关于激光清洗微粒的方法，根据已有的文献报道，我们可以将之分成以下三种：干式激光清洗法、湿式激光清洗法(包括蒸气式激光清洗法)、冲击波激光清洗法。其实这三种方法，并不是按照一个标准来分类的。干式法和湿式法是按照是否添加辅助材料进行分类的。而冲击波清洗法可添加辅助材料也可不添加，与前两种相比，它不直接照射清洗对象。

1.干式激光清洗微粒

激光直接照射在物体表面，微粒或基底吸收激光能量后，通过热扩散、光分解、气化、振动等作用机制使微粒离开表面，这就是微粒的干式激光清洗。

污染物微粒附着在基底材料表面，当微粒和基底不是同一种材料时，二者对于激光的吸收率是不同的，进而转化成的热量和温升也不同。假设微粒为球形，微粒与基底平面之间是点接触，对于纳秒脉冲激光清洗而言，激光作用时间极短，因此可以忽略这一过程中微粒与基底之间的热传导。考虑两种极端情况，一是微粒完全吸收激光，基底完全不吸收；二是基底完全吸收激光，微粒完全不吸收。第一种情况下，微粒吸收激光能量，光能转化为微粒的内能，微粒自身膨胀，挤压下方基底发生形变，基底反冲作用使微粒脱离。第二种情况下，基底吸收激光能量，光能转化为基底的内能，基底膨胀，对微粒产生向上的弹性力，克服微粒与基底间的黏附力，使微粒脱离。而无论是微粒自身膨胀，还是基底膨胀，这两种情形均属于单一吸收体系，处理方式和过程类似，只是将参数作一下变换。还有一种情况，微粒和基底属于同一种材料，对激光的吸收率相同，此时微粒和基底材料都会膨胀，产生方向相反的弹性力，克服相互之间的黏附力，使得微粒脱离。

2.湿式激光清洗微粒

在清洗对象的表面喷洒或涂覆一层薄薄的液体膜(直接喷洒液体或者喷洒蒸气，蒸气遇到冷的表面凝结成液体)，形成很薄的一层液体膜，厚度约几微米。激光清洗时，液膜吸收激光能量后，成为过热液体，并形成气泡，气泡快速增长，产生了足够大的高压瞬态应力波，将微粒从基底排出；当气泡体积膨胀到足够大时，会因为破裂而产生更为强大的瞬时力，克服微粒和基底材料之间的黏附力，使得微粒在气泡的作用下脱离基底，达到清洗的目的。这就是湿式激光清洗，应力波和相爆炸是其清洗机制。

3.冲击波激光清洗微粒

激光采用平行于基底的入射方式，当激光聚焦后的能量或功率密度足够大，可以击穿待清洗物体上方的介质(如空气或其他主动施加的气体)时，产生等离子体，等离子体产生的冲击波传播到清洗对象上，克服微粒污染物与基底之间的黏附力，使得微粒脱离基底，实现清洗。在冲击波清洗过程中，激光不直接照射待清洗物，因此不用担心激光能量密度过高而破坏基底材料。

对于湿式清洗，液体气泡增大时，发生相爆炸，也有人认为是产生的冲击波使得微粒从基底表面剥离[17]。

激光清洗的上述三种方式，各有特点，需根据清洗对象进行选择。干式清洗设备的结构相对简单，不引入额外的液体介质，是使用最为广泛的清洗方式。干式清洗需要的激光能量较大，在实际清洗中需注意避免基底损伤。湿式清洗需要预涂覆液膜，清洗效率比干式的要高，所需激光能量相对要低，对于某些基底容易损伤的清洗对象如有机材料，湿式激光清洗可以较好地保护基底免受损伤，但设备结构变得复杂，对于液膜的多少、涂覆时间都有严格要求，且应用领域只能限定在可使用液膜的场景中。冲击波清洗时，激光不直接辐照清洗对象，可以最大程度地避免激光对基底材料的可能损伤，其主要应用于光学等精密元件的清洗。

激光清洗方式可与机械清洗、化学清洗、超声清洗等结合在一起，发挥各自的优点，针对具体对象形成一套完善的清洗流程和工艺；激光清洗方式也可与热处理、镀膜、喷漆等方式相结合，实现表面清洗的同时，对基底表面进行改性或者保护。

5.2　激光清洗微粒机理和模型研究

对微粒的清洗，无论采用干式还是湿式激光清洗技术，都取得了成功。在应用取得成功的情况下，人们开始将关注点转向理论研究，试图建立理论模型，分析实验中得到的数据，以指导实验研究和实际工程应用。

1. 干式激光清洗微粒污染物

干式激光清洗的理论模型很早就开展了。Tam 等[18]、Lu 等[19]和 Dobler 等[15]考虑到基底和颗粒吸收激光能量后的热膨胀而使得微粒产生弹性变形的物理过程，建立了热膨胀模型。这些早期的模型中经常将基底的热膨胀和颗粒的热膨胀分开处理，一般未考虑激光脉冲形状。模型是从力的平衡角度进行分析的。Arnold[20]提出的模型综合考虑了微粒和基底吸收激光能量后的运动和相互之间的关联，并从能量的角度做了分析。Kolomenskii 等[21]提出了表面声波清洗的模型，Leiderer 等[4]考虑了皮秒脉冲干式激光清洗机制中与声音相关的效应。Wu 等[22,23]考虑了氢键的影响。

Luk'yanchuk 等[24-26]、Lu 等[27]、Mosbacher 等[28]和 Zheng 等[29]考虑了近场增强效应。Yue 等[30]针对凹槽中的污染微粒，基于耦合电磁-热-力学多物理模型，进行了数值模拟。Ye 等[31]在激光去除光学元件表面的颗粒和油脂污染物时，考虑了激光诱导等离子体冲击波机理。

此后，虽然也有一些机理方面的论文，但主要是进行模拟计算，并没有提出新的机制。如 Wu 等[32]在对 SrTiO₃ 和 Si 单晶衬底表面的干法激光清洗 SiO₂ 颗粒进行研究时，基于对光场、粒子和衬底材料之间相互作用的分析，提出了具有量化场增强效应的校正热膨胀模型。Lai 等[33]利用激光清洗硅衬底表面的纳米颗粒时，模拟了颗粒和基底之间的温度和应力传播机制。

2. 激光等离子体冲击波清洗

Kadaksham 等[34]运用分子动力学模拟方法研究了微粒与激光诱导冲击波间的相互作用机制。Kim 等[35]对激光冲击波清洗的物理机制开展了实验研究和理论分析，提出了二维理论模型，对冲击波清洗过程中的流体动力学现象进行了仿真。Oh 等[36]提出了一个计算激光清洗微粒过程中流体力学现象的二维理论模型，研究了气体射流扫离颗粒的流体动力学，数值计算结果与实验结果吻合较好。张平等[37]针对激光等离子体冲击波清洗颗粒技术中的滚动移除机制缺陷，提出了一种基于颗粒弹性形变的弹出移除模型。从冲击波与颗粒相互作用出发，考虑冲击波波后气体分子与颗粒的碰撞，结合颗粒弹性储能机制，得到了弹出所需要的最小弹性形变高度。根据颗粒弹出所需最低速度和冲击波基本关系式得到了满足颗粒弹出要求的冲击波马赫数，结合冲击波波后压强分布特点给出了颗粒弹出所需的外部条件。清洗实验证实了颗粒弹出移除机制的正确性。印度的 Kumar 等[38]利用激光冲击波清洗有效去除了玻璃表面的放射性微粒 UO₂，从理论上估计了冲击波产生的清洗力。

3. 湿式激光清洗微粒污染物

随着研究的进一步深入，科学家发现激光照射前在基体表面覆盖液体“辅助层”更有利于微粒污染物的清除。“水”便是其中一种有效的辅助层。1988 年，苏联科学家 Assendel't 等[39]研究了湿式激光清洗过程，发现在激光作用过程中会产生声波，这种声波有助于微粒的清除。20 世纪 90 年代初，来自美国爱荷华大学 Allen[40]领导的科研小组、IBM 研究部门的科学家开展了激光清除表面微粒的研究[18,41,42]，较之干式激光清洗，清洗阈值降低，且清洗效率更高。

为了研究湿式激光清洗时微粒是如何从基底脱离的，Yavas 研究组记录了激光照射液膜引发的爆炸喷射过程，研究了蒸气喷射的形成机制。因为气泡生成之初的成核过程需要固体表面作为气化中心，基底表面及附着的微粒都可以起到气化中心的作用，这为湿式激光清洗的实际应用提供了更多的理论支持。

与干式激光清洗相比，采用液膜或蒸气时，会增加下列过程。①吸收：当外部液体分子渗透进入到微粒和基底材料表面的内部孔隙时会产生吸收力，这个力就物理本质而言属于范德瓦耳斯力；②扩散：液体分子穿透材料表面层产生的吸引力；③化学键：依赖于微粒与基底材料的特定化学性质和结构，在特定情况下，还会伴随着化学反应，有可能形成化学键，例如接触面附近有水分子时氢键会表现出来。

5.3　干式激光清洗去除微粒的烧蚀模型

5.3.1　激光导致的温度上升

由于基底上附着的微粒很小(微米量级)，激光正入射时，可以考虑一维情况。选取一维坐标系如图 5.3.1 所示，微粒与基底接触处为原点，从基底材料指向微粒的方向为x轴正方向。

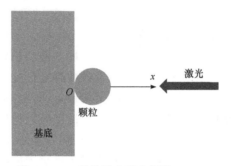

图 5.3.1　一维热导方程坐标系

第 3 章中我们提到，无论对于微粒吸收还是基底吸收，将吸收的激光视作热源，认为激光吸收过程是激光照射清洗样品表面，被物体(微粒或基底)吸收，并向内部扩散。第 4 章已经给出了热传导方程及其边界条件，以及温度场的数值解。这里不再重复。

当温度达到微粒的熔点或沸点时，微粒将熔化或气化，脱离基底，这就是激光清洗的烧蚀机制；有时候，对于特定材料，温度虽然没有达到熔点，但是该温度可导致材料微粒发生分解，也能使微粒被去除，这也可归类为烧蚀机制。另外一种情况，由于温度的变化，将产生热应力，当热应力大于黏附力时，微粒会从基底剥离；如果一个脉冲激光产生的热应力没有足够大到使得微粒剥离，在激光作用间隙，温度会下降，下一个脉冲到来时，温度会继续上升，这样，温度反复升降，导致了微粒的热弹性振动，最终微粒从基底剥离。微粒在净力的作用下会产生加速度，使得微粒产生一个从基底向外方向的位移。利用牛顿第二定律，可给出微粒在激光脉冲作用下的位移方程，深入分析微粒的运动过程。

5.3.2　污染物的熔点、沸点

　　激光作用于物质，物质吸收光能后温度上升，产生熔化、气化、分解等现象。表 5.3.1 给出了激光清洗中常见基底的熔点、沸点或分解温度。表 5.3.2 给出了常见污染物的熔点、沸点或分解温度。

表 5.3.1　常见基底的熔点、沸点或分解温度

种类	熔点/℃	沸点或分解温度/℃
钢铁	1538	2750
铝合金	660.4	2467
硅	1412	3266
锗	937.4	2830
大理石	910	925
木材	250~300	—
纸	130~180	—
化纤布	130	—
碳化硅	—	2700

表 5.3.2　常见污染物的熔点、沸点或分解温度

种类	熔点/℃	沸点或分解温度/℃
油漆	−25.5	144.4
聚甲基丙烯酸甲酯	150	270
铁锈	1565	2700
金	1064.18	2856
氧化铝	2053	3000
硅油	—	300

5.3.3　光分解作用

　　污染微粒是由很多分子组成的，包括同种分子或不同种分子。分子之间有化学键，比如，碳微粒中的碳原子之间的 C—C 键结合。激光清洗过程中，当激光的能量密度达到一定值时，将会导致光化学分解以破坏化学分子之间的化学键，或者破坏团簇之间的结合力，使得化学键断裂，或大块物质转化为小块物质，进而从基底表面剥离。例如清洗金属表面的碳微粒时，激光照射后可以破坏碳原子之间的 C—C 键结合，如图 5.3.2 所示[44]。

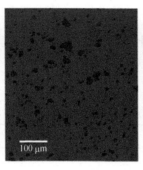

图 5.3.2　光化学分解碳微粒

5.4　干式激光清洗的热振动模型

干式激光清洗,对于硬件设备的要求相对较低,使用最为广泛。对于激光与微粒和基底的作用,人们进行了大量研究,研究了激光参数、清洗对象参数(微粒种类与大小、基底材料种类)等因素对激光清洗的影响和作用机理。

污染物微粒附着在基底材料表面,激光入射时,微粒和/或基底吸收了激光,光能转变为热能,温度升高,使得微粒和/或基底膨胀,产生热应力,克服相互之间的黏附力,使得微粒脱离。不失一般性,考虑微粒和基底都发生膨胀,需要考察激光照射过程中基底和微粒的综合变形量,研究基底对微粒产生的向上弹性力与向下黏附力之间的关系,进而判断激光清洗阈值。

我们先考虑微粒或基底吸收激光的情形,再考虑二者均吸收激光,后者需要考虑耦合模型。附着力引起的材料形变可由两种模型进行描述,即 DMT 模型和JKR 模型,二者分别适用于硬质材料和软质材料。这两种模型在第 3 章已经进行过介绍。

5.4.1　微粒或基底吸收激光

1. 激光清洗力与温度的关系

对于微粒吸收而基底不吸收(或相比较而言,吸收很少)的情况,比如清洗石英基底上的铝微粒的情形。当脉冲激光照射清洗对象时,微粒吸收了大量的激光能量,引起微粒温度迅速升高。微粒因热弹性膨胀对基底产生压力,该压力是热引起的,称为热应力。相应地,基底产生大小相等、方向相反的反作用力,单位面积上的反作用力可表示为

$$\sigma_p = Y_p \cdot \beta_p \Delta T(x,t) \tag{5.4.1}$$

式中，Y_p 为微粒的弹性模量；β_p 为微粒的线膨胀系数；$\Delta T(x,t)$ 为温度的变化量，它是位移 x 和时间 t 的函数，$\Delta T = T - T_0$，T 为吸收激光后的基底温度，T_0 为初始温度(室温)。

如果温升导致的热应力能够克服微粒与基底之间的黏附力，则微粒将产生实际位移，就能够从基底表面脱离了，此时的热应力就是清洗力 F_v。设 F_{ad} 为微粒与基底之间的附着力，则实现清洗的条件是

$$F_v \geqslant F_{ad} \tag{5.4.2}$$

当 $F_v = F_{ad}$ 时，所对应的激光强度即为清洗阈值。

对于基底吸收而微粒不吸收(或相比较而言，吸收很少)的情况，脉冲激光照射清洗对象表面，基底表面温度快速升高，发生热弹性形变，基底对微粒施加的热弹性应力，也由式(5.4.1)表示，只是用 Y_s(基底的弹性模量)、β_s(基底的线膨胀系数)代替 Y_p、β_p。当热弹性应力克服微粒与基底之间的附着力时，产生清洗作用。

这两种情况下，只要求出激光作用后基底或微粒材料的温度分布，就可以得到清洗力。而温度则可以通过求解热传导方程得到。

2. 微粒位移方程

微粒和基底材料有一定的弹性，所以导致了一定的形变。初始状态，附着在基底上的微粒处于平衡态，其附着力 F_{ad} 与起始弹性力 F_{e0} 相等，即

$$F_{ad} = F_{e0} \tag{5.4.3}$$

此时的起始形变参数为 δ_0。根据 DMT 模型，可以表示为[45]

$$\delta_0 = \frac{R^{1/3} A^{2/3} \left(1 - \mu_p^2\right)^{2/3}}{4 d^{4/3} Y_p^{2/3}} = \frac{1}{4}\left[\frac{R A^2 \left(1 - \mu_p^2\right)^2}{d^4 Y_p^2}\right]^{1/3} \tag{5.4.4}$$

式中，R 为微粒半径；A 为哈马克常数；d 为微粒接触点与基底的距离，大约为 0.4 nm；μ_p 和 Y_p 分别是微粒的泊松比(无量纲)和弹性模量(单位为 N/m^2)。

在激光作用产生压力时，形变引起的弹性反冲力 F_e 与形变参数 δ 之间的关系可以分别表示为

$$F_e = \frac{(2R)^{1/2} Y_p}{3\left(1 - \mu_p^2\right)} \delta^{3/2} \tag{5.4.5}$$

微粒在激光照射下产生的位移量是基底位移与微粒形变增量的差，即

$$z_p(t) = \frac{z_{smax}}{\tau}t - \left[\delta(t) - \delta_0\right] \tag{5.4.6}$$

其中，z_{smax} 是激光清洗过程中基底的最大位移；τ 是激光脉冲宽度。通过对微粒进行受力分析，由牛顿第二定律有

$$F_e - F_{ad} = m_p \frac{d^2 z_p(t)}{dt^2} \tag{5.4.7}$$

式中，$m_p = \frac{4}{3}\pi R^3 \rho_p$，为微粒质量，$\rho_p$ 为微粒密度。

将式(5.4.3)～式(5.4.6)代入方程(5.4.7)，可得到微粒位移 $z_p(t)$ 所满足的微分方程

$$\frac{4}{3}\pi R^3 \rho_p \frac{d^2 z_p(t)}{dt^2} = \frac{(2R)^{1/2} Y_p}{3(1-\mu_p^2)}\left[\delta^{3/2}(t) - \delta_0^{3/2}\right] \tag{5.4.8}$$

3. 四阶龙格-库塔数值求解

式(5.4.8)为高阶微分方程，很难求出解析解，但可以通过四阶龙格-库塔法得到数值解。对于连续的 n 阶可导函数

$$y = f(x) \tag{5.4.9}$$

在 x_0 处进行泰勒展开

$$y = f(x_0) + f'(x_0)(x-x_0) + \frac{f''(x_0)}{2!}(x-x_0)^2 + \cdots + \frac{f^{(n)}(x_0)}{n!}(x-x_0)^n \tag{5.4.10}$$

根据需要的精度，对上式右端截取不同的项。比如，选取前四项时，局部截断误差为 $O(h^5)$，其中 $h = x_{i+1} - x_i$，则具有四阶精度，这时可以采用四阶龙格-库塔法进行计算。设函数 $y(x)$ 的一阶导数为 $y' = g(x,y)$，四阶龙格-库塔公式可以表示为

$$y_{i+1} = y_i + c_1 K_1 + c_2 K_2 + c_3 K_3 + c_4 K_4 \tag{5.4.11}$$

其中，

$$K_1 = hg(x_i, y_i)$$
$$K_2 = hg(x_i + a_2 h, y_i + b_{21} K_1) \tag{5.4.12}$$
$$K_3 = hg(x_i + a_3 h, y_i + b_{31} K_1 + b_{32} K_2)$$
$$K_4 = hg(x_i + a_4 h, y_i + b_{41} K_1 + b_{42} K_2 + b_{43} K_3)$$

式中，c_1、c_2、c_3、c_4、a_2、a_3、a_4、b_{21}、b_{31}、b_{32}、b_{41}、b_{42}、b_{43} 均为待定系数。

将式(5.4.11)与泰勒展开式(5.4.10)进行对比,可确定待定系数,最终的四阶龙格-库塔法的表达式为

$$y_{i+1} = y_i + \frac{1}{6}\left(K_1 + 2K_2 + 2K_3 + K_4\right) \tag{5.4.13}$$

式中,$K_1 = hf\left(x_i, y_i\right)$,

$$
\begin{aligned}
K_2 &= hf\left(x_i + \frac{h}{2}, y_i + \frac{1}{2}K_1\right) \\
K_3 &= hf\left(x_i + \frac{h}{2}, y_i + \frac{1}{2}K_2\right) \\
K_4 &= hf\left(x_i + h, y_i + K_3\right)
\end{aligned}
\tag{5.4.14}
$$

利用该式,就可以数值求解微粒位移所满足的微分方程。

5.4.2　微粒与基底同时强吸收激光时的耦合模型

当微粒与基底材料同时对激光具有较强的吸收作用时,需要使用耦合模型[28,30]。

仍以 DMT 模型为例,起始的形变参数与式(5.4.4)相类似,只是需要同时考虑微粒和基底,这时需要使用有效弹性模量 Y^*

$$\frac{1}{Y^*} = \frac{1-\mu_p^2}{Y_p} + \frac{1-\mu_s^2}{Y_s} \tag{5.4.15}$$

式中,μ、Y 分别表示泊松比和弹性模量,下标 p、s 分别代表微粒和基底。则起始形变参数为

$$\delta_0 = \frac{1}{4}\left(\frac{RA^2}{d^4 Y^{*2}}\right)^{1/3} \tag{5.4.16}$$

弹性反冲力的表达形式为

$$F_e = \frac{2}{3} Y^* \sqrt{R\delta^3} \tag{5.4.17}$$

1. 微粒位移方程

在微粒与基底均吸收激光能量,使得温度升高,并产生热膨胀和位移时,在 t 时刻的形变参数为

$$\delta(t) = z_s(t) + \Delta R(t) - z_p(t) \tag{5.4.18}$$

式中，$z_s(t)$是基底表面在时刻t的位置，也就是基底的热膨胀量；$\Delta R(t)$是微粒半径的增量，也就是微粒的热膨胀量；$z_p(t)$是微粒的位移。

考虑到在绝大多数情况下，基底材料都是各向同性的(对于很小的激光光斑作用区，更可以看成各向同性了)，相应的一维热传导方程可以表示为

$$\rho_s(T)c_s(T)\frac{\partial T(x,t)}{\partial t} - \frac{\partial}{\partial x}\left[k_s(T)\frac{\partial T(x,t)}{\partial x}\right] = (1-R_s)\alpha_s I_0 \exp(-\alpha_s x) \quad (5.4.19)$$

式中，α_s为基底的吸收系数；而基底材料的密度ρ_s、比热容c_s和热传导系数k_s都是随温度T变化的，可以通过数值方法进行计算，如有限元方法(FEM)。在通过数值方法计算得到基底的温度分布之后，就可以获得基底材料的热膨胀量

$$z_s(t) = \int_0^\infty \beta_s \Delta T(x,t)\mathrm{d}x \quad (5.4.20)$$

$$\Delta T(x,t) = T(x,t) - T_0 \quad (5.4.21)$$

式中，$z_s(0) = 0$；β_s为基底的热膨胀系数。

微粒紧靠着基底，而微粒的尺寸相对于基底很小，可以认为微粒的整体温度升高等于界面处基底的温度升高，则微粒的热膨胀量可以表示为

$$\Delta R(t) = \beta_p R\Delta T(界面,t) \quad (5.4.22)$$

式中，β_p为微粒的热膨胀系数；$\Delta T(界面,t)$为交界面处微粒的温升。微粒的位移，即微粒与基底之间的耦合项，可以通过求解牛顿运动方程来获得

$$\frac{4}{3}\pi R^3 \rho_p \frac{\mathrm{d}^2 z_p(t)}{\mathrm{d}t^2} = \frac{4}{3}\sqrt{R}Y^*\left[\delta(t)^{3/2} - \delta_0^{3/2}\right] \quad (5.4.23)$$

$$\delta(t) = z_s(t) + \Delta R(t) - z_p(t) \quad (5.4.24)$$

初始条件为$z_p\big|_{t=0} = 0, \left(\mathrm{d}z_p/\mathrm{d}t\right)\big|_{t=0} = 0$，使用四阶龙格-库塔法可获得$z(t)$。

2. 耦合场分析和非傅里叶项的考虑与忽略

上面的讨论中，对温度场T和位移场u的顺序耦合分析直接忽略掉了温度、位移之间的耦合项，包含非傅里叶项的完整耦合场方程可表示为[46]

$$\frac{\tau_q}{\lambda}\frac{\partial^2 T}{\partial t^2} + \frac{1}{\lambda}\frac{\partial T}{\partial t} = \frac{\partial^2 T}{\partial x^2} + \frac{\alpha}{k}\left[I(t) + \tau_q \dot{I}(t)\right]\exp(-\alpha x) - \frac{B\beta T_0}{k}\left(\frac{\partial^2 u}{\partial x\partial t} + \tau_q\frac{\partial^3 u}{\partial x\partial t^2}\right) \quad (5.4.25)$$

$$\rho\frac{\partial^2 u}{\partial t^2} = \left(B + \frac{4}{3}G\right)\frac{\partial^2 u}{\partial x^2} - B\beta\frac{\partial T}{\partial x} \quad (5.4.26)$$

式中，τ_q是热弛豫时间，即能量载流子(电子)碰撞过程的平均自由时间，通过载

流子的平均自由程与载流子速度的商得到；k 是热导率；ρ 是密度；λ 是热扩散率；α 是光学吸收系数；B 和 G 是体积模量和剪切模量；β 是体积热膨胀系数；T_0 是目标的初始温度；$\dfrac{\tau_q}{\lambda}\dfrac{\partial^2 T}{\partial t^2}$ 表征热传导的波动特性；$\tau_q \dot{I}(t)$ 表征激光能量密度随时间的变化；$\dfrac{B\beta T_0}{k}\left(\dfrac{\partial^2 u}{\partial x \partial t}+\tau_q \dfrac{\partial^3 u}{\partial x \partial t^2}\right)$ 是机械能与热能之间的能量转换。

对于金属而言，τ_q 的取值为几十个皮秒。当激光脉冲宽度大于 1 ns 时，可忽略含有 τ_q 的项。则简化后的耦合场方程可以表示为

$$\frac{1}{\lambda}\frac{\partial T}{\partial t}=\frac{\partial^2 T}{\partial x^2}+\frac{\alpha}{k}I(t)\exp(-\alpha x)-\frac{B\beta T_0}{k}\frac{\partial^2 u}{\partial x \partial t} \tag{5.4.27}$$

$$\rho\frac{\partial^2 u}{\partial t^2}=\left(B+\frac{4}{3}G\right)\frac{\partial^2 u}{\partial x^2}-B\beta\frac{\partial T}{\partial x} \tag{5.4.28}$$

在激光脉冲为含时脉冲形式下，使用有限元方法进行耦合场分析，可得到不同深度的温度分布和位移、应力分布。如图 5.4.1 所示给出了有限元方法计算得到的位移、应力分布的定性结果。

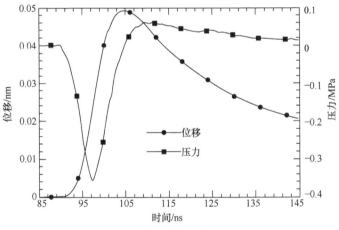

图 5.4.1　表面位移分布

5.5　干式激光清洗微粒时的影响因素

干式激光清洗微粒，影响因素很多，主要有激光参数、基底和微粒材料的物理性质、激光入射角。此外，环境因素对清洗效果也有影响。本节主要从微粒与基底性质(对激光的吸收、微粒的近场增强)、入射角等几个方面进行分析。

5.5.1 微粒与基底材料的影响

基底材料对清洗阈值影响很大,新加坡国立大学 Zheng 等[29]对此做了比较系统的研究。使用 KrF 准分子激光(248 nm)和 Nd:YAG 激光(1064 nm、532 nm、355 nm)对不同电子元件(基底材料为 Si、Ge、NiP)表面的 SiO_2 微粒(粒径 0.5～5 μm)进行清洗,SiO_2 微粒对激光透明,三种基底材料的清洗阈值分别是 100 mJ/cm^2、30 mJ/cm^2、8 mJ/cm^2。基底材料对于清洗效果也有影响。Ge 基底和 NiP 基底,随着激光能量密度的增大,清洗率很快接近 100%,而对于 Si 基底,激光能量密度达到很大值时清洗率才接近 100%。对于透明的 SiO_2 微粒,最容易清洗干净的基底材料是 NiP,其次是 Ge 基底,最难清洗的则是 Si 基底。

Si 基底比较难清洗,是否跟黏附力大有关?三种基底材料 NiP、Si、Ge 的哈马克常数分别是 1.2×10^{-19} J、2.5×10^{-19} J、3.1×10^{-19} J,相应地,SiO_2 微粒吸附在 Ge 基底上的黏附力最大,其次是 Si。而 NiP 的黏附力最小,仅为 Ge 基底黏附力的 2/3。因此,实验中,NiP 基底上的 SiO_2 微粒最容易清洗。但是 Ge 的黏附力最大,其上面吸附的 SiO_2 微粒却不是最难清洗的。这说明,清洗效果不仅取决于黏附力,还和基底材料的其他性质(如光学性质、热学性质)相关。表 5.5.1 给出了这三种基底的参数(T=300 K,λ=248 nm 的 KrF 准分子激光),可以发现,Si 的吸收率和热膨胀系数远远小于 Ge 和 NiPd。因此清洗 Si 基底的微粒需要更高的能量密度。对于 NiP 基底上的微粒,之所以容易清洗,不仅是因为有最小的黏附力,还因为 NiP 基底吸收率和热膨胀系数比其他两种基底大,而热传导系数最小。根据前面的热传导模型,也可以得到该结论。

表 5.5.1　三种基底以及 SiO_2 的参数

参数	不同的材料			
	Si	Ge	NiP	SiO_2
吸收系数/cm^{-1}	1.8×10^6	1.6×10^6	5.7×10^5	5×10^2
吸收率	0.33	0.35	0.71	0.95
密度/(g/cm^3)	2.3	5.33	8.9	2.2
热传导系数/(W/(cm · K))	1.42	0.73	0.14	0.0146
热容/(J/(g · K))	0.72	0.31	0.54	0.74
熔点/K	1685	1210	1200	1873
杨氏模量/(dyn*/cm^2)	1.3×10^{12}	8.2×10^{11}	2.0×10^{12}	7.3×10^{11}
泊松比	0.28	0.3	0.31	0.17
热膨胀系数/K^{-1}	2.6×10^{-6}	6.0×10^{-6}	1.2×10^{-5}	5.4×10^{-7}
哈马克常数/J	2.5×10^{-19}	3.1×10^{-19}	1.2×10^{-19}	7×10^{-7}

*1dyn=10^{-5}N。

　　在以下几种条件下，激光清洗效率更高，阈值能量更低：①微粒和基底的黏附力小；②基底或微粒对激光的吸收率高；③基底或微粒的热膨胀系数大；④基底或微粒的热导率低。黏附力小则容易清洗，很容易理解。对激光的吸收率高，则微粒或基底可以吸收更多的激光使之变为热量，进而转变为内能；热膨胀系数大，则形变量大；热导率低，则吸收的热量不容易传递出去，在短时间内可以认为是一个绝热环境，热量全部被用于微粒或基底膨胀，产生清洗力。

5.5.2　微粒的近场增强效应

　　激光光束照射透明微粒时，经过微粒的多次折射、反射，最终从微粒出射的光形成聚焦效果，使得微粒下方的激光能量密度分布产生了变化，这称为微粒的近场增强作用[47]。Luk'yanchuk[48]采用光线追迹方法得到了平行激光经球形微粒后的聚焦示意图，如图 5.5.1 所示。微粒的近场增强作用可以使得微粒下的激光能量密度大大增强，是原先密度的数倍乃至数十倍，实验也证明了这一点[49]。由于激光强度的变化，激光清洗过程乃至清洗机制都可能发生变化。在高激光强度作用下，微粒温度上升很快，达到熔点或沸点即变为液态[48]或气态[50]，这种烧蚀机制是激光清洗的主要机制。

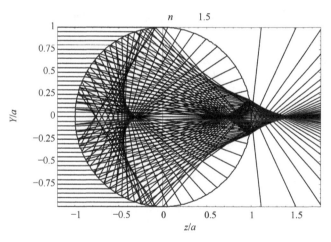

图 5.5.1　球形透明微粒的聚焦作用

下面可以分别从几何光学的成像和微粒的衍射来考虑近场增强模型。

1. 几何光学模型

　　激光照射球状微粒，微粒附近的激光光强分布可以采用米氏散射理论[51]进行分析。在干式激光清洗微粒实验中，根据近场聚焦结果[48]得到的清洗阈值，比采用一维或三维热传导模型得到的值，更加接近于实验值。

对于平面基底上的球状微粒，入射到基底的激光被基底反射后，入射到微粒，会导致二次散射[52]。如果模型进一步考虑该现象，可称为 POS(particle on surface，POS)模型[53]。该模型的结果更为准确，不过计算将非常复杂且耗时。Wang 等[54,55]通过德拜势能来计算，减小了计算量，得到了平面基底上微粒附近的激光光场分布，对于小微粒(如 1 μm)，光强比通过米氏理论计算得到的结果大 1.5 倍。Luk'yanchuk 小组[48]给出了近场效应下的光强分布

$$I(r,t) = I_0(t)\left[S_0 e^{-\frac{r^2}{r_e^2}} + 1 - e^{-\frac{r^2}{r_s^2}} \right] \tag{5.5.1}$$

式中，$I_0(t)$ 为输入光强；r 为径向坐标；S_0 为光斑中心的光场增强因子；r_e 为光场增强区域的特征半径；r_s 为阴影区的特征半径。由于能量守恒，阴影区的半径可写为

$$r_s = r_e\sqrt{S_0} \tag{5.5.2}$$

利用米氏散射理论[48]或 POS 模型[53]通过求解电磁场，得到 S_0 和 r_e。将式 (5.5.1) 代入前面章节提到的三维热传导模型，可以计算出温度分布 $T(r,z,t)$。进而根据温度与热应力的关系，见公式(5.4.1)，可得到清洗力。再根据 5.4 节中相同的步骤，进行下一步的计算。

下面给出两种极限情况下的近场增强效应。

(1) 微粒半径 R 远远大于激光波长 λ，即 $R \gg \lambda$ 时，微粒下方激光的光斑半径可以表示为

$$\omega_0 \approx R\sqrt{\frac{\left(4-n^2\right)^3}{27n^4}} \tag{5.5.3}$$

式中，n 为微粒的折射率，相应的激光强度(激光功率密度)的增强因子为

$$\frac{I_m}{I_0} \approx \frac{R^2}{\omega_0^2} \approx \frac{27n^4}{\left(4-n^2\right)^3} \tag{5.5.4}$$

(2) 微粒半径 R 远远小于激光波长 λ，即 $R \ll \lambda$ 时，通过偶极近似得到的激光强度的增强因子为

$$\frac{I_m}{I_0} \approx \left(1 + \frac{n^2-1}{n^2+2}q^2\right)^2 \tag{5.5.5}$$

式中，n 为微粒折射率；$q = 2\pi R/\lambda$。

这时微粒下基底面上的增强因子具有双峰结构，如图 5.5.2 所示。

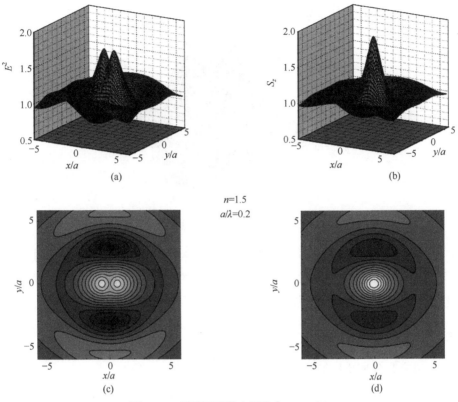

图 5.5.2　增强因子的空间分布($R \ll \lambda$)

2. 波动光学模型

从波动光学的角度来看,激光入射到微粒上会产生衍射现象。在柱坐标(ρ, z)和小角度近似下,菲涅耳-基尔霍夫积分公式可以给出光场如下(柱坐标下)[51]:

$$U(\rho, Z) = -\frac{\mathrm{i}kU_0}{f}\mathrm{e}^{\mathrm{i}kz}\int_0^a \mathrm{J}_0\left(k\frac{\rho\tilde{\rho}_1}{f}\right)\mathrm{e}^{-\mathrm{i}k\frac{z}{2}\frac{\tilde{\rho}_1^2}{f^2}-\mathrm{i}kB\tilde{\rho}_1^4}\tilde{\rho}_1\mathrm{d}\tilde{\rho}_1 \qquad (5.5.6)$$

式中, U_0 为入射光场中心的振幅; k 为波数; f 为焦距; $\tilde{\rho}_1$ 为离光轴的距离; J_0 为贝塞尔函数; B 是一个常数。引入无量纲参量, $\rho_1 \equiv \sqrt[4]{4kB}\tilde{\rho}_1$, $R_\mathrm{P} = \sqrt[4]{k^3/4B}\rho/f$, $Z \equiv \sqrt{k/4B}z/f^2$,可以得到光强的表达式[56]

$$I(R_\mathrm{P}, Z) = \int_0^\infty \rho_1 \mathrm{J}_0(R_\mathrm{P}\rho_1)\mathrm{e}^{-\mathrm{i}\left(z\frac{\rho_1^2}{2}+\frac{\rho_1^4}{4}\right)}\mathrm{d}\rho_1$$

$$= \frac{1}{2\pi}\int_{-\infty}^\infty\int_{-\infty}^\infty \mathrm{e}^{-\mathrm{i}\left(R_\mathrm{P}x_1+z\frac{x_1^2+y_1^2}{2}+\frac{\left(x_1^2+y_1^2\right)^2}{4}\right)}\mathrm{d}x_1\mathrm{d}y_1 \qquad (5.5.7)$$

计算得到的光强分布如图 5.5.3 所示。

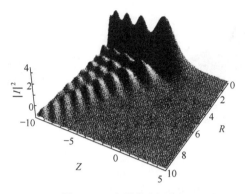

图 5.5.3　光强分布图[57]

与米氏散射理论得到的结果相比较，对于大的半径波长比 (R/λ)，两个模型都可以较好地描述近场增强效应。但是对于小的半径波长比 (R/λ)，也就是在微粒较小时，考虑衍射，则更加合理，更加准确[57]。

5.5.3　激光入射角度的影响

1. 激光背向入射去除微粒

激光清洗微粒时，还可以采用从基底背面入射的方式，称为背向激光清洗。这种特殊方式，常用于基底对于入射光是透明的(吸收率很小)，或者是基底虽然对于入射光束不透明，但其厚度很薄。这两种情况下，激光完全可以透过基底作用到微粒上。图 5.5.4 给出了正向激光清洗与背向激光清洗的示意图[58]。

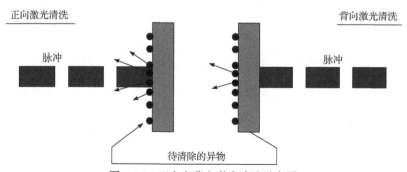

图 5.5.4　正向和背向激光清洗示意图

1) 透明基底

对激光吸收很小的基底材料，背入射的清洗效率会更高。如果采取正向入射，微粒(尤其是尺寸较大的微粒)本身会阻挡激光，使得微粒与基底接触点难以吸收激光(或者吸收的很少)，而在背向入射时，激光就能够直接被微粒与基底接触处吸收，温升效果更好，热应力更大，热应力和温度的分析模型与前面相同。

2) 透明薄基底

对于不透明的基底材料，即有

$$\alpha_s z_s \gg 1 \tag{5.5.8}$$

式中，z_s 是基底的厚度；α_s 为基底材料的吸收系数，被吸收的激光能量将被局限在基底下表面(不与微粒接触的那一面)的浅层内。这时可以将热传导方程中的热扩散项忽略掉，简化后的一维热传导方程为

$$\rho_s c_s \frac{\partial T(x,t)}{\partial t} = \alpha_s \exp(-\alpha_s x) I(t) \tag{5.5.9}$$

使用调 Q 脉冲的含时形式描述激光载荷的功率密度分布，则有

$$I(t) = I_0 \frac{t}{\tau^2} \exp\left(-\frac{t}{\tau}\right) \tag{5.5.10}$$

其中，I_0 是脉冲激光的能量密度；τ 为脉冲宽度。上式分母中的特征时间参数与脉冲宽度之间的关系可以表示为 $\tau_{\mathrm{FWHM}} = 2.45\tau$[58]。归一化的功率密度–时间曲线如图 5.5.5 所示。

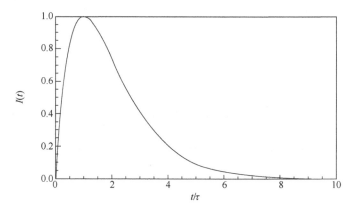

图 5.5.5　归一化的调 Q 脉冲功率密度–时间图

上述简化的热传导方程具有解析形式的解，具体表达式为

$$T(x,t) = \frac{\alpha_s I_0}{\rho_s c_s} \exp(-\alpha_s x) \left[1 - \left(\frac{t}{\tau} + 1\right) \exp\left(-\frac{t}{\tau}\right) \right] \tag{5.5.11}$$

对于基底的热致位移，使用波动方程描述温度变化引起的表面位移分布，具体表达式为

$$\frac{\partial^2 u(x,t)}{\partial x^2} - \frac{1}{v_s^2} \frac{\partial^2 u(x,t)}{\partial t^2} = \beta_s \frac{\partial T(x,t)}{\partial x} \tag{5.5.12}$$

式中，$u(x,t)$ 表示位移分布；v_s 是热弹性波在基底中的传播速度，即声波波速；β_s 是有效热膨胀系数。基底下底面和界面处的边界条件为

$$\frac{\partial u(0,t)}{\partial x} = \beta_s T(0,t), \frac{\partial u(z_s,t)}{\partial x} = \beta_s T(z_s,t), \quad t \geqslant 0 \tag{5.5.13}$$

初始条件为

$$u(x,0) = 0, \quad \frac{\partial u(x,0)}{\partial t} = 0, \quad 0 \leqslant x \leqslant z_s \tag{5.5.14}$$

波动方程的解析解为

$$u(z_s,t) = -K \exp(-\alpha_s z_s) \left\{ \frac{\exp(\alpha_s v_s t) + \alpha_s v_s \exp(-t/\tau) \left[t(1+\alpha_s v_s \tau) + \tau(2+\alpha_s v_s \tau) \right]}{(1+\alpha_s v_s \tau)^2} - 1 \right\},$$

$$0 \leqslant t \leqslant z_s / v_s$$

$$-K \exp(-\alpha_s z_s) \left\{ \frac{\alpha_s v_s \exp(-t/\tau) \left[t(1+\alpha_s v_s \tau) + \tau(2+\alpha_s v_s \tau) \right]}{(1+\alpha_s v_s \tau)^2} - 1 \right\}$$

$$+ K \frac{\exp(\alpha_s z_s - \alpha_s v_s t)}{(\alpha_s v_s \tau - 1)^2} + 2K\alpha_s v_s \tau \exp\left(\frac{L}{v_s \tau} - \frac{t}{\tau} \right) \frac{\left[(\alpha_s v_s \tau)^2 - 1 \right] \left(\frac{t}{\tau} - \frac{L}{v_s \tau} \right) - 2}{\left[(\alpha_s v_s \tau)^2 - 1 \right]^2},$$

$$z_s / v_s < t < 2z_s / v_s \tag{5.5.15}$$

式中，L 为样品厚度；参数 $K = \dfrac{\beta_s I_0}{\rho_s c_s}$。热弹性分离条件是界面处微粒获得的动能需要克服与基底之间的黏附势能，而微粒获得的动能可以表示为

$$E_k = \frac{1}{2} \times \frac{4}{3} \pi R^3 \rho_p \left[\frac{\partial u(z_s,t)}{\partial t} \right]^2 \tag{5.5.16}$$

单位面积上的范德瓦耳斯黏附势能为(第 3 章)

$$\varepsilon = \frac{AR}{6h^2} \left(1 + \frac{a^2}{Rh} \right) \tag{5.5.17}$$

其中，A 为哈马克常数；h 为微粒与基底的最小分离距离，约为 $0.4\,\text{nm}$；a 为微粒与基底的接触半径。实现激光清洗的能量判据的一般形式为

$$E_k \geqslant \varepsilon \cdot \pi a^2 \tag{5.5.18}$$

上式定量表明了激光清洗阈值与微粒半径的反相关依赖关系。对于不透明的薄基底，热弹性波从基底下表面向上表面传播的过程中将发生不同程度的损耗，随厚

度的增加，损耗将逐渐增大，所以这种情况下的背入射式清洗相比于正入射式效率要低。只有在基底较薄时采用背入射式清洗。

2. 激光以一定角度入射去除微粒

当激光光束不是正入射，而是以与清洗表面成一定的角度入射时，清洗的效果和正入射、背入射有所不同。下面分大微粒和小微粒两种情况予以讨论[59]。

1) 大微粒

由菲涅耳公式可知，反射光和折射光的偏振态与入射角度相关。根据两种偏振态光束的反射透射关系式可知，当 $n_1 < n_2$ 时，s 光(垂直分量)的最小反射率出现在垂直入射时，p 光(平行分量)的最小反射率出现在布儒斯特角处。在垂直入射时，p 分量的反射率很小。综合考虑 s、p 两种相互垂直的偏振光，从反射率的角度考虑，还是垂直入射时能量的利用效率更高些。

可见，当激光斜入射时，根据菲涅耳反射透射公式，界面处基底材料对于光束的反射系数将会增加，能够利用的激光能量将会减少，这对于激光清洗其实是不利的。因此，与正入射相比，角度入射没有明显的增强效果，在实际清洗应用中，一般不会刻意地采取某入射角度进行清洗，所以在实际中应用得不多。

另一方面，在采取激光斜入射时，可部分避开微粒自身的阻隔而照射到界面处的基底材料上，可以使得基底对于激光光束有更多的直接吸收，这对于基底强吸收情况下的激光清洗而言是有利的。如果基底表面是粗糙的，光呈现出漫反射的复杂性，有可能出现表面间的多次反射，使得材料对光的吸收率稍微提高，但差别不大。

2) 小微粒

光束斜入射之后，虽然能够部分地直接照射微粒下面的基底，但是缺少了微粒自身的"透镜聚焦"作用，激光的能量密度减小甚至不足以达到微粒去除所需的阈值，而使清洗效果下降甚至没有任何清洗效果。实验表明，对于小微粒而言，斜入射的方式将较大程度地降低清洗作用，甚至在入射角度大于 15°以后，再增加激光的输出功率也没有任何效果。这是因为近场增强效应对激光能量密度的增强是数量级的变化，而激光清洗功率的增加只能是线性变化。

5.5.4 环境因素对激光清洗的影响

1. 空气湿度

激光清洗微粒过程中，激光能量密度、波长(材料的吸收特性)、脉冲宽度、入射角度、脉冲个数、脉宽等激光参数对清洗机制、清洗效果影响较大，此外其他很多因素也会有影响，这里介绍两种情形。

当环境空气较为潮湿时，在微粒与基底之间的间隙处会凝结有水蒸气，形成一层液膜；当激光光束照射样品表面时，间隙处的液膜吸收光能，将发生爆发性的沸腾，这相当于是湿式清洗了。在这种情况下，清洗阈值可能会有明显的降低[60]。

如图5.5.6所示，激光清洗阈值与水汽凝结液膜量的多少有关，如水膜较为充分时，激光清洗阈值较低，且近似不变，这时液膜的爆发性沸腾作用是清洗的主要作用力，这其实属于湿式激光清洗，其机理将在5.8节介绍；凝结水膜量减少，则激光清洗阈值近似为线性增加，一般情况下，潮湿空气所凝结的液膜量远远不如湿式激光清洗时喷洒的液膜量，所以其起到的辅助作用也是较为有限的，激光清洗是热弹性膨胀与液膜爆发性沸腾共同作用的结果，湿度越高，液膜量越多，则后者作用越显著，激光清洗阈值越低。

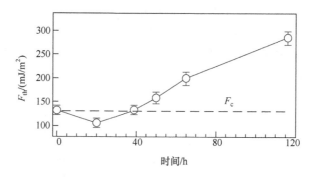

图 5.5.6　清洗阈值随脉冲辐射时间的变化

2. 气体氛围

一般清洗研究或作业都是在空气中进行的。所以在清洗过程中，看到火花是很常见的。但是有些环境下，明火是绝对禁止的。此外，空气中氧气的存在会促使一些化学反应，影响了清洗效率和清洗效果。

Lim 等[61]在激光冲击波清洗中，通过一个喷嘴喷出氩气，与环境为空气的情况相比，清洗效率明显提升，如图5.5.7所示。

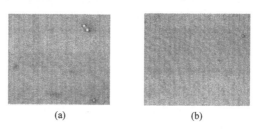

(a)　　　　　　　　(b)

图 5.5.7　空气氛围(a)和氩气氛围(b)下激光清洗微粒后的显微图片

5.6 激光等离子体冲击波清洗去除微粒

对于固体表面的微粒，一般进行干式激光清洗和湿式激光清洗时，都是激光直接照射清洗对象，通过基底和/或微粒，或通过液膜吸收激光能量，引起烧蚀，或者引发热膨胀，或者引发气泡的相爆炸，以去除微粒。当黏附力很强时，激光清洗阈值就高，一般需要增加激光强度，这样虽然可去除微粒，但是在去除微粒的同时，有可能损伤基底。

激光等离子体冲击波(laser induced plasma shockwave，LIPS)是激光击穿空气或者使得液膜爆炸而产生的，是一种密度不连续的波，其传播速度大于声速。冲击波携带的能量瞬间作用于微粒，产生清洗力，从而去除微粒。这种方法称为激光冲击波清洗(laser shockwave cleaning，LSC)。

在干式激光清洗中，采取激光平行照射，通过形成等离子体冲击波的方式进行激光清洗，可以避免基底损伤问题。比如很多电子元器件中，其外表面的防护材料与显示材料多使用玻璃，有些电子元器件内部也有使用，这时用激光冲击波法清洗玻璃上的微粒会产生比较好的效果。又如，对于光敏材料，激光不能直接照射，所以采用冲击波清洗是一个很好的选择。在湿式激光清洗中，液体的相爆炸也可以产生冲击波。

5.6.1 干式激光清洗中的冲击波效应

如图 5.6.1 所示[62]，当激光采取平行入射(掠入射)方式时，也就是说激光并不直接照射在清洗对象上，而是平行于清洗对象表面入射，并聚焦在清洗对象上方，聚焦点离清洗对象的距离 d_{Gap} 很小，为微米级，焦点处的激光能量密度很大，达到了空气的电离阈值，使得空气被击穿，产生了等离子体。等离子体在快速膨胀过程中产生冲击波，其传播速度大于声速，当冲击波波前到达清洗对象表面时，对表面上附着的微粒产生了压力作用，引起基底材料对微粒的反冲作用力，或者使得微粒滑动或滚动，最终导致微粒从基底材料的表面剥离，即 LSC。LSC 是韩国科学家 Lee 小组提出的，并进行了深入研究[63]。

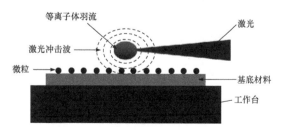

图 5.6.1 激光冲击波清洗基本结构

激光诱导等离子体冲击波清洗时，清洗力更多地来源于冲击波的冲量，使得微粒沿表面移动。对于透镜焦点正下方的微粒，反冲作用力往往不足以使微粒脱离，所以冲击波清洗的区域表现为一个中空的奇异形状，如图 5.6.2 所示。

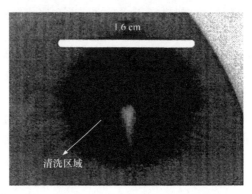

图 5.6.2　冲击波清洗的区域

5.6.2　湿式激光清洗中的冲击波效应

事实上，早在 1993 年，美国的 Allen 小组就指出，湿式激光清洗中存在着冲击波[64]。附有微粒的硅片上洒有水膜，用脉冲 CO_2 激光照射，在样品表面引起水的爆炸，并产生了半球形冲击波。如图 5.6.3 所示，实验中采用 Ar^{3+} 激光作为探测光，通过示波器首先观测到超声速冲击波的产生和传播，其次测量到速度慢得多的水蒸气/气溶胶/颗粒云。虽然由于基片的阻挡，冲击波不是球面波，但是仍然可以以球面波作为近似[65]。

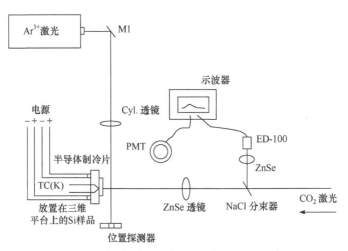

图 5.6.3　湿式激光清洗中冲击波的产生与探测

干式激光冲击波清洗中，空气被击穿而产生等离子体冲击波；湿式激光清洗中，水蒸气被击穿或者是水蒸气爆发性沸腾而产生冲击波。在湿式激光清洗中，要控制好水膜的量往往不容易做到。所以，一般讲激光冲击波清洗都是指干式清洗情况。

5.6.3　激光等离子体冲击波清洗原理

1. 冲击波产生的压强和作用力

在激光作用过程中，冲击波的压强为[66]

$$p = bI^{0.7}\lambda^{-0.3}\tau^{-0.15} \tag{5.6.1}$$

式中，b 为依赖于材料的系数，如对于铜，$b=3.9$，对于 C-H 材料，$b=6.5$；I 是激光强度(GW/cm^2)；λ 为激光波长(μm)；τ 为激光脉冲宽度(ns)。比如，采用 10 ns、1064 nm 的 Nd:YAG 激光，在 2 J/cm^2 时，产生的冲击波压强为 2.2×10^8 Pa，远大于黏附力。如 1 μm 的微粒，黏附力约为 10^5 Pa [62]。

根据 Taylor 和 Sedov 的点爆炸理论，激光击穿空气产生球形等离子体冲击波，其传播半径 $r_s(t)$ 为[67,68]

$$r_s(t) = t^{2/5}\left(\frac{E}{\rho_0}\right)^{1/5}Y(\gamma_0) \tag{5.6.2}$$

式中，t 为传播时间；ρ_0 为未扰动的空气密度；E 是吸收的激光能量；无量纲常量 $Y(\gamma_0)$ 是一个经验常数，它与比热容比 γ_0(比定压热容与比定容热容之比)有关。

冲击波的传播速度为[69]

$$U = \frac{\mathrm{d}r_s}{\mathrm{d}t} = \frac{2}{5}t^{-3/5}\left(\frac{E}{\rho_0}\right)^{1/5}Y(\gamma_0) \tag{5.6.3}$$

根据 Sedov 的理论，Lim 等给出了冲击波的压强和温度[61]

$$p = \frac{2p_1U^2}{\gamma_0+1}\left[1-\frac{\gamma_0-1}{2\gamma_0M^2}\right] \tag{5.6.4}$$

$$T = \frac{p}{R\rho} \tag{5.6.5}$$

式中，M 是冲击波的马赫数，是冲击波速度与声速的比值；ρ 为冲击波波前的密度；p_1 为扰动气体的压强。从式(5.6.3)和式(5.6.4)可见，速度 U 取决于激光能量

E，所以压强是关于激光能量和马赫数的函数。

　　由式(5.6.2)可得到冲击波波前半径随时间的变化规律以及冲击波压强随作用距离(作用半径)的变化趋势，如图 5.6.4 和图 5.6.5 所示。可见，冲击波波前随时间向外扩散，开始时扩散速度很快，随即迅速变慢，因此，冲击波的快速扩散主要在初始阶段；冲击波压强随扩散距离增大而快速减小，所以激光聚焦点与基底表面的间隙距离不能太大，这个距离是去除元件表面杂质微粒的重要参量。实验表明，聚焦到硅表面小于 2 mm 范围内都可以通过冲击波有效去除微粒。当焦点与硅表面距离小于 0.2 mm 时，冲击波压强会高达几十 GPa，远大于基底的抗冲击能力，会使基底损伤[70]。

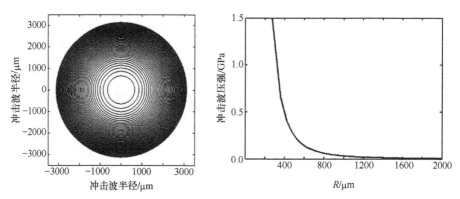

图 5.6.4　等离子体冲击波波前的空间分布与冲击波的压强随作用距离的变化

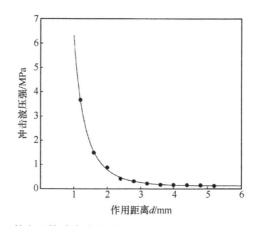

图 5.6.5　等离子体冲击波波前的压强随作用距离 d 的变化

　　由式(5.6.5)可求得温度随冲击波传播距离的变化关系，如图 5.6.6 所示[71]，计算参数为 Si 基底上 Al 微粒，采用波长为 1064 nm 的纳秒调 Q 激光，脉宽 12.4 ns。由图可见，在 3 mm 内，温度足够高，超过 1000 K。

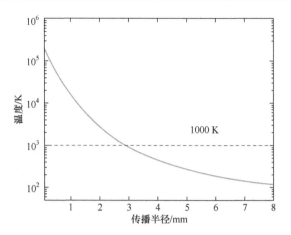

图 5.6.6　冲击波清洗中，温度与传播半径的关系

激光等离子体冲击波清洗微粒时，作用于微粒上的力可近似写为

$$\left|F_{c}\right| = \pi r_{h}^{2} \Delta p \tag{5.6.6}$$

式中，r_{h} 为冲击波源与微粒的距离；Δp 为微粒前端和后端的压强差，其前端压强为冲击波压强，后端压强为环境压强，可近似为标准大气压 p_{0}，则

$$\Delta p = p - p_{0} \tag{5.6.7}$$

2. 微粒的受力

黏附力已经在第 3 章中给出

$$F = \frac{AR}{6h^{2}}\left(1 + \frac{a^{2}}{Rh}\right) \tag{5.6.8}$$

式中，R 是微粒半径；h 是两个分子平衡时的距离；a 为接触半径；A 为哈马克常数。

第 4 章已介绍，根据 DMT 模型，原本静止在基底材料上的微粒产生的弹性力 F_{e0} 及弹性势能 E_{e0} 为

$$F_{e0} = \frac{4}{3}Y^{*}\sqrt{R\delta_{0}^{3}} \tag{5.6.9}$$

$$E_{e0} = \frac{8}{15}Y^{*}\sqrt{R\delta_{0}^{5}} \tag{5.6.10}$$

式中，R 为微粒半径；Y^{*} 为等效弹性模量；δ_{0} 为初始形变量。

$$\frac{1}{Y^{*}} = \frac{1 - \mu_{p}^{2}}{Y_{p}} + \frac{1 - \mu_{s}^{2}}{Y_{s}} \tag{5.6.11}$$

μ、Y 分别表示泊松比和弹性模量，下标 p、s 分别代表微粒和基底。初始形变量为

$$\delta_0 = \frac{1}{4}\left(\frac{RA^2}{h^4 Y^{*2}}\right)^{1/3} \qquad (5.6.12)$$

式中，h 为平衡时微粒与基底之间的间距。

冲击波到达微粒时，其压强作用于微粒，产生了作用力 F_s。图 5.6.7 为冲击波到达微粒时，微粒的受力示意图[72]。波源中心为焦点，与基底材料的距离为 d_f，与微粒的距离为 r_s。焦点的投影点与微粒中心的距离为 s。微粒本身受到向下的黏附力 F (重力可以忽略)，a 为接触半径，等同于前面提到的颗粒与基底的接触半径 a。图中画了两个微粒，一个在焦点正下方，一个在斜下方，以方便下文中叙述微粒在清洗力作用下的运动模式。

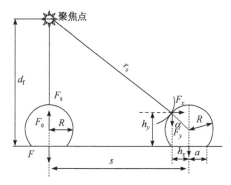

图 5.6.7　冲击波和一个粒子之间的相互作用

受到冲击波作用时，产生了向下或斜向下的力 F_s，对于激光聚焦点正下方的微粒，F_s 方向竖直向下；对于其他情况，F_s 方向与基底平面之间的夹角为 α。向下或斜向下的清洗力对微粒产生推动作用，微粒在此推动力下会产生运动。

3. 清洗力作用下微粒的运动

等离子体冲击波产生的清洗力作用在微粒上，清洗力需克服微粒在表面上的吸附力才可将微粒移除。

微粒受力后的运动方式有：向上弹出，沿着基底表面滑动和滚动。如图 5.6.8 所示[37]。当微粒尤其是焦点正下方的微粒受到冲击波清洗力的作用时，将对基底产生作用，反过来基底对微粒产生反作用力，当反作用力足够大时，微粒向上弹出。这种模式在冲击波清洗中不多见，且没有必要，因为不如激光直接照射微粒更加节能。对于焦点斜向下的微粒，受到清洗力后，水平方向的分量大于表面的摩擦力时，微粒会滑动。最有可能的运动方式其实是滚动模式，当滚动力矩大于阻抗力矩时，微粒将发生滚动，这是最容易实现的，需要的激光能量最少[73]。

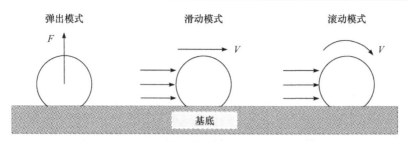

图 5.6.8　冲击波清洗中微粒的三种可能的运动模式

从图 5.6.7 可以看到，冲击波作用在微粒上形成的力 F_s 在水平 x、竖直 y 坐标的分量分别为 F_x、F_y，在 x、y 方向的力臂分别为 h_x、h_y，

$$F_x = F_s\cos\alpha \tag{5.6.13}$$

$$F_y = F_s\sin\alpha \tag{5.6.14}$$

$$\tan\alpha = \frac{d_f}{s} \tag{5.6.15}$$

微粒受到的清洗力矩 M_c 和阻抗力矩 M_r 分别为

$$M_c = F_x h_y \tag{5.6.16}$$

$$M_r = F_y(h_x + a) + Fa \tag{5.6.17}$$

根据几何关系，计算可得到

$$\frac{M_c}{M_r} = \frac{F_s\cos\alpha(R\sin\alpha + \sqrt{R^2 - a^2})}{F_s\sin\alpha(R\cos\alpha + a) + Fa} \tag{5.6.18}$$

当 $\frac{M_c}{M_r} > 1$ 时，清洗力矩大于阻抗力矩，微粒将以 P 为质点做滚动运动。当 $\alpha = \frac{\pi}{2}$，即微粒位于激光聚焦点正下方时，微粒受到向下的清洗力，而没有力矩作用。

Ye 等[72]计算了 $\frac{M_c}{M_r}$ 与作用距离 s(聚焦点在基底上投影与微粒的距离)和 d_f(聚焦点到基底的距离)的关系，如图 5.6.9 所示。Lim 等[61]也计算了不同微粒粒径下，$\frac{M_c}{M_r}$ 随作用距离 s 的变化(激光能量固定为 587 mJ，聚焦点与基底平面距离 $d_f = 2$ mm)，如图 5.6.10 所示。从两个图中可以看到：①微粒粒径越小，则比值越小，也就是说微粒粒径过小，难以达到去除效果；②$s=1.5\sim2.5$ mm 时，比值较大，也就是说斜向下大约 $40°\sim50°$ 的冲击波的去除效果最好。

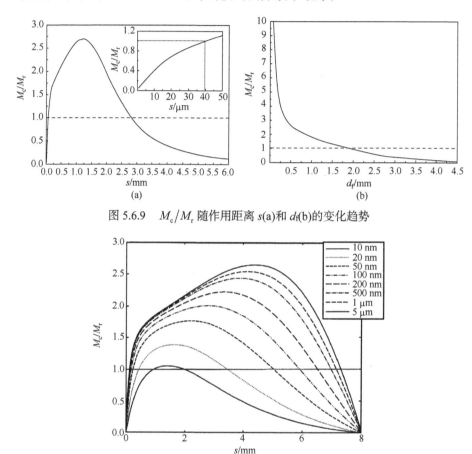

图 5.6.9　　M_c/M_r 随作用距离 s(a)和 d_f(b)的变化趋势

图 5.6.10　　M_c/M_r 随作用距离 s 的变化趋势

在冲击波与微粒的作用过程中，冲击波对微粒的连续不断的撞击导致微粒受到清洗力的挤压而出现更大的形变

$$\delta(t) = \delta_0 + s(t) \tag{5.6.19}$$

式中，$s(t)$ 为微粒随时间变化的形变高度。

随着冲击波对微粒的持续作用，微粒发生形变并向下运动，其形变高度以及微粒下降速度随着时间而变。当弹性势能达到最大时，微粒下降的运动速度变为零。此后，基底对微粒的反作用力导致微粒向上运动，从基底材料表面弹出。微粒的弹出模型如图 5.6.11 所示，图中只考虑垂直方向的微粒弹出基底的运动。可以将基底表面的微粒弹出，类比于弹簧效应。当微粒到达图 5.6.11 中位置 2 时，如果弹性势能达到最大且能够克服微粒的吸附能，那么微粒就可以向上运动而弹出。在实际的激光等离子体冲击波清洗过程中，冲击波与微粒的作用面往往是成一定角度的，这种情况下需要将冲击波作用力分解为垂直和水平两个方向，垂直方向上的作用力将导致微粒弹出，水平方向上的作用力则使微粒发生滚动(滚动所需要的作用力较低)。因此，在从基底材料表面剥离的过程中，微粒会同时发生滚动与类似跳跃的运动，同时也做自身旋转的运动[37]。

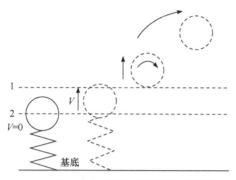

图 5.6.11　冲击波清洗的微粒弹出模型

4. 实现冲击波清洗所需要的马赫数(清洗阈值)

微粒要能够弹出，则冲击波给予微粒的能量 E_s 要大于微粒与基底的黏附势能 E_a，即

$$E_s > E_a \qquad (5.6.20)$$

在计算吸附能时，Zheng 等[29]通过非形变范德瓦耳斯力来进行计算，Arronte 等[74]在计算中将积分区域取为积分下限为零加速度时刻的形变高度，积分上限为无穷大，他们得到的范德瓦耳斯场吸附能都偏低。究其原因，是没有考虑接触面的面积影响。因为对于形变范德瓦耳斯吸附能而言，由于接触面为近似平面结构且物体间距保持在极限状态，因而需要考虑接触面的面积。因而弹出条件可表述为[37]

$$\frac{8}{5}Y^*h^{1/2}\left[\delta(\tau)\right]^{5/2} - \frac{A}{6h^3}\left\{\left[2R\delta(\tau) - \left[\delta(\tau)\right]^2\right]^{3/2} + 3Rh^2\right\} > 0 \qquad (5.6.21)$$

式中，τ 为形变最大时刻；Y^* 为等效弹性模量；R 为颗粒半径；h 为颗粒与基底的距离；A 为哈马克常数。由式(5.6.21)可以得到形变量与微粒半径之比 $\delta(\tau)/R$ 与微粒直径的关系，如图 5.6.12 所示。可见，微粒越小，需要的形变量越大。

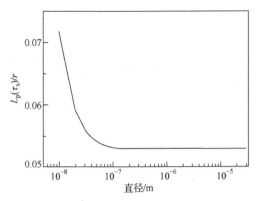

图 5.6.12 微粒形变量与微粒直径的关系

根据得到的形变量，可以由牛顿第二定律求得需要的清洗力，进而由式(5.6.7)得到冲击波的压强。再根据式(5.6.4)，可以得到冲击波的马赫数。去除不同粒径的微粒，需要的马赫数 M 不同，其大小可由下式求出[37]

$$\frac{M\left(M^2-1\right)}{(\gamma_0-1)M^2+2}=\frac{\rho_p u_p}{2\rho_{1c}} \tag{5.6.22}$$

式中，ρ_p 为微粒密度；γ_0 为多方气体比热容比；u_p 为微粒的运动速度；ρ_1 为冲击波波前的气体密度；c 为环境中的声速。

图 5.6.13 给出了不同粒径所需要的马赫数[37]，可见，微粒越小，需要的马赫数越大，也就是冲击波速度要更高。

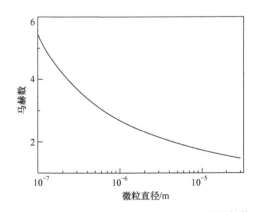

图 5.6.13 不同粒径脱离基底时所需要的马赫数

冲击波作用机制其实很复杂。当微粒获得弹出所需能量后，并不一定能够顺利从表面弹出，因为还依赖于冲击波特殊的内部压强分布。对冲击波波后压强梯度的要求相当于对微粒存储弹性势能释放速度的要求，若能量释放速度够快，则微粒可以弹出，若能量释放速度很慢，则微粒会由于受到其他因素的影响而丧失部分能量，进而导致微粒弹出失败。冲击波波阵面后的内部压强梯度很显著，越靠近波阵面压强梯度越大，远离波阵面则压强梯度逐渐减小，直到变为一个稳定值。靠近波阵面的压强曲线陡峭，即此位置处的前后压强差大，冲击波强度也大[75]。在激光清洗过程中，冲击波波阵面会经过微粒。对于符合弹出能量条件的微粒，如果同时受到这样一个大的压强梯度作用，则其将从吸附表面顺利弹出。冲击波一方面给了微粒能够弹出的能量，另一方面其内部压强梯度也提供了可被弹出的条件。不同粒径的微粒，对波后压强梯度的要求不一样。

在激光会聚焦点的正下方区域，清洗效果反而会比较差，原因是冲击波引起的基底的反冲力不足以克服黏附力。而斜向的冲击波，在水平方向上有清洗力，使得微粒发生滚动，更容易使得微粒从基底剥离[61]。

5.6.4 影响激光等离子体冲击波清洗微粒的主要因素

利用激光等离子体冲击波原理清洗微粒，清洗效果受到激光与样品作用距离、激光入射点、激光焦点的投影点、激光能量、冲击波马赫数、微粒大小等因素的影响。

1. 激光聚焦点与样品表面作用距离

激光在聚焦点处的能量密度最大，将空气击穿产生的等离子体冲击波，以球面波的形式向四周扩散。冲击波的传播速度开始高于声速，随着传播距离的增大而迅速减小。因此，激光与样品表面作用距离 d_f 对 LIPS 清洗效果具有重要的影响。Lee 等[63]用调 Q 的 Nd:YAG 四倍频激光(266 nm,10 ns)清洗硅片上的 1 μm 的钨微粒，在 0.28 mJ/cm^2(硅片损伤功率密度为 0.3 J/cm^2)激光能量密度作用下，对微粒去除几乎没有效果。采用 LSC，则微粒被清洗干净。清洗率与作用距离 d_f 的关系如图 5.6.14 所示，可见，作用距离小于 3 mm 时清洗率高。

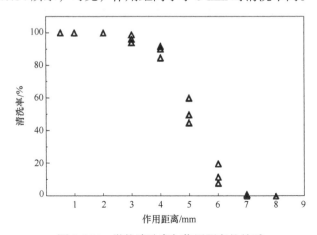

图 5.6.14 微粒清洗率与作用距离的关系

Lim 等[61]的实验结果表明，作用距离在 d_f=5 mm、2 mm 时，微粒清洗率更高，图 5.6.15 所示为含有 5 μm 铝微粒的 Si 基底放大 1000 倍的清洗效果。

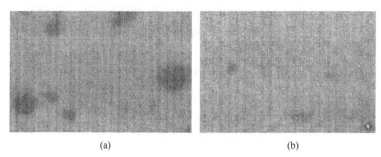

(a)　　　　　　　　　(b)

图 5.6.15　不同作用距离 d_f 下的微粒清洗显微图片
(a) d_f=5 mm；(b) d_f=2 mm

对双面抛光 K9 玻璃上的微粒，徐世珍等[13]对比研究了激光直接干式清洗和激光冲击波清洗。清洗前玻璃上的微粒分布均匀且线度小于 20 μm。采用波长 1064 nm、脉宽 10 ns 的激光直接清洗，激光能量为 4.4 J/cm² 时，微粒明显减少，且最大微粒尺寸由清洗前的大于 5 μm 下降到约 0.5 μm，清洗后样品的透过率相比清洗前样品的透过率大幅度提高，但是比不上原始基底的透过率，说明还有微粒残留，对于小于 0.5 μm 的微粒则难以去除。继续增大激光能量到 4.8 J/cm²，基底发生了损伤。图 5.6.16 为激光直接清洗前后的显微照片。

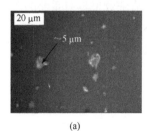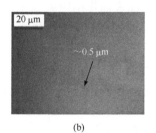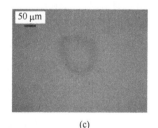

(a)　　　　　　　　　(b)　　　　　　　　　(c)

图 5.6.16　激光直接清洗灰尘前后显微图像对比
(a) 未清洗区域；(b) 清洗区域；(c) 清洗后出现损伤点

采用激光冲击波清洗，激光能量为 70.7 mJ 时击穿了空气，产生了稳定的空气等离子体。图 5.6.17 是玻璃基片清洗前后(激光聚焦点与样品的距离 d_f = 4.0 mm 和 1.0 mm)在显微镜下的照片，可见，清洗后的透过率与清洗前的相比提升很多，已接近未污染的原始基片的透过率。

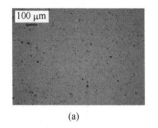
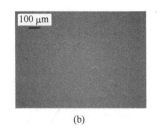
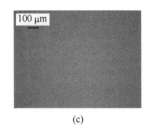

(a)　　　　　　　　　　　　　(b)　　　　　　　　　　　　　(c)

图 5.6.17　LIPS 清洗灰尘前、后的显微图像
(a) 清洗前；(b) 清洗后(d_f=4.0 mm)；(c) 清洗后(d_f=1.0 mm)

实验发现，激光脉冲作用次数相同时，清洗效率随着作用距离 d_f 的增大而减小。在 d_f 为 1～2 mm，脉冲数为 5～20 时清洗率较高，达到 90% 以上；当 $d_f > 4$ mm 时，清洗率迅速降到 30% 以下。作用距离从 1 mm 增大到 10 mm 时，冲击波速度从 2100 m/s 减小到 750 m/s，从而导致冲击波压强减小。LIPS 清洗后，对于玻璃基片的激光能量密度损伤阈值比清洗前提高了很多。

叶亚云[10]使用调 Q Nd:YAG 激光对 K9 玻璃表面小于 30 μm 的 SiO_2 微粒进行了 LIPS 清洗实验。激光波长为 1064 nm、脉宽 10.7 ns、能量 81.2 mJ、激光频率为 1 Hz，扫描速率为 1 mm/s。实验中，激光作用距离 $d_f = 0.5$ mm 时，微粒清洗率可达 0.94。随着 d_f 的增加，清洗率逐渐减小，当 $d_f > 2.5$ mm 时，清洗率基本为 0。而理论计算结果则表明，当 $d_f > 2.9$ mm 时，没有清洗效果，d_f 值减小，清洗能力变强。实验结果与理论计算值基本吻合且规律一致。

Zhang 等[12]将激光束通过一个 260 mm 焦距透镜照射到样品上，以诱导产生等离子体冲击波。焦点与表面之间的间隙在 0.5～1.5 mm 范围内。实验结果表明，该距离是决定污染物清洗效率的关键因素。间隙距离设置在 0.5 mm 以上可以避免等离子体冲击波产生的高温造成的热损伤；当间隙小于 0.5 mm，特别是接近 0.3 mm 时，基底会被损伤。Zhang 等[76]的研究也表明，激光焦点与基底间隙越小，清洗效率越高。

此外，激光焦点在清洗材料表面上的投影点与微粒中心的距离 s 对激光冲击波清洗是有影响的。参考图 5.6.18，当固定 d_f 不变，改变 s，可得到最佳距离 s。叶亚云等[77]使用波长 1064 nm 的调 Q Nd:YAG 激光对 K9 玻璃表面 30 μm 的 SiO_2 微粒进行 LIPS 清洗实验。调整微粒位置使得 s 从 0 变化至 4 mm，利用图片分析软件对基片的显微照片进行分析统计，得到图 5.6.18 所示的距离 s 与微粒清洗率之间的关系。$s = 0$ 时清洗率在 0.6～0.7，$s = 0.6$ mm 时清洗率上升至最大值 0.91，之后开始下降，在 $s = 4$ mm 时清洗率下降为 0。理论计算结果表明，当 s 为 26 μm～4.7 mm 时，清洗力大于黏附力，清洗效果好。实验结果与理论结果基本一致。

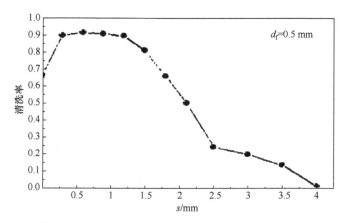

图 5.6.18　每个能量的清洗率与粒子距离 s 的关系曲线

2. 激光能量

激光能量大，则空气被击穿得更充分，冲击波速度更大，清洗率更高。不过当能量增大到一定程度时，清洗率不再增加。测量表明[61]，激光能量增加，则冲击波压强增大，清洗面积随之增加，如图 5.6.19 所示。

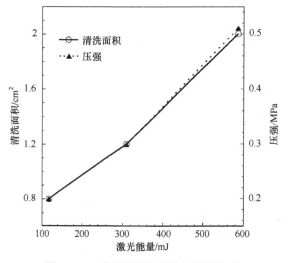

图 5.6.19　激光能量与清洗面积的关系

张平等[37]的实验证明了这一结论，当 Nd:YAG 调 Q 激光能量为 101.14 mJ 时，玻璃上 SiO_2 微粒清洗率为 0.84。随着激光能量增加，清洗率提高，在激光能量为 158.41 mJ 时达到 0.96，而后不再随着激光能量的增加而增加，逐渐趋于饱和。

Kim 等[78]通过改变聚焦处入射激光功率密度探究冲击波的去除效果，图 5.6.20 为激光冲击波处理后的晶圆表面图像，激光功率密度分别为(a)8.9×10^{11}

W/cm², (b) 1.14 × 10¹² W/cm², (c) 1.4 × 10¹² W/cm² 和 (d) 1.66 × 10¹² W/cm²。从图中可以看出，随着激光功率密度从(a)增加到(d)，冲击波的清洗面积逐渐变大。该结果表明，冲击波强度随着激光聚焦处入射激光功率密度的增加而线性增加。

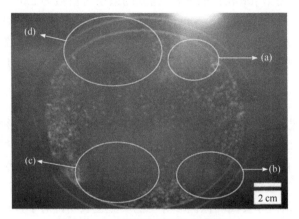

图 5.6.20 晶圆片表面的扫描图像

(a)~(d)对应功率密度分别为8.9 × 10¹¹ W/cm²、1.14 × 10¹² W/cm²、1.4 × 10¹² W/cm² 和 1.66 × 10¹² W/cm² 清洗后的晶圆清洗面积

3. 激光脉冲作用次数

与常规干式激光清洗类似，多次激光的脉冲持续作用导致微粒的温度上升和下降，进而形成热弹性振动，有助于微粒去除。与之类似，在激光冲击波清洗中，一个激光脉冲作用下无法清除的微粒，通过增加激光脉冲，可以被清除[61]。Luo的实验[71]表明，经过 20 多个脉冲后，粒径小于 200 nm 的微粒都可以被清除，粒径大，所需要的激光脉冲数少，如图 5.6.21 所示。

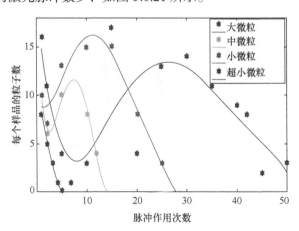

图 5.6.21 激光脉冲作用次数对不同粒径的微粒的冲击波清洗效果(扫描封底二维码可见彩图)

4. 冲击波马赫数

张平等[37]从理论上计算了去除不同粒径的微粒所需要的冲击波马赫数，如图 5.6.10 所示。对于 1 μm 粒径的微粒，需要的最小马赫数为 2.65，而要移除 0.1 μm 粒径的微粒，则需要马赫数为 5。Vanderwood 等[79]在实验中使用脉冲能量为 370 mJ 的激光，工作距离为 3 mm，粒径 460 nm 的微粒在冲击波马赫数为 3.7 时，满足弹出条件，该实验结果与张平等的理论分析得到的趋势是一致的。

5. 微粒半径

LIPS 清洗过程中，微粒半径对等离子体膨胀和辐射有很大影响。罗锦锋等[69]使用波长为 355 nm、脉宽 8 ns、能量 56 mJ 的脉冲激光对硅表面的微粒物进行 LIPS 清洗。硅基底表面微粒直径为十几纳米到 2 μm 不等。对于直径大于 0.5 μm 的微粒去除比较彻底，但直径小于 0.5 μm 的微粒，清洗率只有 50% 左右，不过还是比激光干式清洗的清洗率要高。徐世珍等[13]的实验也表明，对于直径大于 0.5 μm 的微粒去除比较彻底，而对于直径小于 0.5 μm 的微粒，也有去除效果。Luo 的实验[71]也表明，粒径大于 400 nm 的微粒基本都可以去除。直径在 200～400 nm 的微粒，通过增加激光脉冲数也可以去除大部分。如图 5.6.21 所示，图中的大微粒指直径大于 1 μm 的颗粒，中微粒的直径为 400 nm～1 μm，小微粒直径为 200～400 nm，直径小于 200 nm 的为超小微粒。Lee 等[9]对冲击波清洗不同尺寸颗粒的效率开展了研究。图 5.6.22 为粒径与清洗率的变化关系，颗粒尺寸(直径)范围分别为 0.2～1.0 μm、1.0～2.56 μm 和 2.56～10 μm。在相同的实验条件下，对三片硅片进行了清洗，并用表面扫描仪进行了测量。激光冲击清洗的平均清洗率在 95% 以上。此外，随着粒径的增大，清洗率也有所提高，直径为 0.2～1.0 μm 颗粒的清洗率约为 95%，1.0～2.56 μm 颗粒的清洗率约为 97%，2.56～10 μm 颗粒的清洗率约为 97%。

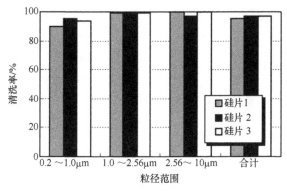

图 5.6.22　粒径与清洗率的关系

5.7　湿式激光清洗去除微粒物理模型

最早进行湿式清洗研究的是苏联科学家 Assendel'ft 等[39]和美国的 Tam 教授[42]领导的课题组进行的半导体掩模版上的微粒激光清洗。喷洒的是液态水，所以就用"湿式"来命名。实际上辅助清洗的"液膜"不仅可以是水、酒精、化学试剂等液体，也可以是固体，如磁漆等，激光照射后很快熔化成液态，所以称之为"介质膜"更为妥当。当然，考虑到方便、经济、环保，最常用的还是水膜。当激光照射时，介质膜直接吸收激光能量，或者是基底吸收激光能量，再将热量传递给介质膜，使得介质膜温度迅速升高，产生相变，因为超热而生成气泡，气泡膨胀，形成爆发性气化，推动微粒克服其与基底间的黏附力。实际上，即使采用固体作为介质膜，也需要先变成液体，均匀铺覆在清洗对象表面，所以后文中，有时又统一称为液膜。

相比于干式清洗，激光清洗设备中需要附加介质膜预涂覆系统。比如，涂覆水膜时，可以采用一个受控的喷嘴将水均匀地喷洒在待清洗物体表面，喷洒水膜时要控制好时间，以配合激光照射。先喷水，然后启动激光照射，二者之间有一个很短的时间间隔，时间间隔可以通过时间延迟系统来控制。具体的时间间隔可以通过实验来确定。

湿式激光清洗施加的介质膜称作"能量传输介质"，以喷洒、旋涂、蒸气凝结等方式施加，或者是液膜态，或者是液珠态，与介质膜的性质有关，使之位于微粒与基底的间隙处；介质膜施加后，进行激光照射，基底和/或介质膜经历激光加热过程，或者基底表面的温度快速升高，或者介质膜被加热到接近沸腾的临界温度，基底与微粒间隙处的介质膜亚层(纳米厚度)处于超热和超压状态，随后在小于纳秒的时间内发生爆发性沸腾。处于超热状态的介质膜能够提供几个 MPa 的瞬时压强，如"蒸气活塞"一样作用在微粒上，另一方面介质膜的爆沸也对微粒有一种黏性的拖曳作用。在这两种力量的共同作用下，微粒从表面脱离[80]。

5.7.1　湿式激光清洗的三种情形

湿式激光清洗中，选择激光波长时，需要了解基底和液膜的吸收峰。清洗情形可简单分为三种：基底强烈吸收激光能量、液膜强烈吸收激光能量、基底与液膜共同吸收激光能量。下面分别讨论这三种情况的激光清洗机制。

1. 基底强吸收

激光照射在材料上，被材料吸收而转化为热量，热量在材料中扩散，可以用热扩散长度来代表扩散程度，热扩散长度与物质对激光的吸收强弱有关，吸收强，则热扩散长度大。在基底强吸收、液膜弱吸收的情况下，液膜对激光的吸收远小于基底材料对激光的吸收。比如，对于脉冲宽度为 10 ns 的激光，当基底材料强吸收激光时，基底中的热扩散长度约为 1 μm，在液膜中约为 0.1 μm，基底温度远高于液膜的温度，热量将很快通过热传导和对流的方式向液膜方向传递，短时间内，在液体与基底交界面上吸收了大量的能量，使得覆盖于交界面的液膜产生过热和爆炸性蒸发。在液膜和基底材料交界处，产生大量沸腾的气泡。气泡逃逸时带走微粒，达到了清洗的目的，如图 5.7.1 所示。

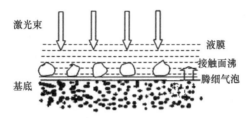

图 5.7.1　基底强吸收的湿式激光清洗示意图

理论计算表明，激光脉冲越短，液体和基底中的热扩散长度就越小，从而在热扩散范围内只需要较少的能量就可以使液膜产生更强烈的蒸发；越短的激光作用时间意味着在液固接触界面处能产生的过热现象越强，从而产生更剧烈的爆炸压力。如果脉宽超过 1 μs，热量有足够的时间扩散，在接触面上的液膜内就难以聚集大量热量。实验结果也表明，μs 级脉宽激光清洗的效率比 ns 级脉宽激光清洗的效率低很多。当然，也要注意太短的脉冲产生的峰值功率过高，会导致基底材料损坏[18]。

2. 液膜强吸收

液膜对激光强吸收而基底对激光弱吸收时，液膜吸收激光，迅速转化成热量，使得液膜在瞬间能够达到很高的温度，从而在液体表面或内部形成气泡和强烈爆炸，带动污染物从基底剥离。其原理如图 5.7.2 所示[42]。

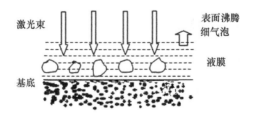

图 5.7.2　液膜强吸收的湿式激光清洗的示意图

相比于基底强吸收，液膜强吸收的激光清洗效果要差一些。其原因在于，液膜强吸收时，液膜表面或整个液膜温度达到最高值，气泡和强烈爆炸发生在液体表面或液体内部；基底材料强吸收时，液膜与基底的交界面温度达到最高值，气泡和强烈爆炸发生在交界面上，而污染粒子就在这个交界面上，所以更容易被清除掉，其清洗效率更高。对于液膜强吸收情况，可以通过合理控制液膜的厚度、激光聚焦位置，使气泡膨胀、爆发以很快传导到基底与液膜的界面处。

Lee 等[81]使用脉冲 CO_2 激光(波长 9.6 μm 和 10.6 μm)湿式清洗 Si 表面的 Al_2O_3 微粒(粒径 9.5 μm、5 μm、1 μm)和聚苯乙烯(PS)微粒(粒径 1 μm)，预涂覆水膜，因为 CO_2 激光 10.6 μm 的波长是水的强吸收峰，因此属于液膜强吸收的情况，在污染物微粒与基底之间的毛细空间中的液膜吸收激光能量后，发生超热，气泡形成、爆炸，可以成功去除微粒。

3. 基底与液膜共同吸收

当基底材料和液膜都吸收激光能量时，激光能量首先被液膜吸收，然后剩余的部分被基底材料吸收，液膜本身、液膜与基底的交界面都将出现超热、气泡形成、爆炸的过程，相当于是前两种情况的混合模式，其原理如图 5.7.3 所示。如果采用同样强度的激光，这时的效果相对差一些，但是如果增大激光强度，则可以提高清洗效率。

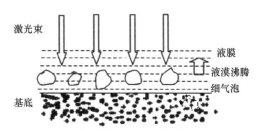

图 5.7.3　基底和液膜共同吸收的湿式激光清洗的示意图

波长为 10.6 μm 的 CO_2 激光对水的吸收深度约为 20 μm。如果水膜较薄，则只有一小部分激光被水吸收，其余的激光能量被基底吸收。为了使整个水膜有效爆炸，从而使颗粒从表面喷出，水膜厚度必须得到很好的控制[42]。

虽然在理论分析中，按照吸收方式对湿式激光清洗进行了细分，但实际中主动引入的液膜与主动选择的激光波长往往是配合使用的，液膜强吸收的情形最为常用。这是因为：①对于基底强吸收的情形，如果喷洒上液膜，液膜本身多少都会吸收激光，要减少液膜吸收量，需要控制好液膜层的厚度，这在实际操作时较难以控制；②对于基底弱吸收的情形，可以通过选择强吸收激光的液膜，提高清洗率。因此，可主动选择液膜类型和激光波长，使得激光吸收效率更高，以提高清洗效率和清洗率。

5.7.2　湿式激光清洗中的模型建立

湿式激光清洗,是用激光加热微粒与基底间隙处的液膜,使该处液膜在瞬间升温相变形成气泡,通过气泡膨胀,产生爆炸性喷发,克服微粒与基底之间的黏附力,使微粒脱离。研究者们通过选择液膜材料、控制液膜厚度、在线监测气泡形成、爆炸等过程,深入研究了湿式激光清洗的物理机制,建立了湿式激光清洗理论模型,以便为实际应用提供理论支持。根据上述对湿式激光清洗的分析,激光清洗效果与液膜和基底对激光能量的吸收程度有关,湿式激光清洗的模型可以分别基于基底强吸收、液膜强吸收、基底与液膜共同吸收三种情况进行构建,以下针对这三种情况介绍湿式激光清洗的热力学模型。

1. 基底强吸收

激光加热瞬态热传导模型如下所示。

对于清洗对象表面附着一层液膜的情形,首先建立湿式清洗的一维简化模型,如图 5.7.4 所示。以水膜表面为坐标原点,建立方向垂直表面向下的 x 坐标轴,水膜厚度为 z_0,对于基底材料强吸收(比如采用波长 248 nm 的入射激光,照射水膜,水的吸收很少,可以将之视为透明的)。坐标 z_0 处的基底表面吸收了激光能量,向内部进行热传导,由于脉冲宽度很短,该时间段内液膜、基底与外界的热交换可忽略,即认为液膜上表面、基底下表面为绝热条件。可建立如下热传导方程及边界条件。

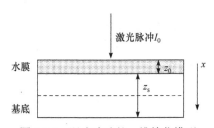

图 5.7.4　湿式清洗的一维简化模型

清洗对象表面会吸收激光能量并在固液界面产生热量,热量分别向液膜和基底内部扩散,由此可以得到

$$\rho_1 c_1 \frac{\partial T}{\partial t} = k_1 \frac{\partial^2 T}{\partial x^2}, \quad 0 < x < z_0 \tag{5.7.1}$$

$$\rho_s c_s \frac{\partial T}{\partial t} = k_s \frac{\partial^2 T}{\partial x^2}, \quad z_0 < x < z_s + z_0 \tag{5.7.2}$$

初始条件为

$$t = 0, \quad T_0 = 300\,\text{K}$$

对于边界条件，液膜上表面、基底下表面为绝热条件，于是有

$$k_1 \frac{\partial T}{\partial x} = 0, \quad x = 0$$

$$k_s \frac{\partial T}{\partial x} = 0, \quad x = z_0 + z_s$$

而在固液交界面吸收激光能量，于是有

$$k_1 \frac{\partial T}{\partial x} + k_s \frac{\partial T}{\partial x} = (1 - R_s) I(t), \quad x = z_0 \tag{5.7.3}$$

式中，ρ_m、c_m、k_m 为液膜或基底的密度、比热容和热传导系数，下标 $m = 1$、s 代表液膜、基底。z 为厚度，R_s 为基底对激光的反射率，$I(t)$ 为激光光强，它随时间 t 而变化，T 为温度。

采用脉宽 $\tau_0 = 16$ ns、波长为 248 nm 的紫外激光照射覆有水膜的硅半导体材料，液膜(水)和基底(硅)对 248 nm 激光的吸收系数分别为 $a_1 = 0.005$ cm^{-1}、$a_s = 6 \times 10^5$ cm^{-1}，显然 $a_1 \ll a_s$。传温系数(单位时间传热的面积)分别为 $\alpha_1 = 1.59 \times 10^{-7}$ m^2/s 和 $\alpha_s = 5.20 \times 10^{-5}$ m^2/s，可以计算出在一个脉冲激光作用期间液膜(水)的热传导深度为：$d_1 = \sqrt{\alpha_1 \tau_0} = 0.0504$ μm，基底(硅)的热传导深度为：$d_s = \sqrt{\alpha_s \tau_0} = 0.912$ μm。根据有限元方法，得到的液膜(水)与基底(硅)的温度分布如图 5.7.5 所示。

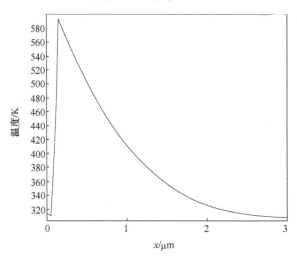

图 5.7.5　液膜(水)的温度分布

2. 液膜强吸收

如果液膜对激光强吸收，则激光在到达基底表面之前，大部分能量已被液膜吸收，液膜快速升温，而基底几乎没有激光可吸收。CO_2 激光在水中的穿透深度

为 20 μm，典型的湿式清洗的液膜厚度为 6 μm 左右，CO_2 激光在穿过水膜的过程中已全部被吸收。热波不能传到基底(硅)表面，即在脉冲作用期间硅片的表面温度变化不大。液膜受热后温度上升，通过热传导和对流，将热量传递给液膜–基底交界面，所形成的气泡的膨胀、运动及气泡与微粒间的相互作用，使得微粒从基底剥离。该种方式由于不利用基底材料对激光强吸收的属性，可以用于清洗光学基片。这种情况下，基底不容易被激光损伤，所以可以对基底起到保护作用。

可以仿照基底强吸收，建立一维热传导模型。这时的基底可以认为没有吸收热量。求解方式也是类似的。

3. 基底与液膜共同吸收

在基底与液膜共同吸收激光的情况下，液体介质膜的吸收系数比基底材料的小，但是介质膜吸收的激光能量相对于基底材料吸收的能量是相当的(通常二者之比大于 1/10)。所以要考虑激光穿透深度的影响及能量的分布。以 10.6 μm 的 CO_2 激光入射表面附着一层水膜的硅基底为例，10.6 μm 是水的强吸收峰，由表 5.7.1 中数据可见，CO_2 激光在水中的穿透深度为 20 μm，典型的湿式清洗的液膜的厚度为 6 μm 以上，CO_2 激光在穿过水膜时已有相当一部分能量被水吸收，还有剩余的激光能量被基底吸收，所以这属于液膜与基底共同吸收的情况。

表 5.7.1　激光与硅片的物理参数

激光波长 λ/μm	激光脉宽 τ_0/ms	水穿透深度 $\dfrac{1}{a_1}$ / μm	硅穿透深度 $\dfrac{1}{a_s}$ / μm	水传温系数 α_1 /(m²/s)	硅传温系数 α_s /(m²/s)	水热传导深度 $\sqrt{\alpha_1 \tau_0}$/μm	硅热传导深度 $\sqrt{\alpha_s \tau_0}$/μm
10.6	0.25	20	0.67	1.59×10^{-7}	5.2×10^{-5}	0.199	3.6

下面建立基底和液膜共同吸收的温度分布模型。

以液膜表面为坐标原点，建立方向垂直表面向下的 x 坐标轴。激光在穿过液膜时被部分吸收，t 时刻 x 位置处的光强 $I(x,t)$ 满足方程

$$I(x,t) = a_1 I(t) \exp(-a_1 x) \tag{5.7.4}$$

式中，a_1 为液膜对于激光的吸收率。激光穿过液膜后，剩余的光能在基底表面被全部吸收，液膜的厚度取为典型的 6 μm，且在液膜的上表面满足绝热条件，基底在脉冲期间不与外界进行热交换。建立液膜与基底共同吸收激光的热传导模型如下：

$$\rho_1 c_1 \frac{\partial T}{\partial t} = k_1 \frac{\partial^2 T}{\partial x^2} + I(t) a_1 \exp(-a_1 x), \quad 0 < x < z_1 \tag{5.7.5}$$

$$\rho_s c_s \frac{\partial T}{\partial t} = k_s \frac{\partial^2 T}{\partial x^2}, \quad z_1 < x < z_1 + z_s \tag{5.7.6}$$

初始条件为

$$t = 0, \quad T_0 = 300\,\text{K}$$

对于边界条件，液膜上表面、基底下表面为绝热条件，于是有

$$k_0 \frac{\partial T}{\partial x} = 0, \quad x = 0$$

$$k_1 \frac{\partial T}{\partial x} = 0, \quad x = z_1 + z_\text{s}$$

而在固液交界面吸收激光能量，于是有

$$k_1 \frac{\partial T}{\partial x} - k_1 \frac{\partial T}{\partial x} = (1 - R_\text{s}) I(t) \exp(-a_1 z_1), \quad x = z_1 \tag{5.7.7}$$

在实际清洗过程中，使用 CO_2 激光(激光清洗阈值为 $650\,\text{mJ/cm}^2$，激光的脉宽为 $0.25\,\mu\text{s}$)对基底表面上 $0.1\,\mu\text{m}$ 的 Al 微粒进行清洗，利用有限元方法得到液膜和基底的温度场分布，如图 5.7.6 所示。

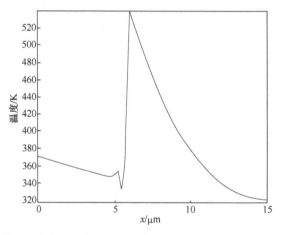

图 5.7.6　脉冲激光作用后液膜和基底($x=0$ 处为液膜表面，$x=6\,\mu\text{m}$ 处为基底表面)的温度场分布

5.7.3　湿式激光清洗去除微粒的机理研究

1. 气泡生成理论

当液膜吸收了来自于激光的能量后，温度会迅速上升，并超过成核温度，此时液体内部就会生成气核，产生气泡并迅速长大，与此同时，由于温度差和压力差，周围的液体向四周流动，流动时会受到微粒的阻力 $F_{阻}$。反过来，微粒也会受到来自于流动液体的反向冲击力 $F_{冲}=F_{阻}$。流体的速度越大，作用于微粒上的反向冲击力也就越大，当大于微粒吸附基底材料的附着力时，就可以从基底剥离[80]。对上述过程可建立理论模型，并计算湿式激光清洗的清洗阈值和损伤阈值。对于基底强吸收和基底与液膜共同吸收这两种清洗模式，通过前面的分析可知，基底

表层也就是基底与微粒交界面的温度是最高的，因而该交界面的液体将最先成核并形成气泡。交界面紧靠着固态基底，基底表面上的凹陷与凸起、细微粒，残留或吸附的气体或其他杂质，都是成核中心的胚核，促进气泡形成，所以交界面处是最容易成核的地方。这与烧开水时总是在壶底最先成核形成气泡是类似的。当液体沸腾时，满足相变方程

$$T_{\mathrm{g}} - T_{\mathrm{sat}} = \frac{2\,\sigma_{\mathrm{f}}}{r_{\mathrm{b}}}\left(1 + \frac{v_{\mathrm{f}}}{v_{\mathrm{g}}}\right)\frac{T_{\mathrm{sat}}\left(v_{\mathrm{g}} - v_{\mathrm{f}}\right)}{h_{\mathrm{fg}}} \tag{5.7.8}$$

式中，T_{g} 和 T_{sat} 分别为气泡内气体的温度和液体的沸腾温度；σ_{f} 为液体表面张力系数；r_{b} 为气泡半径；v_{f} 和 v_{g} 分别为液体和气体的比容；h_{fg} 为比焓。由此可得到过热温度

$$\Delta T_{\mathrm{sat}} = T_{\mathrm{g}} - T_{\mathrm{sat}} = \left(\frac{2\sigma_{\mathrm{f}}}{r_{\mathrm{b}}} - p_{\mathrm{g}}\right)\frac{T_{\mathrm{sat}}\left(v_{\mathrm{g}} - v_{\mathrm{f}}\right)}{h_{\mathrm{fg}}} \tag{5.7.9}$$

在气泡形成以后，如果气泡温度低于周围液体的温度，则液体能供给能量；如果气泡的内压强大于周围液体中的压强，则气泡将逐渐扩大。在气泡扩大过程中，气泡内外压力、表面张力、热扩散多种因素的影响非常复杂。为简单起见，可将气泡生长过程分为三个阶段：①惯性增长阶段，在初始成长阶段，气泡的生长主要受流体动力控制，当气核尺寸超过非稳定平衡大小时，气泡内压强大于外部压强与表面张力之和，气泡将迅速长大。这一阶段气泡的绝对尺寸小，增大所需的热量很少，因此可看作等温膨胀过程。②中间阶段，这一阶段气泡的成长既受到流体动力控制，又受到热扩散控制。③热扩散控制阶段，在气泡生长后期，表面张力和液体的惯性减小到可以忽略的程度，气泡内的压强与流体压强近似相等，控制气泡长大的因素主要为气液界面处能否不断获得热量，使液体不断蒸发，热传导是控制这一阶段气泡成长的关键因素。

在气泡的惯性增长阶段，其运动可由瑞利(Rayleigh)方程描述[82,83]

$$\rho_l\left[\frac{3}{2}\left(\frac{\mathrm{d}r_{\mathrm{b}}}{\mathrm{d}t}\right)^2 + R\frac{\mathrm{d}^2 r_{\mathrm{b}}}{\mathrm{d}t^2}\right] = p_{\mathrm{g}} - p_{\infty} - \frac{2\sigma_{\mathrm{f}}}{r_{\mathrm{b}}} \tag{5.7.10}$$

式中，ρ_l 为液体密度；r_{b} 为气泡半径；p_{g} 和 p_{∞} 分别为气泡内的温度和环境温度；σ_{f} 为液泡表面张力系数。

该方程的近似解为

$$\left(\frac{\mathrm{d}r_{\mathrm{b}}}{\mathrm{d}t}\right)^2 = b\frac{p_{\mathrm{g}} - p_{\infty}}{\rho_l} \tag{5.7.11}$$

式中，b 为系数。当 $b=2/3$ 时，为无限介质内气泡增长的近似解。如果 $v_{\mathrm{g}} \gg v_{\mathrm{f}}$，由克劳修斯–克拉珀龙(Clausius-Clapeyron)近似关系[84]

$$p_{\mathrm{g}} - p_{\infty} = \frac{T_{\mathrm{g}} - T_{\mathrm{sat}}}{T_{\mathrm{sat}} v_{\mathrm{g}}} h_{\mathrm{fg}} \tag{5.7.12}$$

可以得出瑞利方程的近似解为

$$\left(\frac{\mathrm{d} r_{\mathrm{b}}}{\mathrm{d} t}\right)^2 = A^2 \frac{T_{\mathrm{g}} - T_{\mathrm{sat}}}{\Delta T} \tag{5.7.13}$$

由此可以得到气泡半径膨胀的速度。式中，$\Delta T = T_{\infty} - T_{\mathrm{sat}}$，$A = \left(b\dfrac{h_{\mathrm{fg}} \rho_{\mathrm{g}} \Delta T}{\rho_{\mathrm{l}} T_{\mathrm{sat}}}\right)^{1/2}$，

对固体表面气泡的生长，可取 $b = \dfrac{\pi}{7}$，T_{∞} 为固体表面的温度。

在湿式激光清洗中，表面液膜的厚度通常为微米量级，一个激光脉冲提供的能量是有限的，因此气泡不可能成长得很大。根据对激光加热过程的数值模拟，激光在基底表层产生的温度约为 500 K，因此可以认为热传导并不是控制气泡有效生长期的主要因素，即气泡的成长只有第一阶段的惯性增长阶段。所以，可以用式(5.7.9)来近似估计气泡的增长速度，即气泡推动周围液体的速度。

2. 流体对表面吸附微粒的冲击作用

在流体中，运动微粒受到的作用力有三类：①重力、惯性力、压力等，这类力与流体–微粒间的相对运动无关；②阻力、附加质量力等，这类力依赖于流体–微粒间的相对运动，其方向沿相对运动的方向；③上升力等，这类力依赖于流体–微粒间的相对运动，其方向垂直于相对运动的方向[85]。

当微粒附着在固体表面，不随流体运动时，作用在微粒上的力就只有表面吸附力、重力、浮力、压力和阻力，对于微米级别的微粒，主要的力是吸附和阻力。阻力的大小只与微粒和流体的相对流速有关，对于不随流体流动的微粒，可以用流体的速度 u_{c} 代替流体与微粒的相对速度 $(u_{\mathrm{c}} - u_{\mathrm{p}})$，则球形微粒所受到的冲击力为

$$F_{\mathrm{冲}} = \frac{1}{2} C_{\mathrm{D}} A_{\mathrm{s}} \rho_{\mathrm{c}} \mu_{\mathrm{c}}^2 = \frac{1}{8} \pi C_{\mathrm{D}} d^2 \rho_{\mathrm{c}} u_{\mathrm{c}}^2 \tag{5.7.14}$$

式中，C_{D} 为阻力系数；A_{s} 为微粒的有效截面积；ρ_{c} 为流体的密度；μ_{c} 为流体的动力黏度系数；d 为微粒的直径。阻力系数 C_{D} 与雷诺数有关，不同的雷诺数下，其经验表达式不同

$$C_{\mathrm{D}} = \begin{cases} \dfrac{24}{Re}, & Re < 1 \\[3mm] \dfrac{24}{Re}\left(1 + \dfrac{1}{6} De^{\frac{2}{3}}\right), & Re < 600 \\[3mm] 0.24, & Re > 600 \end{cases} \tag{5.7.15}$$

式中， Re 为流体的雷诺数。

图 5.7.7 给出了激光清洗中基底表层气泡膨胀产生的流体对固体表面微粒的冲击作用力的模型图。模型假设：①形成的气泡依附在基底交界面上，假设气泡呈半球状并向外膨胀，气泡半径大于微粒直径。②粒子的去除方式为滚动式或滑动式，因此只有沿交界面表面方向的力对去除微粒才有效果。

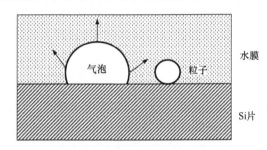

图 5.7.7　气泡膨胀形成冲击作用

如图 5.7.8 所示的球坐标系，则微粒受到的冲击力为[86]

$$F_{\text{冲}} = \frac{1}{2}C_{\text{D}}\rho_{\text{c}}A_{\text{s}}\mu_{\text{c}}^2 = \frac{1}{2}C_{\text{D}}\rho_{\text{c}} \times \left[2\int_{-R}^{R}\sqrt{R^2 - x^2}\left(\frac{\sqrt{(2R)^2 - (R+x)^2}}{2R}V\right)^2 dx \right]$$

$$= \frac{19}{64}\pi R^2 C_{\text{D}}\rho_{\text{c}}V^2 \tag{5.7.16}$$

式中， R 为微粒半径； C_{D} 为阻力系数； A_{s} 为微粒的有效截面积； ρ_{c} 为流体的密度； μ_{c} 为流体的动力黏度系数； V 为气泡的膨胀速度。

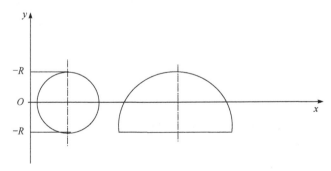

图 5.7.8　依据图 5.7.6 的结果建立的球坐标系

3. 去除力的理论计算

现在来分析基底强吸收时气泡的增长速度。根据图 5.7.6 的结果可知：基底表层的温度为 T_{w}=519 K、 $T_{\text{液}}$=464 K。当选择如表 5.7.2 的各参数时，由公式 (5.7.13)

计算得到气泡的增长速度为 19.62 m/s。现在来分析作用在气泡上的冲击力。由公式 (5.7.14)，可计算得到 0.1 μm 微粒沿基底方向的力为 $F_{冲}$=4.98×10^{-9}N，计算所用参数见表5.7.3。对基底上附着的 0.1 μm 的 Al 粒子，由简化的范德瓦耳斯力计算公式(5.6.8) 计算的没有液膜时的吸附力 $F_{吸}$=2.455×10^{-9} N，有液膜时为 $F_{吸}$=9.17×10^{-10} N，计算所用参数见表 5.7.4。

表 5.7.2　参数表 1

参数	b	h_{fg}/(J/kg)	ρ_g/(kg/m³)	ρ_f/(kg/m³)	ΔT/K	T_{sat}/K	A_s/(m/s)
数值	$\pi/7$	1.9×10^6	6.397	876	218	373	60.3

表 5.7.3　参数表 2

参数	ρ_f/(kg/m³)	μ_c	d/μm	V/(m/s)	Re	C_D
数值	876	1.442×10^8	0.1	19.62	11.92	3.76

表 5.7.4　参数表 3

参数		A_{11}/(×10^{-20} J)	A_{22}/(×10^{-20} J)	A_{33}/(×10^{-20} J)	A_{123}/(×10^{-20} J)	d/μm	h/nm
数值	无液膜	24.8	35	0	29.46	0.1	1
	有液膜	24.8	35	4.4	11	0.1	1

对于湿法激光清洗微粒来说，在合适的激光功率密度下，$F_{冲} > F_{吸}$，微粒将从基底材料上剥离。与干式清洗一样，在同样的激光功率密度下，对微米级微粒的去除效果比亚微米级的好，微粒越小，去除越困难。

综上所述，在湿式激光清洗微粒时，清洗效果由作用在微粒上的流体冲击力决定，而从式(5.7.16)，冲击力的大小取决于基底表层上气泡的增长速度。气泡增长有三个阶段，激光清洗主要发生在第一阶段即惯性增长阶段，由公式(5.7.11)，该阶段气泡的增长速度主要随气泡内气体的温度增高而增加，而公式(5.7.11)告诉我们气泡内的气体温度由基底表层的温度和表层上方介质薄膜的温度决定。

根据理论模拟结果，在同样条件下，强基底吸收可以产生更高的基底表面温度。这就解释了湿式清洗时，为什么强基底吸收所需的能量值比基底和液膜共同吸收所需的能量值要小。液膜强吸收情况下的清洗效果最差，因为在交界面处的温度不够高，难以在瞬间形成大量气泡。对硅片上微粒的湿式清洗，可以通过选择不同的液膜，使激光在该液膜中的穿透深度远大于液膜的厚度，这样可以在液膜与基底交界面处获得高温，形成气泡，通过液体流动，带走微粒，产生有效的清洗效果。

当然，液膜强吸收也有优点，就是对基底的材料没有选择性。无论是什么基底材料，只要选择强吸收液膜都可以达到清洗效果。这一点正好可以满足清洗透明光学基片的需要。因此湿式激光清洗微粒在光学器件领域中有较好的应用前景。

参 考 文 献

[1] Beklemyshev V I, Makarov V V, Makhonin I I, et al. Photodesorption of metal-ions in a semiconductor-water system[J]. JETP Letters, 1987, 46: 347-350.

[2] Zapka W, Ziemlich W, Tam A C. Efficient pulsed laser removal of 0.2 μm sized particles from a solid surface[J]. Applied Physics Letters, 1991, 58(20): 2217-2219.

[3] Park H K, Xu X F, Grigoropoulos C P, et al. Temporal profile of optical transmission probe for pulsed-laser heating of amorphous silicon films[J]. Applied Physics Letter, 1992, 61(7): 749-751.

[4] Leiderer P, Boneberg J, Dobler V, et al. Laser-induced particles removal from silicon wafers[J]. Proc. SPIE, 2000, 4065: 249-259.

[5] 陈菊芳, 张永康, 孔德军, 等. 短脉冲激光清洗细微颗粒的研究进展[J]. 激光技术, 2007, 31(3): 301-305.

[6] Tam A C, Do N, Klees L, et al. Explosion of a liquid film in contact with a pulse-heated solid surface detected by the probe-beam deflection method[J]. Optics Letters, 1992, 17(24): 1809-1811.

[7] Lee J M, Watkins K G, Steen W M. Surface cleaning of silicon wafer by laser sparking[J]. Journal of Laser Applications, 2001, 13(4): 154-158.

[8] Cetinkaya C, Vanderwood R, Rowell M. Nanoparticle removal from substrates with pulsed-laser induced plasma and shock waves[J]. Journal of Adhesion Science and Technology, 2002, 16: 1201-1214.

[9] Lee S H, Park J G, Lee J M, et al. Si wafer surface cleaning using laser-induced shock wave: a new dry cleaning methodology[J]. Surface & Coatings Technology, 2003, 169: 178-180.

[10] 叶亚云. 光学元件表面的激光清洗技术研究[D]. 绵阳:中国工程物理研究院, 2010.

[11] 苗心向, 程晓锋, 王洪彬, 等. 高功率激光装置大口径光学元件侧面清洗实验[J]. 强激光与粒子束, 2013, 25(4): 890-894.

[12] Zhang C L, Li X B, Wang Z G, et al. Laser cleaning techniques for removingsurface particulate contaminants on sol-gel SiO₂ films[J]. Chinese Physics Letters, 2011, 28(7): 074205.

[13] 徐世珍, 窦红强, 韩丰明, 等. K9 玻璃表面颗粒污染物的激光清洗[J]. 实验室研究与探索, 2017, 36(6): 5-8.

[14] Kelley J D, Hovis F E. A thermal detachment mechanism for particle removal from surfaces by pulsed laser irradiation[J]. Microelectronic Engineering, 1993, 20(1-2): 159-170.

[15] Dobler V, Oltra R, Boquillon J P, et al. Surface acceleration during dry laser cleaning of silicon[J]. Applied Physics A, 1999, 69(7): 335-337.

[16] Lu Y F, Song W D, Low T S. Laser cleaning of micro-particles from a solid surface-theory and applications[J]. Materials Chemistry and Physics, 1998, 54(1): 181-185.

[17] 宗思光, 王江安, 刘涛, 等. 激光聚焦击穿液体的爆炸气泡特性[J]. 爆炸与冲击, 2011, 31(6): 641-646.

[18] Tam A C, Leung W P, Zapka W, et al. Laser-cleaning techniques for removal of surface particulates[J]. Journal of Applied Physics, 1992, 71(7): 3515-3523.

[19] Lu Y F, Song W D, Ang B W, et al. A theoretical model for laser removal of particles from solid surfaces[J]. Applied Physics A, 1997, 65(1): 9-13.

[20] Arnold N. Dry laser cleaning of particles by nanosecond pulses: theory[C]. International Workshop on Laser Clearing, 2002.

[21] Kolomenskii A A, Schuessler H A, Mikhalevich V G, et al. Interaction of laser-generated surface acoustic pulses with fine particles: surface cleaning and adhesion studies[J]. Journal of Applied Physics,1998, 84(5): 2404-2410.

[22] Wu X, Sacher E, Meunier M. The effects of hydrogen bonds on the adhesion of inorganic oxide particles on hydrophilic silicon surfaces[J]. Journal of Applied Physics, 1999, 86(3): 1744-1748.

[23] Wu X, Sacher E, Meunier M. The modeling of excimer laser particle removal from hydrophilic silicon surfaces[J]. Journal of Applied Physics, 2000, 87(8): 3618-3627.

[24] Luk'yanchuk B S, Zheng Y W, Lu Y F. Laser cleaning of solid surface: optical resonance and near-field effects[J]. Proc. SPIE, 2000, 4065: 576-587.

[25] Luk'yanchuk B S, Zheng Y W, Lu Y F. A new mechanism of laser dry cleaning[J]. Proc. SPIE, 2001, 4423: 115-126.

[26] Luk'yanchuk B S, Zheng Y W, Lu Y F. Basic physical problems related to dry laser cleaning[J]. Riken Review, 2002, 43: 28-34.

[27] Lu Y F, Zheng Y W, Song W D. Laser induced removal of spherical particles from silicon wafers[J]. Journal of Applied Physics, 2000, 87(1): 1534-1539.

[28] Mosbacher M, Miinzer H J, Zimmermann J, et al. Optical field enhancement effects in laser-assisted particle removal[J]. Applied Physics A, 2001, 72(1): 41-44.

[29] Zheng Y W, Luk'yanchuk B S, Lu Y F, et al. Dry laser cleaning of particles from solid substrates: experiments and theory[J]. Journal of Applied Physics, 2001, 90(5): 2135-2142.

[30] Yue L Y, Wang Z B, Li L. Multiphysics modelling and simulation of dry laser cleaning of micro-slots with particle contaminants[J]. Journal of Physics D: Applied Physics, 2012, 45(8): 135401.

[31] Ye Y Y, Yuan X D, Xiang X, et al. Laser cleaning of particle and grease contaminations on the surface of optics[J]. Optik, 2012, 123(12): 1056-1060.

[32] Wu L Y, Yang A N, Ma C, et al. Comparative study on laser cleaning SiO$_2$ particle on SrTiO$_3$ and Si surfaces[J]. AIP Advances, 2022, 12(5): 055213.

[33] Lai Q Y, Feng G Y, Yan J, et al. Damage threshold of substrates for nanoparticles removal using a laser-induced plasma shockwave[J]. Applied Surface Science, 2022, 539: 148282.

[34] Kadaksham J, Zhou D, Peri M D M, et al. Nanoparticle removal from EUV photomasks using laser induced plasma shockwaves[C]. Yokohama: Proc. SPIE, Photomask and Next-Generation Lithography Mask Technology Ⅷ, 2006: 62833C.1-62833C.11.

[35] Kim D S, Oh B, Jang D, et al. Experimental and theoretical analysis of the laser shock cleaning process for nanoscale particle removal[J]. Applied Surface Science, 2007, 253(19): 8322-8327.

[36] Oh B, Kim D, Lee J M. Analysis of laser-induced hydrodynamic phenomena in the laser shock cleaning process[J]. Journal of Physics: Conference Series, 2007, 59(1): 181-184.

[37] 张平, 卞保民, 李振华. 激光等离子体冲击波清洗中的颗粒弹出移除[J]. 中国激光, 2007,

34(10): 1451-1455.

[38] Kumar A, Prasad M, Bhatt R B, et al. Laser shock cleaning of radioactive particulates from glass surface[J]. Optics and Lasers in Engineering, 2014, 57: 114-120.

[39] Assendel'ft E Y, Beklemyshev V I, Makhonin I I. Optoacoustic effect on the desorption of microscopic particles from a solid surface into a liquid[J]. Soviet Technical Physics Letters, 1988, 14: 444-445.

[40] Allen S D, Lee S J, Imen K. Laser cleaning techniques for critical surfaces[J]. Optics & Photonics News, 1992, 3: 28-30.

[41] Zapka W, Tam A C, Ziemlich W. Laser cleaning of wafer surfaces and lithography masks[J]. Microelectronic Engineering, 1991, 13(1-4): 547-550.

[42] Zapka W, Tam A C, Ayers G, et al. Liquid-film enhanced laser cleaning[J]. Microelectronic Engineering, 1992, 17(1-4): 473-478.

[43] Yavas O, Leiderer P, Park H K, et al. Optical and acoustic study of nucleation and growth of bubbles at a liquid-solid interface induced by nanosecond-pulsed-laser heating[J]. Applied Physics A, 1994, 58: 407-415.

[44] Grojo D, Cros A, Delaporte Ph, et al. Experimental investigation of ablation mechanisms involved in dry laser cleaning[J]. Applied Surface Science, 2007, 253(19): 8309-8315.

[45] Derjaguin B V, Muller V M, Toporov Y U P. Effect of contact deformations on the adhesion of particles[J]. Journal of Colloid and Interface Science, 1975, 53(2): 314-326.

[46] Wang X, Xu X. Thermoelastic wave induced by pulsed laser heating[J]. Applied Physics A, 2001, 73(1): 107-114.

[47] Luk'yanchuk B S, Zheng Y W, Lu Y F. Laser cleaning of the surface: optical resonance and near-field effects[J]. Proc. SPIE, 2000, 4065: 576-587.

[48] Luk'yanchuk B S, Arnold N, Huang S M. Three-dimensional effects in dry laser cleaning[J]. Applied Physics A, 2003, 77(2): 209-215.

[49] Huang S M, Hong M H, Lukyanchuk B, et al. Nanostructures fabricated on metal surfaces assisted by laser with optical near-field effects[J]. Applied Physics A, 2003, 77(2): 293-296.

[50] Arnold N, Schrems G, Bauerle D. Ablative thresholds in laser cleaning of substrates from particulates[J]. Applied Physics A, 2004, 79(4-6): 729-734.

[51] Born M, Wolf E. Principles of Optics[M]. 7th ed. Cambridge: Cambridge University Press, 1999.

[52] Bobbert P A, Vlieger J. Light scattering by a sphere on a substrate[J]. Physica A, 1986, 137(1-2): 209-242.

[53] Luk'yanchuk B S, Wang Z B, Song W D, et al. Particle on surface: 3D-effects in dry laser cleaning[J]. Applied Physics A, 2004, 81(6): 1329.

[54] Wang Z B, Hong M H, Luk'yanchuk B S, et al. Angle effect in laser nanopatterning with particle-mask[J]. Journal of Applied Physics, 2004, 96(11): 6845-6850.

[55] Wang Z B, Hong M H, Luk'yanchuk B S, et al. Parallel nanostructuring of GeSbTe films with particle-mask[J]. Applied Physics A, 2004, 79(4-6): 1603-1606.

[56] Kirk N P, Connor J N, Curtis P R, et al. Theory of axially symmetric cusped focusing: numerical

evaluation of a Bessoid integral by an adaptive contour algorithm[J]. Journal of Physics A-Mathematical and General, 2000, 33: 4797-4808.

[57] Kane D M. Laser Cleaning Ⅱ [M]. Singapore: World Scientific Press, 2006.

[58] Bloisi F, Di Blasio G, Vicari L, et al. One-dimensional modelling of 'verso' laser cleaning[J]. Journal of Modern Optics, 2006, 538: 1121-1129.

[59] Watkins K G, Curran C, Lee J M. Two new mechanisms for laser cleaning using Nd:YAG sources[J]. Journal of Cultural Heritage, 2003, 4(1): 59-64.

[60] Grojo D, Delaporte P, Sentis M. The so-called dry laser cleaning governed by humidity at the nanometer scale[J]. Applied Physics Letters, 2008, 92(3): 033108.

[61] Lim H K, Jang D K, Kim D S, et al. Correlation between particle removal and shock-wave dynamics in the laser shock cleaning process[J]. Journal of Applied Physics, 2005, 97(5): 054903.

[62] Kim J S, Busnaina A, Park J G. Effect of laser shock wave cleaning direction on particle removal behavior at trenchs[J]. ECS Transactions, 2009, 25(5): 257-262.

[63] Lee J M, Watkins K G. Removal of small particles on silicon wafer by laser-induced airborne plasma shock waves[J]. Journal of Applied Physics, 2001, 89(11): 6496-6500.

[64] Lee S J, Imen K, Allen S D. Shock wave analysis of laser assisted particle removal[J]. Journal of Applied Physics, 1993, 74(12): 7044-7047.

[65] Zel'dovich Y B, Raizer Y P. Physics of Shock Waves and High Temperature Hydrodynamic Phenomena[M]. New York: Academic, 1966.

[66] Phipps C R, Turner T P, Harrison R F. Impulse coupling to targets in vacuum by KrF, HF and CO_2 single-pulse lasers[J]. Journal of Applied Physics, 1988, 64(3): 1083-1096.

[67] Sedov L I. Similarity and dimensional methods in mechanics[J]. Physics Today, 1960, 13(9): 50-52.

[68] Harith M A, Palleschi V, Salvetti A, et al. Experimental studies on shock wave propagation in laser produced plasmas using double wavelength holography[J]. Optics Communications, 1989, 71(1-2): 76-80.

[69] 罗锦锋, 宋世军, 王平秋, 等. 激光等离子体对硅表面微纳粒子除去机理研究[J]. 激光技术, 2018, 42(4): 567-571.

[70] Hemley R J, Mao H K, Bell P M, et al. Raman spectroscopy of SiO_2 glass at high pressure[J]. Physical Review Letters, 1986, 57(6): 747-750.

[71] Luo J, Lai Q Y, Li Y G, et al. Investigation on ultimate results and formation mechanism of the micro-nano particles removal by laser plasma[J]. Laser Physics Letters, 2020, 17(9): 096001.

[72] Ye Y Y, Yuan X D, Xiang X, et al. Laser plasma shockwave cleaning of SiO_2 particles on gold film[J]. Optics and Lasers in Engineering, 2011, 49(4): 536-541.

[73] Phares D J, Flagan G C. Effect of particle size and material properties on aerodynamic resuspension from surface[J]. Journal of Aerosol Science, 2000, 31(11): 1335-1353.

[74] Arronte M, Neves P, Vilar R. Modeling of laser cleaning of metallic particulate contaminates from silicon surface[J]. Journal of Applied Physic, 2002, 92(12): 6973-6982.

[75] 李维新. 一维不定常流与冲击波[M]. 北京:国防工业出版社, 2003.

[76] Zhang P, Bian B M, Li Z H. Dynamics of particles removal in laser shock cleaning[J]. SPIE High-Power Laser Ablation, 2016, 6261(138): 1-11.

[77] 叶亚云, 袁晓东, 向霞, 等. 激光冲击波清洗 K9 玻璃表面 SiO₂ 颗粒的研究[J]. 激光技术, 2011, 35(2): 245-248.

[78] Kim T, Lee J M, Cho S H, et al. Acoustic emission monitoring during laser shock cleaning of silicon wafers[J]. Optics and Lasers in Engineering, 2005, 43(9): 1010-1020.

[79] Vanderwood R, Cetinkaya C. Nanoparticle removal from trenches and pinholes with pulsed-laser induced plasma and shock waves[J]. Journal of Adhesion Science and Technology, 2003, 17(1): 129-147.

[80] Kudryashov S I, Allen S D, Shukla S D. Experimental and theoretical studies of laser cleaning mechanisms for submicrometer particulates on Si surfaces[J]. Particulate Science and Technology, 2006, 24(3): 281-299.

[81] Lee S J, Imen K, Allen S D. Laser-assisted particle removal from silicon surfaces[J]. Microelectronic Engineering, 1993, 20(1-2): 145-157.

[82] Carey V P. Liquid-Vapor Phase Change Phenomena[M]. Washington: Hemisphere Publishing Cooperation, 1992.

[83] 徐济望. 沸腾传热和气液两相流[M]. 北京: 原子能出版社, 1993.

[84] Velasco S, Román F L, White J A. On the clausius-clapeyron vapor pressure equation[J]. Journal of Chemical Education, 2009, 86(1): 106-111.

[85] Kim D, Lee J. On the physical mechanisms of liquid-assisted laser cleaning[J]. Journal of Applied Physics, 2003, 93(1): 762-764.

[86] 刘大有. 二相流体动力学[M]. 北京: 高等教育出版社, 1993.

第 6 章　激光清洗金属表面涂层

与半导体材料上的微粒污染物不同，实际生产生活中的很多污染物是连续分布的，如设备上的油漆、户外金属的锈蚀和腐蚀、大面积的油污、灰尘，以及石材等文物上的自然沉积层，其中最常见的是涂料和腐蚀层。无论是在工业产品、生活用品，还是文保领域，去除涂料和腐蚀层都是非常重要的任务。本章和第 7 章将阐述涂料和腐蚀层的激光清洗机制和理论模型。

涂料层包括金属、非金属基底上的油漆涂层、耐热涂层、抗氧化涂层、耐候性保护层等。常见于车辆、飞机、轮船、桥梁、建筑物等工具或建筑上，以起到保护作用，具有燃点沸点低、在光或热作用下会分解、与基底附着力弱、成分已知且厚度较均匀等特点。基底有金属和非金属。腐蚀是金属氧化、硫化或与某些电解质反应等作用下产生的黏附在金属基底上的对金属基底有害的物质，其特点是熔点沸点高，有些情况下与基底附着力较强，基底只有金属，但腐蚀层的成分复杂，这是由于腐蚀过程中会生成不同的化合物，加之空气中还有灰尘等物质与腐蚀产物混杂在一起，腐蚀是非均匀的且不可控，各部位的腐蚀程度、成分均可能不同。

基底材料上的涂层去除是激光清洗最可能大规模应用的领域之一。如大型飞行器、海上舰船、桥梁、工业设备，出于安全和防护的需要，这类装备和工具都会进行涂装，并且每隔一段时间，如 2~3 年，就需要去除原有老化涂层，再涂装上新的防护层。

本章将对金属和非金属基底上的油漆涂层的激光清洗过程建立理论模型，通过数值求解和实验结合，对模型进行验证。

6.1　涂装和清洗

为了保护产品免受氧化和腐蚀，古人就知道可以在物件上涂上桐油、油漆等。到了现代，在制造工业中，涂装更是一道必不可少的工序，涂装后形成的固态膜黏附牢固，具有一定强度且连续覆盖于物件上。对产品进行涂装，一方面可以使得产品外观质量提升，另一方面可以保护产品免受外界环境侵蚀，延长产品寿命。

6.1.1　涂料

涂装所使用的涂料品种很多。通常所说的涂料是指通过植物提取或化学配制而成的有色颜料，可以根据用途或成分细分为美术颜料、工业油漆等。早期的涂料大多以植物油为主要原料，因此常常被称为油漆。现代涂料多用合成树脂取代植物油，即合成涂料已经成为主流，因此现在所说的涂料多指合成树脂涂料。为简便起见，本书中所说的涂料或油漆均指现代所用的涂料，名称上不再严格区分。

涂料不论品种或形态如何，都是由成膜物质、次要成膜物质和辅助成膜物质三种基本物质组成的。成膜物质也称黏结剂，是构成油漆的主体，决定着漆膜的性能，主要由有机高分子化合物如天然树脂(松香、大漆)、油脂(桐油、亚麻油、豆油、鱼油等)、合成树脂等混合配料经高温反应而成，也有无机物油漆(如无机富锌漆)，由高分子树脂或油料等聚合物质组成，是包含简单原子(如碳、氢、氮、氧和氯)的长分子链；次要成膜物质包括各种颜料，分为无机物和有机物，可以使涂层具有颜色和光洁度，能提高油漆的保护性能和装饰效果，还能保护下面的基底免受腐蚀和风化，耐候性好的颜料可提高油漆的使用寿命；辅助成膜物质包括各种助剂、溶剂，其在生产、储存、使用，以及漆膜的形成过程中起着重要作用，可以提高涂层的可涂性，对漆膜的性能影响极大。

涂料的化学成分主要有：金属氧化物颜料(如铁红、铜绿等)、高分子溶剂(如乙醇、乙酸乙酯、乙酸异戊酯等)、填料(如硅藻土、滑石粉等)、增塑剂(如裂解淀粉等)。

虽然涂料的名称较多，但根据其名称一般可以确定其成分或用途。根据涂料产品分类和命名国家标准(GB/T 2705—2003)，涂料全名一般由颜色或颜料名称加上成膜物质名称，再加上基本名称(特性或专业用途)而组成，对于不含颜料的清漆，全名一般由成膜物质名称加上基本名称而组成。

6.1.2　涂装

所谓涂装，是指通过一定手段，在金属和非金属表面，涂布一层涂料薄膜(涂料)以起到保护、装饰或其他特殊作用(绝缘、防锈、防霉、耐热等)。涂装是一个系统工程，它包括涂装前基体表面的处理、喷涂工艺、干燥或固化三个基本工序以及设计合理的涂层系统，还包括选择合适的涂料、确定良好的作业环境条件以及进行质量、工艺管理等重要环节。目前的主要涂装技术有静电喷涂、电泳涂漆、粉末喷涂等。在家电、日用五金、家具、电器、汽车、造船等行业，涂装都是必不可少的。

在考古领域和美术领域，也有大量涂刷油漆的艺术品和作品。这些艺术品和作品的修复，也涉及对原有的油漆进行处理的过程。

6.1.3　涂料的清洗

各种设备、建筑物、工具上的油漆涂层，经过一段时间后，必然会因为环境侵蚀而受损，出现剥落现象，如果基底是金属，则会同时出现锈蚀，如图 6.1.1 所示。

图 6.1.1　涂层的剥落和锈蚀

为延长设备寿命，保证使用安全，必须定期去除其表面涂料层，重新喷涂新的涂料。比如海轮经过数年的远洋航行进行维修时，需要将老旧漆层全部去除；又如飞机蒙皮上的油漆层，在飞机大修时也需要去除后再涂装。工业上最常用的去除油漆的方法有喷丸除漆和化学除漆。这两种方法技术成熟、效率高，但是对环境污染很严重。激光清洗则具有绿色环保节能的特点，在除漆领域的研究已受到关注，并已经逐步进入应用。

6.2　激光除漆及其机制研究概述

6.2.1　激光除漆研究简述

利用激光去除基底材料上的油漆涂层，简称为激光除漆或激光脱漆。第 2 章已经就激光除漆做了较为详细的综述，这里只是简单叙述一下激光除漆的发展脉络。

激光除漆最早的研究工作可以追溯到 1974 年，Fox[1]在树脂玻璃和金属基底上涂上油漆，用调 Q 掺钕玻璃激光进行清洗，发现激光产生了强烈的光致应力波，可有效去除油漆层。研究中还发现了应力随时间变化的情况，并发现在有辅助液体水的情况下，由于水强烈吸收 1.06 μm 波长的激光，从而在漆涂层材料中产生较大的应力振荡波，可获得大于激光光斑的清洗面积，这是湿式激光清洗方式在除漆方面的早期研究。此后，在 20 世纪 80～90 年代，相继有科研人员对激光除漆进行了研究。不过由于当时激光器成本较高，激光除漆技术难以推广应用。

1989 年《蒙特利尔议定书》(全称《关于消耗臭氧层物质的蒙特利尔议定书》)生效后,从长期和可持续发展的角度出发,为了减少对环境和公众健康的危害,在化学清洗中限制使用污染环境的有机溶剂,例如通常用于工业清洗的氟氯化碳。作为对环境友好的清洗方式,激光清洗的地位得到明显提升,越来越受到关注,相应地也进一步促进了激光除漆技术的研究和发展。

由于飞机需要定期除漆和重新涂漆,飞机材料基底不能受到丝毫损伤,且飞机表面积较大,是工业表面除漆的典型应用,因此对飞机的激光除漆研究开展得较多。1995 年德国的 Schweizer 等[2]、1996 年日本 Tsunemi 等[3]研究了激光器清洗飞机油漆,可以使得油漆被清洗干净而铝基底或复合基底没有任何损伤。从此,激光清洗进入了可以清洗大面积物体的阶段,工业实用性进一步得到加强。

南开大学、中国科学院上海光学精密机械研究所(简称上海光机所)等单位开始重视激光脱漆的巨大应用潜力,并进行了相关研究。Shi 等[4]通过建立有限元模型研究了两层涂层-衬底体系的温度分布和应变分布,从理论上探究了油漆的去除机理。路磊等[5]采用 LD 双向端面泵浦的双波长激光器作为激光清洗的光源,与光纤传输系统、扫描系统等相结合,研制了背带式双波长激光清洗设备。朱伟等[6]研究了激光去除铝合金平板表面油漆的工艺。结果表明,激光功率、离焦量、清洗速度会对清洗效果产生明显的影响,并对基底表面的力学性能做了进一步测试分析。Li 等[7]介绍了金属或复合基材上聚合物涂层剥离的激光清洗技术研究进展,并详细论述了剥离机理、设备要求以及剥离前后对基材的力学影响。马玉山等[8]针对激光干式清洗多种腐蚀层及涂层方面的研究进展进行了综述,分析了其在工业制造领域的应用前景。

近年来复合材料的使用越来越多,复合材料表面除漆是一个新问题,由于复合材料基底与金属基底的性质不同,它与油漆的某些参数更为接近,如熔点低、热导率低,使得激光清洗遇到了新的挑战。不过,很多研究也已经开展,并取得了成效。Yang 等[9]分析了碳纤维与树脂基体之间的传热过程,并研究了激光清洗参数对油漆去除的影响。Gu 等[10]用紫外皮秒激光去除飞机表面的多层复合涂料,对激光清洗的脱漆质量和机理进行了详细的研究和分析。Zhan 等[11]对激光清洗后的碳纤维基底表面微结构形貌进行了分析,发现清洗后碳纤维的完整性对胶结起着重要的作用。

6.2.2 激光除漆机制研究

关于激光除漆机制,人们做了不少研究。油漆和基底吸收激光后,温度上升。关于温度场,已经有了很多研究。比如,刘彩飞等[12]采用有限元法建立模型,模拟了喷有漆膜的不锈钢样品表面在移动脉冲激光作用下的温度场,研究了不同时刻漆膜表面的温度场分布以及激光参量对漆膜表面温度场的影响;Yang 等[9]基于有限元法中的"单元死亡"技术，建立了非均质纤维基体上漆层去除的数值模型，模拟碳纤维与树脂基体之间的传热过程。通过建立有限元、三维、数值、瞬态模型，模拟了激光除漆的温度场[13-15]。

温度上升和空间分布，使得材料膨胀产生热应力，或达到油漆沸点使之气化，或达到分解温度使之化学分解，在温度上升到一定程度时，会有等离子体产生。这些效应最终使得油漆从基底剥离，所以烧蚀、热应力、等离子体冲击波都可能是激光除漆的作用机制。

在激光脱漆除锈中，热应力(热振动)机制是重要的清洗机制。南开大学团队在这方面做了不少工作。宋峰等[16]讨论了热应力在短脉冲激光清洗油漆过程中的作用，建立了一维短脉冲激光除漆模型，得到了激光清洗油漆的条件。田彬等[17]考虑了清洗过程中污物和基底的热弹性振动以及二者的相互作用，建立了一种更为准确的双层热弹性振动模型，得出了干式激光清洗过程中污物与基底各自的温度和位移分布，计算出脱离应力、激光清洗阈值和损伤阈值。施曙东[18]提出了一种更贴近实际工作状态的三层吸收界面烧蚀振动模型，通过有限元方法进行了数值求解，给出了激光清洗油漆过程中的温度分布、应力分布和位移值的数值计算结果，并与实验结果符合得较好。Zou 等[19]从热应力的角度建立了短脉冲激光脱漆的理论模型。热应力由热膨胀产生，根据一维热传导方程计算不同试样的温度。通过对比热应力和涂层附着力，得到理论清洗阈值，通过计算温度，得到理论损伤阈值。杨贺[20]研究了高重复频率脉冲热应力下的脱漆机理。模拟了激光照射下铝基板和涂料的温度分布。很多研究者也认为热应力是激光除漆的主要作用机制[21]。Lu 等[22]对热应力模型进行了改进，并用于紫外纳秒脉冲激光除漆的温度分布、应力分布和烧蚀深度的理论计算。指出热应力是激光去除油漆过程中的主要机制。

早期还有提出膜层屈曲机制的，这其实可归于热应力机制。Gupta 等[23]采用不同波长的飞秒和纳秒激光器，从玻璃衬底上完全去除松散黏附的非常薄的钼膜，模拟预测了在飞秒激光作用情况下的两级机械屈曲机制。平面外热膨胀首先导致玻璃基板上钼膜的拉伸膨胀；局部分层的薄膜在压应力作用下弯曲，导致薄膜剥落。纳秒激光脉冲的烧蚀行为与其不同。在纳秒激光的照射下，钼中出现了明显的热扩散长度(700 nm)，导致玻璃的热膨胀效应增加。熔融玻璃产生的热致应力会产生分层区域，将压缩薄膜脱离基片。

激光烧蚀也是激光除漆的一种机制。Lee 等[24]采用三维有限元方法对纳秒脉冲激光烧蚀过程进行了研究，不同的工艺参数如入射量、激光功率、入射激光的波长和脉冲宽度等都可能影响烧蚀过程，利用实验设计对烧蚀过程的趋势进行了预测。

无论是振动机制，还是烧蚀机制，都会形成等离子体。Lu 等[22]建立了一种用于描述紫外纳秒脉冲激光清洗温度分布、应力分布和烧蚀深度的二维有限元模型。

指出热应力是激光除漆过程中的主要机制，模型考虑了等离子体的形成、等离子体对入射激光能量密度的屏蔽效应等因素。

张天刚等[25]认为，激光清洗过程形成了"烧蚀-等离子冲击-烧蚀"除漆机制交互作用的特点，烧蚀会引起漆层中功能性氧化物粒子和面漆着色剂脱漆沉积，凹坑为主要清洗特征；等离子冲击主要发生在凹坑间隔区间，其产生的爆轰波主要对漆层产生破坏或去除；烧蚀和等离子冲击一方面会触发瞬态加热膨胀除漆机制，使残余漆层发生应力碎裂或剥离；另一方面将使残余漆层受到热影响，导致部分自由基发生位置重排和置换。实际上，应该说，激光除漆是多种机制的综合影响，包括激光烧蚀气化效应、热应力效应和激光等离子体效应[26-28]，化学键断裂也是机制之一[29]。在不同的激光参数下，某种机制起主要作用。孙浩然[30]对铝合金表面油漆涂层进行激光清洗研究，认为毫秒脉冲CO_2激光主要通过烧蚀效应去除油漆涂层，热输入较大，清洗后有燃烧产物残留；纳秒脉冲激光除漆过程为烧蚀效应、热弹性膨胀效应和逆韧致效应共同作用的结果。孙浩然[30]以及 Zhang 等[31]研究了纳秒脉冲激光器对铝合金表面蓝色、红色聚氨酯涂料的激光清洗作用，建立了一个基于比尔-朗伯定律的能量分布模型，计算了涂料的温度分布和衬底的热应力。在激光照射下，蓝色涂料更容易被烧蚀和气化，而红色涂料则受到更大的热应力的影响。在去除蓝漆时，主要的机理是蒸发、散裂和燃烧，红漆主要由基材的热应力引起。何宗泰等[32]采用纳秒脉冲激光对印制电路板表面的有机硅树脂三防漆进行清洗，当激光能量密度较低且激光脉冲宽度较大时，有机硅树脂发生局部热解，在与印制电路板接触的界面产生气化现象，使有机硅树脂涂层发生膨胀。随着激光能量密度的增大，有机硅树脂部分结构发生分解，有机硅树脂涂层形成鳞状裂纹。既有烧蚀气化，也有膨胀热应力，还有化学分解。

激光除漆，只要控制好参数，就不会使基底材料受到损伤，反之，利用激光对材料的改性作用，还能有效提高材料表面显微硬度、拉伸强度和弯曲强度[33]。

6.3 激光除漆原理

根据激光和物质的作用原理可知，激光照射涂有油漆的物体，在激光作用期间，遵循热力学基本规律，包含传导、对流、辐射等传热形式，激光热作用过程中，涂层和基底对激光的吸收率和材料温度变化也符合一般规律。因此，激光除漆作用过程虽然是复杂的物理问题，但结合热学规律和实际作用情况，可忽略次要因素，抓住主要条件，建立模型。在去除基底上的大面积油漆时，可以认为油漆和基底是各向同性物质；在用短脉冲调 Q 激光清洗时，可以认为是边界绝热的；等等。

与其他清洗一样，激光除漆的条件是激光清洗力大于油漆与基底的附着力。

6.3.1　油漆与基底的黏附力

油漆与基底材料的黏附力受很多因素影响[34]，可以简化其层间作用，把油漆与金属的黏附力的计算看作两个平行平面之间黏附力的计算。对于油漆，可以认为是由很多微粒组成的，油漆微粒一方面和基底之间有黏附力，另一方面和附近的其他油漆微粒也有黏附力。这样，我们可以大体上计算出油漆与基底之间的黏附力。对于两个平面之间的黏附力，没有详细的研究。在理想情况下，不考虑接触面变形，并忽略油漆微粒横向之间的作用力时，油漆与基底的黏附力为[35]

$$F = \frac{h_{12}}{8\pi^2 d^3} \tag{6.3.1}$$

式中，d 是微粒间的最小分离距离，一般情况下 $d = 0.4$ nm；h_{12} 是栗弗席兹-范德瓦耳斯(Lifshitz-van der Waals)常数，是与相互接触的材料有关的一个量，它由式(6.3.2)给出[36]

$$h_{12} = \frac{4\pi}{3} A_{12} \tag{6.3.2}$$

式中，A_{12} 是油漆和金属基底相互接触的哈马克常数，它可以由下式计算得到[37]

$$A_{12} \approx \sqrt{A_{11} A_{22}} \tag{6.3.3}$$

式中，油漆与油漆相互接触的哈马克常数 $A_{11} \approx 8 \times 10^{-20}$ J；金属和金属相互接触的哈马克常数 A_{22} 的范围近似为 $3 \times 10^{-19} \sim 5 \times 10^{-19}$ J[38]。将之代入上述几个公式，可以计算得到油漆与金属的单位面积黏附力的范围近似为 $F = 1.28 \times 10^8 \sim 1.66 \times 10^8$ N/m^2。

6.3.2　激光除漆时的清洗力

激光的清洗力来自于激光与物质的相互作用。当激光照射到油漆上时会发生反射、透射和吸收。对于被油漆吸收的激光，其能量转化为热能，油漆和基底温度发生变化，其变化满足热传导方程；如果油漆层太薄，或者其透明度较好，则透过油漆的激光继续被基底吸收，也产生热能和温度变化，并且温度变化也满足热传导方程。

如果温度达到油漆的熔点和沸点，则油漆将熔化或被气化，这就是所谓的烧蚀机制。当温度大于某个值时，油漆会产生分解，形成新的物质，这称为光分解机制。考虑到光分解机制和燃烧机制一样，都是因为温度上升，而产生了新的物相，所以都可以纳入烧蚀机制。

　　激光作用期间，油漆温度没有达到其熔点、沸点或分解点，但是油漆吸热后温度上升，导致油漆层向外膨胀。在这个过程中，油漆吸收热量，在热应力的作用下产生位移。此时热应力可视为清洗力。当清洗力足够大时，会破坏油漆与基底的附着以及与周围油漆的横向连接，而使得被激光照射的那一块油漆脱离基底。如果油漆对激光透明，基底吸收激光后，要么向油漆传递热量，重复上述过程，要么基底膨胀，给油漆层向外的推力，最终使得油漆剥离，这就是热应力机制。对于脉冲激光，激光作用期间，油漆向外膨胀，激光停止作用时，温度会下降，油漆层会向基底收缩，这样就形成了热弹性振动，热弹性振动也是热应力引起的，所以可以归为热应力机制。

　　这两种机制是激光除漆的主要机制。实验中，可通过观察激光清洗时的现象初步判断是哪种清洗机制，例如，当激光清洗时的油漆燃烧或产生明显的烟雾时，是烧蚀机制占主导；如果看到激光清洗后的油漆碎片而没有烟雾，则是热应力机制占主导。其他的如化学分解可以归于燃烧机制；等离子体机制相对较少。

　　下面几节我们将介绍激光除漆的模型。包括简化作用条件下的一维模型和考虑更多作用因素的三维模型。

6.4　调 Q 脉冲激光除漆的热应力模型

　　根据大多数清洗情况，可以近似认为被加热材料是各向同性物质，材料的热物理参数在所研究的温度范围内可认为是常数，在研究中常忽略热传导中的辐射和对流(激光作用时间极短，这二者是可以忽略的)，只考虑材料表面的热传导等。我们在这几条假设的基础上借助计算机进行模型分析和数值计算，并通过实验予以验证。本节介绍调 Q 脉冲激光除漆的热应力模型[37-43]。

6.4.1　纳秒激光除漆的一维温度模型

　　调 Q 激光(电光调 Q、声光调 Q)是激光除漆的常用光源，其脉冲持续时间为几纳秒到数百纳秒，与清洗对象的作用时间极短。当激光照射到油漆上时会发生反射、透射和吸收。如图 6.4.1 所示，首先激光入射到油漆上，油漆吸收激光，产生热能，导致温度发生变化，其变化满足热传导方程，接着透过油漆的激光继续被基底吸收，也产生热能和温度变化，并且温度变化也满足热传导方程。假设满足以下条件：①激光光强在 x-y 平面上是平顶分布；②吸收的激光光强在 z 方向上的分布遵守光的吸收定律；③由于激光脉冲作用时间极短，因而在 z 方向上的热传导深度远远小于在 x-y 平面上激光的照射范围，可以近似认为 x-y 平面是无限大的平面。此外，激光清洗时，为了增大激光能量密度，经常采用聚焦方式，这种情况下, 因为激光作用光斑远小于清洗样品的表面积, 所以也可以近似认为 x-y 平面是无限大的平面。因此模型只考虑在 z 方向上的一维热传导情况。在以上假设基础上, 建立温度模型。

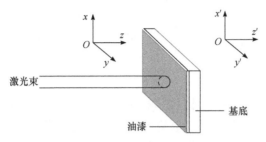

图 6.4.1　激光清洗示意图

1. 两端绝热有限长度的温度模型

当采用纳秒级别的短脉冲进行清洗时, 由于激光作用时间极短, 可以认为激光入射到物质的前端面(油漆的迎光面)和从物质出射的后端面(油漆和基底的接触面)都是绝热的。在此情况下, 热传导方程和第 4 章的式(4.5.1)相同, 这里重写如下:

$$\rho_{\mathrm{m}} c_{\mathrm{m}} \frac{\partial T(z,t)}{\partial t} - k_{\mathrm{m}} \frac{\partial^2 T(z,t)}{\partial x^2} = (1 - R_{\mathrm{m}}) \alpha_{\mathrm{m}} I_0 \exp(-\alpha_{\mathrm{m}} x) \tag{6.4.1}$$

式中, ρ_{m}、c_{m}、k_{m} 分别是材料的密度、比热容和热传导系数; R_{m} 是材料表面的反射率; α_{m} 是材料的吸收系数; 下标 $\mathrm{m} = \mathrm{p}$、s, 表示油漆或基底; I_0 是入射激光的功率密度。除了 $T(z,t)$ 以外, 其余参数均设为常量。虽然 ρ、c、k 随温度变化, 但是在温度变化不大、作用时间极短的情况下, 可近似为常量。后面的计算也表明油漆的温度变化不大, 在清洗阈值附近铁基底的温度变化也不大, 所以这种假设是成立的。

两端绝热, 所以边界条件为

$$\begin{cases} k_{\mathrm{m}} \left. \dfrac{\partial T}{\partial z} \right|_{z=0} = 0 \\[2mm] k_{\mathrm{m}} \left. \dfrac{\partial T}{\partial z} \right|_{z=m} = 0 \end{cases} \tag{6.4.2}$$

初始条件(设环境温度为 300 K)为

$$T(z,0) = 300 \text{ K} \tag{6.4.3}$$

利用边界条件和初始条件，可以得到方程(6.4.1)的解，见第 4 章的式(4.5.4)～式(4.5.10)，以及热传导方程的解析解，重写如下：

$$\Delta T\left(z,t\right)=T\left(z,t\right)-T\left(z,0\right)$$

$$=\sum_{n=1}^{\infty}\frac{C_n}{a_{\mathrm{mt}}}\left(\frac{z_{\mathrm{m}}}{n\pi}\right)^2\cos\left(\frac{n\pi z}{z_{\mathrm{m}}}\right)\left[1-\exp^{-a_{\mathrm{mt}}\left(\frac{n\pi}{z_{\mathrm{m}}}\right)^2 t}\right]+C_0 t \quad (n=1,2,3) \quad (6.4.4)$$

式中，$0\leqslant t<\tau, 0\leqslant z\leqslant z_{\mathrm{m}}$。

注意在计算基底的温度时，要考虑到基底吸收的是透过油漆的激光，要将式(6.4.1)中的 I_0 换成作用在基底上的激光光强 $I=T_{\mathrm{p}}I_0$，其中 T_{p} 为油漆对激光的透射率，$R_{\mathrm{p}}+T_{\mathrm{p}}+A_{\mathrm{p}}=1$，$R_{\mathrm{p}}$ 为油漆对激光的反射率，A_{p} 为油漆对激光的吸收率。

2. 前端导热无限长度的基底温度模型

如果激光照射到基底材料，前端导热，则基底的热传导方程如下：

$$\rho_{\mathrm{s}}c_{\mathrm{s}}\frac{\partial T\left(z,t\right)}{\partial t}=k_{\mathrm{s}}\frac{\partial^2 T\left(z,t\right)}{\partial z^2} \quad \left(0\leqslant t<\tau, 0\leqslant z\leqslant\infty\right) \quad (6.4.5)$$

边界条件为

$$\begin{cases} -\left.\dfrac{\partial T}{\partial z}\right|_{z=0}=T_{\mathrm{p}}I_0 \\ \left.T\right|_{z=\infty}=0 \end{cases} \quad (6.4.6)$$

初始条件为

$$T\left(z,0\right)=300\,\mathrm{K} \quad (6.4.7)$$

解得

$$T\left(z,t\right)=\frac{2T_{\mathrm{p}}I_0}{k_{\mathrm{s}}}\sqrt{a_{\mathrm{st}}t}\cdot\mathrm{ierfc}\left(\frac{z}{2\sqrt{a_{\mathrm{st}}t}}\right) \quad (6.4.8)$$

式中，补余误差函数 $\mathrm{ierfc}(x)$ 定义如下：

$$\mathrm{ierfc}\left(x\right)=\frac{2}{\sqrt{\pi}}\int_x^{\infty}\mathrm{erfc}\left(x\right)\mathrm{d}x \quad (6.4.9)$$

$$\mathrm{erfc}\left(x\right)=\frac{2}{\sqrt{\pi}}\int_x^{\infty}\mathrm{e}^{-s^2}\mathrm{d}s \quad (6.4.10)$$

3. 前端绝热无限长度的基底温度模型

如果前端绝热，后端导热，则基底的热传导方程为[39]

$$\rho_s c_s \frac{\partial T(z,t)}{\partial t} = k_s \frac{\partial^2 T(z,t)}{\partial z^2} + \alpha_s I_0 T_p \exp^{-\alpha_s z} \quad (0 \leqslant t < \tau, 0 \leqslant z \leqslant \infty) \quad (6.4.11)$$

边界条件为

$$\begin{cases} -\dfrac{\partial T}{\partial z}\Big|_{z=0} = 0 \\ T\Big|_{z=0} = 0 \end{cases} \quad (6.4.12)$$

热源加载在热传导方程中。

初始条件为

$$T(z,0) = 300\,\mathrm{K} \quad (6.4.13)$$

解得

$$T(z,t) = \int_0^t \left[\int_0^\infty \frac{\alpha_s I_0 T_p}{\rho_s c_s} \exp^{-\alpha_s \varepsilon} \cdot \frac{1}{A_s \sqrt{\pi(t-\tau)}} \left(\exp^{-\frac{(x-\varepsilon)^2}{4a_{st}(t-\tau)}} + \exp^{-\frac{(x+\varepsilon)^2}{4a_{st}(t-\tau)}} \right) \mathrm{d}\varepsilon \right] \mathrm{d}\tau \quad (6.4.14)$$

温度的数值计算与第 4 章相同，这里不再赘述。

6.4.2　激光除漆模型及阈值计算

1. 清洗模型

有关激光除漆的物理模型，主要基于烧蚀机制和热应力机制。这里介绍烧蚀模型、加速度模型和热应力模型。

1) 烧蚀模型

当温度 $T(z,t)$ 达到一定的值时，涂装在基底材料上的油漆会软化、气化、燃烧或分解。软化后的油漆，会继续黏附在基底上，气化或燃烧后将成为气态挥发，或者达到油漆的化学分解温度而变为新的物质。在实验中如果采用连续激光或长脉冲激光，会发现油漆层发黑，这说明达到一定温度时，有烧蚀现象。对于烧蚀模型，只需要通过热传导方程计算油漆层的温度即可。

2) 油漆强吸收的简单加速度模型

当采用调 Q 脉冲激光进行清洗时，油漆要么依旧黏附在基底上，要么是成片地剥落，偶尔会成为粉末状，这表明，烧蚀效应很微弱，漆层剥离主要是温度上升产生的应力所致。

激光照射使得油漆和基底温度升高，一种模型是油漆吸收光能后热膨胀产生的脱离力使得油漆本身产生了加速度，进而脱离基底，对于大功率激光、油漆吸收强、基底吸收弱的情况，这个简单模型比较适用。

温度升高使得油漆膨胀的位移为

$$\Delta z_{\mathrm{p}} = z_{\mathrm{p}} \gamma_{\mathrm{p}} \Delta T \tag{6.4.15}$$

式中，z_{p} 为油漆厚度；γ_{p} 表示油漆线膨胀系数，可以认为是常数；ΔT 为油漆温升。为简单起见，设初始温度为 0，同时考虑到温度为位置 z 和时间 t 的函数，则在位置 z、时间 t 时的微位移为

$$\mathrm{d}z_{\mathrm{p}}(z,t) = z_{\mathrm{p}} \gamma_{\mathrm{p}} \mathrm{d}T(z,t) \tag{6.4.16}$$

总位移量为

$$z_{\mathrm{p}}(z,t) = \gamma_{\mathrm{p}} \int_0^{z_{\mathrm{p}}} T(z,t) \mathrm{d}z \tag{6.4.17}$$

则加速度为

$$a_{\mathrm{p}} = \frac{\partial^2 \left(\gamma_{\mathrm{p}} \cdot \int_0^{z_{\mathrm{p}}} T(z,t) \mathrm{d}z \right)}{\partial t^2} \tag{6.4.18}$$

清洗力为

$$F_{\mathrm{v}}(t) = m_{\mathrm{p}} \cdot \frac{\partial^2 \left(\gamma_{\mathrm{p}} \cdot \int_0^{z_{\mathrm{p}}} T(z,t) \mathrm{d}z \right)}{\partial t^2} \tag{6.4.19}$$

式中，m_{p} 为油漆片质量；$T(z,t)$ 为油漆的温度。这个模型计算仅考虑油漆层的吸收，属于简化模型，可以作为定性半定量分析手段。求出加速度或清洗力的关键也是通过热传导方程计算出温度场。

3) 油漆和基底共同吸收的接触面热应力模型

对于基底材料也吸收激光的情形，因为油漆和基底材料都会产生应力，在接触面的热应力使得油漆脱离，即接触面热应力模型。

物体吸收了激光的能量会导致物体局部温度升高而产生应变。物体纵向(z 方向)热膨胀的长度由式(6.4.15)给出，其应变为

$$\varepsilon = \frac{\Delta l}{l} = \gamma \Delta T \tag{6.4.20}$$

把物体(基底和油漆)看作是各向同性的弹性体，对于各向同性弹性体，单位面积的应力为

$$\sigma = Y\varepsilon = Y\gamma \Delta T \tag{6.4.21}$$

式中，Y 是弹性模量，一般情况下，可以认为就是杨氏模量。

对于激光除漆而言，使得油漆脱落的力主要是 $z = z_p$ 处油漆的热应力和 $z' = 0$ 处基底的热应力之和 $\sigma = \sigma_p + \sigma_s$，如图 6.4.1 所示。其中 $z = z_p$ 位置油漆热膨胀引起的热应力和 $z'=0$ 位置基底热膨胀引起的热应力分别为

$$\sigma_p = Y_p \varepsilon_p = Y_p \gamma_p \Delta T_p \left(z_p, t \right) \tag{6.4.22}$$

$$\sigma_s = Y_s \varepsilon_s = Y_s \gamma_s \Delta T_s \left(0, t \right) \tag{6.4.23}$$

这个模型考虑了油漆层和基底层对激光的吸收，以及相互之间的作用，更加符合实际情况，可以较好地解释激光除漆的实验现象，所以多数模拟采用的是这个模型。在计算时，关键是求出应变，而应变又与材料的温度场有关。所以，通过油漆层和基底层的热传导方程，考虑到不同热边界条件，即可得到温度场和相应的应变。

2. 短脉冲激光除漆的阈值

激光除漆时的重要参数之一就是清洗阈值。当脱离力 F_v 大于油漆与基底之间的黏附力 F 时，即为清洗阈值。在实际应用中，采用调 Q 短脉冲激光进行清洗效果更好，所以我们这里只考虑短脉冲激光除漆的情形。

对于简单加速度模型

$$F_v(t) = m_p \cdot \frac{\partial^2 \left(\gamma_p \cdot \int_0^{z_p} T(z,t) \mathrm{d}z \right)}{\partial t^2} \geqslant F \tag{6.4.24}$$

对于接触面热应力模型

$$\sigma = \sigma_p + \sigma_s \geqslant F \tag{6.4.25}$$

1) 清洗阈值的理论计算

用于清洗的激光脉宽为 10～200 ns，作用时间极短，所以可以将样品看作两端绝热，此时应该用两端绝热有限长度的温度模型。

根据式(6.4.4)可知，当激光脉冲结束($t = \tau$)时，ΔT 最大，再由式(6.4.20)和式(6.4.21)可知此时具有最大热应力 σ_{max}，根据最大热应力随能量密度的变化曲线，就可以找到激光除漆的清洗阈值，即最大热应力与黏附力相等时($\sigma_{max} = F$)所对应的能量密度。

2) 损伤阈值的理论计算

根据热传导方程计算出基底的温度，作出基底温度随激光能量密度的变化曲线图，从图中找到基底材料的熔点温度，此时所对应的能量密度即为损伤阈值。

6.4.3　金属基底上脉冲激光除漆实验研究

对于金属基底上的油漆，采用脉冲激光进行除漆，并进行了数值模拟[19,40-42]。

1. 样品制备与表征

选择合适的铁和铝片作为基底材料，铁和铝基底的规格均为 $200 \times 50 \times 1 \ (mm^3)$，均匀喷涂几种汽车用漆。用螺旋测微器测量基底和油漆厚度，用光谱仪测量基底和油漆对 1064 nm 光的反、透射率，对多次测量结果取平均值，列于表 6.4.1。三种样品分别标记为 Ⅰ、Ⅱ、Ⅲ，样品 Ⅰ 和 Ⅱ 的基底均为铁合金，样品Ⅲ的基底为铝合金。样品Ⅱ、Ⅲ的油漆相同，不同于样品 Ⅰ 的油漆。

表 6.4.1　除漆实验样品的光学相关参数

	样品 Ⅰ		样品 Ⅱ		样品Ⅲ	
	油漆 1#	铁合金	油漆 2#	铁合金	油漆 2#	铝合金
厚度 l/mm	0.040	1.000	0.063	1.000	0.063	1.000
反射率 R/%	41.0	64.0	20.2	64.0	20.2	35.8
吸收率 A/%	50.0	36.0	61.1	36.0	61.1	64.2
透射率 T/%	9.0	0	18.7	0	18.7	0

关于油漆层和基底之间的黏附力，尽管理论上可以简化为油漆下表面和基底上表面两个平行平面之间的黏附力，通过式(6.3.1)计算获得，但实际上油漆层与金属的黏附力受到的影响因素很多[34]。理论计算结果会有一些误差，因此，采用拉脱法测定黏附力更加准确。拉脱法的原理是先将坚硬圆柱状物体与表面涂有油漆的样品用 502 胶水粘牢，然后用弹簧秤对柱状物进行拉拔，直至油漆片从基底表面脱离。读出油漆片从基底脱离时所对应的拉力，将其除以脱落油漆片的面积，就是单位面积的黏附力 F。表 6.4.2 为得到的测量数据。

表 6.4.2　黏附力测量数据

	样品 Ⅰ		样品 Ⅱ		样品Ⅲ	
	组 1	组 2	组 1	组 2	组 1	组 2
拉力读数/kg	3.25	3.50	3.00	3.13	3.63	3.50
脱落面积/cm^2	0.3182	0.3564	0.3012	0.3037	0.3324	0.3318
单位面积黏附力/MPa	1.021	0.982	0.996	1.031	1.092	1.055

实验数据表明，三种样品单位面积的黏附力基本相近，为 1.0～1.1 MPa。金

属基底上油漆黏附范围一般为 0～10 MPa[40]，因此可以认定实验测得的数据结果比较准确。实验测量值与理论估算值相比偏小，但是数量级是一致的。样品的其他参数，如热导率、密度、比热容、热扩散率、线膨胀系数、吸收系数、弹性模量等，列于表 6.4.3 中。

表 6.4.3　样品的力学、热学和光学参数

变量	样品 I		样品 II		样品 III	
	铁基底	油漆	铁基底	油漆	铝基底	油漆
热导率 $k_m/(\text{W}/(\text{m·K}))$	61.5	0.3	61.5	0.3	238	0.3
密度 $\rho_m/(\times 10^3 \text{ kg/m}^3)$	7.85	1.30	7.85	1.30	2.70	1.30
比热容 $c_m/(\times 10^3 \text{ J}/(\text{kg·K}))$	0.54	2.51	0.54	2.51	1.0	2.51
热扩散率 $a_{mt}/(\times 10^{-8} \text{ m}^2/\text{s})$	1450	9.19	1.45	9.19	8.8	9.19
线膨胀系数 $\gamma_m/(\times 10^{-6} \text{K}^{-1})$	12.7	1.00	12.7	1.00	30	1.00
吸收系数 $\alpha_m/(\times 10^4 \text{m}^{-1})$	5240	4.29	5240	1.88	10000	2.27
弹性模量 $Y_m/(\times 10^{10} \text{ N/m}^2)$	19	1.0	19	1.0	7	1.0

2. 干式激光清洗实验装置

图 6.4.2 为干式激光清洗的实验装置示意图。激光器 1 为电光调 Q 的 Nd:YAG 激光器，波长为 1064 nm，可以运行于自由脉冲(脉宽 200 μs、单脉冲能量最大 500 mJ)和调 Q(10 ns、220 mJ)两种工作状态。从 Nd:YAG 激光器 1 输出的激光，被分束器 2 分成两束光，其中 1%的激光能量进入能量计 5，以实时监测激光清洗过程中的光束能量；而 99%的激光能量通过光束整形装置 3 聚焦整形后，照射到待清洗样品 4 上，光束整形装置将激光束进行聚焦，获得分布比较均匀的能量密度较高的激光。清洗过程中通过声波信号采集装置 6 来监控清洗进程。

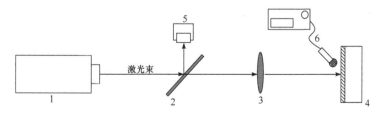

图 6.4.2　干式激光清洗实验装置示意图

1. Nd:YAG 激光器；2. 分束器；3. 光束整形装置；4. 待清洗样品；5. 能量计；6. 声波信号采集装置

3. 激光除漆实验方法

实验中激光能量、待清洗样品上的光斑大小可以根据需要进行调节。清洗阈值和损伤阈值采用第 4 章式(4.6.3)进行计算，即

$$I_{\mathrm{c}} = \frac{E}{\left[\pi\left(\dfrac{D}{2}\right)^{2}\right]} \tag{6.4.26}$$

式中，D 为激光光斑直径；E 为激光清洗能量，可通过能量计实时测得。清洗结束后，用显微镜观察不同能量密度激光照射后基底表面的变化，确定清洗阈值和损伤阈值。得到清洗阈值后，继续按照固定距离前向移动被清洗样品，进行清洗实验并观察清洗效果，直到发现基底表面被破坏，与之相对应的光斑直径为 D_{d}，则可得到损伤阈值。

4. 激光除漆实验结果

1) 调 Q 激光清洗阈值

采用波长为 1064 nm，脉宽为 10 ns 的 Nd:YAG 激光器清洗上述样品。图 6.4.3 为激光清洗前的样品和激光清洗后的样品照片。

(a)　　　　　　　　　　　　　　　(b)

图 6.4.3　调 Q 脉冲激光除漆前(a)后(b)对比图(样品 I)

在用 1064 nm 调 Q 脉冲激光清洗时，测得样品 I 刚刚能被清洗时的能量和光斑大小的多组数据，见表 6.4.4，计算出样品 I 的激光清洗阈值为 0.54 J/cm²。类似地，可以得到样品 II 和样品 III 的清洗阈值分别为 0.27 J/cm² 和 0.18 J/cm²。

表 6.4.4　样品 I 的清洗阈值

	第一组	第二组	第三组	平均值
能量 E/mJ	168.3	154.9	167.1	163.4
光斑大小 D/mm	6.32	6.10	6.22	6.21
清洗阈值/(J/cm²)	0.54	0.53	0.55	0.54

2) 自由运转脉冲激光清洗阈值

为了与调 Q 情况下的清洗阈值进行比较,采用非调 Q 的自由运转的 1064 nm 脉冲激光(脉冲宽度为 200 μs)对样品 I 的清洗阈值进行了测定。当能量密度为 0.56 J/cm² 时,无论多少个脉冲照射,样品表面都无变化,油漆未能清除。当能量密度提高到 25.5 J/cm² 时,多个脉冲作用后油漆可以被清除,并且清洗过程中有烟雾产生。当能量密度提高到 29.6 J/cm² 时,单个脉冲作用后油漆有被清除的迹象,清洗过程中有烟雾产生。可见,激光脉冲宽度变长以后,激光的清洗阈值会提高,并且烧蚀效应的作用会显现出来。

3) 调 Q 激光清洗损伤阈值

图 6.4.4(a)和(b)分别为涂漆前基底的显微照片和涂漆后样品 I 的显微照片。

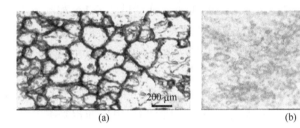

图 6.4.4　(a)未涂油漆时的基底显微图;(b)涂上油漆后的显微图

用不同能量密度的激光对油漆和基底进行照射,并分别对照射后的油漆和基底进行显微拍照。改变激光能量密度,从 0.5 J/cm² 到 3 J/cm²,每次改变 0.5 J/cm²,进行激光清洗,拍摄显微图。观察、分析不同能量密度下的显微图,可以发现,用能量密度小于 2 J/cm² 的激光清洗样品 I 上的油漆时,对比清洗前后油漆和基底的显微图,可以看出油漆和基底都没有发生变化,如图 6.4.5(a)所示;当能量密度大于 2 J/cm² 时,基底的显微图上有黑点,如图 6.4.5(b)所示。黑点表明基底熔化了,基底已经被破坏。因此可认为 2 J/cm² 为激光损伤阈值。

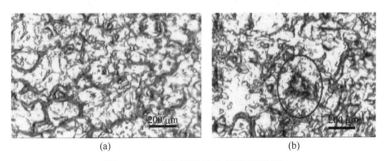

图 6.4.5　清洗后样品 I 基底显微图
(a) 小于 2 J/cm²; (b) 大于 2 J/cm²

6.4.4　短脉冲激光除漆的模拟计算

对于 6.4.3 节的实验,采用两端绝热有限长度的温度模型和接触面热应力模型,对实验进行理论模拟,与实验结果进行比较分析。模拟中所用参数见表 6.4.2～表 6.4.4。具体来说就是根据 6.3.2 节的理论模型,采用表 6.4.4 样品 I 的力学、热学、光学参数以及实验参数,模拟计算样品的清洗阈值范围,不同能量密度下除漆所需的激光作用时间,不同能量密度下油漆和铁基底的温度,以及损伤阈值范围。

1. 清洗阈值范围

根据式(6.4.21)～式(6.4.23),代入相关数据,作出不同能量密度下所对应的三种样品的油漆和铁基底的最大热应力曲线图,分别见图 6.4.6 和图 6.4.7。可见随着激光能量密度的增加,油漆和铁基底的最大热应力呈线性增加。以样品 I 为例,当激光能量密度为 1 J/cm² 时,油漆的热应力为 6.56×10^6 N/m²,铁基底的热应力为 3×10^8 N/m²,后者远远大于前者。因此可以忽略油漆层的热应力,而认为主要是铁基底的热应力使得油漆脱离。由图 6.4.7,当激光能量密度为 0.32 J/cm² 时,铁基底的最大热应力为 1×10^8 N/m²。前面已经实际测得单位面积黏附力约为 1 MPa,

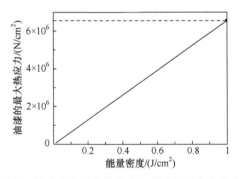

图 6.4.6　样品 I 的油漆的最大热应力与激光能量密度的变化关系图

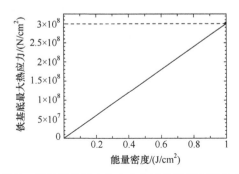

图 6.4.7　样品 I 铁基底的最大热应力与激光能量密度的变化关系图

所以激光除漆的理论清洗阈值约为 0.32 J/cm²。如果考虑黏附力的理论计算值 $1.28×10^8 \sim 1.66×10^8$ N/m²，则清洗阈值大概为 0.48 $\sim$ 0.54 J/cm²，当激光能量密度等于或大于清洗阈值时，油漆就能被清洗掉。

同样地，对于样品 II 和 III，考虑黏附力的理论计算值 $1.28×10^8 \sim 1.66×10^8$ N/m²，则样品 II 的理论清洗阈值范围为 0.21 $\sim$ 0.27 J/cm²，样品 III 的理论清洗阈值范围为 0.14 $\sim$ 0.18 J/cm²。而实验中得到的这两个样品的清洗阈值分别是 0.27 J/cm² 和 0.18 J/cm²。可见理论值和实验值是比较一致的。根据以上数据可知，当油漆相同（品种、厚度）时，铁基底上的油漆比铝基底上的油漆更难清洗，需要更高的激光能量密度。

2. 除漆所需的激光作用时间

以样品 I 为例计算除漆所需要的作用时间。由于油漆的热应力远小于铁基底的热应力，所以只需要分析铁基底的热应力随激光脉冲作用时间的变化。激光能量密度为 0.5 J/cm²、1 J/cm² 和 2 J/cm² 时，样品 I 铁基底的热应力随激光脉冲作用时间的变化如图 6.4.8。由图可见，对于脉宽 τ =10 ns 的激光脉冲，在清洗过程中，铁基底的热应力随着时间的增加逐渐增大，脉冲结束时，热应力达到最大。不同能量密度下，达到与黏附力大小相等的热应力需要的时间是不同的。当激光能量密度为 0.5 J/cm² 时，激光脉冲结束（即 10 ns）时，所能达到的最大热应力为 $1.5×10^8$ N/m²（图中曲线 A）。如果油漆和铁基底之间的黏附力为 $1.5×10^8$ N/m²，则 10 ns 的激光作用时间刚好可以使得清洗力等于黏附力，达到激光清洗阈值；激光能量密度为 1 J/cm² 时，达到与黏附力大小相等的热应力 $1.5×10^8$ N/m² 所需的激光作用时间约为 5.2 ns（见曲线 B）；能量密度为 2 J/cm² 时，清洗时间约为 2.5 ns（见曲线 C）。

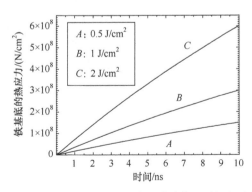

图 6.4.8　样品 I 铁基底的热应力随激光脉冲作用时间的变化关系图

由以上分析可知，清洗某种油漆样品时，能量密度越大，所需时间越短，如果激光的能量密度大于清洗阈值，那么油漆在脉冲结束前就能被清洗干净，在剩余的激光脉冲作用时间里激光将直接作用于基底，不仅浪费能量，而且剩余的激光辐射可能会对基底造成损害，影响清洗效果。

3. 油漆和铁基底的温度

图 6.4.9 为样品 I 油漆 $z = 0$ 和铁基底 $z' = 0$ 处的温度随激光作用时间的变化情况。由图可知，当激光还没有作用时，即 $t = 0$ 时刻，油漆与铁基底的温度都与室温相同为 27℃。随着激光作用时间的增加，油漆 $z = 0$ 和铁基底 $z' = 0$ 处的温度都是逐渐升高的。由图 6.4.9 可见，当激光能量密度为 0.5 J/cm² 时，清洗油漆所需的作用时间是 9.8 ns，此时油漆能达到的最高温度是 59℃(参见图 6.4.9(a)曲线 A)。类似地，激光能量密度分别为 1 J/cm² 和 2 J/cm² 时，油漆脱离的激光作用时间分别为 4.4 ns 和 2.1 ns(图 6.4.9(a)中曲线 B 和 C 所示)，油漆能达到的最高温度分别是 56℃和 55℃(图 6.4.9(a)曲线 B 和 C)。油漆的熔点基本上在 200℃左右，所以在油漆脱落之前，并没有发生相变。

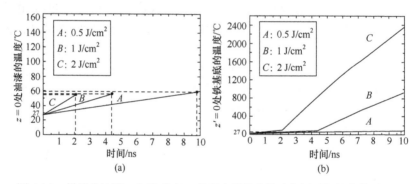

图 6.4.9　样品 I 油漆(a)和铁基底(b)的温度随激光脉冲作用时间的变化关系图

我们再来看铁基底。激光脉冲开始时，只有被油漆吸收后的激光能量能够照射到基底材料上，等油漆剥离后，如果激光脉冲没有结束，则所有的激光能量将照射到基底上。由图 6.4.9(b)可见，0.5 J/cm²、1 J/cm² 和 2 J/cm² 的激光能量密度下，油漆脱离时铁基底的温度都是 88℃，之后由于激光直接照射在铁基底上，温度急剧升高，在脉冲结束时，达到最高温度，分别达到 105℃、929℃、2358℃。Fe 的熔点和沸点分别为 1535℃和 3000℃，当激光能量密度为 2 J/cm² 时，铁基底温度会达到 2358℃，超过 Fe 的熔点 1535℃，基底被破坏。

4. 损伤阈值范围

图 6.4.10 为油漆和基底黏附力为 1.28×10^8 N/m² 和 1.66×10^8 N/m²，脉冲结束时($t = \tau = 10$ ns)样品 I 铁基底的温度随能量密度的变化图。铁基底的温度随能量

密度的增加而增加，而且具有一个转折点，在这之后铁基底的温度骤增，这个转折点对应的能量密度就是清洗阈值，大于这个能量密度后，油漆脱落，激光直接照射基底，导致基底温度骤增。铁的熔点为 1535℃，从图中找出对应的黏附力为 1.28×10^8 N/m² 时，损伤阈值为 1.36 J/cm²；黏附力为 1.66×10^8 N/m² 时，损伤阈值为 1.46 J/cm²。所以对于样品 I 损伤阈值的范围为 1.36～1.46 J/cm²，当能量密度高于损伤阈值时，基底将被破坏。

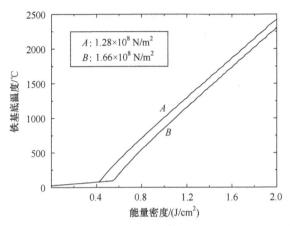

图 6.4.10　样品 I 铁基底的温度随能量密度的变化关系图

　　由于能量密度超过清洗阈值时，铁基底的温度变化较大，所以 ρ_s、c_s、k_s、a_{st} 和 γ_s 都不能看作是常量了，因此图 6.4.10 只能作为一个半定量的参考。

6.4.5　短脉冲激光除漆理论与实验结果比较

　　根据 6.4.3 节中实验测得的样品 I 的清洗阈值为 0.54 J/cm²。根据模型计算的样品 I 的理论清洗阈值为 0.32 J/cm²(采用实际测量的黏附力)或范围为 0.43～0.56 J/cm²(采用理论计算的黏附力)。对比理论和实验结果发现，理论清洗阈值比实验清洗阈值稍小。实验测得当激光能量密度为 0.5 J/cm²、1 J/cm² 时，样品 I 的基底几乎没有发生变化，当能量密度为 2 J/cm² 时，基底被破坏，这和理论计算得出的基底温度相吻合。理论计算的样品 I 基底的损伤阈值范围为 1.36～1.46 J/cm²，实验测得的样品损伤阈值为 2 J/cm²。

　　总地来说，根据短脉冲激光除漆模型计算得到的理论结果比实验结果小一些，其他两个样品也有类似的结论。这个偏差可能是由以下几个原因造成的，其一是实验仪器精密度不够，基底发生变化时显微镜没有探测到；其二是当温度变化很大时，由于 ρ_s、c_s、k_s、a_{st} 和 γ_s 都不能看作是常量了，所以根据这个模型算出的损伤阈值跟实际具有偏差；其三是实际操作时，激光是否垂直照射、激光光斑的能量均匀度、脉冲波形等都会有影响；其四是理论计算时采用的理想情况，没有考虑热量散失等因素，所以得到的值偏小。上面我们重点叙述了样品 I 的计算结果。对于其他两个样品，得到的结论是相似的。

6.5　干式脉冲激光除漆双层热弹性振动模型

如 6.4 节所述，在短激光脉冲清洗金属基底上的油漆层时，最主要的作用机制是基底的热应力效应。不过 6.4 节中的模型，没有考虑激光脉冲的形状，而且将污染层和基底层作为两个独立的个体来进行处理，并且只是简单地采用了热膨胀公式。

脉冲激光清洗时，激光作用时间(脉冲宽度)远小于非作用时间(脉冲间隔时间)，比如典型的声光调 Q 激光器，脉宽 150 ns，重复率 30 kHz，可以得到脉冲之间的间隔时间大于 33 ms，也就是说，激光照射清洗对象 150 ns，而后的 33 ms 没有激光照射，之后是下一个 150 ns 的激光脉冲，如此反复。在激光作用时，材料吸热产生膨胀，激光暂停时，材料将会收缩，这样，就形成了膨胀收缩的振动现象。因此热振动模型更符合实际情况。

本节中，我们考虑激光脉冲的高斯形状，通过边界条件将油漆和基底这两层物质联系起来，形成"双层"模型。油漆与基底材料各自形成的热弹性振动在二者的接触面($z = 0$)会发生相互作用，因而二者的热弹性振动波并不是完全独立的。再通过数值模拟得到脉冲激光作用下油漆与基底材料的表面温度、位移以及结合处应力随时间的变化情况以及脱离应力，深入分析干式清洗的机制和具体微观过程，对实验现象进行合理解释；同时计算出激光除漆实验中各种样品的理论清洗阈值和损伤阈值，其数值与实验测量阈值基本吻合[40]。

6.5.1　模型建立时的合理假设

6.4 节中，激光除漆模型包括温度分布和热应力分布两部分。在双层热弹性振动模型中也包括两个部分，分别为温度分布模型和热弹性振动模型。温度分布模型都是从热传导方程出发，只是本节中我们进一步考虑了脉冲形状(如果不考虑，得到的结论也是很近似的)，根据激光脉冲函数，给出由激光辐照油漆与基底所导致的温度分布方程，求解得到二者的温度分布函数 $T(z, t)$；热弹性振动模型则是建立油漆与基底二者的双层热弹性振动方程，特别是通过边界条件将油漆与基底的振动联系起来，建立模型后，利用有限差分方法进行数值求解，可得到油漆与基底的位移分布函数 $u(z, t)$，进而得到油漆与基底结合处的脱离力表达式，最后得到干式激光清洗的清洗阈值与损伤阈值。

选取如图 6.5.1 所示坐标系，z 轴为入射激光束的中心传播方向。以 $z = 0$ 处的 x-y 平面为油漆与基底材料的接触面(也称"交界面"或"交界处")，设油漆与基底材料的厚度分别为 z_p 和 z_s，则油漆的前端面坐标为 $z = -z_p$，后端面(油漆和基底的接触面)坐标为 $z = 0$；基底材料的前端面坐标为 $z = 0$，后端面坐标为 $z = z_s$。

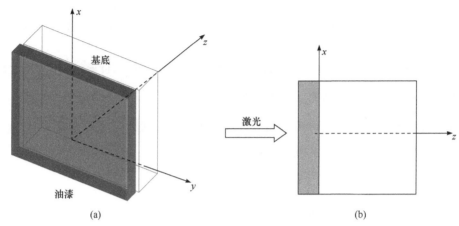

图 6.5.1　双层热弹性振动模型结构坐标系
(a) 三维立体图；(b) 平面图

为了简化，将模型作如下合理假设：

(1) 高功率高能量的激光往往是多模运转，且经过聚焦后更为均匀，所以认为激光束光强在 x-y 平面上是均匀分布的(近平顶光束)。

(2) 由于在 z 方向上的热传导深度远远小于在 x-y 平面上激光的照射范围，可以认为 x-y 平面是无限大平面。清洗时的激光光斑远小于清洗对象的表面积，因此也可以近似认为 x-y 平面是无限大平面。

(3) 激光沿 z 向入射，作用时间很短(常采用调 Q 激光，其脉冲宽度为几纳秒至一两百纳秒)，来不及横向热传导，所以，只需考虑 z 方向上的一维热传导方程。

(4) 由于激光脉冲作用时间极短，可以认为在整个激光脉冲作用时间内油漆与基底材料都是绝热的，即二者没有与外界的热量传递。

(5) 油漆与基底材料都是各向同性介质。

基于以上假设，可以将模型由三维简化为一维情况，即只需考虑油漆与基底材料在 z 方向上的变化情况。

6.5.2　温度分布模型

温度分布模型和 6.4.1 节中其实是相似的。但是为了计算方便，设立了不同的坐标，这里根据新坐标系撰写温度分布模型表达式。

1. 激光脉冲函数

对于干式激光清洗，调 Q 激光脉冲功率随时间 t 变化的函数为[43]

$$I(t) = I_0 \frac{t}{\tau^2} \exp\left(-\frac{t}{\tau}\right) \tag{6.5.1}$$

式中，I_0 为入射激光脉冲的光强；τ 为激光脉冲的半值宽度(FWHM)；τ_{FWHM} 为相关的时间量(常说的激光脉冲宽度)：$\tau_{FWHM} = 2.45\tau$。

图 6.5.2 为 $\tau = 10$ ns 时的激光脉冲函数时域分布图。当 $t = \tau$ 时，激光达到峰值功率时密度达到最高 $I_{max} = \frac{I_0}{e\tau}$，激光能量密度主要集中在峰值功率附近，并随时间增长很快衰减，当 $t \geq 6\tau$ 时，可以认为激光能量密度几乎等于零。

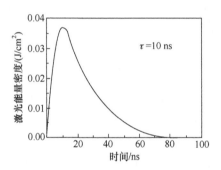

图 6.5.2　激光调 Q 脉冲函数时域分布

2. 温度分布方程的建立

入射激光脉冲能量被油漆与基底材料各吸收一部分，在极短的作用时间内，可以认为油漆与基底材料都是绝热的，因此二者的温度分布方程是相互独立的。关于温度分布方程的建立，在 4.5.1 节和 6.4.1 节中已经给出了通过热传导方程求解温度场分布的模型，方法与之类似，这里不再赘述。

3. 温度分布函数的求解

对温度分布方程进行求解，在 4.5.2 节中，通过公式(4.5.4)~(4.5.10)可以得到油漆的温度变化量的函数

$$\Delta T_p(z,t) = \sum_{n=0}^{\infty} I_0 \frac{C_{pn}}{\tau^2 b_{pn}^2} \cos\frac{n\pi(z+z_p)}{z_p}[b_{pn}t\exp(b_{pn}t) - \exp(b_{pn}t) + 1]\exp\left(-a_{pt}\left(\frac{n\pi}{z_p}\right)^2 t\right)$$

$$(-z_p \leqslant z \leqslant 0, t \geqslant 0) \tag{6.5.2}$$

式中，油漆的热扩散率 $a_{pt} = \dfrac{k_p}{\rho_p c_p}$；$C_{pn}$、$b_{pn}$ 分别为计算过程中的参数。

对于基底材料，得到基底材料温度变化量的函数解析式为

$$\Delta T_s(z,t) = \sum_{n=0}^{\infty} \frac{C_{sn}}{\tau^2 b_{sn}^2} \cos\frac{n\pi z}{z_s}[b_{sn}t\exp(b_{sn}t) - \exp(b_{sn}t) + 1]\exp\left(-a_{st}\left(\frac{n\pi}{z_s}\right)^2 t\right)$$

$$(0 \leqslant z \leqslant z_s, t \geqslant 0) \tag{6.5.3}$$

式中，基底材料的热扩散率 $a_{st} = \dfrac{k_s}{\rho_s c_s}$；$C_{sn}$、$b_{sn}$ 分别为计算过程中的参数。

式(6.5.2)和式(6.5.3)就是脉冲激光作用下，油漆层与基底材料的温度分布场，由此可知不同空间和时间的温度变化情况。在此基础上可以进一步求解热弹性振动方程。

6.5.3　热弹性振动模型

1. 双层热弹性振动方程的建立

油漆层与基底材料受激光脉冲作用温度升高后，会在其各自内部形成温度梯度，进而引起内部热应力不均衡，产生热弹性振动，使得油漆和基底材料出现位移。对于油漆和基底材料，其一维热弹性振动方程为[44]

$$\rho_p\frac{\partial^2 u_p(z,t)}{\partial t^2} = \left(B_p + \frac{4}{3}G_p\right)\frac{\partial^2 u_p(z,t)}{\partial z^2} - B_p\gamma_p\frac{\partial T_p(z,t)}{\partial z}\quad(-z_p < z < 0, t > 0)$$

$$\rho_s\frac{\partial^2 u_s(z,t)}{\partial t^2} = \left(B_s + \frac{4}{3}G_s\right)\frac{\partial^2 u_s(z,t)}{\partial z^2} - B_s\gamma_s\frac{\partial T_s(z,t)}{\partial z}\quad(0 < z < z_s, t > 0) \tag{6.5.4}$$

式中，ρ 为材料密度；B 为体变模量；G 为切变模量；γ 为热膨胀系数，$u(z,t)$ 为位移分布函数，T 就是 6.5.2 节求得的温度分布函数。下标 p、s 分别代表油漆、基底材料。

与油漆和基底材料的温度分布方程(6.5.2)和(6.5.3)彼此相互独立，油漆与基底材料各自形成的热弹性振动在二者的接触面($z = 0$)会发生相互作用，因而二者的热弹性振动波并不是完全独立的，会相互影响，这也是双层热弹性振动模型的特点。

在两种介质连接处，应具有相同的应力和位移。材料的内部应力为

$$\sigma(z,t) = \left(B + \frac{4}{3}G\right)\frac{\partial u(z,t)}{\partial z} - B\gamma T(z,t) \tag{6.5.5}$$

式中，B 为材料的体变模量；G 为切变模量；γ 为热膨胀系数；$u(z,t)$、$T(z,t)$ 分别为该物体的位移和温度函数。对于被清洗样品，油漆与基底材料在分离前是结合在一起的，二者在交界处应具有相同的应力与位移，因此交界处的边界条件为：$\sigma_{\mathrm{p}}(0,t)=\sigma_{\mathrm{s}}(0,t)$，即

$$\left(B_{\mathrm{s}}+\frac{4}{3}G_{\mathrm{s}}\right)\frac{\partial u_{\mathrm{s}}}{\partial z}(0,t)-B_{\mathrm{s}}\gamma_{\mathrm{s}}T_{\mathrm{s}}(0,t)=\left(B_{\mathrm{p}}+\frac{4}{3}G_{\mathrm{p}}\right)\frac{\partial u_{\mathrm{p}}}{\partial z}(0,t)-B_{\mathrm{p}}\gamma_{\mathrm{p}}T_{\mathrm{p}}(0,t) \quad (6.5.6)$$

以及

$$u_{\mathrm{s}}(0,t)=u_{\mathrm{p}}(0,t) \quad (6.5.7)$$

油漆层上表面($z=-z_{\mathrm{p}}$)与基底材料后表面($z=z_{\mathrm{s}}$)没有与其他物体发生接触或是其他外力作用，是自由表面，因此这两处的应力为零，相应的边界条件为：$F_{\mathrm{p}}(-z_{\mathrm{p}},t)=F_{\mathrm{s}}(z_{\mathrm{s}},t)=0$，即

$$\left(B_{\mathrm{p}}+\frac{4}{3}G_{\mathrm{p}}\right)\frac{\partial u_{\mathrm{p}}}{\partial z}(-z_{\mathrm{p}},t)-B_{\mathrm{p}}\gamma_{\mathrm{p}}T_{\mathrm{p}}(-z_{\mathrm{p}},t)=0 \quad (6.5.8)$$

$$\left(B_{\mathrm{s}}+\frac{4}{3}G_{\mathrm{s}}\right)\frac{\partial u_{\mathrm{s}}}{\partial z}(z_{\mathrm{s}},t)-B_{\mathrm{s}}\gamma_{\mathrm{s}}T_{\mathrm{s}}(z_{\mathrm{s}},t)=0 \quad (6.5.9)$$

油漆与基底材料在激光作用前都是静止的，即初始时刻的位移与速度都为零，其初始条件为

$$\begin{cases} u_{\mathrm{p}}(z,0)=u_{\mathrm{s}}(z,0)=0 \\ \dfrac{\partial u_{\mathrm{p}}}{\partial t}(z,0)=\dfrac{\partial u_{\mathrm{s}}}{\partial t}(z,0)=0 \end{cases} \quad (6.5.10)$$

2. 位移函数的求解

通过求解双层热弹性振动方程，可以得到油漆与基底材料各自的位移。但与温度分布方程不同的是，热弹性振动方程的边界条件较为复杂，两层物质的热弹性振动方程又相互关联，因此难以给出解析解，我们可以采用有限差分数值解法对油漆和基底材料的热弹性振动方程(6.5.4)和(6.5.5)进行数值求解。下面就来介绍具体的数值求解过程。

设空间差分步长为 h、时间差分步长为 κ，则位移可以表示为

$$u_{i}(z,t)=u_{i}(z_{j},t_{\kappa})=u_{i}(j,\kappa)=(u_{i})_{j}^{x} \quad (6.5.11)$$

式中，为了方便数值计算，用下角标 $i=1$、2 分别代表油漆与基底材料；整数 j、x 表示某个空间和时间点的位移，满足 $z=z_{j}=jh$，$t=t_{x}=x\kappa$。

同理，可以将温度函数表示为

$$T_i(z,t) = T_i(z_j, t_x) = T_i(j,x) = (T_i)_j^x \tag{6.5.12}$$

式(6.5.2)和式(6.5.4)给出了温度函数的解析解，将之代入式(6.5.12)，可得到温度值。将油漆与基底材料的热弹性振动方程进行有限差分，改写为差分表达式

$$(u_i)_j^{x+1} = a_i \cdot \left[(u_i)_{j+1}^x - 2(u_i)_j^x + (u_i)_{j-1}^x \right] + b_i \cdot \left[(T_i)_{j+1}^x - (T_i)_{j-1}^x \right] + 2(u_i)_j^x - (u_i)_j^{x-1}$$

$$\left((u_1)_j = -z_1, -z_1+1, \cdots, 0, \quad (u_2)_j = 0,1,\cdots, z_2-1, z_2, \quad x=1,2,3,\cdots \right) \tag{6.5.13}$$

式中，常数 a_i、b_i 分别满足

$$a_i = \frac{\kappa^2 \mu_i^2}{h^2}, \quad b_i = \frac{\kappa^2 \mu_i^2 \nu_i}{2h} \quad \left(\mu_i = \sqrt{\frac{B_i + \frac{4}{3}G_i}{\rho_i}}, \quad \nu_i = -\frac{B_i \gamma_i}{B_i + \frac{4}{3}G_i} \right) \tag{6.5.14}$$

为了保证数值解的稳定性，空间和时间步长 h、κ 需满足条件：$a_i, b_i \leqslant 1$。

由式(6.5.13)可知，如果要求得某个位置在下一时刻(如 $j=1$, $x=2$)的位移，则必须先求出该位置在当前时刻($j=1$, $x=1$)与上一时刻($j=1$, $x=0$)的位移，以及当前时刻在该位置的前一位置($j=0$, $x=1$)与下一位置($j=2$, $x=1$)的位移。也就是说，通过四个已知点来计算出一个未知点，这种类型的差分表达式为四点显式。因此，四个初始的计算点便成了求解的关键。可以利用边界条件和初始条件得到四个初始点。将边界条件(6.5.6)~(6.5.9)转化为与之相对应的差分形式，并经过适当的计算处理后，可得

$$\begin{cases} (u_1)_1^x = \dfrac{\left\{ 2a_2c_2\left[(u_2)_1^x - (u_2)_0^x\right] + 2ha_2\left[B_1\gamma_1(T_1)_0^x - B_2\gamma_2(T_2)_0^x\right] + (a_2c_1 - a_1c_2)(u_1)_{-1}^x + 2c_2a_1(u_1)_0^x \right\}}{a_2c_1 + a_1c_2} \\[4mm] (u_2)_{-1}^x = \dfrac{\left\{ 2a_1c_1\left[(u_1)_{-1}^x - (u_1)_0^x\right] + 2ha_1\left[B_1\gamma_1(T_1)_0^x - B_2\gamma_2(T_2)_0^x\right] + (a_1c_2 - a_2c_1)(u_2)_1^x + 2c_1a_2(u_2)_0^x \right\}}{a_1c_2 + a_2c_1} \\[4mm] (u_1)_0^x = (u_2)_0^x \\[2mm] (u_1)_{-l_1+1}^x = (u_1)_{-l_1-1}^x + d_1(T_1)_{-l_1}^x \\[2mm] (u_2)_{l_2+1}^x = (u_2)_{l_2-1}^x + d_2(T_2)_{l_2}^x \\[2mm] (x=1,2,3,\cdots) \end{cases}$$

$$\tag{6.5.15}$$

式中，常数 d_i 为

$$d_i = -2h \cdot \nu_i \tag{6.5.16}$$

再将初始条件(6.5.10)转化为与之对应的差分形式，计算处理后有

$$\begin{cases} \left(u_1\right)_j^{-1} = \left(u_1\right)_j^0 = 0 & (j = -l_1 - 1, -l_1, -l_1 + 1, \cdots, -1, 0, 1) \\ \left(u_2\right)_j^{-1} = \left(u_2\right)_j^0 = 0 & (j = -1, 0, 1, \cdots, l_2 - 1, l_2, l_2 + 1) \end{cases} \tag{6.5.17}$$

最后联立式(6.5.15)和式(6.5.17)，以及热弹性振动方程差分表达式(6.5.13)，就可解出四点显式所需的初始计算点了；然后，再依此类推，按照"先空间后时间"的计算方法，一步一步地计算，就可以得到油漆和基底在各个离散时空位置的位移数值，从而得到各自的位移分布函数。

3. 脱离应力的计算

在干式激光清洗中，激光入射后，油漆与基底材料的结合处($z = 0$)吸收激光后，通过光热转换，油漆与基底材料的热弹性振动波会在两者的接触面形成应力，即可以克服二者黏附力的脱离力，从而使得油漆从基底上被清除。这个应力可以利用已经得到的位移分布函数和温度分布函数计算出。根据应力计算公式(6.5.5)和边界条件(6.5.6)，可得

$$\begin{aligned} \sigma(0,t) &= \left(B_p + \frac{4}{3}G_p\right)\frac{\partial u_p}{\partial z}(0,t) - B_p\gamma_p T_p(0,t) \\ &= \left(B_s + \frac{4}{3}G_s\right)\frac{\partial u_s}{\partial z}(0,t) - B_s\gamma_s T_s(0,t) \end{aligned} \tag{6.5.18}$$

使用有限差分法进行数值求解，所得到的油漆与基底材料的位移函数是离散的，在此基础上根据式(6.5.5)计算得到的应力也是离散的数值解。对于 $z = 0$ 处的应力，由式(6.5.18)，有

$$\sigma(0,x) = \left(B_i + \frac{4}{3}G_i\right)\frac{\left(u_i\right)_1^x - \left(u_i\right)_{-1}^x}{2h} - B_i\gamma_i\left(T_i\right)_0^x \tag{6.5.19}$$

$$(x = 1, 2, 3, \cdots)$$

利用前面已经求得的对应位置的位移和温度数值，可直接计算出该处的应力大小，由于油漆与基底材料接触面处的应力只能存在一个数值，因此无论采用油漆与基底材料中的哪组参数进行计算，结果都是相同的。

需要注意的是，由式(6.5.19)所得到的应力并不一定是脱离力，要看力的方向，只有垂直于基底和油漆向外的应力，也就是能够使油漆与基底材料产生分离效果的应力才是脱离应力。根据我们设立的坐标，也就是说，$\sigma(0,t) > 0$，即 $v(0,t) < 0$ 时的应力为脱离力，就是清洗所需的清洗力，记做"F_v"；而 $\sigma(0,t) < 0$，即 $v(0,t) > 0$ 时的应力不能产生清洗效果。

具体来说，当 $z=0$ 处的速度 $v(0,t)>0$ 时，说明油漆与基底材料结合处的位移正在向内表面方向增加，即油漆与基底材料接触面处于压缩阶段，此时的应力 $F(0,t)<0$，因而并不会使油漆与基底材料产生分离，反而会使二者结合得更为紧密；只有当 $z=0$ 处的速度 $v(0,t)<0$ 时，油漆与基底材料结合处的位移才向外表面方向增加，即油漆与基底材料接触面处于拉伸阶段，此时的应力 $\sigma(0,t)>0$，会使油漆与基底产生分离效果，这才是脱离力。

4. 清洗阈值公式

在双层热弹性振动模型中，要将油漆从样品表面清除，必须要使光强为 I_0 的脉冲激光所引起的最大脱离力 F_{vmax} 不小于污物与基底之间的黏附力 F，因此实现清洗的临界条件是

$$I_0 \to F_{vmax} \geqslant F \tag{6.5.20}$$

此时所对应的激光强度 I_0 即为清洗阈值，记做 "I_c"。分析热弹性振动方程及其边界条件的差分表达式，可以发现油漆与基底位移分布函数的数值解与其各自的温度分布函数呈线性关系，即

$$u_i(z,t) = (u_i)_j^x = (q_i)_j^x \cdot (T_i)_j^x = q_i(z,t) T_i(z,t) \tag{6.5.21}$$

式中，$q_i(z,t)$ 分别为油漆和基底的线性比例因子，下标 $i = p$、s 表征油漆、基底。从油漆与基底的温度分布函数的表达式(6.5.2)和式(6.5.3)可知，温度分布函数与脉冲激光能量密度 I_0 满足线性关系，可写成

$$T_i(z,t) = p_i(z,t) \cdot I_0 \tag{6.5.22}$$

式中，$p_i(z,t)$ 分别为油漆和基底的线性比例因子。综合式(6.5.21)和式(6.5.22)，有

$$u_i(z,t) = q_i(z,t) T_i(z,t) = p_i(z,t) q_i(z,t) \cdot I_0 \tag{6.5.23}$$

再根据 $z=0$ 处应力的差分表达式(6.5.18)，得到

$$F_v = \sigma(0,t) = I_0 \cdot \frac{1}{2h}\left(B_i + \frac{4}{3}G_i\right)[p_i(h,t)q_i(h,t) - p_i(-h,t)q_i(-h,t)] - B_i\gamma_i p_i(0,t)$$

$$= r(t) \cdot I_0 \tag{6.5.24}$$

式中，$r(t)$ 为线性比例因子，由此可得：由脉冲激光所引起的清洗脱离力与该激光脉冲强度呈线性比例关系。我们先任取一个激光强度值 I_r，然后利用 MATLAB 计算出式(6.5.19)的数值解，即该能量密度所对应的脱离力 F_{vmax}，就可以得到该样品的清洗阈值 I_c。

$$I_c = I_r \cdot \frac{F}{F_{vmax}} \tag{6.5.25}$$

式中，F 为污物与基底之间的黏附力。

5. 损伤阈值公式

在干式激光清洗中，当基底的温度超过了熔点 T_{sm} 时，就会造成基底损伤。设由能量密度为 I_0 的脉冲激光所引起的基底最高温升为 T_{smax}，则保持基底完好的临界条件为

$$I_0 \rightarrow T_{smax} < T_{sm} - T_0 \tag{6.5.26}$$

T_0 为室温。这时所对应的激光能量密度 I_0 即为损伤阈值 I_{sd}，其计算公式为

$$I_{sd} = I_r \cdot \frac{T_{sm} - T_0}{T_{smax}} \tag{6.5.27}$$

式中，I_r 为入射激光能量密度；T_{smax} 为入射能量密度为 I_r 时基底表面 $z = 0$ 处随时间变化的最高温度。

利用基底的温度分布函数 $T_s(z, t)$ 可以计算出 T_{smax}，进而得到相应的损伤阈值。式(6.5.23)表明，基底温度分布函数与脉冲激光能量密度满足线性关系。观察温度分布函数表达式(6.5.2)和(6.5.3)与位置 z 有关的余弦项可以发现，对于任一时刻 $t = t_0$，基底表面 $z = 0$ 处的温度始终最高，并沿 z 方向各个位置的温度会降低，$z = z_s$ 处温度最低；油漆的温度分布也具有同样的性质，即 $z = -z_p$ 处的温度最高，$z = 0$ 处的温度最低。T_{pm} 为油漆的熔点，T_0 为室温。如果激光所引起的热弹性振动应力大于基底自身内部所能承受的应力强度，也会造成基底损伤。常见的金属、石材、玻璃等基底均具有很好的应力耐受性，在干式激光清洗中主要考虑的仍是温度过高对基底造成的影响。但是对于一些有机复合材料，则需要考虑材料本身的应力耐受度。

6.5.4 干式激光除漆模拟结果

1. 样品和清洗参数

为了方便，我们将需要用到的参数重新列在表 6.5.1 中，表中还添加了体变模量和切变模量。表格中的吸收系数来源于实验实测，其余参数来自于文献[45]～[47]。

表 6.5.1　除漆实验样品的力学、热学和光学参数

	铁合金	铝合金	油漆 1#	油漆 2#
热导率 $k/(W/(m \cdot K))$	61.5	238.0	0.3	
密度 $\rho/(\times 10^3\, kg/m^3)$	7.85	2.70	1.30	

续表

	铁合金	铝合金	油漆 1#	油漆 2#
比热容 c/($\times 10^3$ J/(kg·K))	0.54	1.0	2.51	
热扩散率 a_t/($\times 10^{-8}$ m²/s)	1450	8800	9.19	
吸收系数 α /($\times 10^4$ m⁻¹)	5240	10000	4.701	2.303
热膨胀系数 γ/($\times 10^{-6}$ K⁻¹)	12.7	30.0	1.0	
体变模量 B/($\times 10^{10}$ N/m²)	12.0	7.0	0.6	
切变模量 G/($\times 10^{10}$ N/m²)	6.0	2.5	0.3	

　　将入射激光的能量密度、脉冲宽度及表 6.5.1 中的参数分别代入温度分布方程和热弹性振动方程中，进行数值求解(其中有限差分的空间步长 $h = 0.1$ μm，时间步长 $x = 0.01$ ns)，可以得到样品Ⅰ、Ⅱ、Ⅲ的油漆与基底表面的温度变化、位移变化，以及二者结合处($z = 0$)的应力随激光作用时间的变化情况。

　　2. 样品表面温度随时间的变化情况

　　由温度分布函数解析解，可以得到激光作用过程中清洗对象各处的温度变化情况，基底材料表面温度对于脱离应力具有重要影响，由此我们侧重于分析基底材料和油漆表面的温度变化情况。图 6.5.3 为样品Ⅰ、Ⅱ、Ⅲ的基底材料与油漆表面温度与脉冲作用时间的关系图。所使用的激光能量密度为 0.5 J/cm²，可得出如下结论。

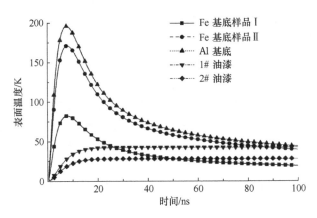

图 6.5.3　基底与油漆的表面温度随时间的变化关系图

　　(1) 对于金属基底材料，其表面温度先升高后降低，大约都在 7.5 ns 时达到峰值；对于油漆层，温度升高速度要慢于金属基底。物体对激光的热扩散率的不同导致了这种温度分布的差别。热扩散率越高，其对激光能量密度的变化反应越快，金属基底材料的热扩散率高于油漆，因此图 6.5.3 中金属温度变化要快于油漆的温度变化。

(2) 样品 I 铁基底、样品 II 铁基底、样品 III 铝基底、1#油漆、2#油漆的最高温升分别为 82.4 K、171.1 K、195.9 K、42.3 K、28.1 K。尽管金属基底材料吸收的激光能量远低于油漆的(例如样品 I 中铁基底仅仅吸收 3.24%的激光能量，而油漆则吸收高达 50%的激光能量)，但其表面温度要远高于油漆的，这是因为相对于油漆，金属对光的吸收系数很高、穿透深度很小，导致激光能量基本上被金属基底表面的薄薄一层强烈吸收，热转换也在此薄层中发生，因此吸收激光的基底区温度变化要比油漆层吸光区温度变化明显。这个特点在以金属作为基底材料的样品中是非常普遍的，也是能够形成较为强烈的热弹性振动的原因。

(3) 对于同种基底材料，其表面温度主要受入射激光能量密度的影响，油漆对于激光的透射率决定着基底表面的温度升高情况，油漆透过率越高则基底温度上升越大。样品 II 的温升明显大于样品 I 的，就是因为样品 II 上的油漆透过率(61.1%)大于样品 I 的油漆透过率(50%)。

(4) 样品 II 和样品 III 的油漆相同，但是基底分别为铁合金和铝合金，入射到基底的激光能量密度是相同的，此时，金属自身的物理性质决定着其温度升高情况，铝基底的温升更大。

(5) 样品 I 和样品 II 的油漆厚度、吸收率等有所不同，导致了表面温度略有差异，但温度变化远不如金属基底的变化那么剧烈。

由数值模拟结果，通过以上分析可知，在热弹性振动场景中，金属基底的激光吸收属性对于清洗效果更为重要。上述案例中，铝合金的激光吸收属性要强于铁的激光吸收属性，因此铝合金基底的热弹性振动效果更明显。

3. 样品表面位移随时间的变化情况

油漆与基底材料表面的位移，尤其是油漆与基底材料结合处($z = 0$)基底材料表面的位移，直接与脱离应力密切关联。而油漆与基底材料的位移函数可以通过数值求解热弹性振动方程得到。图 6.5.4 为样品 I 的计算结果，给出了 1#油漆与铁基底的表面位移随脉冲作用时间的变化情况，实线和虚线分别代表铁基底和油漆。由图可见，油漆与基底材料的位移仅为纳米量级，是非常微小的。在激光脉冲作用较强的阶段(0～28 ns)，受热膨胀强烈，油漆层与基底材料的表面位移迅速增大；随着激光脉冲作用减弱(28 ns 以后)，二者的表面位移表现出振动特征，油漆振动明显，且振动幅度逐渐减小。尽管油漆与基底材料的表面振动不是同步变化的，但是二者的变化周期相同，也就是说二者的热弹性振动通过相互影响而达到共振。图中黑色箭头位置标明了基底材料热膨胀与热弹性振动的转变点(具体分析见下一小节"4.样品脱离应力随时间的变化")。对于样品Ⅱ、Ⅲ,油漆层与基底材料的振动情况和样品Ⅰ的相类似,只是振动幅度、振动周期等有所差别。

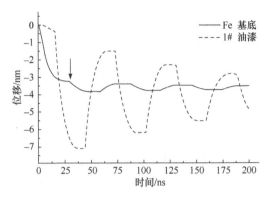

图 6.5.4　样品Ⅰ中油漆与铁基底的表面位移随时间的变化关系

4. 样品脱离应力随时间的变化

油漆与铁基底结合处($z = 0$)是产生脱离作用力的位置,如前文所述,该应力是否是导致油漆脱离的应力,需要分析此处应力随时间变化的情况,并确定所需的脱离应力。

图 6.5.5 为样品Ⅰ中铁基底与油漆结合处($z = 0$)的位移与应力随时间变化的关系图。在受热膨胀初期阶段(0～28 ns),随着位移的急剧增加,应力表现为反方向(负值)作用力,即对油漆层产生压缩作用;在脉冲作用减弱以后(28～200 ns),铁基底与油漆结合处开始在平衡位置发生振动,其应力也周期性变化,并且变化幅度逐渐减小。当位移增加时,应力为正,此时油漆层处于拉伸阶段,应力为脱离应力;当位移减小时,应力为负,此时油漆层处于压缩阶段,该应力不是脱离应

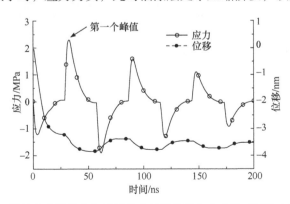

图 6.5.5　样品Ⅰ中铁基底与油漆结合处的位移和应力随时间的变化关系图

力。因此,从图中可得:凡是位于左侧纵轴(应力坐标)零点以上的应力均为脱离应力,但由于应力的波动幅度是逐渐减小的,因而能够对油漆层产生的最大脱离应力为大于零的第一个峰值,图中用箭头标出了所示位置,也就是图 6.5.4 中箭头的位置。由此数值可以计算出样品的清洗阈值。

5. 清洗阈值的模拟与讨论

图 6.5.6 是样品Ⅰ、Ⅱ、Ⅲ(分别由实线、虚线、点线代表)的结合处($z = 0$)应力随时间变化的关系图,三种样品所对应的结合处应力的波动幅度是各不相同的,这显然是由油漆和基底材料的物理性质的差异而引起的。对于能量密度为 0.5 J/cm²,脉冲宽度为 10 ns 的入射脉冲激光,样品Ⅰ、Ⅱ、Ⅲ的最大脱离应力分别为 2.30 MPa、4.73 MPa、9.32 MPa(具体位置标于图上),利用表 6.4.2 中测得的三种样品的黏附力数据,可以得到样品Ⅰ、Ⅱ、Ⅲ的理论清洗阈值,结果列于表 6.5.2。

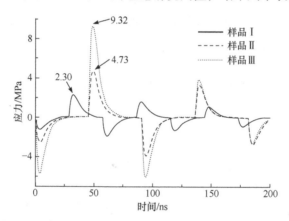

图 6.5.6　样品Ⅰ、Ⅱ、Ⅲ的结合处应力随时间的变化关系图

表 6.5.2　除漆实验样品的理论清洗阈值相关数据

	样品Ⅰ	样品Ⅱ	样品Ⅲ
最大脱离应力/MPa	2.30	4.73	9.32
测量黏附力/MPa	1.002	1.014	1.074
理论清洗阈值/(J/cm²)	0.22	0.11	0.06
测量清洗阈值/(J/cm²)	0.54	0.27	0.18
与测量阈值误差/%	59.3	59.3	66.7

表 6.5.2 中还列出了三种样品清洗阈值的理论值与测量值的误差。可见,通过模型计算得到的三组理论清洗阈值与测量值为同一数量级,变化趋势也是完全一致的,只是理论值均小于测量值,且误差幅度基本接近,这应该是系统误差。此

外，这个误差值大于 6.3 节给出的简单模型。其可能的原因是：构造模型时的假设，或者数值模拟求解波动方程的计算精度等问题。6.3 节的模型不考虑激光脉冲的波形，本节模型考虑了，在激光脉冲作用后期，能量密度变小；6.3 节简单地认为油漆层和基底层热胀冷缩，本节模型考虑到热弹性振动，这使得清洗阈值变小。实际操作中，由于激光入射角度、模式等参数无法达到理想化，所以，理论模拟和实际测量结果有所偏差。本模型中，通过对理论计算结果乘以适当的校准系数可以消除系统误差，就可以使两者在数值上基本吻合。

6. 基底和油漆的温度

从图 6.5.6 中还可以得到三种样品达到最大脱离应力时所对应的时间分别为 32 ns、49 ns、49 ns，再结合样品温度随时间变化图 6.5.3，可以得知这些时刻所对应的金属基底温度都低于峰值。物体的温度与激光能量密度满足线性比例关系

$$T_i(z,t) = p_i(z,t) \cdot I_0 \tag{6.5.28}$$

式中，$p_i(z,t)$ 分别为与油漆和基底材料有关的线性比例因子，下标 i = p、s 表征油漆、基底。代入测量得到的清洗阈值，可以得到三种样品在各自清洗阈值下所对应的表面峰值温度，结果见表 6.5.3。

表 6.5.3　三种样品在各自清洗阈值下的表面峰值温度与熔/燃点

	样品 I		样品 II		样品 III	
	1#油漆	铁基底	2#油漆	铁基底	2#油漆	铝基底
表面峰值温度/℃	72	116	42	119	37	98
熔点/燃点温度/℃	200	1500	200	1500	200	650

从表 6.5.3 中可知：在激光清洗阈值下，基底材料的最高温度远低于铁合金与铝合金的熔点温度，因此，基底材料可以保持完好；同时油漆层的最高温度也低于其燃点，因而也不会发生烧蚀效应。这些都与实验现象相一致，从而证明了双层热弹性模型的模拟结果与实验结果基本吻合，同时也证明了调 Q 激光干式除漆的主要机制为振动效应而非烧蚀效应。

7. 激光损伤阈值的模拟与讨论

对于样品 I，由计算模型得到的数值，按照实验得到的清洗阈值进行数值校准，再通过该模型对激光损伤阈值进行理论模拟，得到了样品 I 的基底材料表面温度分布图。图 6.5.7(a)为不同激光能量密度时的基底材料温升，图 6.5.7(b)为铁基底表面温度随时间的变化情况。

根据图中曲线，可发现温度变化分为几个阶段。

阶段 1：该阶段的激光能量密度为 0.54～0.71 J/cm²，大于清洗阈值，油漆可以被清除。当激光能量密度为 0.71 J/cm² 时，最大脱离应力为 1.3 MPa，油漆的脱离时刻约为 32 ns，清洗过程中油漆与铁基底表面的最高温升分别为 59 K 和 117 K，低于各自的熔点或燃点。该理论分析与实验现象一致。

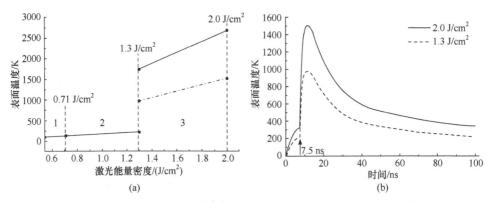

图 6.5.7 (a) 样品 I 的铁基底表面温度与激光能量密度的关系；(b) 激光能量达到损伤阈值时样品 I 的铁基底表面温度随时间的变化

阶段 2：该阶段的激光能量密度为 0.71～1.3 J/cm²。实验中，当激光能量密度大于 0.71 J/cm² 时，油漆发生破碎分解并呈粉末状喷射。而根据模型计算结果，此时油漆温升仅为 59 K，因而油漆的破碎不会是受热分解造成的，而是油漆自身不能够继续承受更高的弹性应力从而发生破碎分解。模型计算得到的油漆所能承受的极限应力为 1.3 MPa，只要结合处应力超过该值，不论应力是哪个方向(包括图 6.5.6 中的指向基底内部的负值应力)，油漆都会发生破碎分解，但由于油漆层的分解时间仍为 32 ns 左右，此时整个激光脉冲已经是扫尾阶段或者已经结束，能量密度已经很弱，即使直接照射基底也不会产生太大的温升，因此铁基底的最高温升与小于 0.71 J/cm² 时的情况基本相同，仍然会缓慢增加，但是增长幅度并不大，所以基底材料也不会发生损伤。这与实验现象是一致的。

阶段 3：该阶段的激光能量密度为 1.3～2.0 J/cm²。当激光能量密度达到 1.3 J/cm² 时，反向最大应力达到 1.3 MPa，发生时间约为 3.72 ns，若认为油漆层瞬时即完成破碎分解，则铁基底在 3.72 ns 后会受到激光直接照射，由于此时激光能量密度仍非常强，可以计算出其最大温升可达 1738 K(图 6.5.7(a))，已经高于铁合金的熔点，能够对其表面产生损伤。

实验中激光能量密度为 2 J/cm² 时，观察到了基底的损伤，实验损伤阈值比理论计算损伤阈值要高一些。这是因为，实际上油漆层的破碎分解过程不可能是瞬间完成的，而是需要一定的时间，油漆破碎后的碎片会阻挡铁基底对激光的完全吸收。若认为铁基底在 $7.50 \sim 7.80$ ns 后才受到激光直接照射，则由此可计算出最大温升约为 1510 K(图 6.5.7(a)中点划线)，故其理论损伤阈值为 $1.9 \sim 2.0$ J/cm^2，与实验测得的损伤阈值基本吻合。

从以上分析可知，虽然双层热弹性模型没有考虑油漆不能承受应力作用而发生分解这种极端情况，但是利用该模型仍可对损伤阈值进行大致模拟，得到的模拟计算结果，与实验现象和数据基本相符。

6.5.5　基底与油漆对激光除漆的影响

在干式激光除漆过程中，油漆与基底材料的物化性质对清洗阈值和效果具有很大的影响。本节我们对此进行分析。

1. 基底表面温度对激光清洗阈值的影响分析

在热弹性振动模型中，脱离应力的大小决定了激光清洗阈值。图 6.5.6 中，样品 Ⅰ 、Ⅱ 的最大脱离应力分别为 2.30 MPa 和 4.73 MPa，后者约为前者的 2.1 倍；图 6.5.3 中，两种样品中基底材料的最高温升分别为 82.4 K 和 171.1 K，后者同样也为前者的 2.1 倍。由于样品 Ⅰ 、Ⅱ 均为铁基底，因此可以肯定两种样品的应力差别主要是由基底温升决定的，即对于同种性质的基底，最大脱离应力与其表面温度成正比，表面温升越高，其所能产生的最大脱离应力就越大。所以，油漆和基底材料的光学与热学性质(如透射率、吸收率、热扩散率)等能够影响基底表面温度升高的因素，都可以影响激光清洗阈值。为了降低清洗阈值，可以选择能更多地透过油漆被基底材料更多地吸收的激光，即油漆对激光透明而基底吸收激光。

2. 油漆力学性质对激光清洗过程的影响分析

在热弹性振动中，油漆与基底材料结合处的位移和应力的周期性振动决定了脱离应力。由图 6.5.5 中可以看到，位移方向与应力方向总是相反的，且二者的振动周期一致，具有典型的弹性振动特征。双层热弹性振动模型中，油漆的光学性质影响了入射到基底的激光能量密度，油漆和基底的力学性质对于热弹性振动也具有至关重要的影响。

图 6.5.8 以样品 Ⅰ 为例，给出了模拟得到的油漆表面位移、结合处位移以及结合处应力随时间的变化关系。结合该图，可以分析油漆的位移和脱落过程。

激光作用开始阶段是热膨胀过程，如图 6.5.8 中的过程 1。该过程中，在油漆和基底材料结合处，油漆温升很低，因此主要是基底材料的温升所引起的热膨胀。激光脉冲快结束时，油漆表面温度降低，基底材料的热膨胀速度减小；与此同时，基底膨胀并在内部产生应力波，向油漆表面传播，当其传导到油漆表面时会使其表面位移迅速增加，同时应力波又从油漆表面开始向内部传播，如图中过程 2 所示；

接着是过程 3，应力波再次返回到结合处时便会带动另一端油漆表面的膨胀，此时基底的位移速度已经大幅度降低，会在结合处形成基底对油漆的拉伸应力，即脱离应力，并由此开始按照上述运动规律在二者结合处形成反复振荡的弹性波，因此油漆表面的位移、油漆与基底材料结合处的位移及其应力这三者的波动具有相同的频率。

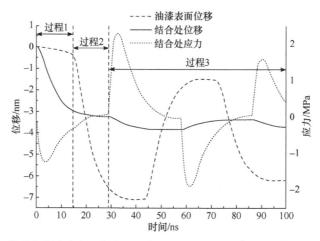

图 6.5.8　样品 I 的油漆表面位移、结合处位移以及结合处应力随时间的变化关系

由于应力波的传播速度是固定的，从图 6.5.8 中可以看到过程 1 与过程 2 所用的时间相同，这两个过程分别是应力波从结合处传播到油漆表面，再从油漆表面传播到结合处的过程。因此热弹性振动的起始时间和频率不是由基底材料决定的，而是由应力波在油漆内的传播时间决定的。根据力学公式，油漆内部应力波的传播速度可以表示为[40]

$$v_p = \sqrt{\frac{\left(B_p + \frac{4}{3}G_p\right)}{\rho_p}} \tag{6.5.29}$$

式中，ρ_p 为油漆的密度；B_p 为油漆的体变模量；G_p 为油漆的切变模量。热弹性振动的周期为

$$T = \frac{4z_p}{v} = 4z_p \sqrt{\frac{\rho_p}{\left(B_p + \frac{4}{3}G_p\right)}} \tag{6.5.30}$$

式中，z_p 为油漆的厚度。利用式(6.5.30)可以估算出样品 I 热弹性振动的开始时间为 28.8 ns，振动周期为 57.7 ns，与理论模拟曲线一致。同样，由于样品 II、

Ⅲ油漆的厚度以及体变模量和切变模量都相同，因此具有相同的起振时间和振动周期。

　　还是以样品Ⅰ为例，可以计算出脱离应力与油漆的体变模量(B_1)和切变模量(G_1)的变化关系图，见图 6.5.9。图中的三条曲线分别对应于样品Ⅰ中不同的体变模量和切变模量的油漆在结合处($z=0$)脱离应力随时间的变化曲线，可见，在入射激光能量密度、脉冲宽度，以及其他参数都不变的情况下，如果改变油漆的体变模量和切变模量，则结合处($z=0$)的应力曲线的振动幅度和振动频率都发生了很大变化。由式(6.5.30)可以求出，当体变模量和切变模量由小到大时，对应的振动周期 T 分别为 57.7 ns、33.3 ns、18.2 ns；振动幅度的变化主要是由于体变模量和切变模量变大后，物体的刚性增强。因此，对于相同的基底，热膨胀冲击可以在结合处产生更强的应力反应，有助于降低激光清洗阈值。

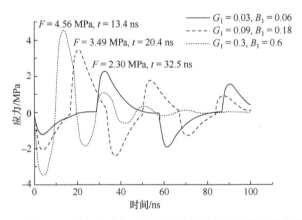

图 6.5.9　样品Ⅰ的脱离应力与油漆的体变模量和切变模量的变化关系

　　热弹性振动过程是由基底材料与油漆的热弹性振动共同决定的，二者具有相同的振动频率。油漆的力学性质对激光清洗过程有着很大影响，决定了热弹性振动的起始时间和振动频率，可以影响激光的清洗阈值。而在简单的加速度或热应力模型(6.4 节)中，则是将油漆简单地处理成没有振动的刚性物体，这是与双层热弹性振动模型不同的地方。

6.5.6　长激光脉冲清洗时的烧蚀机制

　　激光脉冲宽度是非连续激光清洗中一个非常重要的参数，它决定了激光清洗的机制。热弹性振动能够形成的根本原因就在于入射激光的脉冲宽度足够小，峰值功率足够大，使得有限的激光能量在极短的时间内形成较大的脱离应力。

　　以样品Ⅰ的参数为例，在入射激光能量密度固定的情况下，设定激光脉冲宽度 τ 分别为 1 ns、2.5 ns、5 ns、10 ns、20 ns 和 40 ns 时，计算最大脱离应力 F 的大小及其与脉宽的对应关系，如图 6.5.10 所示。由图 6.5.10(a)可以看到，随着激光脉冲宽度的减小，最大脱离应力迅速增大。因此，对于相同的入射激光能量密度，减小脉冲宽度可以提高最大脱离应力，从而降低激光清洗阈值，提高清洗效率。图 6.5.10(b)是脉冲宽度与应力的对数关系图，二者的对数关系基本满足线性比例。由图可以推算，对于样品 I，若入射激光能量密度为 0.5 J/cm²，激光脉冲宽度为 200 μs(比如，自由运转脉冲 Nd:YAG 激光)时，其所对应的最大脱离应力约为 1.1 kPa，仅是激光脉冲为 10 ns(如电光调 Q 脉冲 Nd:YAG 激光)时脱离应力(2.3 MPa)的两千分之一，远小于油漆层与基底材料之间的黏附力。由此可以得出结论：对于自由运转长脉冲或连续激光清洗，获得的热应力很小，所以其振动效应几乎可以忽略，主要是烧蚀效应。

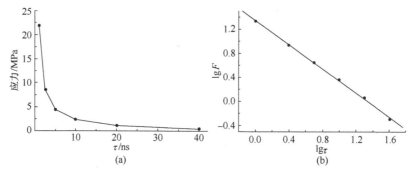

图 6.5.10　(a) 最大脱离应力与激光脉冲宽度的关系曲线；(b) 样品 I 的最大脱离应力与入射激光脉冲宽度的对数呈线性关系

事实上，采用自由运转脉冲激光(脉宽为 200 μs)进行清洗实验时，可以看到烟雾产生，这说明油漆已经受到高温产生烧蚀，所以其清洗机制主要是烧蚀。将实验中的激光以及样品 I 的参数代入温度分布模型，可以得知，要达到油漆的燃点 450 K，理论清洗阈值约为 5 J/cm²，而此时铁基底的表面温升仅为 1 K。但实际上，由于激光脉宽过长，此时已经不能再认为油漆与基底材料是完全绝热的了，也就是说，基底材料会吸收相当多的油漆传导过来的热量，又因油漆在烧蚀过程中还要消耗部分激光能量，因此实际的激光清洗阈值远远大于上述理论计算值。实验中测到的清洗阈值为 25 J/cm² 以上。而 10 ns 的调 Q 脉冲激光清洗阈值仅为 0.5 J/cm²，很显然，振动机制的清洗阈值要远低于烧蚀机制的。

根据以上计算和分析，并结合图 6.5.11 可知，激光脉宽越短，脱离应力与基底激光吸收区的温升比值越大，振动效应就越明显，其产生的脱离应力就越强。缩短激光脉冲宽度，并适当降低激光能量密度，可以使基底温升较小，从而可避免基底损伤。

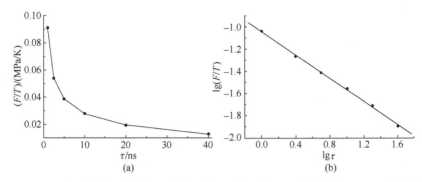

图 6.5.11　最大脱离应力与基底材料表面温升比值与激光脉冲宽度的关系曲线

(a) 最大脱离应力与基底表面温升比值和激光脉冲宽度的关系曲线；(b) 最大脱离应力与基底表面温升比值和
激光脉冲宽度的对数关系

6.5.7　干式激光清洗中选择激光参数的基本原则

根据以上的模拟计算结果和实验情况，可确定干式激光清洗中激光参数选择的基本原则，以降低清洗阈值，提高清洗效率。

(1) 激光波长要合适，使得油漆尽量对激光透明(透过率高)，并保证有尽可能多的激光能量被基底吸收；

(2) 激光能量密度要合适，比清洗阈值稍高即可，过高的激光能量密度不仅浪费激光能量，还可能会损伤基底材料；

(3) 激光脉冲宽度要合适，一般来说 10 ns 量级的激光脉冲就可以满足常见的清洗应用，过短的脉冲宽度容易使基底温度过高从而造成损伤，过长的激光脉宽会使得清洗阈值增加，并引起烧蚀效应，污染环境；

(4) 对于一些特殊样品，如果其清洗阈值过高或是接近甚至超过其自身的损伤阈值，可以选择缩短激光脉冲宽度同时适当降低入射激光能量密度，这样在降低清洗阈值的同时不会改变损伤阈值，从而实现干式激光清洗。

6.6　干式激光除漆的三层吸收清洗模型

很多情形中，最外层的涂层与基底材料间还会有一个中间层。这个中间层的来源主要有两个：其一，工业生产中，工序是分开进行的，在对基底表面材料进行预处理后等待涂装过程中，由于氧化等会形成一层氧化膜，其厚度由时间和环境条件确定，可能会有几微米甚至几十微米；其二，在基底材料上会涂上一层底层材料(如清漆)，用来抗氧化，其厚度通常也在几十微米。这种三层结构(基底材料-中间层-外涂层)是很常见的。在激光脱漆过程中，应该考虑该中间层。中间层不仅在涂覆过程中实际起到黏附界面的作用，还在激光移除外覆层时起到中间界面的作用，所以此处又称之为界面层。

在本章 6.4 节中介绍了一种简化的热应力模型，作了很多近似，在 6.5 节中介绍了双层热弹性振动清洗模型，考虑了层间的相互作用，该模型中也使用了一些近似和假设。这些近似或假设应当做具体分析。首先，激光光束通常都是基模或低阶模的高斯光或准高斯光，而不是平顶光；其次，虽然激光脉冲作用的时间比较短，但电光调 Q 的窄脉宽的激光能达到 10 ns，而声光调 Q 的激光脉宽可能达到 100~400 ns，在这么长的时间范围内实际上横向存在热扩散，因此仅仅用一维热传导来分析也有不足。由于实际使用中光斑的尺寸很小，且轴向是对称的，即可以使用柱坐标系或二维坐标系。本节针对厚漆层的激光清洗提出了三层吸收模型，并修正了上述两个近似[18]。

6.6.1　模型简介

对于有界面层的实际情况，要建立三层吸收激光清洗模型。该模型区别于其他模型的特点主要在于：①考虑了中间层对激光的吸收和热转化，且相邻层之间存在热致应变的相互作用，这种相互作用会影响热致弹性振动过程中的层位移；②考虑激光脉冲的时间空间分布情况，激光脉冲光束的时域变化和空间分布变化对于实际热致应力的分布会产生实际影响；③考虑大面积薄膜涂层的实际情况。

建模过程如下：首先基于激光光束函数给出激光作用在外油漆层、中间层和基底的温度分布方程，得到温度分布函数；进而得到热应力和位移方程，方程考虑了系统中的外油漆层、中间层和基底之间的振动和位移的联系；再数值求解得到激光清洗阈值。

三层模型的几何结构坐标系如图 6.6.1 所示。以激光正入射的最为常见的情况为例。由于激光光束的空间模式为近高斯形(圆形对称光斑)，因此采用柱坐标体

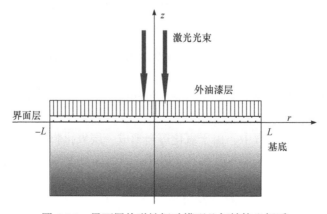

图 6.6.1　界面层热弹性振动模型几何结构坐标系

系，选取 z 轴方向与入射激光束方向相反，即从基底指向外油漆层，以中间层与金属基底的接触面为 $z=0$ 的平面，中间层上方是外油漆层。中间层的厚度为 z_i，外油漆层的厚度为 z_p，则中间层的上表面的坐标为 $z=z_i$，外油漆层下表面的坐标与中间层前表面的坐标相同，为 $z=z_i$，外油漆层上表面的坐标为 $z=z_i+z_p$；基底的上表面坐标与中间层下表面的坐标相同，为 $z=0$，基底的下表面坐标为 $z=-z_s$，一般来说，基底的厚度 z_s 远远大于激光的基底吸收长度 $1/\alpha_s$；整个系统的 r 方向边界为 $r=L$，L 远大于激光光斑半径。

6.6.2　三层吸收清洗模型的理论分析

1. 温度模型

1) 脉冲高斯激光

清洗过程中，激光脉冲随时间 t 的分布函数 $I(t)$ 由 6.5 节的式(6.5.1)给出，同时考虑激光脉冲是高斯分布的，且其在径向 r 的空间函数形式为

$$s(r)=\exp\left(-\frac{r^2}{r_0^2}\right) \tag{6.6.1}$$

式中，r_0 是高斯光斑的半径。因此，当入射的激光束脉冲的能量密度为 I_0 时，高斯分布脉冲激光的表达式为

$$I(r,t)=I_0 s(r)g(t)=I_0\exp\left(-\frac{r^2}{r_0^2}\right)\cdot\frac{t}{\tau^2}\exp\left(-\frac{t}{\tau}\right) \tag{6.6.2}$$

2) 热传导方程

入射激光脉冲照射到清洗样品上，其能量依次被外油漆层、中间层和基底各吸收一部分(如果能够逐层穿透的话)，由于多层结构的厚度远远大于激光在单一材料层中的吸收长度，因此入射的总激光能量在多层中的分配可表示为

$$E=E_r+E_{ap}+E_{ai}+E_{as} \tag{6.6.3}$$

式中，E_r 是材料表面反射的激光能量；E_{ap}、E_{ai}、E_{as} 分别是外油漆层、中间层和基底材料吸收的激光能量。根据朗伯定律，随穿透深度的增加，光强按指数规律衰减，深入表层以下 z 处的光强为

$$I(r,z,t)=AI_0 s(r)g(t)\exp(-\alpha z) \tag{6.6.4}$$

式中，A 为材料的吸收率；I_0 是入射激光的强度；AI_0 是表面($z=0$)处的入射光强；α 是材料的吸收系数，与材料属性相关。根据物质对光的吸收定律可知，各层中吸收的光强为

$$-k_m \frac{\partial}{\partial z} T_m(r,z,t) = A_m(T) I_0 s(r) g(t) \exp(-\alpha z) \qquad (6.6.5)$$

式中，k 是各层材料的热导率；$A(T)$ 是各层材料的吸收率，下标 m = p、i、s，分别表示外油漆层、中间层和基底材料。吸收激光后，首先会引起热效应，其作用过程可视为热传导作用过程。热传导方程式可以下式表示[48]：

$$\rho_p c_p \frac{\partial T(r,z,t)}{\partial t} = \frac{1}{r} \frac{\partial}{\partial r}\left[r k_p \frac{\partial T(r,z,t)}{\partial r}\right] + \frac{\partial}{\partial z}\left[k_p \frac{\partial T(r,z,t)}{\partial z}\right] \qquad (6.6.6)$$

式中，z 取值范围为 (z_i, z_p+z_i)。激光照射可以作为表面热源，因此油漆层上表面的边界条件为

$$-k_p \frac{\partial}{\partial z} T_p(r, z_i + z_p, t) = A_p(T) I_0 s(r) g(t) \exp\left(-\alpha(z_i + z_p)\right) \qquad (6.6.7)$$

在初始状态，即 $t = 0$ 时，外油漆层与环境温度相同

$$T_p(r,z,0) = T_0 \qquad (6.6.8)$$

式中，T_0 是环境温度。经过油漆后，激光脉冲的光强为

$$I(r,z_i,t) = I(r,z,t) A_p(T) I_0 s(r) g(t) \exp(-\alpha z_i) \qquad (6.6.9)$$

式中，A_p 是油漆层对激光的吸收率。

　　同理，可以确定中间层温度分布方程，需要注意的是入射到中间层的激光光强并非初始激光光强，而是被外油漆层反射和吸收后透射的激光光强。中间层的热传导方程为

$$\rho_i c_i \frac{\partial T(r,z,t)}{\partial t} = \frac{1}{r} \frac{\partial}{\partial r}\left[r k_i \frac{\partial T(r,z,t)}{\partial r}\right] + \frac{\partial}{\partial z}\left[k_i \frac{\partial T(r,z,t)}{\partial z}\right] \qquad (6.6.10)$$

式中，ρ_i、c_i 和 k_i 分别代表界面层的密度、热容和热导率；T 代表在 t 时间内的温度分布。界面层上表面 $(z = z_i)$ 的边界条件为

$$-k_i \frac{\partial}{\partial z} T_i(r,z_i,t) = A_i(T) I(r,z_i,t) s(r) g(t) \exp(-\alpha z_i) \qquad (6.6.11)$$

类似地，基底层的热传导方程为

$$\rho_s c_s \frac{\partial T(r,z,t)}{\partial t} = \frac{1}{r} \frac{\partial}{\partial r}\left[r k_s \frac{\partial T(r,z,t)}{\partial r}\right] + \frac{\partial}{\partial z}\left[k_s \frac{\partial T(r,z,t)}{\partial z}\right] \qquad (6.6.12)$$

式中，ρ_s、c_s 和 k_s 分别代表基底的密度、热容和热导率；T 代表在 t 时间内的温度分布。透射激光照射同样可作为表面热源，因此基底上表面 $(z = 0)$ 的边界条件可以表示为

$$-k_s \frac{\partial}{\partial z}T_s(r,0,t) = A_s(T)I(r,0,t)s(r)g(t) \tag{6.6.13}$$

在高斯脉冲激光作用于三层结构时,由于激光作用的面积与模型结构的面积相比很小,而在激光脉冲持续时间内,热传导范围仅仅局限于三层结构和基底的浅表面,同时激光脉冲足够短,侧面距离 R 足够大,热量来不及传递到侧面,所以可以认为两个边界侧面和基底背面对于热传导而言是绝热的。据此,三层系统的侧壁有相同的绝热边界条件

$$k_m \frac{\partial T}{\partial n}\bigg|_{x=\pm L} = 0 \tag{6.6.14}$$

外油漆层和中间层的分界面($z = z_i$)可视为理想热接触界面,因此两者的温度相同,即

$$T_p(r,z_i,t) = T_i(r,z_i,t) \tag{6.6.15}$$

同理,基底和中间层的分界面($z = 0$)也可视为理想热接触界面,两者的温度也相同,即

$$T_s(r,0,t) = T_i(r,0,t) \tag{6.6.16}$$

基底的背面设为绝热条件(激光的热传递深度远小于基底厚度),因此背面的边界条件可以表示如下:

$$T_s(r,-z_s,t) = T_0 \tag{6.6.17}$$

其中,z_s 是基底的厚度。当 $t = 0$ 时,初始条件是

$$T(r,z,0) = 0 \tag{6.6.18}$$

2. 基于振动的应力和位移方程

三层结构中的外油漆层、中间层与基底受激光脉冲作用,瞬时吸收能量并转变成系统中的热能,激光作用导致温度升高,并在系统各层内部形成温度梯度,进而引起各层内部热应力和层间应力的不均衡分布,产生热弹性振动,使得系统中的各层出现不同程度的位移。在三层系统中,外油漆层、中间层和基底中的位移分布函数分别是 $u_p(r,z,t)$、$u_i(r,z,t)$ 和 $u_s(r,z,t)$,在一维热弹性振动方程的基础上,见式(6.5.6),考虑了径向分布,可得到油漆层的热弹性振动方程

$$\rho_p \frac{\partial^2 u_p(r,z,t)}{\partial t^2} = \left(B_p + \frac{4}{3}G_p\right)\frac{\partial^2 u_p(r,z,t)}{\partial z^2} - B_p \gamma_p \frac{\partial T_p(r,z,t)}{\partial z} \tag{6.6.19}$$

式中,B_p、G_p 和 γ_p 分别为外油漆层的体变模量、切变模量和线膨胀系数。z 取值范围在(z_i, z_i+z_p)。同理,中间层的热弹性振动方程为

$$\rho_i \frac{\partial^2 u_i(r,z,t)}{\partial t^2} = \left(B_i + \frac{4}{3} G_i \right) \frac{\partial^2 u_i(r,z,t)}{\partial z^2} - B_i \gamma_i \frac{\partial T_i(r,z,t)}{\partial z} \quad (6.6.20)$$

式中，B_i、G_i 和 γ_i 分别为界面层的体变模量、切变模量和热膨胀系数。其 z 取值范围在 $(0, z_i)$。基底的热弹性振动方程为

$$\rho_s \frac{\partial^2 u_s(r,z,t)}{\partial t^2} = \left(B_s + \frac{4}{3} G_s \right) \frac{\partial^2 u_s(r,z,t)}{\partial z^2} - B_s \gamma_s \frac{\partial T_s(r,z,t)}{\partial z} \quad (6.6.21)$$

式中，B_s、G_s 和 γ_s 分别为基底材料层的体变模量、切变模量和热膨胀系数。且其 z 取值范围在 $(-z_s, 0)$。以上方程中的温度分布可由 6.5 节中的温度函数得出。

假设系统中的各层为理想结合状态，实际结合距在 0.1 nm 量级[49]，因此系统中各层之间彼此的位移均是相关的。由于激光脉冲作用时间极短，对于窄脉宽激光来说在 10～100 ns 量级，可设定系统三层中两两之间的结合面均具有相同的位移。因此，系统中外油漆层和中间层连接处的位移边界条件为

$$u_p(r, z_i, t) = u_i(r, z_i, t) \quad (6.6.22)$$

同样，系统中基底层和中间层连接处的位移边界条件为

$$u_s(r, 0, t) = u_i(r, 0, t) \quad (6.6.23)$$

系统在吸收激光能量后受热膨胀，并产生应变，该应变导致材料应力。在三层系统中，对于清洗有意义的膨胀应变和应力在 z 方向上。在系统材料为各向同性的情况下，应力只需研究 z 方向的分量。单位面积的热应力表达式见式(6.4.21)[41]。

在三层系统中，能够体现清洗效应的应力主要位于层间接触面处，即在外油漆层、中间层和基底接触面处，因此外油漆层和中间层接触面的边界应力为

$$\sigma_p = Y_p \gamma_p \Delta T_p(r, z_i, t) \quad (6.6.24)$$

$$\sigma_i = Y_i \gamma_i \Delta T_i(r, z_i, t) \quad (6.6.25)$$

由于外油漆层与中间层是结合在一起的，即此处二者应具有相同的应力，因此

$$Y_p \gamma_p \Delta T_p(r, z_i, t) = Y_i \gamma_i \Delta T_i(r, z_i, t) \quad (6.6.26)$$

同样，基底层和中间层接触面的边界应力为

$$\sigma_s = Y_s \gamma_s \Delta T_s(r, 0, t) \quad (6.6.27)$$

$$\sigma_i = Y_i \gamma_i \Delta T_i(r, 0, t) \quad (6.6.28)$$

同理，外油漆层与中间层的接触面处具有相同的应力，因此

$$Y_s \gamma_s \Delta T_s(r, 0, t) = Y_i \gamma_i \Delta T_i(r, 0, t) \quad (6.6.29)$$

在三层系统中,油漆层的上表面($z = z_i + z_p$)与基底的下表面($z = -z_s$)没有与其他物体发生接触或是有其他外力作用,可视为自由表面,因此在这两处的应力为零,相应的边界条件为

$$\sigma_p = Y_p \gamma_p \Delta T_p \left(r, z_i + z_p, t \right) = 0 \tag{6.6.30}$$

$$\sigma_s = Y_s \gamma_s \Delta T_s \left(r, -z_s, t \right) = 0 \tag{6.6.31}$$

这个三层系统在激光作用前都是静止的,即初始时刻的位移与速度都为零,因而初始条件为

$$u_p \left(r, z, 0 \right) = u_i \left(r, z, 0 \right) = u_s \left(r, z, 0 \right) = 0 \tag{6.6.32}$$

由此,激光被多层结构吸收,并通过热传导过程,在各层中和层间形成相应的应变,应变导致系统中形成位移和材料层相互脱离的应力,从而形成系统的内物理过程的模型关系。

6.6.3 三层吸收清洗模型激光除漆过程分析

三层模型方程多,边界条件复杂,难以用数学方法获得解析解,可采用有限元方法对其进行数值求解。数值计算中使用如下实验条件:基底为铁材料,厚度为 1 mm。打磨去除氧化层并尽可能抛光后立即喷涂底漆层,中间层即为橙红色底漆,起到保护基底的作用,又称为底漆,主要成分为醇类丙烯酸树脂漆,厚度为 35 μm。上层漆为有耐候性的硝基喷漆,颜色为天蓝色,厚度为 30 μm,又称为面漆。所用激光器为自制 JSY-01 声光调 Q 脉冲 Nd:YAG 激光器,单脉冲能量 15 mJ,脉冲宽度 100 ns。实验和计算中的几何结构和参数如图 6.6.2 所示。

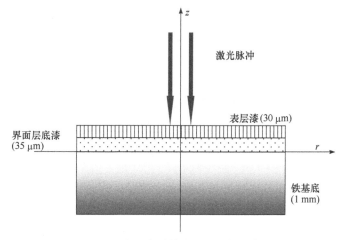

图 6.6.2 实验与计算中所用结构和参数

1. 数值计算

在模拟中, 初始状态时的涂料层和基底都被认为是无应力层。这个三层系统受到脉冲辐照, 从而在涂层/基底组合中产生热压。将激光参数和材料属性参数输入到软件中, 确定其中的常量和变量, 通过瞬态热-结构应力模块耦合其中的热传导过程和应力作用过程。计算确定在激光脉冲作用下在三层系统中产生的温度、应力和材料层间位移分布情况, 具体分布参见图 6.6.3。图中 z 数值对应于图中各层界面数值。

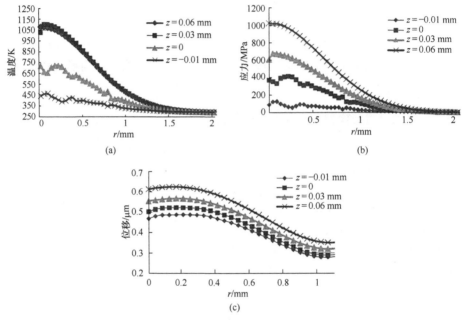

图 6.6.3　高斯脉冲激光除漆计算结果图
(a) 温度分布; (b) 应力分布; (c) 位移分布

现实中尽管三层系统中的面漆与底漆、底漆与金属基底的黏附力受很多因素影响, 根据法西罗夫斯基[34]和邹万芳[41]的推导, 在本模型中的三层吸收系统中, 均可视为平行平面之间的黏附力, 系统两层间的黏附力通过式(6.3.1)计算获得。

2. 样品与实验

所使用的样品要在基底抛光后再喷涂底漆层, 因此将基底和底漆接触面的两个平行平面的距离设定为 $h = 3 \times 10^{-10} \, \text{m}$。由于底漆上的面积是在底漆基本干透后形成的, 喷涂的面漆中含有较多有机溶剂, 喷涂时液体流动性更好, 则界面间的平行面距离更小, 不妨将面漆和底漆接触面的两个平行平面的距离设定为

$h = 2 \times 10^{-10}$ m。为了与理论模型对比，采用如图 6.6.4 所示的实验装置。

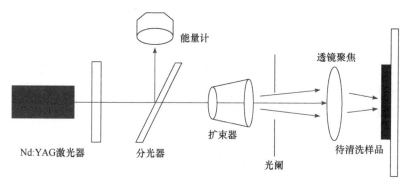

图 6.6.4　电光调 Q Nd:YAG 脉冲激光多层吸收界面实验装置图

激光清洗后，底漆和面漆被移除，形成了一个露出基底(浅色)的圆形形状。底漆(红色)和面漆(蓝色)被清洗的面积不同，如图 6.6.5 所示，面漆与底漆上形成的圆形直径约为 1.55 mm 和 1.15 mm(多次测量平均值)。

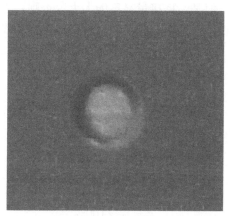

图 6.6.5　脉冲激光除漆实验结果图(扫描封底二维码可见彩图)

3. 分析与结果

从图 6.6.5 中可以看出，被清洗掉的面漆的面积大于底漆的面积，面漆清洗掉而底漆没有清洗掉的部分，出现了熔化和再凝固现象。在图 6.6.3(a)的温度分布图中，可以看出，在底漆和面漆中，温度分布线基本接近，即两个漆层相同位置的温度值相差很小。对于实验中使用的底漆和面漆来说，熔点大概在 300～350℃。而从温度分布图可以看出，在底漆层($z = 0.03$ mm)和面漆层($z = 0.06$ mm)中，对应于温度范围 573～623 K 的半径 r 取值大约在 0.75～0.84 mm 的范围。这和实验测得的两层中的直径范围(1.5～1.6 mm)基本一致。在这个范围内，应力不足以将漆涂层移除，但其温度已经达到或超过底漆本身的熔点但又未达到气化点，因此在吸收激光转化成热的作用下，该区域的底漆被熔化然后又再凝固，同时在位移力和表面张力的作用下，在再凝固的区域中出现了环状凸起。

　　本节给出的三层吸收干式激光清洗理论模型,在已有热弹性振动理论基础上,考虑了被清洗样品在功率密度随时间变化和空间变化的窄脉冲高斯激光或准高斯激光脉冲作用下，表层、中间层和基底这三层物质的热致弹性振动的相互作用所产生的温度分布、应力分布和涂层移除过程。

6.7　扫描搭接量对除漆效果的影响

　　实验中的激光扫描线实际上是由一系列非连续的圆状脉冲光组成的，依靠扫描振镜的往复摆动形成一条近连续的扫描线。由于每个光斑为圆形，激光模式为准高斯型，所以光束中心能量分布比较均匀且较高，而边缘能量密度较低，光斑边缘照射到的油漆则难以完全清除，因此每个光斑间需要有一定的搭接量才能实现大面积的完全清洗。但是，搭接量又不能太大，否则一方面影响清洗效率，另一方面会导致基底损伤。在扫描线移动的过程中，各扫描线之间也存在搭接量是否合适的问题。

6.7.1　搭接量的计算

　　如图 6.7.1 所示，设照射激光光斑半径为 r，共有 n 个光斑，每个光斑的搭接长度为 l，激光脉冲点形成的扫描线总长为 L。它们之间的关系为

$$L = 2nr - (n-1)l \tag{6.7.1}$$

定义横向搭接量为

$$\varepsilon_l = \frac{l}{2r} \times 100\% \tag{6.7.2}$$

当 $l = 2r$ 时，光斑完全重合，搭接量为 100%；当 $l = 0$ 时，各光斑刚好能够接触且完全没有搭接，搭接量为 0。

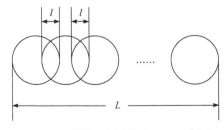

图 6.7.1　激光光斑之间的搭接示意图

当光斑大小确定后，激光重复频率和扫描速度决定了搭接量。激光重复频率为 f，即 1 s 的照射时间内，激光器输出了 f 个光脉冲。振镜周期为 τ，扫描线宽度为 L，即在 τ 时间内扫过了 L 长度，那么在一个振镜摆动周期内形成的一条扫描线上共有 $n = \tau f$ 个光斑，每个光斑半径为 r，由式(6.7.1)可以计算出 l，进而得到横向搭接量。

振镜振动一个周期形成了一条扫描线后，向纵向(y 向)移动一个小距离，纵向的两条扫描线距离很近，线上的光斑形成纵向搭接，也可称为扫描线搭接。实际上，当振镜沿着 x 向移动时，载物台在相对于 x 垂直的 y 方向上也一直在运动，在 $x = L$ 处，第一个振镜周期结束、第二个振镜周期开始时，搭接量接近 100%；当第二个振镜周期结束时，在 $x = 0$ 处的两个光斑中心相距为 $v_y \tau$，可以计算出搭接长度为

$$l = 2r - v_y \tau \tag{6.7.3}$$

纵向搭接量为

$$\varepsilon_y = \frac{l}{2r} \times 100\% = 1 - \frac{v_y \tau}{2r} \tag{6.7.4}$$

这时第 2 条扫描线上的最末光斑与第 1 条扫描线上的最初光斑搭接量最小。对于 x 向或横向，只要振镜周期和扫描宽度固定，则搭接量固定。对于 y 向或纵向，搭接量在不同的 x 处是不同的，所以更值得关注，如图 6.7.2 所示。

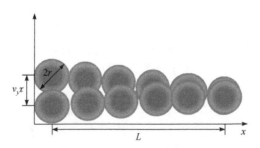

图 6.7.2 光斑搭接示意图

6.7.2 搭接量与清洗效果

清洗用激光为 1064 nm 的声光调 Q 的 Nd:YAG 激光器，重复频率控制在 3 kHz，平均功率为 18.9 W，聚焦后照射在样品上，光斑直径为 0.5 mm，光斑面积约为 0.19 mm^2，所对应的激光峰值功率密度为 9.48×10^6 W/cm^2。固定扫描振镜的周期，即固定每条扫描线内的光斑搭接量，只考察激光扫描线的平移速度，最终得到一个合适的扫描线搭接量[41,42]。

激光重复频率为 3 kHz，在 1 s 的照射时间内，激光器输出了 3000 个点脉冲。

振镜周期为 25 ms，扫描线宽度为 30 mm，则振镜摆动周期内形成的一条扫描线上分布有 25×3000/1000=75 个光脉冲。由式(6.7.2)得到 x 向的横向搭接量为：$\varepsilon=60.8\%$。固定 x 向的搭接量，通过调节工作台的平移速度，改变 y 向搭接量，观察激光扫描速度或搭接量对清洗效果的影响，实验数据见表 6.7.1。

表 6.7.1　激光扫描速度对除漆效果的影响

序号	激光峰值功率密度/(W/cm²)	光斑直径/mm	重复频率/kHz	扫描速度/(cm/s)	搭接量	实验现象
1	9.48×10^6	0.5	3	0.8	62%	扫描区域有非常明显的网纹现象，残漆现象明显
2	9.48×10^6	0.5	3	0.6	72%	漆层基本除去，金属有明显网纹，残漆现象不明显
3	9.48×10^6	0.5	3	0.3	87%	漆层完全除去，金属没有明显网纹，没有残漆现象

当扫描速度为 0.8 cm/s 时，搭接量约为 60%；当扫描速度为 0.6 cm/s 时，搭接量约为 70%；当扫描速度为 0.3cm/s 时，搭接量约为 85%。

图 6.7.3 为不同扫描线移动速度下的激光除漆后的照片。当扫描速度为 0.8 cm/s 时，激光扫描过的区域中点脉冲作用到的漆层已经能够完全除去，但由于扫描线移动速度过快，各扫描线之间搭接量不够造成的沿扫描方向残漆和条纹现象比较明显；当扫描速度降为 0.6 cm/s 时，扫描线之间的网纹已经不明显了；当扫描速度降为 0.3 cm/s 时，漆层完全除去，金属没有明显网纹，没有残漆现象。可见，当激光光斑之间的搭接量大于约 80%时，才会取得较为理想的除漆效果，如果搭接量小，将会出现较明显的残漆或条纹现象。

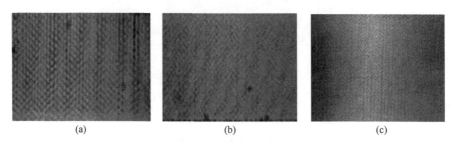

(a)　　　　　　　　　　(b)　　　　　　　　　　(c)

图 6.7.3　不同扫描线移动速度下的除漆效果

(a) 0.8 cm/s；(b) 0.6 cm/s；(c) 0.3 cm/s

参 考 文 献

[1] Fox J A. Effect of water and paint coatings on laser-irradiated targets[J]. Applied Physics Letters, 1974, 24(10): 461-464.

[2] Schweizer G, Werner L. Industrial 2 kW TEA CO₂ laser for paint stripping of aircraft[C]. Proc. SPIE 2502, Gas Flow and Chemical Lasers: Tenth International Symposium, 1995, 2502.

[3] Tsunemi A, Hagiwara K, Saito N, et al. Complete removal of paint from metal surface by ablation with a tea CO₂ laser[J]. Applied Physics A, 1996, 63(5): 435-439.

[4] Shi S D, Li W, Du P, et al. Removing paint from a metal substrate using a flattened top laser[J]. Chinese Physics B, 2012, 21(10): 104209.

[5] 路磊, 王菲, 赵伊宁, 等. 背带式双波长全固态激光清洗设备[J]. 航空制造技术, 2012, 406(10): 83-85.

[6] 朱伟, 孟宪伟, 戴忠晨, 等. 铝合金平板表面激光除漆工艺[J]. 电焊机, 2015, 45(11): 126-128.

[7] Li X Y, Wang H Y, Yu W J, et al. Laser paint stripping strategy in engineering application: a systematic review[J]. Optik, 2021, 241: 167036.

[8] 马玉山, 王鑫林, 何涛, 等. 金属表面腐蚀层及涂层的激光干式清洗研究进展[J]. 表面技术, 2020, 49(2): 124-134.

[9] Yang H, Liu H X, Gao R X, et al. Numerical simulation of paint stripping on CFRP by pulsed laser[J]. Optics & Laser Technology, 2022, 145: 107450.

[10] Gu J Y, Su X, Jin Y, et al. Towards low-temperature laser paint stripping by photochemical mechanism on CFRP substrates[J]. Journal of Manufacturing Processes, 2023, 85: 272-280.

[11] Zhan X, Gao C, Lin W, et al. Laser cleaning treatment and its influence on the surface microstructure of CFRP composite material[J]. Journal of Powder Metallurgy & Mining, 2017, 6(1). Doi: 10. 4172/2168-9806. 1000165.

[12] 刘彩飞, 冯国英, 邓国亮, 等. 有限元法移动激光除漆的温度场分析与实验研究[J]. 激光技术, 2016, 40(2): 274-279.

[13] 邵壮, 王涛. 基于 ANSYS 的激光除漆技术数值模拟研究[J]. 激光与红外, 2021, 51(10): 1294-1299.

[14] Lu Y, Yang L J, Wang M L, et al. Simulation of nanosecond laser cleaning the paint based on the thermal stress[J]. Optik, 2021, 227: 165589.

[15] Miao R P, Wang T, Yao T, et al. Experimental and numerical simulation analysis of laser paint removal of aluminum alloy[J]. Journal of Laser Applications, 2022, 34(1): 012002.

[16] 宋峰, 邹万芳, 田彬, 等. 一维热应力模型在调 Q 短脉冲激光除漆中的应用[J]. 中国激光, 2007, 11: 1577-1581.

[17] 田彬, 邹万芳, 何真, 等. 脉冲 Nd: YAG 激光除漆实验[J]. 清洗世界, 2007, 10: 1-5.

[18] 施曙东. 脉冲激光除漆的理论模型数值计算与应用研究[D]. 天津: 南开大学, 2012.

[19] Zou W F, Xie Y M, Xiao X, et al. Application of thermal stress model to paint removal by Q-switched Nd: YAG laser[J]. Chinese Physics B, 2014, 23(7): 074205.

[20] 杨贺. CFRP 表面涂层的脉冲激光清洗研究[D]. 天津: 南开大学, 2021.

[21] Yang Y, Xiong B, Yuan X, et al. Paint removal based thermal stress with a high repetition pulse fiber laser [C]//International Conference on Information Optics and Photonics. Paper presented at the Tenth International Conference on Information Optics and Photonics. Beijing(CN), 2018, 109642L.1-109642L.7.

[22] Lu Y, Yang L, Wang M, et al. Improved thermal stress model and its application in ultraviolet nanosecond laser cleaning of paint[J]. Applied Optics, 2020, 59(25): 7652-7659.

[23] Gupta P D, O'Connor G M. Comparison of ablation mechanisms at low fluence for ultrashort and short-pulse laser exposure of very thin molybdenum films on glass[J]. Applied Optics, 2016, 55(9): 2117-2125.

[24] Lee J, Yoo J, Lee K. Numerical simulation of the nano-second pulsed laser ablation process based on the finite element thermal analysis[J]. Journal of Mechanical Science and Technology, 2014, 28(5): 1797-1802.

[25] 张天刚, 黄嘉浩, 侯晓云, 等. 激光清洗铝合金表面复合漆层作用机制研究[J]. 航空学报, 2021, 42: 1-15.

[26] Han J, Cui X, Wang S, et al. Laser effects based optimal laser parameter identifications for paint removal from metal substrate at 1064 nm: a multi-pulse model[J]. Journal of Modern Optics, 2017, 64(19): 1947-1959.

[27] Zhao H, Qiao Y, Du X, et al. Paint removal with pulsed laser, theory simulation and mechanism analysis[J]. Applied Sciences, 2019, 9(24): 5500.

[28] Zhao H, Qiao Y, Du X, et al. Laser cleaning performance and mechanism in stripping of Polyacrylate resin paint[J]. Applied Physics A, 2020, 126(5): 360.

[29] Zhao H, Qiao Y, Zhang Q, et al. Study on characteristics and mechanism of pulsed laser cleaning of polyacrylate resin coating on aluminum alloy substrates[J]. Applied Optics, 2020, 59(23): 7053-7065.

[30] 孙浩然. 铝合金表面油漆涂层激光复合清洗工艺及去除机制研究[D]. 哈尔滨: 哈尔滨工业大学, 2020.

[31] Zhang D H, Xu J, Li Z C, et al. Removal mechanisms of nanosecond pulsed laser cleaning of blue and red polyurethane paint[J]. Applied Physics A, 2022, 128(2): 1-14.

[32] 何宗泰, 金聪, 张润华, 等. 纳秒脉冲激光剥离印制电路板三防漆试验研究[J]. 电镀与涂饰, 2022, 41(5): 371-376.

[33] Lu Y, Ding Y, Wang M L, et al. A characterization of laser cleaning painting layer from steel surface based on thermodynamic model[J]. The International Journal of Advanced Manufacturing Technology, 2021, 116: 1989-2002.

[34] Veselovesky R A, Kestelman V N. 聚合物的粘接作用[M]. 王洪祚, 刘芝兰, 王颖, 译. 北京: 化学工业出版社, 2004.

[35] Tam A C, Leung W P, Zapka W, et al. Laser-cleaning techniques for removal of surface particulates[J]. Journal of Applied Physics, 1992, 71(7): 3515-3523.

[36] Mittal K L. Particles on Surfaces[M]. New York: Springer, 1995.

[37] Lu Y F, Song W D, Ang B W, et al. A theoretical model for laser removal of particles from solid surface[J]. Applied Physics A, 1997, 65: 9-13.

[38] Israelachvili J N. Intermolecular and Surface Forces: with Applications to Colloidal and Biological Systems[M]. London: Academic Press, Inc. , 1985: 146

[39] 邹万芳, 尹真. 短脉宽激光除漆理论清洗模型的建立[J]. 赣南师范学院学报, 2008, 29(6): 27-30.

[40] 田彬. 干式激光清洗的理论模型与实验研究[D]. 天津: 南开大学, 2008.

[41] 邹万方. Nd: YAG 脉冲激光除漆的实验和理论研究[D]. 天津: 南开大学, 2007.

[42] 杜鹏. 脉冲激光除漆实验研究与激光除漆试验机的制作[D]. 天津: 南开大学, 2012.

[43] Bloisi F, Di Blasio G, Vicari L, et al. One-dimensional modeling of 'verso' laser cleaning[J]. Journal of Modern Optics, 2006, 53(8): 1121-1129.

[44] White R M. Generation of elastic waves by transient surface heating[J]. Journal of Applied Physics, 1963, 34(12): 3559-3567.

[45] 马庆芳, 方荣生, 项立成. 实用热物理性质手册[M]. 北京: 中国农业机械出版社, 1986.

[46] 陆建, 倪晓武, 贺安之. 激光与材料相互作用物理学[M]. 北京: 机械工业出版社, 1996.

[47] 关振中. 激光加工工艺手册[M]. 北京: 中国计量出版社, 1998.

[48] Xu B Q, Shen Z H, Lu J, et al. Numerical simulation of laser-induced transient temperature field in film-substrate system by finite element method[J]. International Journal of Heat and Mass Transfer, 2003, 46(25): 4963-4968.

[49] Autric M, Oltra R. Basic processes of pulsed laser materials interaction[J]. SPIE, 2005, 5777: 982-985.

第7章 激光清洗碳纤维复合材料表面涂层

近年来，复合材料因其较高的比强度、耐化学腐蚀性和尺寸稳定性被广泛应用于航空航天和汽车制造业[1]。例如，在波音 787 和空客 A350 中，总重量超过50%的材料是由复合材料制成的[2]。为了保护材料本身，常常在其上涂有油漆。对于油漆的清洗成了近年来的新热点。本章首先介绍碳纤维复合材料及其表面涂层的清洗研究进展，接着分别讲述干式激光清洗、选择性激光清洗、间接激光清洗模型。

7.1 碳纤维复合材料

复合材料，是利用先进的制造工艺将多种化学和物理性质不同的材料组分以特定的形式和比例组合而成的新材料[3]。各组分之间一般具有明显的分界面。通常，组合后的复合材料往往拥有优于其各单一组分的性能，可具有优异的刚度、强度和热学性质，某些性能可能是原来各单一组分材料所不具备的。

复合材料按照应用性质可以分为功能复合材料和结构复合材料。前者具有特殊性质，包括导电复合材料、烧蚀复合材料以及摩阻复合材料等；后者是由增强材料和基体材料组成的，其中增强材料提供强度和刚度等性能，通常采用各种纤维或颗粒材料，而基体材料主要起着配合作用，用于支持和固定增强材料，传递增强材料之间的载荷，防止磨损和腐蚀等，通常采用各种树脂、金属和非金属材料。

在各类复合材料中，碳纤维增强复合材料由于在力学性能、热物理性能和热烧蚀性能方面具有优良的特性而备受关注。碳纤维增强复合材料是以碳纤维或碳纤维织物为增强体，以树脂、陶瓷、金属、水泥、碳质或橡胶等为基体所形成的复合材料，材质轻(密度一般小于 2 g/cm³ 左右)、断裂韧性、抗疲劳性和抗蠕变性较高，拉伸强度和弹性模量高，高温时强度大，热膨胀系数小，比热容高，导热率低，抗热冲击和热摩擦，耐热烧蚀，可阻止热流进入材料内部。其中碳纤维增强树脂基复合材料(CFRP)由碳纤维增强材料和树脂聚合物基体材料组合而成[4]，碳纤维主要以聚丙烯腈(PAN)或者沥青为原料，经加热氧化、高温炭化、石墨化处理制成，其直径一般为 6～10 μm，具有耐高温、强度高、模量高、导电性好等一系列优异的性能，其中聚丙烯腈基碳纤维具有较高的抗拉强度、弹性模量和炭化收率。为了提高碳纤维与复合材料基质的黏结性能，需对其进行表面清洗、上浆、干燥等工序。而上浆工艺所使用的上浆剂本身也是一种树脂材料。上浆剂将碳粉或者是短切碳纤维粘在一起成为一根长纤维。环氧树脂是一种高分子聚合物，分子式为$(C_{11}H_{12}O_3)_n$，在分子中含有两个以上环氧基团，具有众多优点，普适性好，应用广泛。由碳纤维和环氧树脂组成的 CFRP 具有黏附力强、固化收缩小、耐高温、强度高、密度小以及与增强纤维表面浸润性好等优点[5]，是应用最为广泛的一种树脂基复合材料。在汽车、航天航空等领域有着越来越多的使用。

　　CFRP 使用过程中会发生破损，如果内部的碳纤维受到损伤，则较难修复。但如果只损伤了碳纤维表面树脂，可以使用树脂进行涂覆和热固化等工艺进行修复，且对于 CFRP 的强度影响不大[6-9]。

　　为了保护 CFRP，也常常在其表面涂装上涂料，以形成保护层。所用涂料多采用多组分聚合物材料，其本质上也是由黏合剂、颜料和溶剂按一定比例组成的混合物[10]。在使用过程中，CFRP 表层的树脂层及其涂层，在温度、湿度、紫外线等环境因素的作用下会发生划伤、开裂和氧化，影响复合材料的强度致使其使用性能下降甚至失效[11,12]。

　　因此，当 CFRP 表面涂层和表层树脂老化或损伤后，可以先予以去除，再进行修复和重新喷涂保护涂层。目前 CFRP 表面涂层和表层树脂主要有两种去除方案。一种是将表面的涂层体系(或连同基底表层树脂层，表层树脂可以通过重新灌浆予以修复)完全去除；另一种是通过控制激光参数选择性地去除 CFRP 表面的部分涂层，并保留一部分在基底表面。清洗时，不能伤害 CFRP 表层的碳纤维。本章介绍激光清洗 CFRP 的相关工作。

7.2　CFRP 表面涂层激光清洗研究进展和机制研究

　　传统清洗工艺主要有溶剂去除和喷砂等。对于 CFRP 清洗来说，这两种方法不仅污染环境，还易对材料本身造成损伤。激光清洗作为一种新型的清洁、环保、高效的微细加工技术，对于金属基底的除漆已经取得了成效。对于 CFRP 表面涂层的激光清洗，由于其热力学性能不如金属基底，抗激光损伤阈值低，遭遇了前所未有的挑战。主要困难有两个：其一是 CFRP 中的碳纤维和环氧树脂的激光损伤阈值相近，这使得很难通过控制激光能量密度的方法来避免碳纤维的损伤；其二是热量的传递，由于碳纤维是一种良好的导热材料，在激光清洗过程中，大量的热量会被传导到整个样品中从而增加热影响区域的面积。

7.2.1　CFRP 表面涂层激光清洗研究进展

虽然激光清洗 CFRP 涂层具有很多困难，但是随着飞机蒙皮、汽车等交通工具中使用的 CFRP 复合材料越来越多，对涂层的激光清洗维护研究也逐步展开[13]。1998 年，Tsunemi 等[14]用高功率 TEA CO₂ 激光去除飞机铝及复合材料基底表面的油漆，测试了激光辐照后的表面温度、去除废物的粒径等关键参数，通过优化激光功率、扫描速度等参数，获得了良好的脱漆效果。Iwahori 等[15]的研究表明，TEA CO₂ 激光清洗碳纤维复合材料表面油漆后，碳纤维复合材料层压板静态力学性能没有下降。

Hart[16]报道了北约的一个研究与技术合作计划，荷兰皇家航空航天中心(NLR)研究了激光去除油漆涂层对复合材料和纤维金属层压板表面的影响。美国空军和环境安全技术认证计划(ESTCP)资助的项目[17]，采用便携、手持式激光涂层去除系统从飞机蒙皮的金属和非金属基底材料表面去除有机涂层，以避免常规清洗法产生的危险化学品及固体废物。

国内，周礼君[18]研究了光纤和 CO₂ 激光器清洗树脂基复合材料表面涂层，利用多种技术手段分析了涂层清洗后的表面形貌结构及成分。Li 等[19]比较了不同激光工艺参数下碳纤维复合材料层的红外激光与紫外激光清洗效果。Zhan 等[20]研究了激光去除复合材料表面树脂层对其表面微观结构的影响以及对材料抗剪强度和破坏形态的影响。

7.2.2　复合材料表面激光作用的机理和模型研究进展

对于 CFRP 基底上的激光除漆的作用机制和相关模型的研究还很少。不过关于激光加工 CFRP 中的热影响的研究，对于激光除漆具有借鉴作用。Uhlmann 等[21]将 CFRP 整体等效为拥有各向异性热导率的均质材料。Springer[22]采用混合法则提出了一种基于移动点热源的三维各向异性热传导模型来预测热影响区。Negarestani 等[23]建立了激光切割 CFRP 基板的非均质纤维基体网格上的三维瞬态温度场模型，预测了激光作用过程中热影响区尺寸。同济大学贺鹏飞等[24]基于非均匀网格模型，利用 ANSYS 软件模拟了激光辐照碳纤维增强树脂基复合材料的应力和温度场分布以及烧蚀质量的变化规律。

激光清洗 CFRP 表面的模型近几年才有相关研究。高川云[25]研究了红外与紫外脉冲激光辐照清洗用于胶结处理的 CFRP 基底表面的树脂层的物理特性以及树脂的热解过程和碳纤维的烧蚀机制，分析了激光工艺参数对激光清洗后 CFRP 的微观结构和物理特性的影响。南开大学杨贺等[26]、刘汉雄[27]考虑了激光在各层材料中的传播和吸收问题，在微观尺度上建立了 CFRP 表面激光清洗涂层的非均质纤维基体网格的三维瞬态温度场及后续材料去除模型。

7.3　CFRP 的干式激光清洗模型

激光诱导的温度分布可以通过求解特定激光辐照和基底的热传导方程获得。但对于复杂的内部结构几何模型，很难得到精确的解析解。对于高重复频率脉冲激光清洗，激光烧蚀行为在亚微米–微米尺度局部发生，激光对材料的作用过程在纳秒–微秒尺度发生，温升具有很强的瞬时性和局部性，很难通过直接测量得到温度场分布[28]。因此，有限元分析方法成为研究激光清洗过程中激光与材料相互作用过程的有效手段[29]。

本节介绍我们基于有限元分析软件 ANSYS，在非均匀纤维基体网格上建立的 CFRP 表面涂层激光清洗的数值模型[26]。

7.3.1　CFRP 样品

本研究中选取的 CFRP 样品厚度约 2 mm，由 60%体积分数碳纤维(直径为 7 μm)和 40%体积分数的环氧树脂基体经高压复合组成。CFRP 表面的碳纤维束垂直相交分布，铺层方式为[0°/90°]，铺层数为 6 层。图 7.3.1 为局部剖面图，上层覆盖的丙烯酸聚氨酯油漆层厚度为 50～60 μm(蓝色)，底层为 50 μm 厚的 CFRP 基底，由 40 μm 厚的碳纤维(红色)和环氧树脂聚合物基体(紫色)组成的异质复合材料与 10μm 厚的表层树脂(紫色)构成(下文称为异质基底)。

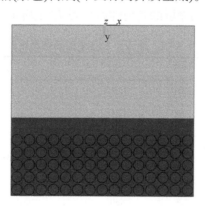

图 7.3.1　CFRP 表面几何结构

1. CFRP 样品的热物理性质

材料吸收激光能量转化为热量并使得温度上升，到达一定温度，材料质量将因为分解和燃烧等而减小。采用差式扫描量热法(TG-DSC)分析油漆涂层和 CFRP 基底在空气中的热分解和氧化燃烧行为，TG 结果显示了油漆氧化和热分解引起的质量变化，DSC 结果显示了吸热和放热反应。在空气环境下，以 20 K/min 的升温速率将油漆和 CFRP 样品分别从室温加热到 800℃和 1000℃，图 7.3.2 为实验得到的 TG-DSC 图。

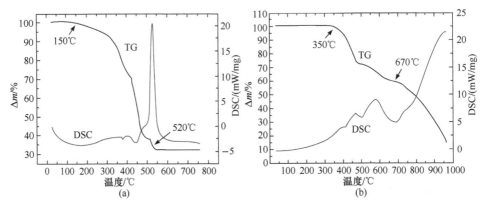

图 7.3.2 (a)油漆涂层和(b)CFRP 样品在空气中的 TG-DSC 结果

对于油漆样品，如图 7.3.2(a)所示，在 150℃和 300℃之间的质量损失为 7%，在 300℃和 380℃之间的质量损失为 15%，在 380℃和 470℃之间的质量损失为 35%。其中，在 150℃和 300℃之间的质量损失是由油漆中有机颜料的分解造成的，300℃后的质量损失主要来自黏合剂的分解(图中在 520℃达到峰值)[30]。对于 CFRP 基底，如图 7.3.2(b)所示，树脂基体在 350℃开始分解，碳的质量损失在 670℃开始。

碳纤维、环氧树脂和涂层的其他性质如表 7.3.1 所示[31-35]。

表 7.3.1 油漆和 CFRP 的热物理性质

材质参数	油漆	树脂	碳纤维
密度/(kg/m³)	1450	1250	1850
比热/(J/(kg·K))	2500	1200	710
导热系数/(W/(m·K))	0.3	0.2	50(平行)，5(垂直)
折射率	—	—	2.05 + 0.7i(平行)，3.1 + 2.1i(垂直)
吸收系数/m⁻¹	8.9×10^4	7510	2.48×10^7
分解温度/℃	520	460	850(空气中)，3300(真空中)

2. 样品的激光吸收特性

对厚度为 60 μm 的油漆样品，使用紫外分光光度计测量 200～2000 nm 波长范围内的反射和透射光谱，见图 7.3.3，在 1064 nm 激光波长处，反射率约为 73%，透射率相对较小。

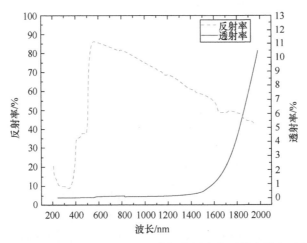

图 7.3.3　油漆层在 200～2000 nm 波长范围内的反射光谱和透射光谱

油漆对激光的吸收系数 α_p 可以表示为

$$\alpha_p = \frac{1}{z_p} \ln\left(\frac{1 - R_p}{T_p}\right) \tag{7.3.1}$$

式中，z_p、R_p 和 T_p 分别是油漆层的厚度、表面反射率和透射率。根据测量参数计算，油漆的吸收系数 α_p 取 $8.9 \times 10^4 \text{ m}^{-1}$。激光在油漆层中的有效穿透深度 l_p 为

$$l_p \approx \frac{1}{\alpha_p} \tag{7.3.2}$$

代入 α_p 计算得到 l_p 约为 11 μm，只是油漆层厚度的五分之一。因此，激光刚开始时仅作用于表面涂层的上方浅层范围。

7.3.2　激光清洗实验

1. 激光清洗系统

实验采用波长为 1064 nm 的声光调 Q 的 Nd:YAG 激光器，输出激光能量在时间和空间上满足高斯分布，最大平均输出功率为 500 W，激光重复频率 10～30 kHz，脉冲宽度 140 ns。激光经光纤耦合，再通过透镜系统准直为平行光束，通过振镜控制沿 x 方向移动，然后由焦距为 160 mm 的场透镜聚焦在工件表面，光斑直径约为 1.0 mm。激光清洗系统如图 7.3.4(a)所示。

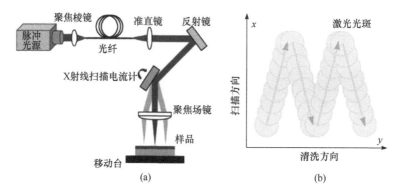

图 7.3.4　(a)激光清洗实验装置示意图和(b)激光光斑的空间分布

图 7.3.4(b)为整形后的光斑通过扫描振镜和移动平台同步控制所实现的光斑轨迹。在 x 方向，振镜的扫描速度设定为 1200 mm/s(光斑搭接率为 95%)。清洗速度由计算机通过 y 方向移动平台控制。单位时间内工件接收的激光能量由功率和横向扫描速度决定。

2. 清洗方法与清洗结果

实验中通过改变激光功率和横向扫描速度，将整形激光作用于样品表面。图 7.3.5(a)是 CFRP 表面碳纤维束的分布方式。激光功率为 80～150 W，对应的功率密度为 10～19 kW/cm^2。图 7.3.5(b)为清洗后的照片。水平方向上，从左到右的激光功率密度逐渐加大，每个相邻区间(用黑色竖线区分开)的功率增幅为 10 W；在竖直方向上，自上而下的激光扫描速度以 2 mm/s 步长从 15 mm/s 递减至 5 mm/s。当实验中发现有明显损伤或烧蚀炭化现象时，则终止实验。也就是说，从左到右，激光功率逐渐增大；从上到下，扫描速度逐渐减小。

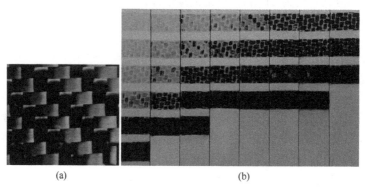

图 7.3.5　(a)CFRP 样品表面的碳纤维束分布和(b)不同激光功率和扫描速度下的清洗图片

7.3.3　CFRP 表面激光清洗的物理模型

1. 激光参数

考虑激光能量在时域和空间域的高斯分布，以及材料表面对激光的吸收和反射，激光在材料中的光强分布表达式为

$$I_0(t) = \frac{2(1-R_p)\alpha_p \exp(-\alpha_p y) E_p \omega(t)}{\tau \pi r_0^2} \exp\left(-2\frac{r^2}{r_0^2}\right) \tag{7.3.3}$$

式中，R_p 和 α_p 分别是油漆表面的反射率和吸收系数；E_p 为激光脉冲能量；ω 为激光脉冲形状函数；r 为距离光斑中心的距离；τ 为脉冲持续时间；r_0 为激光光斑半径。脉冲形状函数 $\omega(t)$ 在时间上遵循高斯分布

$$\omega(t) = \exp\left(-\frac{t^2}{\tau^2}\right) \tag{7.3.4}$$

脉冲激光清洗涂层是相邻脉冲能量的叠加效应。光斑在移动方向的搭接率（η）为

$$\eta = 1 - \frac{v}{D \cdot f} \tag{7.3.5}$$

式中，v 和 D 分别是光斑移动速度和光斑直径；f 是脉冲激光重复频率。

2. 热传导方程和边界条件

为简单起见，设所有被材料吸收的激光能量都被转换成热量(考虑到激光脉冲作用时间较短，这个假设是合理的；如果没有全部转换成热量，则需要乘以一个系数)。考虑了激光在涂层、表面树脂层和底层异质材料中的多层传输和吸收。采用直角坐标系，热传导方程为

$$k_x \frac{\partial^2 T}{\partial x^2} + k_y \frac{\partial^2 T}{\partial y^2} + k_z \frac{\partial^2 T}{\partial z^2} + \alpha_m I_0(t) = \rho_m c_m \frac{\partial T}{\partial t} \tag{7.3.6}$$

式中，T 是材料的瞬时温度；ρ_m 和 c_m 分别为密度和比热；k_x、k_y 和 k_z 分别是 x、y 和 z 方向上的导热系数。这里要注意的是，CRFP 的热传导系数是各向异性的，在三个方向上的热导率不同。

材料具有均匀的初始温度

$$T(0) = T_0 \tag{7.3.7}$$

清洗样品除顶面外的所有面都满足绝热边界条件

$$\left.\frac{\partial T}{\partial \boldsymbol{n}}\right|_{\text{左、右、前、后、底}} = 0 \qquad (7.3.8)$$

清洗样品上表面的热损失由对流和辐射引起

$$\left.k_{\mathrm{p}}\frac{\partial T}{\partial \boldsymbol{n}}\right|_{\text{顶}} = h_{\mathrm{p}}\left(T - T_0\right) + \varepsilon_{\mathrm{p}}\sigma_{\mathrm{b}}\left(T^4 - T_0^4\right) \qquad (7.3.9)$$

式中，$\boldsymbol{n}$ 为垂直于表面的单位向量；k_{p}、h_{p}、ε_{p}、σ_{b} 和 T_0 分别为油漆涂层的热导率、油漆表面传热系数(10 W/(m²·K))、油漆表面辐射系数(取 0.5)、斯特藩–玻尔兹曼常数(5.67×10⁻⁸ W/(m²·K⁴))和环境温度(20℃)。

7.3.4 数值模拟结果

利用 ANSYS 有限元软件模拟分析激光辐照材料之后的热传导过程。由于作用在清洗样品上的激光光斑直径(约 1.0 mm)远大于最小几何结构(单个碳纤维)的直径(7 μm)，此时生成的网格数量相当多，计算时间过长。不过，考虑到激光清洗行为主要发生在 CFRP 基底表面的浅层范围内，完全可以只对材料表面浅层进行模拟。计算中选取激光功率密度 25 kW/cm²、激光光斑直径为 50 μm，样品顶层覆盖的油漆涂层厚度为 50 μm，底层为 50 μm 厚的 CFRP 基底。计算尺寸为 200 μm×120 μm×100 μm。

1. 单脉冲作用期间的温度场分布

单脉冲激光照射 CFRP 样品，当材料表面出现峰值温度时，整个清洗样品的温度场分布如图 7.3.6(a)所示，基底中碳纤维的温度场分布如图 7.3.6(b)所示。可以看出，在涂层和碳纤维表面产生了两个高温区，CFRP 中的树脂材料对激光能量的吸收能力很弱，其内部几乎没有温升。

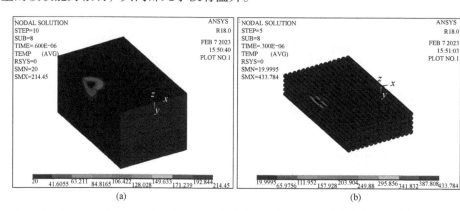

(a)　　　　　　　　　　　　(b)

图 7.3.6　功率密度 25 kW/cm² 的单脉冲激光清洗，(a)样品和(b)基底内部碳纤维温度场分布
(扫描封底二维码可见彩图)

单脉冲激光清洗过程中，油漆涂层、树脂和碳纤维表面高温区的最高温度随时间的演变见图 7.3.7。涂层和碳纤维在激光照射下迅速受热，在二者表面几乎同时达到峰值温度(214℃和 433℃)，这将导致上表面涂层和表面碳纤维周围的树脂基体同时发生热分解。而表层树脂的温度几乎不变化，这是由于涂层和基底表面碳纤维对激光能量的直接吸收能力远大于树脂。

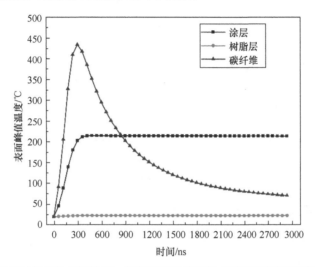

图 7.3.7　单脉冲激光作用下涂层、树脂层以及碳纤维表面的峰值温度随时间的变化

2. 脉冲叠加的影响

当光斑的搭接率大于 50%时，清洗效果受到相邻脉冲能量叠加的影响。图 7.3.8 显示了材料表面峰值温度随激光脉冲作用数目的变化。四个激光脉冲作用后产生的涂层表面峰值温度分别为 195℃、353℃、498℃和 631℃。激光脉冲的叠加显著提高了涂层表面温度。相比之下，由于碳纤维具有很高的径向导热系数以及其向周围树脂基体的热传导，多脉冲能量叠加对碳纤维表面的峰值温度影响相对较小。对于树脂来说，即使在四个相邻的激光脉冲作用下，其表面温度变化依然很小。在这种情况下，树脂层将油漆层和基底碳纤维表面的两个高温区隔开，这会阻碍碳纤维和表面涂层之间的热传导，从而影响表面涂层的去除效果。

3. 数值模拟结论

根据模拟结果，在脉冲激光清洗过程中，在涂层和碳纤维表面会同时产生两个高温区。涂层和碳纤维束周围的树脂层会同时发生热分解。CFRP 基底表面的树脂层会阻碍碳纤维表面热量向表面涂层的传递，从而影响表面涂层的去除效果。

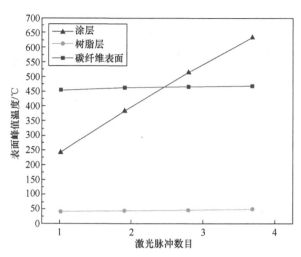

图 7.3.8　涂层、树脂层以及碳纤维表面的峰值温度与激光脉冲作用数目的关系图

7.3.5　实验结果与理论模型的对比分析

1. 激光功率与扫描速度的影响

选取不同激光参数和扫描速度进行激光清洗实验。激光功率低、扫描速度快时，没有明显的清洗痕迹，但出现了一些凹陷。图 7.3.9(a)和(d)为低功率(分别为 80 W 和 90 W)和高速扫描(分别为 13 m/s 和 15 m/s)时的显微照片，此时表面涂层有一点变化，这是因为油漆出现了软化。同时，部分激光能量穿透漆层到达基底表面，导致基底表面的树脂基体热分解，软化的表面漆层下沉产生凹陷。与相邻凹陷交界处的漆层相比，凹陷处的漆层颜色变暗，呈褐色。这是因为在软化和再固化后，尽管油漆不会直接分解，但固化形式和化学性质可能发生了变化[30]。

固定激光平均功率为 80 W，降低扫描速度，清洗材料表面接收到的激光辐照能量增加。清洗效果的显微照片示于图 7.3.9(a)～(c)，在 80 W、9 mm/s 时，温升已达到油漆的热分解阈值，与原始凹陷处相对应的漆层已被部分去除，部分基底开始暴露。降低扫描速度到 7 mm/s，如图 7.3.9(c)所示，样品表面的大部分漆层已被去除，但相邻凹陷交界处仍有油漆残留。这是因为 CFRP 基底表面相邻碳纤维束相互交叉重叠的编织方式使得相邻碳纤维束交叉处的树脂较其他部位更厚，这会影响树脂层上部漆层的去除效果。

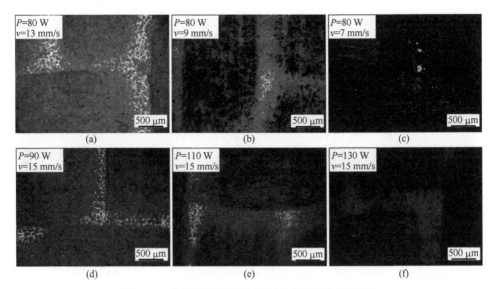

图 7.3.9　光学显微镜下激光烧蚀后样品的表面形貌

当固定扫描速度，提高激光平均功率时，清洗材料表面接收到的激光辐照也会增加。图 7.3.9(d)～(f)分别为 90 W、110 W、130 W 清洗后的显微图片；(d)刚开始有清洗迹象；(e)中漆层已被部分去除，部分基底开始暴露；(f)油漆基本被清洗了。

可见，降低扫描速度和增加激光功率，都可以增加单位面积上的激光辐照能量，清洗效果是类似的。整个清洗过程，理论分析和实验观察到的现象相一致。

2. 清洗效果分析

图 7.3.10 为清洗后样品表面在光学显微镜和扫描电子显微镜下的照片。图 7.3.10(a)～(c)为 90 W、7 mm/s 的清洗效果，图 7.3.10(d)～(f)为 150 W、11 mm/s 的清洗效果。其中图 7.3.10(a)和(d)为光学显微图片，图 7.3.10(b)～(f)为 SEM 图片，其中图 7.3.10(c)和(f)为放大的 SEM 图片。

可以看出，在这两种参数下，样品表面的油漆层和树脂层都被清洗干净了，而且暴露的纤维仍然是连续完整的。不过，从放大的 SEM 照片可以看出，低扫描速度(7 mm/s)碳纤维表面发生了轻微损伤(图 7.3.10(c))，而高速(11 mm/s)扫描清洗后的碳纤维表面仍具有良好的完整性(图 7.3.10(f))。可见，高功率大扫描速度不仅清洗速率高，而且清洗效果更好。

对激光清洗过的样品进行 X 射线衍射测量，以分析激光清洗后基体表面碳纤维的结构变化。如图 7.3.11 所示，在清洗后的基底表面未检测到新的衍射峰。

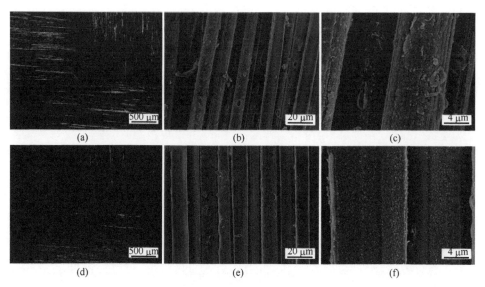

图 7.3.10　在(a)~(c)90 W、7 mm/s 和(d)~(f)150 W、11 mm/s 的激光清洗工艺参数下，清洗后
获得的清洁的 CFRP 表面微观形貌

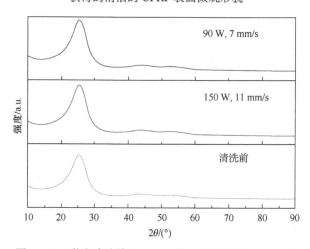

图 7.3.11　激光清洗前后 CFRP 表面碳纤维的 XRD 分析

3. 结论

在清洗时选择高功率激光、高扫描速度可获得良好的清洗效果。本节中的优选参数为激光平均功率 150 W、扫描速率 11 mm/s，清洗后的 CFRP 表面碳纤维仍具有良好的连续性和完整性，没有发生明显的结构变化。通过选择适当的激光清洗参数，可以实现对 CFRP 表面涂层的安全有效的清洗。

7.4　激光选择性干式清洗 CFRP 表面涂层的物理模型

与金属表面除漆不同的是，复合材料表面的涂层往往不需要完全去除。特别是对于飞机复合材料蒙皮表面的涂层，一般只需要去除表面的油漆层(简称面漆)而保留底漆和表层防护结构[16,17]，这称为选择性清洗。但是从表 7.3.1 列出的参数可以看出，碳纤维的吸收系数比油漆的高 3 个数量级，比树脂的高 4 个数量级。基底内的碳纤维对激光的吸收率远大于其他两种材料，好在激光将首先被油漆层和树脂吸收，剩余的激光才被碳纤维吸收。因此，利用激光选择性清洗，在技术上难度更大。为了保证吸收激光后产生的最高温度不至于破坏基底，需要非常小心地选择合适的激光参数。

7.4.1　有限元模型

利用 ANSYS 有限元法中的"单元生死"技术，建立移动脉冲激光清洗的有限元模型，分析单脉冲、相邻脉冲叠加和相邻扫描线叠加对材料去除和基底表面温升的影响。模型采用的清洗样品尺寸为 300 μm×120 μm×110 μm，顶层覆盖的油漆层厚度为 60 μm，底层为 50 μm 厚的 CFRP 基底，基底是由 10 μm 厚的表层树脂和 40 μm 厚的由碳纤维和聚合物基体组成的非均质的异质材料组成的。

油漆层与 CFRP 都是有机物，二者之间没有明确的边界，CFRP 中的树脂在 150～200℃开始软化，300℃开始热解。参考国际航空运输协会关于飞机涂层去除的规定[36]，将基底表面的损伤温度设置为 100℃。仿真中的激光参数为波长 1064 nm，频率 10 kHz，脉宽 100 ns，光斑直径为 50 μm。激光的光斑轨迹如图 7.4.1 所示。

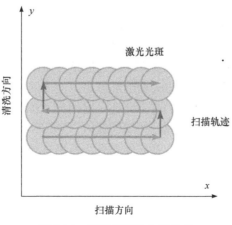

图 7.4.1　激光光斑的空间分布

7.4.2 单脉冲激光作用后的温度分布

1. 单脉冲激光作用后的温度分布随时间的变化

图 7.4.2 显示了平均功率为 8 W 的单脉冲激光作用后样品的热影响区分布。光斑的激光能量符合高斯分布，离中心越近，强度越大，相应的烧蚀深度越深。因此，烧蚀坑呈锥形[37]。而且，热影响区主要分布在油漆层中的烧蚀坑周围，大部分激光能量没有到达基底。需要说明的是，在本模型计算中，主要是模拟热影响区域分布，由于实际工况影响因素更多，实际温度值与计算温度不尽一致，有时甚至差距较大。

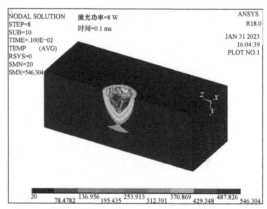

图 7.4.2　平均功率为 8 W 的单脉冲激光作用工件后的烧蚀坑形貌和温度场分布(扫描封底二维码可见彩图)

图 7.4.3(a)和(b)分别显示了在单脉冲激光作用期间，基底及其内部碳纤维束的热影响区分布，可以看出基底表层的树脂与它下面的异质基底材料之间的热影响区之间存在明显的分层现象。树脂层的峰值温度为 73℃，基底表面碳纤维束的为 7371℃，出现在二者的表面区域。树脂基体对激光能量的直接吸收能力很弱，基底表面的树脂层内部几乎没有温升；基底材料内部的碳纤维束的表面在受到激光照射后迅速升温，产生的峰值温度已经远远超过损伤温度(100℃)。若不考虑树脂和碳纤维之间的热阻，碳纤维表面的高温足以使周围树脂基体发生软化和热分解。这是因为激光在碳纤维内的有效穿透深度约为 0.04 μm，碳纤维表面吸收的激光能量集中分布在碳纤维表面的浅层区域内，导致了局部高温。

在单脉冲激光烧蚀过程中，基底的温升主要来自异质基底材料内碳纤维对激光能量的直接吸收以及涂层与树脂层之间界面处的材料吸收激光能量后向基底的热传导。如图 7.4.3(c)和(d)为激光作用后基底的温度场分布，由于涂层和异质基底材料中热量的扩散，基底的高温区域从异质基底材料的表面逐渐转移到树脂层，峰值温度为 83.6℃。

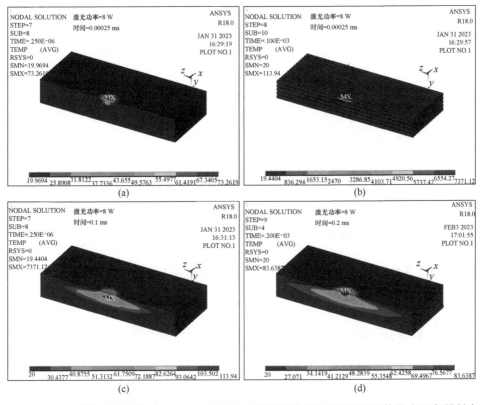

图 7.4.3　8 W 单脉冲激光作用下, CFRP 基底和内部碳纤维束在不同时间的热影响区(扫描封底二维码可见彩图)

2　不同平均功率单脉冲激光作用后的温度分布

图 7.4.4 为树脂层表面高温区的最高温度随时间的变化。在激光脉冲辐照过程中, 涂层与树脂层界面处的材料直接吸收激光能量并向周围传递热量, 使树脂层表面温度迅速上升到峰值。激光功率越高, 直接吸收激光辐射引起的温升越大。之后, 涂层和基底内碳纤维束的热量逐渐扩散到树脂层, 使得树脂层表面温度再次升高。

为了更清楚地表现不同激光功率对材料的峰值温度的影响, 图 7.4.5 给出了树脂层和基底内碳纤维束表面的峰值温度随激光功率线性增加趋势图。树脂层表面出现的两个峰值温度(激光作用时第一次达到的高温, 和激光作用结束后因为热传导而第二次达到的高温)非常接近, 碳纤维因为对激光吸收率高, 其峰值温度远高于树脂层表面。由此可以预言, 基底的软化和热分解损伤可能会首先发生在基底材料内部而不是表面[20]。

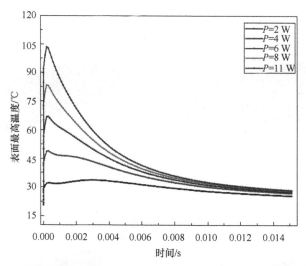

图 7.4.4　不同激光功率下单脉冲激光辐照后的基底树脂层表面高温区的最高温度随时间的变化(扫描封底二维码可见彩图)

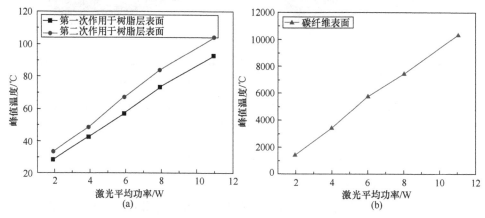

图 7.4.5　不同激光功率下单脉冲烧蚀产生的基底各高温区峰值温度的有限元预测结果

7.4.3　多脉冲连续扫描的影响

1. 线扫描激光脉冲作用的影响

激光清洗时，光斑之间有一定的搭接量，如图 7.4.1 所示。因此，脉冲激光除漆是相邻脉冲之间能量叠加的结果，脉冲激光光斑的叠加对基底温升具有影响。图 7.4.6 显示了激光线扫描后烧蚀槽的三维形貌和工件的温度场分布。选择激光平均功率为 8 W、光斑搭接率为 50%，计算得到烧蚀槽的深度为 37 μm，烧蚀槽表面温度场呈彗星尾形状。

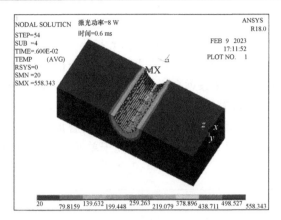

图 7.4.6　平均功率为 8 W、光斑搭接率为 50%时，激光单线扫描后数值模拟的烧蚀槽三维形貌图
(扫描封底二维码可见彩图)

　　激光脉冲在碳纤维表面作用的具体过程如图 7.4.7。单线激光扫描过程中，第一个脉冲作用下，基底内碳纤维束的表面温度迅速上升至峰值。由于穿透油漆层后到达基底的激光能量很少以及碳纤维的高导热性，高温区域会被迅速冷却。随着第二个脉冲的到来，且由于光斑之间的搭接，会使得碳纤维的温升积累，高温区的分布迅速变化。相邻三个激光脉冲作用后产生的峰值温度依次为 7387℃、8312℃和 9537℃(均未考虑相变)。

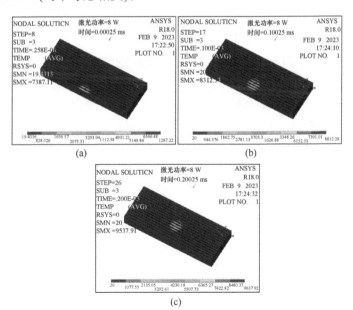

图 7.4.7　功率 8 W、光斑搭接率 50%的激光工艺参数下，激光单线扫描后碳纤维束的热影响区
分布图(扫描封底二维码可见彩图)

图 7.4.8 显示了在样品表面进行单线激光扫描后,树脂层和内部碳纤维束的总的温度场分布。如图 7.4.8(a)所示,在脉冲激光扫描方向上,随着后续脉冲激光能量陆续到达基底,树脂层表面的温度场呈现箭头状分布。此外,碳纤维的横向(垂直于光斑移动的方向)导热系数远高于树脂基体,因此碳纤维的横向热影响区分布范围远大于树脂基体,如图 7.4.8(b)所示。这有助于减轻激光能量在基底表面的积聚。随着后续激光能量相继到达基底,脉冲能量的叠加效应变得明显。在此过程中树脂层表面的峰值温度为 119℃,明显高于单脉冲激光能量产生的峰值温度(83.6℃)。

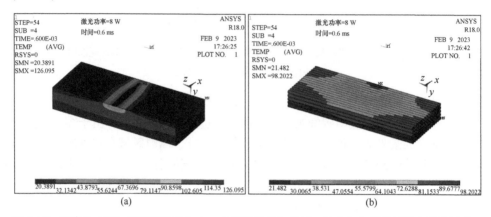

图 7.4.8　功率为 8 W,光斑搭接率为 50%的单线激光扫描后,基底和内部碳纤维束的热影响区分布(扫描封底二维码可见彩图)

图 7.4.9 显示了当光斑搭接率为 50%时,树脂层表面峰值温度和激光烧蚀槽深度随激光平均功率的变化。平均功率增大,则激光烧蚀深度增加,到达基底的激光能量越多,导致基底表面峰值温度越高。在一定的重复频率和光斑搭接率下,随着平均功率的增加,涂层表面形成的烧蚀槽深度变化逐渐趋于平缓。

如图 7.4.9 所示,基底树脂层表面的温度达到损伤温度(100℃)时,相应的激光烧蚀深度仍小于涂层厚度。在这种情况下,完全去除涂层可能会损坏基底。

2. 面扫描激光脉冲作用的影响

图 7.4.10 显示了当相邻扫描线之间的时间间隔和空间间隔分别为 2 ms 和 35 μm 时,激光多线扫描后工件的三维形貌和热影响区分布。在第一次线激光扫描作用后,材料吸收的激光能量将显著影响随后两次激光扫描轨迹的热影响区分布。这使得后续两个烧蚀槽的热影响区深度依次增加。工件表面的高温区主要集中在最后一道烧蚀槽的表面和最后两道烧蚀槽之间的凸起部分。基底的高温区仍位于烧蚀槽附近,集中在基底的表面浅层区域。

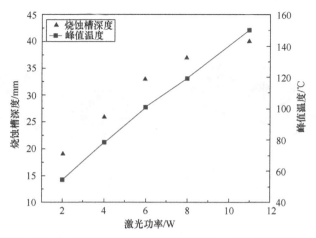

图 7.4.9　不同激光功率水平下，烧蚀槽深度和树脂层表面的峰值温度的有限元预测结果

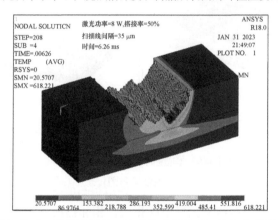

图 7.4.10　激光多线扫描后工件烧蚀槽的三维形貌及热影响区分布(扫描封底二维码可见彩图)

　　图 7.4.11 显示了不同时间基底表面出现峰值温度时基底和内部碳纤维束的温度场分布。基底的热影响区随脉冲激光的运动而迅速变化。图 7.4.11(a)显示了当峰值温度首次出现在基底树脂层表面时基底的温度分布。基底表面最高温度为119℃，这与单线激光扫描的结果一致。图 7.4.11(b)为基底表面第二次出现峰值温度时的温度分布图。与单线激光扫描相比，基底表面的最大温升达到 124℃，相邻扫描线的脉冲能量叠加效应显著。图 7.4.11(c)和(d)是基底树脂层表面第三次出现峰值温度(273℃)时的温度分布，与前一个的峰值温度(243℃)相比，第三次激光扫描产生的最大温升仅为 30℃，说明相邻扫描线激光扫描的脉冲能量叠加效应已经开始稳定。在整个过程中，激光辐照引起的基底温升集中在基底表面的浅层区域，并未超过选定的模型尺寸。

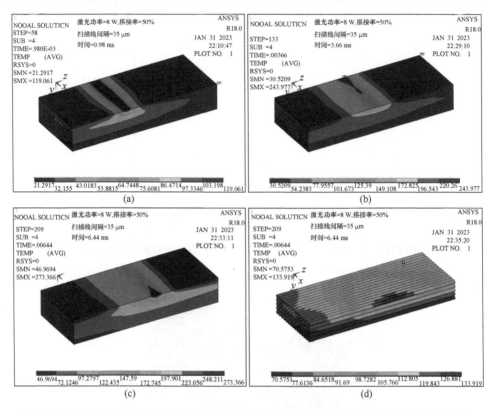

图 7.4.11　不同时间基底表面出现峰值温度时基底和内部碳纤维束的温度场分布(扫描封底二维码可见彩图)

与单脉冲烧蚀和单线激光扫描情况相比,相邻扫描线的脉冲能量积累效应更为显著,这会导致基底表面温度急剧上升。实际清洗中必须考虑相邻扫描线间的脉冲叠加效应对热积累的影响。

7.4.4　结论

针对脉冲激光选择性清洗 CFRP 表面涂层,采用 ANSYS 参数化设计语言(APDL)进行了数值模拟。分析了单脉冲激光、相邻脉冲叠加和相邻扫描线叠加对材料表面温升的影响。

(1) 单脉冲激光清洗时,会同时在树脂层和异质基底材料内碳纤维束的表面产生两个高温区。其温升主要来源于油漆层与异质基底材料内碳纤维对激光能量的直接吸收和涂层、树脂、碳纤维之间的热传导。

(2) 在激光线扫描时,相邻脉冲能量的叠加可以显著提高基底温升。当基底树脂层表面的温度达到损伤温度(100℃)时,相应的激光烧蚀深度仍小于涂层厚度。与单脉冲和单线扫描相比,相邻扫描线的重叠会导致基底温度的急剧上升。

在这种情况下，完全去除涂层可能会损坏基底。

7.5　CFRP 的间接激光清洗模型

传统激光清洗技术将激光直接照射到清洗对象，通过激光作用，将表面污染材料从基底材料上去除，可将之称为直接激光清洗。在表面污染物去除以后，激光将接触到基底材料并发生作用。当基底材料为损伤阈值较低的碳纤维复合材料时，很容易损伤基底。为此，我们提出并研究了间接激光清洗技术[27]。

7.5.1　间接激光清洗技术介绍

与传统的直接激光清洗技术不同，间接激光清洗技术不是将激光直接作用于污染材料，而是通过一种吸收层后，再射到污染材料或者基底材料上，通过吸收层对激光能量的吸收，调控污染材料和基底材料的温度场，保护基底材料不受损伤。

间接激光清洗技术中，在样品表面加设了一层吸收层用来吸收激光的能量，对于金属基底而言，这意味着清洗效率的降低以及清洗能力的减弱，但是对于碳纤维复合材料基底而言却意味着更安全的基底保护。

图 7.5.1 为激光间接清洗示意图。图中以铜片(也可以采用其他材料)为吸收层。在清洗样品表面放置一层铜片，然后置于水中。由于铜的比热容低，如果激光直接照射铜片，则铜迅速升温。因此，添加冷却物质(水)，可以带走多余的热量，确保温度场的稳定。间接激光清洗的关键在于：吸收层将激光全部吸收，保证激光不直接照射于基底，通过控制好热传递过程，将热量传给基底，从而保证基底不受损伤。

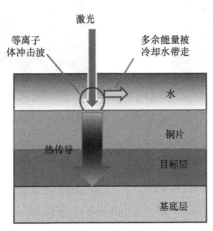

图 7.5.1　激光间接清洗示意图

激光穿过水层后到达铜片，作为一种导热率较高的材料，铜片很容易将热量传递给清洗对象，而清洗对象本身几乎不吸收激光。铜层吸收激光能量后在水和清洗对象的影响下形成的温度场对清洗对象表面产生了作用。当表面油漆较厚时，也可以将油漆作为吸收层进行处理。

在传统的湿式激光清洗中，通常是添加水层作为液膜。一般水层厚度较薄，保证激光总能将水迅速汽化，通过气体的膨胀和形成等离子体冲击波，将基底材料表面的污染物带走，由于液膜很薄，激光完全可能作用于基底材料。而间接清洗技术中，添加的水层厚度较厚，要完全浸没待清洗材料，此时水层厚度取决于激光功率，以使激光能穿过水层到达样品。同时控制水以一定的速度流动，目的是带走热量，从而控制吸收层和清洗对象的温度场。

7.5.2　间接激光清洗的数值模拟

对于表面有油漆的 CFRP，表面油漆老化或受损，同时表面的树脂层也可能产生老化，所以往往是将油漆和表面树脂同时去除，这样，可以将油漆当作吸收层，激光被油漆吸收，产生热量，传递给表面树脂层，如图 7.5.2 所示的传热模型以及层间结合力情况。由于碳纤维、树脂、油漆之间的热学参数相差较大，在表面树脂层与表层的碳纤维之间形成了热应力，当热应力大于表层碳纤维与表面树脂之间的结合力时，撕裂发生，表面树脂从表层碳纤维上分离，带动了油漆的去除。清洗过程完成。

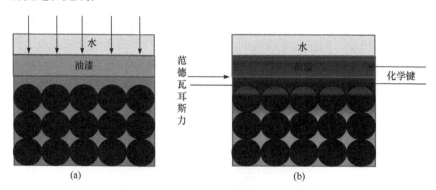

图 7.5.2　传热模型
(a)传热模型；(b)层间结合力

采用 Fluent 进行数值计算。首先根据 CFRP 的结构以及 Fluent 对于网格的要求，建立等效模型，如图 7.5.3 所示。等效模型有两层碳纤维网格，每层碳纤维网格为横纵网状排列，碳纤维直径为 0.8 mm，采用 10%的叠加率进行排列，每 8 根碳纤维组成一组。在碳纤维表面覆盖有一层 0.5 mm 厚的表面树脂层。表面树脂层上加附有 0.5 mm 厚的油漆层，油漆层上加设 2 mm 厚流动水层以模拟实际清洗状况。

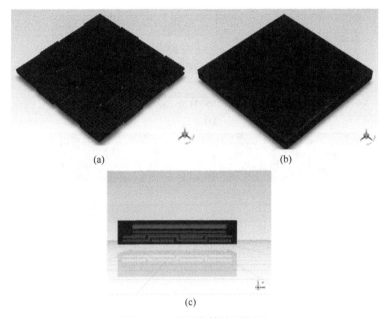

图 7.5.3　碳纤维等效网格图

(a) 碳纤维网格图样；(b) 模型上表面；(c) 模型横截面

CFRP 中的碳纤维、环氧树脂以及聚氨酯漆的热力学参数列于表 7.5.1 中。

表 7.5.1　材料热力学参数表

材料名称	材料密度/ (kg/cm³)	杨氏模量/ Pa	比热容/ (J/(kg · K))	热导率/ (W/(m · K))	热膨胀系数/ K⁻¹
T300 碳纤维	1760	2.3×10^{11}	795	10.5	5×10^{-7}
环氧树脂	1200	10^9	550	2	5.68×10^{-5}
聚氨酯漆	2000	2×10^8	560	0.2	1.8×10^{-4}

　　边界为恒温边界(300 K)，水层的进水温度为室温(300 K)，水流速度为 1 m/s。激光采用等效高斯热源加载于漆层表面，功率为 100 W，热源光斑为直径 1 mm 的圆形，重复频率 2 kHz，激光扫描速度为 0.6 m/s。

　　用 Fluent 软件模拟得到的结果见图 7.5.4。图 7.5.4(a)的温度分布图表明，由于表层树脂相对较低的热导率，高温区主要集中在漆层表面，激光对于碳纤维基底的影响较小。图 7.5.4(b)的热应力分布图表明，热应力主要集中在表层碳纤维与表面树脂的接触面上，其大小为 5.13×10^7 Pa。热应力作用区域大于激光作用区域，这主要是由热积累造成的。

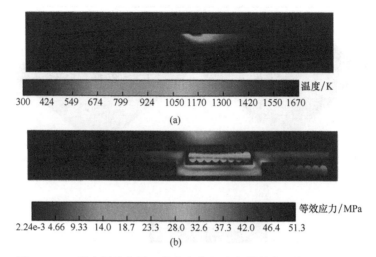

图 7.5.4　(a)温度场分布图(b)热应力分布图(扫描封底二维码可见彩图)

　　提高激光平均功率,则碳纤维表面温度以及热应力不断增大。图 7.5.5 为激光平均功率为 60 W、70 W、80 W、90 W、100 W、110 W、120 W 时的温度分布与热应力分布。

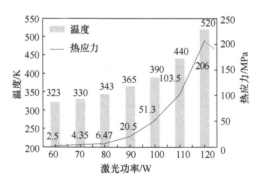

图 7.5.5　不同功率下碳纤维表面的最高温度与热应力

　　由于激光首先作用于漆层,漆层与树脂的热导率较小且脉冲时间极短,热量很难在一个脉冲时间内完成与水层的热交换以及与表面树脂层的热交换。多个脉冲作用下,随着热量积累,温度的增加速度要大于激光功率的提升速度,这也是图中温度和热应力与激光平均功率不是线性增长关系的原因。

　　根据图 7.5.5 中的数据可以得出,当功率为 90 W 时,热应力为 20.50 MPa,恰好略大于表层树脂与碳纤维之间的结合力 17.92 MPa,此时可以完成清洗却又不会因为热应力过大而损伤基底。该功率即为间接激光去除碳纤维复合材料表面漆层工艺的工作阈值。

7.5.3 间接激光除漆实验

1. 实验样品的制备

实验中使用的 CFRP 样品厚度为 1.5 mm，表面喷漆厚度为 0.5 mm，样品平面尺寸为 30 cm ×30 cm。使用油漆为橙色聚氨酯漆，喷漆晾干时间为 24 小时。喷漆前、喷漆后的照片如图 7.5.6(a)和(b)所示，图 7.5.6(c)为喷漆后的结构图。

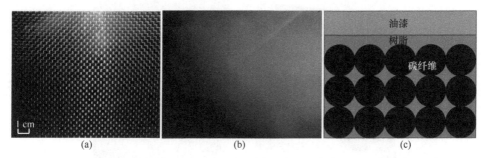

图 7.5.6　(a) CFRP 样品图；(b) 喷漆 CFRP 样品图和(c)喷漆 CFRP 样品剖面示意图

2. 实验仪器及过程

如图 7.5.7,使用准连续 Nd:YAG 固体激光器,波长为 1064 nm,脉宽为 100 ns,重复频率为 20 kHz,激光光斑直径为 1 mm,激光功率从 50 W 到 100 W,对应的功率密度为 0.637 W/mm² 至 1.27 W/mm²。采用振镜系统控制激光扫描,速度为 2 m/s,扫描距离为 10 mm。激光通过光纤传输,聚焦在放置于水箱中的样品表面。样品表面水层厚度控制在 2 mm。水槽的温度控制在 20℃。在经过激光对于油漆层的扫描以后,使用水枪将油漆层从碳纤维复合材料样品的表面剥离。用红外温度计测量样品表面的温度。

图 7.5.7　激光除漆系统示意图

3. 实验结果分析

作为对比，先用 50 W 的激光进行直接激光除漆，其余参数不变。如图 7.5.8 所示，在激光作用处有黑色浓烟，并伴随有强烈的火光，漆层发生燃烧。清洗效果难有保证，产生的浓烟会影响清洗效果，对环境有污染。

(a)　　　　　　　　　　　　　　　　(b)

图 7.5.8　(a)激光扫描工作图样和(b)激光扫描后样品图样

接着进行间接激光除漆。如图 7.5.9 所示，激光功率为 50 W 时，没有清洗效果；60 W 时，在激光扫描处，漆层会发生轻微隆起，这是发生热膨胀时的热应力导致的；功率为 60 W 时，激光中心点的功率密度已经足够使得表面树脂层与表层碳纤维发生剥离，但光斑其他位置的功率密度还未达到清洗阈值；当激光功率为 70 W 时，漆层出现片状凸起，但是依旧会有部分漆层以及表面树脂层与碳纤维粘连在一起，可以认为 70 W 是清洗阈值；当激光功率提升至 80～90 W 时，大面积的剥离发生，表面光洁度高，无损伤，边缘处以外的漆层剥离效果良好；当功率提升至 100 W 时，碳纤维出现炭化、解体等损伤。这是由于激光功率过高，表面树脂以及碳纤维中的上浆剂发生了热分解，从而导致碳纤维中的短纤维缺少约束，呈现出毛刺状的外观形貌。所以，100 W 是损伤阈值。

用形貌仪测量得到 CFRP 形貌。图 7.5.10 中，(a)为原始的碳纤维复合材料表面(未涂油漆)，呈现出灰蒙蒙的雾状，表面环氧树脂透过率在 80%左右。(b)为间接激光除漆后的碳纤维表面，由于表层树脂被清洗掉，显示出更加清晰的纤维状形貌，亮度更高，雾层消失。由于碳纤维两端的环氧树脂依旧存在，能够提供足够的束缚，所以碳纤维保持了很好的方向性。作为对比，(c)是使用直接激光除漆技术后的照片，亮度增加，雾层消失，但是表面不整齐，单根碳纤维的直径变粗，这表明碳纤维受到了损伤。

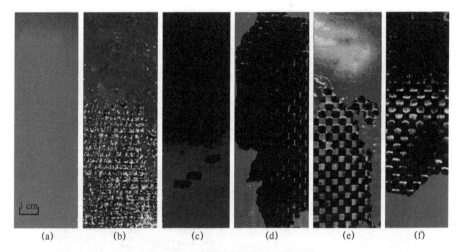

图 7.5.9　不同功率激光扫描结果图

(a) 50 W，无效果；(b) 60 W 表面突起，水枪无法剥离；(c) 70 W，部分发生剥离，断点较多；(d) 80 W，剥离面积略大于激光扫描面积，完全剥离，无损伤；(e) 90 W，除边缘处完全剥离，无损伤；(f) 100 W，发生损伤，部分碳纤维结构损坏

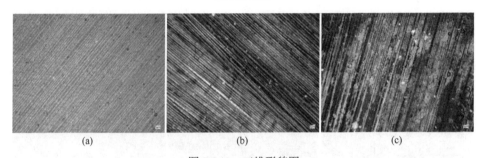

图 7.5.10　三维形貌图

(a) 原始碳纤维复合材料表面；(b) 间接激光除漆后的样品表面；(c) 直接激光除漆后的样品表面

用扫描电子显微镜对经过激光除漆后的样品表面拍摄了 SEM 图样，以进一步观测分析裸露碳纤维丝的状态，如图 7.5.11 所示。油漆层吸收激光能量后，表面呈现出发泡状，见图 7.5.11(a)。当激光处在最佳功率范围时，碳纤维不会受到损伤，只会裸露出完整的表面形貌，见图 7.5.11(b)。此时，碳纤维表面光滑，上浆剂完好，没有破损迹象，其表面掉落有少量的碎屑，属于树脂类碎屑，并不会影响到样品的整体强度。继续提高激光功率，碳纤维表面的上浆剂发生了热分解，碳纤维表面呈现出一些孔洞，但形状保持完好，如图 7.5.11(c)所示。当激光功率进一步提高时，碳纤维发生损伤，见图 7.5.11(d)。

通过测量对应样品的元素含量，也可分析清洗效果。图 7.5.12 为 SEM 图及对应的 C、O 元素的含量。对于原始的碳纤维丝，其碳含量为 93.81%。除了碳以外，还有其他物质，就是上浆剂，用以将短切碳纤维粘合在一起。涂上油漆后，

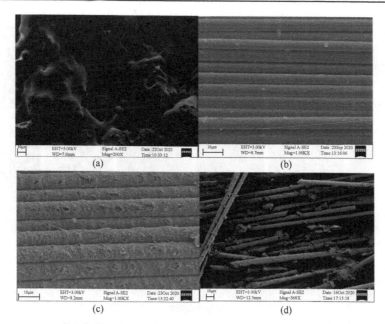

图 7.5.11 (a) 60 W 激光扫描所得漆层表面图样; (b) 激光扫描后未损伤碳纤维图样; (c) 激光扫描后上浆剂发生热分解图样; (d) 激光扫描后发生损伤碳纤维图样

在油漆表面,C、O 含量分别为 81.13%、15.49%,这是因为油漆中富含多种氧化物。激光清洗后,C、O 含量分别为 93.62%、3.63%,与碳纤维原本的 C、O 含量接近,说明已清洗干净,且裸露的碳纤维没有损坏。

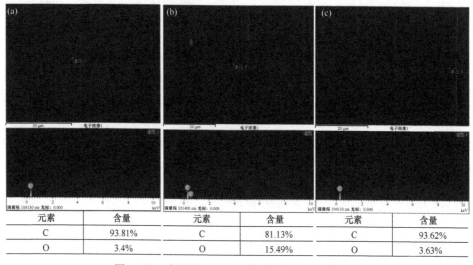

元素	含量	元素	含量	元素	含量
C	93.81%	C	81.13%	C	93.62%
O	3.4%	O	15.49%	O	3.63%

图 7.5.12 扫描电子显微镜拍摄图样及其元素分布
(a) 原始碳纤维; (b) 油漆; (c) 经过间接激光除漆后的碳纤维复合材料表面

　　以上结果证明了间接激光除漆技术可以在有效去除碳纤维复合材料的表面漆层的同时不对碳纤维造成损伤。根据实验分析可得，在该实验环境以及样品条件下的激光工作功率范围为 80～90 W，清洗阈值为 70 W，激光损伤阈值为 100 W。该结果与模拟所得的 90 W 的结果一致性良好。

7.5.4　间接激光除漆的温度监控

　　通过电镜显微图片、元素含量测量等方式，可以判断清洗效果以及碳纤维是否受到损伤。但是这种方法成本太高，且一般需要离线进行。

　　在直接激光除漆中，激光作用瞬间会使清洗对象的温度急剧升高，测量温度的难度很大并且不准确。在间接激光除漆中，由于加入了冷却水，温度值不高且温度变化缓慢。如果清洗对象的尺寸足够大且激光运行时间足够长，则温度会保持相对稳定。图 7.5.13 显示了不同激光功率下，样品顶部油漆层的最高温度曲线。激光功率 50 W、60 W、70 W、80 W 和 90 W 对应的峰值温度分别为 35.0℃、38.0℃、39.2℃、40.5℃和 45.0℃。由于水层的存在以及脉冲宽度远小于探测器的时间灵敏度，在激光运行过程中，该温度保持相对稳定。

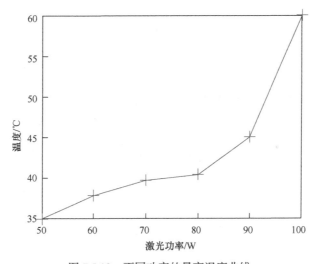

图 7.5.13　不同功率的最高温度曲线

　　从图 7.5.13 可见，在 50～90 W 激光作用下，温度基本上呈线性增加。激光功率达到 100 W 时，样品表面温度会出现一个跃升，这是因为激光能量超过了表面树脂层以及上浆剂发生热分解的能量，多余的能量会使得整个样品的温度提高。所以，可以通过样品表面温度来判定碳纤维是否受到了损伤。在使用间接激光除漆技术时，需要将漆层表面的最高温度控制在一定范围内。当漆层表面温度出现骤升时，说明碳纤维出现损伤，应当立即停止激光扫描。

7.5.5　间接激光除漆的优缺点分析

相比于直接激光除漆技术，间接激光除漆技术的结构复杂些，需要有一个吸收层(可以将基底材料上方的附着物作为吸收层，或者另外加一个吸收层)，为了控制温度，不至于达到基底材料的熔点、沸点或分解温度，往往还需要将清洗对象浸泡于液体(一般为水)中，进行散热降温。由于吸收层的吸热和液体层的散热，去除同样面积的油漆需要的激光功率密度更高，能量的转化率相对较低。

但是，对于碳纤维复合材料这样的有机基底，采用间接激光清洗，其除漆效果要远好于直接激光除漆，关键是不会产生油漆燃烧现象，而且可以控制好参数保证碳纤维不破损，不影响到碳纤维复合材料的修复和二次涂漆。还可以通过温度监测这种简单方法，控制激光除漆进程和除漆效果。

参 考 文 献

[1] Chung D. Carbon Fiber Composites[M]. Waltham, MA, USA: Butterworth-Heinemann, 2012.

[2] Xu H B, Hu J, Yu Z. Absorption behavior analysis of carbon fiber reinforced polymer in laser processing [J]. Optical Materials Express, 2015, 5(10): 2330-2336.

[3] 吴人洁. 复合材料[M]. 天津：天津大学出版社, 2002

[4] Xu H, Hu J. Modeling of the material removal and heat affected zone formation in CFRP short pulsed laser processing [J]. Applied Mathematical Modelling, 2017, 46: 354-364.

[5] 李占营, 阚川, 张承承. 基于 ANSYS 的复合材料有限元分析和应用[M]. 北京：中国水利水电出版社, 2017

[6] Katnam K B, Da Silva L F M, Young T M. Bonded repair of composite aircraft structures: a review of scientific challenges and opportunities[J]. Progress in Aerospace Sciences, 2013, 61: 26-42.

[7] Völkermeyer F, Jaeschke P, Stute U, et al. Laser-based modification of wettablility for carbon fiber reinforced plastics [J]. Applied Physics A, 2013, 112: 179-183.

[8] Her S C, Shie D L. The failure analysis of bolted repair on composite laminate [J]. International Journal of Solids and Structures, 1998, 35(15): 1679-1693.

[9] Yudhanto A, Alfano M, Lubineau G. Surface preparation strategies in secondary bonded thermoset-based composite materials: a review [J]. Composites Part A: Applied Science and Manufacturing, 2021, 147: 106443.

[10] Madhukar Y K, Mullick S, Nath A K. Development of a water-jet assisted laser paint removal process [J]. Applied Surface Science, 2013, 286(1): 192-205.

[11] Zhang Z, Shan J G, Tan X H, et al. Effect of anodizing pretreatment on laser joining CFRP to aluminum alloy A6061 [J]. International Journal of Adhesion & Adhesives, 2016, 70: 142-151.

[12] Pan Y, Wu G, Huang Z, et al. Improvement in interlaminar strength and galvanic corrosion resistance of CFRP/Mg laminates by laser ablation [J]. Materials Letters, 2017, 207: 4-7.

[13] 宣善勇. 飞机复合材料部件表面激光除漆技术研究进展[J]. 航空维修与工程, 2016, 8: 15-18.

[14] Tsunemi A, Endo A, Ichishima D. Paint removal from aluminum and composite substrate of aircraft by laser ablation using TEA CO_2 lasers [J]. Proceedings of SPIE the International Society for Optical Engineering, 1998, 3343: 1018-1022.

[15] Iwahori Y, Hasegawa T, Nakane K. Experimental evaluation for CFRP strength after various paint stripping methods [J]. Aeronautical and Space Sciences Japan, 2007, 55(644): 235-240.

[16] Hart W G J. Paint stripping techniques for composite aircraft components[R]. National Aerospace Laboratory NLR, Amsterdam, 2003.

[17] Klingenberg M L, Naguy D A, Naguy T A, et al. Transitioning laser technology to support air force depot transformation needs [J]. Surface & Coating Technology, 2007, 202: 45-57.

[18] 周礼君. 树脂基复合材料表面涂层激光清洗应用技术研究[D]. 南昌：南昌航空大学, 2017.

[19] Li Y, Zhan X H, Gao C Y, et al. Comparative study of infrared laser surface treatment and ultraviolet laser surface treatment of CFRP laminates[J]. The International Journal of Advanced Manufacturing Technology, 2019, 102(8): 4059-4071.

[20] Zhan X, Gao C, Lin W, et al. Laser cleaning treatment and its influence on the surface microstructure of CFRP composite material[J]. Journal of Powder Metallurgy & Mining, 2017, 6(1): 1000165.

[21] Uhlmann E, Spur G, Hocheng H, et al. The extent of laser-induced thermal damage of UD and crossply composite laminates[J]. International Journal of Machine Tools and Manufacture, 1999, 39(4): 639-650.

[22] Springer G S. Thermal conductivities of unidirectional materials[J]. Journal of Composite Materials, 1967, 1(2): 166-173.

[23] Negarestani R, Sundar M, Sheikh M A, et al. Numerical simulation of laser machining of carbon-fibre-reinforced composites[J]. Proceedings of the Institution of Mechanical Engineers, Part B: Journal of Engineering Manufacture, 2010, 224(7): 1017-1027.

[24] 贺鹏飞, 钱江佐. 激光作用下复合材料损伤的数值模拟[J]. 同济大学学报(自然科学版), 2012, 40(7): 1046-1050.

[25] 高川云. CFRP 复合材料激光表面清洗的热、力学行为研究[D]. 南京：南京航空航天大学, 2018.

[26] Yang H, Liu H X, Gao R X. Numerical simulation of paint stripping on CFRP by pulsed laser [J]. Optical & Laser Technology, 2022,145(1):107450.

[27] 刘汉雄. 碳纤维复合材料间接激光清洗技术的研究[D]. 天津：南开大学，2023.

[28] Lim H S, Yoo J. FEM based simulation of the pulsed laser ablation process in nanosecond fields[J]. Journal of Mechanical Science and Technology, 2011, 25(7): 1811-1816.

[29] Zhao H, Qiao Y, Du X, et al. Paint removal with pulsed laser: theory simulation and mechanism analysis[J]. Applied Sciences, 2019, 9(24): 5500.

[30] Roberts K, Almond M J. Bond J W. Using paint to investigate fires: an ATR-IR study of the degradation of paint samples upon heating[J]. Journal of Forensic Sciences, 2013, 58(2): 495-499.

[31] Zhang Z Y, Wang J Y, Zhao Y B, et al. Removal of paint layer by layer using a 20 kHz 140 ns quasi-continuous wave laser[J]. Optik, 2018, 174: 46-55.

[32] Ohkubo T, Tsukamoto M, Sato Y. Numerical simulation of combustion effects during laser processing of carbon fiber reinforced plastics[J]. Applied Physics A, 2016, 122(3): 196-205.

[33] Sheng P, Chryssolouris G. Theoretical model of laser grooving for composite materials[J]. Journal of Composite Materials, 1995, 29(1): 96-112.

[34] Djurisiu A B, Li E H. Optical properties of graphite[J]. Journal of Applied Physics, 1999, 85(10): 7404-7410.

[35] Goeke A, Emmelmann C. Influence of laser cutting parameters on CFRP part quality[J]. Physics Procedia, 2010, 5: 253-258.

[36] Tsunemi A, Endo A, Ichishima D. Paint removal from aluminum and composite substrate of aircraft by laser ablation using TEA CO_2 lasers[J]. Proceedings of Spie the International Society for Optical Engineering, 1998, 3343: 1018-1022.

[37] Zhao H C, Qiao Y L, Du X, et al. Laser cleaning performance and mechanism in stripping of Polyacrylate resin paint[J]. Applied Physics A, 2020, 126(5): 360.

第8章 激光清洗金属表面锈蚀

金属表面会与其周围介质发生化学或电化学反应，使金属遭到腐蚀破坏，这种现象称为金属腐蚀，又称锈蚀。一旦金属发生了腐蚀而不及时采取措施，腐蚀的程度会越来越大，越来越深。金属腐蚀会使金属表面失去光泽，变得锈迹斑斑；有时腐蚀会带来严重的后果，如使元件设备失去机械性能或精度下降而报废。图 8.0.1 为一些锈蚀图片，包括出土铜质文物、汽车排气管、汽车铝合金轮毂、汽车面板等。即使对金属表面喷涂油漆进行防护，也仍然会发生腐蚀。

(a) (b)

(c) (d)

图 8.0.1　各种金属表面的腐蚀

(a) 出土铜质文物；(b) 汽车排气管；(c) 汽车铝合金轮毂；(d) 涂漆后的汽车板

金属腐蚀是工业生产和人类生活中一个必须面对且非常严峻的问题。尤其是在工业生产中，去除金属基底材料上的腐蚀层是一个需要定期进行且工作量很大的工作。人们提出了多种方法用以去除金属腐蚀，目前最常用也最成熟的方法是喷砂法和化学清洗法，这两种方法都不可避免地带来了环境污染，危害操作者健康。近年来，越来越多的科研工作者开始致力于激光除锈方面的研究和应用工作，包括进行激光除锈实验，确定最佳清洗效果的参数；建立针对金属板材激光除锈的数学模型，以选择合理的工艺参数，提高除锈的效率；通过监测以确定清洗阈值和清洗效果等。

金属腐蚀层与油漆都是薄膜结构，但是又有所不同，主要表现为这几点：①油漆与基底材料的黏附力主要是范德瓦耳斯力，而金属腐蚀层是金属基底与环境中的氧、硫、水等物质发生化学反应(包括电化学反应)而产生的，其黏附力不仅有范德瓦耳斯力，还有化学键；②腐蚀的化学成分较为复杂，而油漆的成分则比较单一；③基底不同区域的腐蚀程度不同，使得腐蚀层厚度不同、疏松度不同，有些还是多孔结构，内部含有气体，而油漆层比较均匀且密实。探索激光除锈的模型和机制，对于激光除锈的应用具有重要的指导意义。

最常用的金属是钢铁，钢铁的腐蚀也是最普遍的，本章以铁锈为例，阐述激光除锈的物理机制。首先介绍铁锈的成因和激光除锈研究进展；接着结合铁锈化学成分和腐蚀过程，提出了激光除锈的双层模型和多层模型，并结合实验数据进行数值模拟；进一步地，针对激光扫描清洗的实际情况，给出横向清洗模型；接着利用能量计算，对激光除锈进行了分析。

8.1 铁锈的产生

腐蚀是金属材料长期暴露在自然环境中，与氧气、水等物质发生反应而形成的，释放出的成分和状态各异，不同金属在不同环境中，同种金属在不同环境中，甚至同种金属在相同环境中不同时间产生的锈蚀也是不同的。钢铁是最常用的金属材料，广泛用于建筑、设备、元器件中。钢铁腐蚀是最常见的现象。世界上每年因腐蚀造成的钢铁损失占钢铁总量的 1/5 到 1/4[1]。

8.1.1 铁锈的种类和形成

1. 常见铁锈的种类

铁锈是一种混合物，因外界条件不同，其组成成分很复杂。表 8.1.1 中列出了铁的各种腐蚀产物[2]。

表 8.1.1 铁的腐蚀产物及其参数

腐蚀产物	化学名/化学式	颜色	特征
方铁矿	氧化亚铁(FeO)	黑色	
磁铁矿	四氧化三铁（Fe_3O_4）	黑色	磁性
磁赤铁矿	γ-三氧化二铁(γ-Fe_2O_3)	深棕色	
赤铁矿	α-三氧化二铁(α-Fe_2O_3)	艳红色	加热到200℃以上有保护作用
针铁矿	α-羟基氧化铁(α-$FeOOH$)	红/棕/黄色	团块状
正方针铁矿	β-羟基氧化铁(β-$FeOOH$)	橘色	金属-锈界面在氯离子周围生长
纤铁矿	γ-羟基氧化铁(γ-$FeOOH$)	橘红色	
褐铁矿	羟基氧化铁($FeOOH$)		不规则形状
菱铁矿	碳酸亚铁($FeCO_3$)	灰/黄/棕色	存在于石灰土壤中
黄铁矿	二硫化亚铁(FeS_2)	黄色	
蓝铁矿	八水合磷酸亚铁($Fe_3(PO_4)_2 \cdot 8H_2O$)	白/蓝色	防护性
四水白铁矾	四水合硫酸亚铁($FeSO_4 \cdot 4H_2O$)	绿色	
黄钠铁矾	硫酸铁钠($NaFe_3(OH)_6(SO_4)_2$)	淡蓝/黄色	粉末状
铁燧岩			低含量钢，大约1/4磁性铁

钢铁在大气中的腐蚀分为化学腐蚀和电化学腐蚀，其中以电化学腐蚀为主。根据环境酸碱度(pH)的不同，电化学腐蚀分为析氢腐蚀和吸氧腐蚀两种。通常情况下环境是中性或弱碱性的，钢铁的主要腐蚀方式是吸氧腐蚀。

2. 电化学腐蚀和化学腐蚀过程

金属在电解质内形成两个电极，组成原电池结构。对于放置在空气中的铁，由于空气中含有水蒸气，铁金属表面吸附了空气中的水分后，会形成一层水膜，空气中的 CO_2、SO_2、NO_2 等成分溶解在这层水膜中，形成了电解质溶液。这样，就相当于铁金属表面浸泡在这层电解质溶液中。实际上，工业用的铁都不是纯铁，一般是铁合金(或统称为钢铁)，其中都含有碳以及其他杂质，这样在电解液中就形成一种微电池(也称腐蚀电池)，铁为负极，碳等杂质为正极，进而发生电解反应，形成铁的氧化物[3]。

铁腐蚀的一般过程为：①通过电化学过程生成 Fe^{2+} 和 OH^-；②Fe^{2+}进一步被 O_2 氧化成 Fe^{3+}；③Fe^{3+}与 OH^-结合生成 $Fe(OH)_3$ 的凝胶体。这时钢铁表面将出现零星分布的一层薄薄的红色铁锈，工业上将之称为浮锈。

形成了凝胶层后，水和氧气可以很容易地穿透这层凝胶层，使得电化学反应得以继续进行，凝胶层继续变厚。随着时间推移，表层的 $Fe(OH)_3$ 凝胶体脱水

(即使在有水存在的情况下)，生成羟基氧化铁 FeOOH，FeOOH 主要有三种结构，一种是α-FeOOH，呈黄棕色，属正交晶系；一种是γ-FeOOH，呈橙色，属立方晶系；第三种是橘色的β-FeOOH，属四方晶系。在 FeOOH 形成之初，主要是橙色的γ-FeOOH，γ-FeOOH 会逐渐转化为黄棕色的α-FeOOH，α-FeOOH 是一种致密结构。初始腐蚀的末段会暂时形成一层α-FeOOH 致密保护层，阻止 O_2 和 H_2O 进入内部，腐蚀会暂时停止。到这一阶段，腐蚀还不是很严重，还可以认为是浮锈阶段。图 8.1.1 给出了一些浮锈的照片，包括堆放在仓库中的螺纹钢、工业管道、轴承、大型操作平台等。

图 8.1.1　钢铁制品上的浮锈

　　形成浮锈后，α-FeOOH 会进一步脱去氢氧根离子，生成α-Fe_2O_3，α-Fe_2O_3 本身也是一种致密结构，但是α-FeOOH 在脱去氢氧根离子的时候会在原先保护层上形成缝隙或小孔，形成连接铁基底和外面空气的通道，这样原来的致密保护性锈层就不再存在了。水分子和空气通过这些缝隙或小孔渗透到内层的铁基底上，开始了新一轮的锈蚀。

　　由于产生了缝隙，而缝隙腐蚀的阴极和阳极反应发生在不同的缝隙深处，因而缝隙不能被生成的 $Fe(OH)_3$ 凝胶体及时充满，也就不能进一步生成较致密的 FeOOH，于是腐蚀就会进一步加重[4]，水、氧气，以及对铁具有腐蚀作用的其他气体(SO_2、Cl_2 等)，可以通过缝隙源源不断地渗入，使铁不断被锈蚀。这时的钢铁表面就变得锈迹斑斑了。如图 8.1.2 所示为一些严重腐蚀的照片。

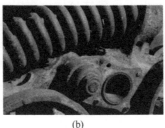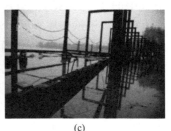

| (a) | (b) | (c) |

图 8.1.2　严重腐蚀
(a) 工业设备螺栓；(b) 火车连接件；(c) 桥梁

3. 铁锈主要成分的物性参数

经过不断腐蚀，在大气环境中生成的铁锈是多种成分混合形成的疏松多孔结构，其主要成分为 Fe_2O_3，Fe_2O_3 的热物性参数如表 8.1.2 所示[5]，同时给出的还有基底材料 Fe 的相关性质。

表 8.1.2　Fe_2O_3 和 Fe 的热物性参数

材料	温度/℃	密度/(kg/m^3)	比热/$(J/(℃·kg))$	热导率/$(W/(m·℃))$	熔点/℃	沸点/℃	扩散系数/(m^2/s)
Fe_2O_3	20	5240	626	0.001	1565(分解)	—	$3×10^{-10}$
Fe	20	7800	448	70	1535	2750	$2×10^{-5}$
	300	7800	538	51	—	—	—
	800	7800	927	40	—	—	—
	1000	7800	812	36	—	—	—
	1535	6980	746	36	—	—	—

注：线膨胀系数为 $1.27×10^{-5} K^{-1}$；弹性模量为 $1.9×10^{11} N/m^2$；泊松比为 0.3；"—"表示本栏不适用。

从表 8.1.2 中数据可以看出，与 Fe 相比，Fe_2O_3 的密度小些，比热大些，熔点相近，二者差异较为明显的是热导率和扩散系数。Fe 是热的良导体，而 Fe_2O_3 的热导率远小于 Fe，几乎不导热。氧化铁(α-Fe_2O_3)的微观结构如图 8.1.3 所示。

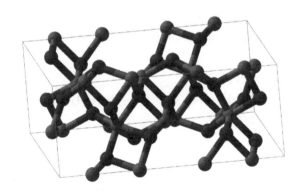

图 8.1.3　氧化铁的微观结构

其他的铁的氧化物、氢氧化物的性质见表 8.1.3。

表 8.1.3　铁的部分化合物的有关参数和性质

	密度/ (g/cm³)	熔点/℃	沸点/℃	热导率/ (W/(m·K))	扩散系数	化学键结构
FeOOH	4.28	<0 (液态)	>100(液态)		无	O=Fe–OH
Fe₂O₃·xH₂O	5.24	1565	3414		无	O=Fe–O–Fe=O
FeO·xH₂O	5.7	1369	3414	3.2	无	O=Fe
Fe₃O₄·xH₂O	5.18	1594.5	3414	2.81	无	Fe–O–Fe–O–Fe (环状结构)

8.1.2　铁在空气中的电化学反应和化学反应式

钢铁材料及其设备在空气中会发生电化学反应和化学反应，形成铁锈[6]。

1. 电化学反应

大气环境中的钢铁制品，因电化学反应，会生成铁的氧化物，其中以二价的氧化亚铁为主。如果是酸性环境，主要发生的是析氢腐蚀，如果是中性或弱碱性环境，主要发生的是吸氧腐蚀。

1) 析氢腐蚀

酸性环境下，钢铁表面吸附的水膜因溶解二氧化碳而表现出较强的酸性，相应的电化学腐蚀过程为：

阴极(Fe)：$Fe-2e^-\!=\!=\!Fe^{2+}$；

电解液：$H_2O\!=\!=\!OH^-+H^+$，$Fe^{2+}+2OH^-\!=\!=\!Fe(OH)_2$；

阳极(杂质)：$2H^++2e^-\!=\!=\!H_2$。

总的电池反应：

$$Fe + 2H_2O \!=\!=\! Fe(OH)_2 + H_2\uparrow \tag{8.1.1}$$

由于腐蚀过程中阳极有氢气析出，所以称作析氢腐蚀。

2) 吸氧腐蚀

中性或碱性环境下，钢铁表面吸附水膜的酸性较弱，相应的电化学腐蚀过程为阴极(Fe)：$Fe-2e^- \Longrightarrow Fe^{2+}$；

阳极(杂质)：$O_2+2H_2O + 4e^- \Longrightarrow 4OH^-$；

电解液：$Fe^{2+}+2OH^- \Longrightarrow Fe(OH)_2$。

总的电池反应：

$$2Fe + O_2 + 2H_2O \Longrightarrow 2Fe(OH)_2 \qquad (8.1.2)$$

由于腐蚀过程中阳极会吸收氧气，所以称作吸氧腐蚀。

无论是析氢腐蚀还是吸氧腐蚀，腐蚀产物都是 $Fe(OH)_2$。但鉴于大气环境一般呈中性，所以钢铁制品在大气中的腐蚀方式主要为吸氧腐蚀。

2. 化学反应

通过上述电化学反应腐蚀生成的 $Fe(OH)_2$ 在空气中将继续进行氧化反应，生成 $Fe(OH)_3$，进而脱水生成 Fe_2O_3(铁锈的主要成分)。相关的化学反应式为

$$4Fe(OH)_2 + O_2 + 2H_2O \Longrightarrow 4Fe(OH)_3 \qquad (8.1.3)$$

$$Fe(OH)_3 \Longrightarrow FeOOH + H_2O \qquad (8.1.4)$$

$$2FeOOH \Longrightarrow Fe_2O_3 + H_2O \longrightarrow Fe_2O_3 \cdot xH_2O \qquad (8.1.5)$$

此外，Fe 在空气中也可直接发生氧化反应，生成 FeO 或 Fe_3O_4，FeO 或 Fe_3O_4 在氧气充足的情况下会继续发生氧化，相关的化学反应式为

$$\begin{cases} 2Fe + O_2 \Longrightarrow 2FeO \\ 3Fe + 2O_2 \Longrightarrow Fe_3O_4 \end{cases} \qquad (8.1.6)$$

$$6FeO + O_2 \Longrightarrow 2Fe_3O_4 \qquad (8.1.7)$$

$$4Fe_3O_4 + O_2 \Longrightarrow 6Fe_2O_3 \qquad (8.1.8)$$

综上，铁会经多种方式发生氧化，当环境较为潮湿，满足电化学腐蚀条件时，铁主要通过吸氧腐蚀生成 $Fe(OH)_2$，然后继续氧化得到 $Fe(OH)_3$，$Fe(OH)_3$ 脱水得到 FeOOH 和 Fe_2O_3，最终形成的铁锈是以 Fe_2O_3 为主，多种成分混合的疏松多孔结构。由于电化学阴、阳极反应位于不同的缝隙深处，随着时间的推移，锈层的厚度会不断增加。

8.1.3　铁锈的去除

1. 焓变、熵变与吉布斯自由能

吉布斯自由能是决定化学反应能否发生以及向哪个方向发生的重要因素，吉布斯自由能变化(ΔG)与焓变(ΔH)、熵变(ΔS)及温度之间的关系为

$$\Delta G = \Delta H - T\Delta S \qquad (8.1.9)$$

当 $\Delta H < 0$、$\Delta S > 0$ 时，$\Delta G < 0$，自发过程，过程向正方向进行；当 $\Delta H > 0$、$\Delta S < 0$ 时，$\Delta G > 0$，非自发过程，过程向逆方向进行；$\Delta H < 0$、$\Delta S < 0$ 或 $\Delta H > 0$、$\Delta S > 0$ 时，反应的自发性取决于温度：低温时焓变为主，高温时熵变为主。当 $\Delta G=0$ 时，处于平衡状态。查询在线资料标准热力学值(Standard Thermodynamic Values)[7]得到的三种铁氧化物的焓变和熵变值如表 8.1.4 所示。由最稳定的纯态单质生成单位物质的量的某物质的焓变(即恒压反应热)，称为标准摩尔生成焓。表内数值应该是标准状态下的值。

表 8.1.4　铁的几种主要氧化物的标准摩尔生成焓和标准摩尔熵

化学式	标准摩尔生成焓/(kJ/mol)	标准摩尔熵/(J/(mol·K))
Fe_2O_3	−824.248	87.40376
FeO	−271.96	60.75168
Fe_3O_4	−1118.3832	146.44
O_2	0	205.028552

对于反应式(8.1.7) $6FeO + O_2 \rightleftharpoons 2Fe_3O_4$，总的焓变为−605 kJ/mol，总的熵变为−276.658632 J/(mol·K)，当温度不是很高时都有 $\Delta G<0$，表明该反应可正向进行，如 FeO 在空气中加热会迅速氧化生成 Fe_3O_4。对于反应式(8.1.8) $4Fe_3O_4 + O_2 \rightleftharpoons 6Fe_2O_3$，总的焓变为 −471.9552 kJ/mol，总的熵变为 −266.365992 J/(mol·K)，当温度不是很高时也都有 $\Delta G<0$，表明该反应也可正向进行，如在 500℃以下于空气中加热 Fe_3O_4 粉末，可生成 Fe_2O_3。

2. 铁锈去除所需能量

对于反应式(8.1.8)，当温度升高到 1800 K 以上时，吉布斯自由能变化值 ΔG 开始大于 0，表明该反应开始趋向于逆向进行，比如，铁锈在高温下分解生成化学性质更为稳定的四氧化三铁和氧气，反应方程式如下：

$$6Fe_2O_3 \rightleftharpoons 4Fe_3O_4 + O_2 \uparrow \tag{8.1.10}$$

这就是除锈过程中铁锈会从棕红色(Fe_2O_3)转变成黑色(Fe_3O_4)的原因[8]。

进一步地，在极度高温下，四氧化三铁分解成铁和氧的自由基，这样铁锈就被去除掉了。在整个激光除锈过程中所需要的能量，可以认为是三氧化二铁化学分解所需要的能量和四氧化三铁分解化学键断裂所需要的能量和，可利用盖斯定律计算反应总焓变，如图 8.1.4 所示。

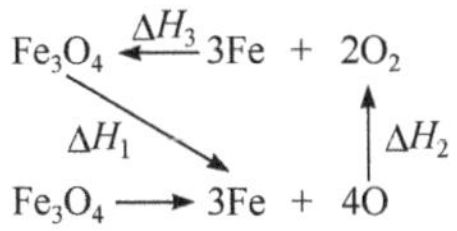

$$Fe_3O_4 \xrightarrow{\Delta H_3} 3Fe + 2O_2$$

$$Fe_3O_4 \xrightarrow{\Delta H_1} 3Fe + 4O \quad \uparrow \Delta H_2$$

图 8.1.4 四氧化三铁分解示意图

根据反应式(8.1.10)，三氧化二铁的化学分解的焓变可由式(8.1.11)表示

$$\Delta H = \Delta H_{Fe_2O_3} - \frac{2}{3}\Delta H_{Fe_3O_4} = 294.2\, kJ/mol \qquad (8.1.11)$$

其中 $\Delta H_{Fe_2O_3}$ 和 $\Delta H_{Fe_3O_4}$ 分别为生成三氧化二铁和四氧化三铁的反应焓。根据图 8.1.4，分解成自由基的焓变可由式(8.1.12)表示

$$\Delta H_1 = \Delta H_2 + \Delta H_3 = 2\Delta_r H_2 + \Delta_r H_3 = 2115\, kJ/mol \qquad (8.1.12)$$

其中 $\Delta_r H_2$ 和 $\Delta_r H_3$ 分别为氧气和四氧化三铁的生成焓。于是去除 1 mol 的铁锈所需要的能量为

$$\Delta H' = \Delta H + \frac{2}{3}\Delta H_1 = 1704.2\, kJ/mol \qquad (8.1.13)$$

8.2 激光除锈及其机制研究概述

激光除锈，本质上也是激光产生的清洗力大于黏附力的结果。微粒、油漆与基底的黏附力主要是范德瓦耳斯力，而腐蚀层和基底之间，除了范德瓦耳斯力以外，还有化学键的作用，附着力会更大。当腐蚀层不均匀，中间有孔隙，并且主要是空气时，在清洗过程中这些空气吸热会快速膨胀，形成爆破效应。

激光除锈的主要机制有烧蚀机制、热振动机制和爆破机制。烧蚀机制是通过激光加热，使其温度上升，锈蚀熔化和汽化，或通过化学反应，使得铁锈分解；热振动机制是基底吸收激光热量后，产生热应力和热振动，促使铁锈从基底脱离；爆破机制也称孔隙爆破，因为锈层的疏松多孔结构中有较多空气，激光照射会使孔隙中的空气吸热后瞬时膨胀，压力增大，使得锈层发生破碎进而脱离，这个过程主要是物理变化，表层会有少量的氧化铁分解。

湿式激光除锈，在原理上是可行的。但是在实际应用时，还要考虑是否会有残余水分留在铁基底材料表面或渗透内部，导致新一轮的腐蚀，因此研究和应用相对较少。

本节先介绍相关研究进展，再介绍激光除锈机制。

8.2.1　激光除锈研究

第 2 章详细讲述了几十年来激光除锈的研究进展。这里再简单回顾一下。

激光除锈最早用于文物清洗，去除青铜器等金属制品上的锈蚀，如 1986 年蒋德宾等[9]尝试使用脉冲激光去除青铜文物上的锈斑。1986 年，程国义[10]利用激光来预防铜铁器皿类文物的锈蚀。Pini 等[11]对从意大利遗址收集的硬币等考古样本进行了激光清洗，这些硬币含有青铜、铜、银和铅等金属材料，表面都受到腐蚀。通过激光清洗可保留硬币精细的表面细节，这是利用了激光清洗具有可选择性和高精确的优势。Lee 等[12]对表面腐蚀的镀金青铜制品进行了激光和化学清洗，化学清洗去除不均匀，使金属基体与金层分离，而激光清洗可去除腐蚀。Paeka 等[13]采用 Nd:YAG 激光清洗青铜样品中的人工铜绿。张晓彤等[14]将激光清洗技术应用到鎏金青铜文物的保护修复上。胡雨婷等[15]研究了激光清洗技术在青铜器除锈中的应用，同时将激光清洗技术与传统的除锈方法进行对比，表明激光清洗技术在青铜器除锈领域具有广阔的发展前景。

干式激光清洗除锈是一种较好的除锈方法，因其成本低、环保、效果好而在工业应用中得到广泛发展[16]。Ke 等[17]研究了 TEA-CO$_2$ 脉冲激光除锈的可行性和除锈效率。路磊等[18]利用一种背带式 18 W 全固态 1064 nm/532 nm 双波长激光清洗设备上的铁锈。Veiko 等[19]用激光清洗污染轨道，可使钢轨与车轮之间的摩擦系数增加 30%。牛富杰等[20]完成了激光清洗技术在动车组检修中的应用研究。任志国等[21]开展了低碳钢的激光除锈机理及表面性能研究。宋桂飞等[22]进行了激光清洗技术在弹药修理中的应用研究。Liu 等[23]通过拉曼光谱研究了激光清洗海洋环境中的金属腐蚀。Ma 等[24]研究了不同激光功率、重复率和激光光斑重叠率下采矿零件(Q345 钢)的激光清洗。

激光除锈中，激光和材料参数对除锈效果和效率的影响，也得到了深入研究。Oltra 等[25]研究激光波长(紫外到红外)对金属锈蚀清洗的影响。Meja 等[26]比较了不同的激光波长、激光光斑和能量密度对清洗效果的影响。Pasquet 等[27]研究了电化学因素对于激光清洗效率的影响。Psyllaki 等[28]评估了脉冲激光辐照对不锈钢表面氧化层去除的影响。Wang 等[29]研究了激光处理碳钢表面锈层时，激光参数与表面特征之间的关系。Narayanan 等[30]通过改变激光功率、扫描次数和速度、孔道数等参数，研究了激光清洗铁锈后表面轮廓、粗糙度、硬度等特性的变化。Park 等[31]用激光清洗桥梁腐蚀，获得了最佳的激光功率、脉冲宽度、扫描宽度和扫描速度等清洗参数。

关于激光清洗和化学法、机械法清洗的比较，也做了研究。Pereira 等[32]比较了机械、化学(EDTA 溶液)和激光(脉冲 CO$_2$ 和 Nd:YAG-Q 开关)三种除锈方法，通过穆斯堡尔光谱、光学显微镜测量发现，机械清洗不能完全清除腐蚀，很容易损伤基底；化学法通过控制条件，可有效去除腐蚀产物，不损伤物体表面。激光法基本上可完全清除腐蚀，可根据实际情况控制好参数对需要的地方进行有效清洗。Koh 等[33]通过表面轮廓术和扫描电子显微镜等测试手段，对 8 种清洗方法进行了定量比较，其中 3 种是机械清洗(用 Al_2O_3 或玻璃珠刷洗或微喷砂)，5 种是激光清洗(TEA CO_2 或 Nd:YAG 激光)。将激光清洗与其他清洗方法结合，可有效提高清洗效率，比如，将激光清洗与化学清洗技术相结合，去除低碳钢表面的氧化层[34]。调 Q 钕钇铝石榴石激光器(波长 1064 nm，半宽 6 ns)在酸性溶液中引起光击穿，产生强烈的压力波，起到非接触式阻垢剂的作用。结果表明，新工艺大大提高了表面氧化层的清洗率。

激光除锈会出现一些伴发现象，如表面变色[35]。当激光通量和脉冲数超过变色阈值时，就会发生变色。不锈钢表面的颜色变化为 $\gamma\text{-}Fe_2O_3$ 的颜色。根据俄歇电子能谱和光学显微镜观察到，在空气中激光清洗不锈钢时，不锈钢表面形成 $\gamma\text{-}Fe_2O_3$ 和 Fe_3O_4，这是因为空气中的氧气与不锈钢发生了热化学反应。采用真空系统可以减少氧气与不锈钢之间的氧化反应，以避免不锈钢表面变色。

很多研究表明，激光清洗后金属的性能得到了提升。Wang 等[29]发现激光清洗后金属的抗腐蚀性得到了提高。Zhang 等[36]采用动态电势极化、电化学阻抗谱(EIS)和扫描振动电极技术(SVET)研究了激光清洗后 AA7024-T4 铝合金的腐蚀行为。结果表明，激光清洗后的合金表面比热轧合金具有更高的耐蚀性，其阻抗显著增加，电容显著降低。Zhu 等[37]研究了不同激光功率和不同清洗速度对铝合金表面粗糙度、组织、元素含量、显微硬度、残余应力和耐腐蚀性能的影响。激光清洗后，铝合金表面的光洁度和强度均可得到有效提高，比如，Lu 等[38]对在船舶工业中常用的 AH36 钢表面锈蚀进行激光清洗后，发现表面耐蚀性约为锈蚀表面的 5 倍。

8.2.2　激光除锈机制研究

激光照射金属或其他固体表面，清洗对象吸收光能，引起表面温度升高，如果激光能量密度足够大，清洗对象的温度升高，可达到材料的熔点，甚至达到材料的汽点，使表面出现熔化、汽化现象，也就是激光烧蚀机制[39]。李志超等[40]采用 Comsol Multiphysics 模拟软件，建立了 TA15 钛合金氧化膜激光清洗有限元仿真模型，分析了光斑形状、激光能量与加载方式、脉冲宽度等对钛合金氧化膜激光清洗过程中温度场变化的影响规律。很多研究表明，激光烧蚀是激光除锈的主要机制之一。Dimogerontakis 等[41]认为脉冲激光清洗金属腐蚀主要是由瞬态热效应引起的。激光作用下的瞬态氧化导致清洗对象发生相变(熔化、烧蚀)。Zhang 等[42]认为激光清洗金属腐蚀的机理是激光热烧蚀。在激光清洗中，激光束与氧化层之间的相互作用会产生显著的热效应，导致氧化层融化。表面氧化物状态的改变会影响金属合金的腐蚀行为。

Zhang 等[43]通过比较不同能量密度下铝合金的清洗效果，建立了材料热力学模型，在低能量密度下，基体蒸发产生熔融氧化物层，形成脉冲坑。在高能量密度下，瞬态能量吸收引起热应力耦合效应，导致衬底与氧化层分离，由蒸发压力引起的冲击效应导致了氧化层的去除。Li 等[44]以纳秒脉冲激光清洗 TA15 钛合金氧化膜，当表面温度略高于氧化膜沸点时，氧化膜的去除效果最好，认为激光除锈的主要机理是激光烧蚀。

除了烧蚀机制外，热应力也是重要机制。Guo 等[45]建立了铝合金氧化膜激光清洗的三维传热与流场耦合模型，分析了不同平均激光功率下铝合金氧化膜表面形貌的动态演化行为。高激光能量引起的强热效应不仅可以增强熔体的熔化性现象，还增强了热应力效应。Chaoui 等[46]在用激光进行清洗时，提出了逐层去除机制：首先前几个激光脉冲作用在氧化铁皮表面，使氧化铁皮出现裂缝，分裂成小块的碎片；然后后续激光脉冲产生解黏附作用，克服各碎片与基底之间的黏附力，使氧化铁皮成片地从基底表面脱落。

等离子体效应和相爆破机制，在激光除锈中也起到了作用。Zhang 等[43]在用激光清洗铝合金上的氧化层时，建立了材料热力学模型，阐明了清洗机理和等离子体行为。在低能量密度下，激光烧蚀引起的相爆炸是主要的清洗机制。在高能量密度下，除了相爆炸外，瞬态能量吸收引起热应力耦合效应，蒸发压力引起的冲击效应还会导致氧化层的飞溅和脱落。同时铝蒸气吸收激光能量，形成等离子体，高能密度增强了激光-等离子体耦合。

总体而言，激光清洗的作用机制复杂，清洗过程的不同阶段可能具有不同机制，多种清洗机制可能同时发挥作用，往往无法使用单一机制完全解释激光清洗中观察到的各种现象。重度腐蚀的主要成分为 Fe_2O_3 的混合物，表现为疏松多孔结构，锈层与钢铁基底为同一物质来源，属特殊类型的同质层。激光除锈过程中，在激光能量密度较高时为烧蚀汽化机制，在激光能量密度较低时主要为热振动和相爆炸机制。但鉴于锈层的厚度不一、现实情况的复杂多变，实际情况下激光除锈是多种机制综合作用的结果。

8.3　激光除锈机制

8.3.1　烧蚀机制

腐蚀层吸收激光后，温度上升达到腐蚀物的熔点和沸点，则污染物将产生熔化和汽化，从基底去除[47]，如图 8.3.1 所示，清洗对象吸收激光后(图 8.3.1(a))，腐蚀部分熔化或汽化(图 8.3.1(b)蓝色箭头)。

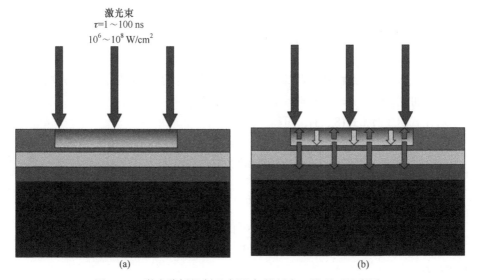

图 8.3.1　激光除锈机制示意图(扫描封底二维码可见彩图)

(a) 样品吸收激光；(b) 污染物熔化和气化，蓝色箭头表示激光的直接气化，灰色箭头表示反冲压力

8.3.2　热应力机制

腐蚀层吸收激光后，温度上升发生膨胀，形成热应力；或者基底温度上升后将热量传递给腐蚀层，反过来冲击使得腐蚀层从基底剥离，这称为热应力机制。热应力使得膜层振动，所以又称为振动机制。如图 8.3.1(b)中灰色箭头所示。

1. 清洗条件

对于厚度较小的腐蚀层，将腐蚀层与基底层视作非可压缩层是一个较好的近似，即将腐蚀层和基底层视作刚体。这时膜层的总位移可以表示如下[48]：

$$z_a = z_c + z_s \tag{8.3.1}$$

式中，z_c、z_s 分别是腐蚀层和基底的位移。

温度升高引起的膨胀是腐蚀膜层和基底发生位移的来源，即

$$z_i = k_i \gamma \int_0^{z_i} [T_i - T_0] \mathrm{d}h_i \tag{8.3.2}$$

式中，γ、z_i、T 分别表示线膨胀系数、厚度和温度；下标 i = c,s 分别表示腐蚀层和基底；T_0 为环境温度；k_i 是比例系数，对于腐蚀层而言，k_c 取值从 0 到 1 变化，当腐蚀层与基底对热的吸收较为平均时可取 $k_c = 0.5$，当热能主要集中于腐蚀层时，有效基底位移几乎为 0，取 $k_c = 0$；对于透明膜层，热能主要集中在下层，取 $k_c = 1$；对于基底层而言，$k_s = 1$。

从能量的转换角度考虑，单位面积内吸收的激光能量将转变为腐蚀层和基底层的内能，即

$$A_i I_0 dt = \rho_i c_i \int_0^{z_i} [T_i - T_0] dh_i \qquad (8.3.3)$$

其中 A、ρ_i、c_i 分别为材料吸收率、密度和比热容；I_0 为光强，即激光功率密度 (单位面积的功率)；$i = c, s$ 分别代表腐蚀层和基底。

对比式(8.3.2)和式(8.3.3)，可得

$$z_i = k_i \gamma_i \cdot \frac{A_i I dt}{\rho_i c_i} \qquad (8.3.4)$$

热膨胀引起的作用于腐蚀层的清洗力为

$$F_v = m \frac{d^2 z}{dt^2} = m \frac{dI}{dt} \left(\frac{\gamma_s A_s}{\rho_s c_s} + k_c \frac{\gamma_c A_c}{\rho_c c_c} \right) \qquad (8.3.5)$$

黏附力为

$$F = m \frac{F_a}{\rho_c \cdot z_c}$$

式中，F_a 为单位面积上的黏附力。

清洗条件为

$$F_v > F \qquad (8.3.6)$$

即

$$\frac{dI}{dt} > \frac{F_a}{\rho_c z_c} \cdot \frac{1}{\dfrac{\gamma_s A_s}{\rho_s c_s} + k_c \dfrac{\gamma_c A_c}{\rho_c c_c}} \qquad (8.3.7)$$

2. 单脉冲作用

对于脉冲激光作用，考虑到激光脉冲有上升沿和下降沿，为简单起见，采用三角形脉冲来代替，设脉冲下降沿为 τ_b，脉冲持续时间 $\tau = 2\tau_{FWHM}$，则三角形脉冲的能量密度为 $I_0 = \frac{1}{2} P_p \tau$，$P_p$ 为峰值功率，光强的时间变化率为

$$\frac{dI}{dt} = \frac{P_p}{\tau_b} = \frac{2I_0}{\tau \tau_b} \qquad (8.3.8)$$

相应的清洗条件可以写作

$$I_0 > \frac{1}{2} \frac{F_a}{\rho_c \cdot z_c} \frac{\tau \tau_b}{\dfrac{\gamma_s A_s}{\rho_s c_s} + k_c \dfrac{\gamma_c A_c}{\rho_c c_c}} = \frac{1}{4} \frac{F_a}{\rho_c \cdot z_c} \frac{b \tau^2}{\dfrac{\gamma_s A_s}{\rho_s c_s} + k_c \dfrac{\gamma_c A_c}{\rho_c c_c}} \qquad (8.3.9)$$

其中 $b = \dfrac{2\tau_b}{\tau}$ 是三角形脉冲的时域外形因子。

3. 多脉冲作用机制

实际上，激光脉冲是持续作用的。在有些情况下，第一个激光脉冲作用下，有热膨胀和热应力，但是未达到清洗阈值，腐蚀层未能脱离基底；接着第二个激光脉冲到来，在第一个脉冲作用的基础上，热应力会增大；如此经过若干个激光脉冲的作用，达到清洗阈值。

在 N 个激光脉冲作用下，腐蚀层被清洗掉。后一个脉冲与前一个脉冲作用期间，由于热量散失等，会减缓激光的作用效果，将相邻脉冲作用的衰减效果用弛豫系数(relaxation coefficient) β 进行描述，显然有 $\beta < 1$(如果大于等于 1，则激光脉冲持续作用就没有累加效果了)，β 的数值与激光参数、腐蚀层、基底参数、边界条件、环境条件等相关，需要实验确定。为方便起见，假定相同能量密度的每个脉冲导致的黏附力的减小量相同，则清洗判据可以描述为[49]

$$(1 - \beta) N \cdot \Delta F_{v1} = F_v \qquad (8.3.10)$$

式中，N 是脉冲个数；ΔF_{v1} 是每个激光脉冲需要克服的黏附力。

同样考虑简化的三角形脉冲，在 N 个激光脉冲作用下的清洗条件为

$$I_0 > \frac{1}{4} \frac{1}{\rho_c \cdot z_c} \frac{F_a}{(1 - \beta) N} \frac{b \tau^2}{\dfrac{\gamma_s A_s}{\rho_s c_s} + k_c \dfrac{\gamma_c A_c}{\rho_c c_c}} \qquad (8.3.11)$$

8.3.3　膜层屈曲

由于激光作用区域，激光强度分布不均匀，膜层厚薄不同，膜层表面可能会出现一个或多个热点(hot point)，超过膜层的熔点和沸点，则表面会熔化或气化，出现一个或多个熔化气化区域。膜层的熔化或气化引起热应力，具体表达式可以由下式表征[50]：

$$\sigma_T = Y \left[\gamma_c T_m + \delta_L \beta(t) - \frac{\Delta}{L} \right] \qquad (8.3.12)$$

式中，Y 为弹性模量；T_m 为熔点(沸点)；δ_L 为表征熔化(气化)导致的材料膨胀的无量纲参数；$\beta(t)$ 为时刻 t 激光照射区域消融掉的膜层部分面积与总膜层面积之比；L 是激光照射区域的全宽度；Δ 为激光作用过程中熔化区域的最大范

围。式(8.3.12)第一项代表温升所引起的应力，第二项为相变所引起的应力，第三项为扣除掉未相变部分。

单个激光脉冲的能量密度不足以去除膜层，需要多个激光脉冲作用。对 N 个脉冲连续作用的情况，相邻的两个脉冲之间由于弛豫作用，单个脉冲的作用将做一定程度的衰减，用单位面积的弛豫能 ω (relaxation energy per surface unit)进行描述，则清洗阈值可以表示为

$$I_c = N\frac{Y}{2}\left(\frac{\gamma_c A_c I_0}{\rho_c c_c z_c}\right)^2 - \frac{\omega}{z_c}(N-1) \tag{8.3.13}$$

式中各参数见本节前面的介绍。膜层屈曲其实也是热应力机制，只是合并考虑到相变(烧蚀)和未相变的情况。

8.3.4　相爆炸

在实际除锈场景中，金属表面的腐蚀层常常不是密集的氧化物分子结构，而是含有水等其他杂质，如铁锈(FeO、Fe_2O_3、Fe_3O_4 等各种铁氧化合物及其水合物的混合物)。锈蚀形成疏松多孔的结构，孔隙中有空气和水汽。此外，由于存在各种表面缺陷，腐蚀层与基底之间的界面会吸附气体，如空气。当这些气体吸收激光热量后，气态物瞬间膨胀，压强会增加，体积会膨胀，当压强大于清洗力时，污染物也会剥离。尤其是空气、水汽或汽化的污染物本身在瞬间吸热后急剧升温，形成爆炸，产生较大的脱离力大于黏附力时，将会带走污染物，这就是相爆炸机制[51]。相爆炸时，温度 T 时的气体压强为

$$P_g = P_{0g} \exp\left[L_g\left(1-\frac{T_{0g}}{T}\right)\right] \tag{8.3.14}$$

式中，T_{0g} 是参考温度；P_{0g} 是温度 T_{0g} 时的压强；L_g 是汽化热。

使氧化物膜层发生破碎的气体压强阈值一般需要达到 200～300 Pa。如果没有相爆炸而只是气体热膨胀，则清洗阈值压强需要达到近 1000 Pa。

8.4　激光去除浮锈的双层模型

浮锈(floating rust)是金属在潮湿环境中短时间内形成的腐蚀产物，属于腐蚀发生初期的锈蚀层，其主要成分为 $Fe(OH)_3$ 和 Fe_2O_3。在工业生产中，由于生产工序的原因，大量钢铁材料在生产出来后，会堆放在露天仓库一段时间，然后才进入下一工序(切割、焊接或涂装等)，在堆放的这段时间内，很容易产生一层浮锈，需要清除这层浮锈才能进入下一工序，因此清除浮锈工作量是巨大的。浮锈

层的厚度一般很小，大约为几微米，且与铁基底之间一般通过非价键的弱相互作用结合。激光清洗去除浮锈的过程中，清洗作用来自于锈层下的铁基底层对激光能量的吸收并由此产生的热弹性膨胀[5]。

浮锈层较薄，且构成相对简单，可采用双层模型进行分析研究。本节用激光能量密度低于锈层汽化阈值时的双层模型来描述激光清除浮锈的过程，下层为基底材料(钢铁)，上层为浮锈；先是进行清洗实验，观察不同激光能量密度下锈层的去除和基底的变化，然后使用 ANSYS 软件对激光加热过程的温度变化进行模拟，解释各种氧化现象的出现原因以及条件。

8.4.1　激光除锈实验

1. 实验样品

1) 样品制备

以碳钢为基底材料，制作多个样品备用。制作样品的碳钢薄板具有相同的化学组成、物理性质和几何尺寸。首先使用机械方法对碳钢进行表面打磨，去除原有锈层，并抛光表面。预留一块样品(编号为“样品 1”)留作对比。将其余的碳钢薄板浸入自来水中，让碳钢薄板表面形成一层水膜，然后让这些样品在空气中通过电化学方式自然腐蚀，形成浮锈层。浮锈层的生成非常迅速，一两天内就有轻微锈蚀，为形成覆盖全部表面的锈层，可多次重复上述过程。浮锈层表现为橙黄色，由腐蚀产物的颗粒和团簇组成，厚度约几微米，通过锈层的缝隙还可以看到抛光的金属表面。对锈蚀样品按顺序从 2a、2b、2c 等开始依次编号，鉴于样品的制作流程相同、制作条件相近，可认为各样品表面的锈蚀程度基本一致。下面实验中所用的样品 2a、2b、2c 等编号以 2 开头的样品，都是同一批制作，具有同样的性质和参数(锈蚀程度、成分、透过率等)。图 8.4.1 为其中一个样品(编号为“样品 2a”)在金相显微镜下的照片，其表面大部分为橙黄色，小部分为红色，白色为锈蚀缝隙中的碳钢基底。

2) 成分分析

通过化学分析法对锈层组分进行检测。首先将样品 2b 的铁锈粉末刮下，放入稀硫酸中，无色稀硫酸溶液变为黄色，然后再加入稀氢氧化钠溶液，有红棕色絮状沉淀物直接生成，由此可以确定样品中铁锈的主要成分是三价铁离子化合物。然后再使用比色法，将观察到的铁锈颜色与铁氧化合物的色度值[52]进行比对，可以确定浮锈层的主要化学组成是 γ-FeOOH 和 α-Fe$_2$O$_3$。铁氧化合物微粒和团簇与铁基底之间的相互作用不是价键的强相互作用，而是范德瓦耳斯力、毛细力和静电力等较弱的相互作用。当微粒尺寸为几微米时，起主导作用的黏附力为范德瓦耳斯力[53]。当微粒尺寸较大时，范德瓦耳斯力较弱，因此在表层激光能量密度低于锈蚀层的汽化阈值时，透过锈层的激光能量部分已经足以通过基底热膨胀振动使微粒脱离，产生清洗作用。

图 8.4.1　金相显微镜下的浮锈层

选取一块干净透明的玻璃板，其几何尺寸与样品 2c 相同。让激光束自上至下垂直照射薄玻璃板，测得其透过率为 0.9。将样品 2c 表面上的浮锈，用机械打磨法擦下来，将这些锈蚀粉末均匀铺在前述玻璃板上。让激光束自上至下垂直照射这块涂有锈粉的玻璃板，测量入射前和透射后的激光功率以确定锈蚀层的透过率，透射激光功率与入射激光功率之比为 0.27，由此可得到锈粉层的光透过率为 0.27/0.9=0.3。浮锈层为疏松多孔结构，上述测量结果与锈层的透过率相近。

入射到锈层表面的激光能量被分成了三个部分：①被锈层表面反射；②被锈层表层吸收；③透过锈层，被基底吸收。激光在锈层中的热影响深度可通过下式进行估算：

$$2\sqrt{a_c\tau} = 2 \cdot \sqrt{3\times10^{-10} \cdot 150\times10^{-9}} = 13\,(\text{nm}) \tag{8.4.1}$$

式中，a_c 为热扩散系数；τ 为激光脉冲宽度。13 nm 的热影响深度与锈层自身几个微米的厚度相比很小，所以锈层在激光加热过程中受到的温度变化影响只局限在表层较小的区域里，对锈层整体的透过率影响不大，因此不用再考虑由于激光加热引起的锈层的温度非线性，而将锈层的透过率作为一个常数处理。这也是与油漆清洗最大的不同。

2. 实验装置

采用自行组装的准连续声光调 Q Nd:YAG 激光器作为清洗光源，激光脉冲宽度为 100～300 ns，最大可调到约 5 ms。在 3 kHz 重频下，输出平均功率为 30 W，脉冲宽度为 150 ns。

从激光器发出的激光，耦合进一根长 3 m、纤芯直径 800 mm 的传能石英光纤。光纤后放置一个振镜，以恒定线速度往复扫描，使得入射激光束形成一线状光束。待清洗样品置于三维平台上，三维平台相对线状光束以恒定速度平动。最后通过聚焦镜对激光光束聚焦，在样品表面上的光斑半径约为 0.02 cm。在扫描过程中，设置好参数，可控制相邻光斑间的交叠率，实验中设为 50%。在光路上放置一个反射镜，大约 1% 的光反射到功率计中，以监测照射到样品上的功率和功率密度。实验装置如图 8.4.2 所示。实际操作中，为保证激光输出的稳定性，需固定泵浦电流和重复频率，通过外置光学衰减器件，连续调节激光器的输出功率。

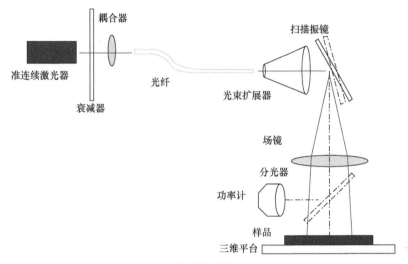

图 8.4.2　激光除锈装置示意图

3. 实验过程与结果

使用能量密度为 1.8 J/cm² (输出平均功率 7 W，峰值功率密度 1.2×10⁷ W/cm²) 的激光束照射同一批制作的其他样品(编号为 2d、2e 等)。在清洗过程中，可明显观察到锈蚀微粒和团簇从金属基底表面脱离，但并没有出现锈层气化和基底熔化现象。图 8.4.3(a) 为 2c 号样品清洗后的金相显微照片。图中的黑斑为氧化亚铁，其形成原因可见后面模拟部分的分析。

进一步将激光能量密度提高到 2.7 J/cm² (此时输出平均功率为 10 W，峰值功率密度为 1.8×10⁷ W/cm²)，清洗 2d 号样品，浮锈层同样能够被去除，且清洗相同的面积所需要的时间有所减少，但是清洗过后表面出现了金属熔化的迹象，这说明激光作用下金属基底表面经历了快速的相变过程，先熔化后又快速固化，如图 8.4.3(b) 所示的白色凹坑为熔化点。

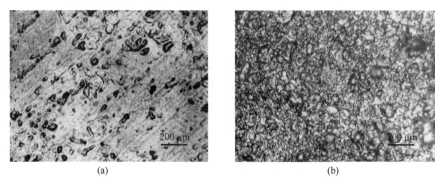

图 8.4.3　激光除锈效果图

(a) 1.8 J/cm²；(b) 2.7 J/cm²

8.4.2　激光去除浮锈的双层模型理论分析

从实验现象可见，当热弹性振动为主要清洗机制时，其阈值较低；当激光能量较高时，出现气化和熔化，为烧蚀机制。其具体过程是：激光入射到浮锈层时，透过锈层的激光能量被基底吸收。激光转变为热能被加载在基底表层，热能的具体值由入射的激光功率密度和锈层的透过率决定。金属基底吸收激光能量后基底表面温度升高，进而引起热弹性应力，当热弹性应力足以克服锈层与基底之间的黏附力时，锈层能够实现整体去除，无须借助多脉冲的积累作用。

1. 柱坐标下的热传导方程

考虑到使用多模激光、相邻光斑 50%交叠，可以认为激光功率密度近似均匀。钢铁材料表面的浮锈层和金属基底层形成双层结构，对于图 8.4.4 所示柱坐标系下的激光照射该双层结构，激光对基底的加热过程可用热传导方程表示，已在第 6 章 6.6.2 节中作过介绍 [54,55]。

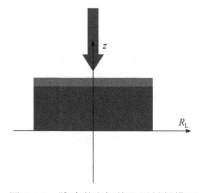

图 8.4.4　脉冲激光加热双层材料模型

由于激光作用时间很短，在 200 ns 以内，可以认为基底绝热，相应的边界条件可以表示为

$$-k_s \frac{\mathrm{d}T_s(r,z,t)}{\mathrm{d}z}\bigg|_{z=0} = 0 \tag{8.4.2}$$

样品厚度相对于上下表面面积来说是很小的，所以，可以不考虑侧边的对流换热，在 $r=r_0$ 处，r_0 为照射在样品上的激光光斑半径，边界条件就是绝热条件：

$$-k_s \frac{\mathrm{d}T_s(r,z,t)}{\mathrm{d}r}\bigg|_{r=r_0} = 0 \tag{8.4.3}$$

前面实验中，已经测量到锈层的透过率为 0.3，则浮锈-基底界面处的边界条件为

$$-k_s \frac{\mathrm{d}T_s(r,z,t)}{\mathrm{d}z}\bigg|_{\text{interface}} = 0.3 \cdot I(r,t) \tag{8.4.4}$$

初始温度和环境温度设置为 25℃。

上述双层模型，与第 6 章除漆模型相似。在第 6 章中，激光能量密度的高斯分布与平顶分布所得模拟结果在数量级上是相同的。考虑到实际激光为低阶混合模，且光纤具有匀化光束的作用，所以使用平顶分布用于温度的模拟计算。简化后，"平顶"空间分布、"矩形"时间外形的脉冲表示为

$$I(r,t) = I_0, \quad r < r_0, \quad t < \tau_{\text{FWHM}} \tag{8.4.5}$$

式中，τ_{FWHM} 是脉冲宽度(150 ns)；r_0 是光斑半径。在进行模拟计算时，在开始的 150 ns 施加激光，150 ns 后激光强度取为 0，直到 1 μs 模拟结束。实验中使用的激光重复频率为 3 kHz，脉冲之间的间隔是 0.33 ms ≫ 1 μs，1 μs 后温度变化非常缓慢，近似于稳定。

2. 一维热传导模型

对于激光去除钢铁上的腐蚀，为简单起见作定性分析，可以假设激光脉冲的时间形状是一个矩形，只计算铁基底表面的温度，假定铁基底厚度足够大，采用一维前端导热无限长度矩形脉冲模型[0-0]

$$\rho_i c_i \frac{\partial T(z,t)}{\partial t} = k_i \frac{\partial^2 T(z,t)}{\partial z^2}, \quad 0 \leqslant t \leqslant \tau \tag{8.4.6}$$

式中，ρ_i 是铁的密度，为 7.86 g/cm³；c_i 是铁的比热，为 460 J/(kg·K)；k_i 是铁的热导率，为 46.52 W/(m·K)；τ 为脉冲激光宽度，约为 100 ns。z 坐标轴的正向为表面的法向指向铁基底的内部。边界条件为

$$-k_i \frac{\partial T}{\partial z}\bigg|_{z=0} = \alpha_i I_{\text{avg}} \tag{8.4.7}$$

$$T\mid_{z=\infty}=0$$

其中 α_i 是铁对 1.06 μm 激光的吸收系数，根据实验测量，取其值为 0.36；$I_{avg}=E_{pulse}/(\tau S)$ 是激光的平均峰值功率密度，E_{pulse} 为单脉冲能量，S 为激光清洗表面上的光斑面积，根据实验参数，可计算其值为 10^5 W/cm²。根据边界条件式(8.4.7)，求解传导方程式(8.4.6)，可得到温度分布的解析解

$$T(z,t)=\frac{2\alpha_i I_{avg}}{k_i}\sqrt{\alpha_{it}t}\cdot\mathrm{ierfc}\left\{\frac{z}{2\sqrt{\alpha_{it}t}}\right\} \tag{8.4.8}$$

式中，$\alpha_{it}=k_i/(\rho_i c_i)$，是铁材料的热扩散系数，数值为 1.29×10^{-5} m²/s，

$$\mathrm{ierfc}(x)=\int_x^\infty\mathrm{d}p\int_p^\infty\frac{2}{\sqrt{\pi}}\exp(-s^2)\mathrm{d}s \tag{8.4.9}$$

对于激光清洗表面，令 $z=0$，可得表面温度为

$$T(0,t)=\frac{2\alpha_i I_{avg}}{\sqrt{\pi}k_i}\sqrt{\alpha_{it}t} \tag{8.4.10}$$

代入以上数据，并令 $t=\tau=100$ ns，可得一个脉冲作用之后铁基底的表面温升为

$$T(0,100\,\mathrm{ns})=\frac{2\alpha_i I_{avg}}{\sqrt{\pi}k_i}\sqrt{\alpha_{it}t}=\frac{2\times0.36\times10^9\times\sqrt{1.29\times10^{-5}\times10^{-7}}}{\sqrt{\pi}\times46.52}=9.92(\mathrm{K}) \tag{8.4.11}$$

准连续激光的重复频率很高，在 0.5~50 kHz，因此一个脉冲作用之后，热量来不及散失，第二个激光脉冲就又作用在了同一位置，因此可以通过控制作用在同一位置上的脉冲个数来控制铁基底表面的温升。

8.4.3　激光除锈模拟结果与分析

根据 8.4.2 节 1.中的双层模型进行模拟，材料的热物性参数见表 8.1.2，激光参数采用实验中使用的激光参数，仿真中使用激光能量密度分别为 1.8 J/cm²、2.7 J/cm²、4.0 J/cm² 来计算碳钢基底的温度变化，模拟计算结果如图 8.4.5 所示。分析模拟结果，可以得到以下结论。

1. 除锈但未钝化

如图 8.4.5，激光能量密度为 1.8 J/cm² 时，在激光脉冲作用过程和作用之后，样品表面温度显著提高，而后降低，但所达到的最高温度为 1026.08℃，远小于铁的熔点，铁未能熔化，这与实验结果一致。碳钢温度提高后化学活性提高，可与碳钢表层内部或外部空气中的氧发生氧化反应，在碳钢表层形成部分氧化层。由于短时间内附近区域参与反应的氧含量不足，生成物为氧化亚铁，为不完全氧化；同时，由于实际中基底表面各点吸收的激光能量密度不同，各点的实

际温升不同，所以碳钢表层的氧化度存在差异，氧化亚铁只在部分碳钢表面存在。将这种激光作用后的样品放置在空气中，有氧化亚铁层的区域将继续氧化得到氧化铁，没有氧化亚铁层的区域会直接在潮湿空气中腐蚀，由于氧化亚铁层的不完全氧化，只能提供一定程度的抗腐蚀性。

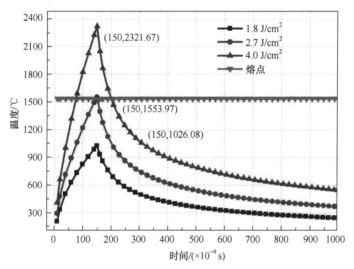

图 8.4.5 激光加热引起的碳钢表层温度变化(激光能量密度分别为 1.8 J/cm², 2.7 J/cm² 和 4.0 J/cm²)

在前面的实验中，样品中出现了点状黑斑，见图 8.4.3，这些黑斑正是氧化亚铁。

2. 除锈且钝化

激光能量密度为 2.7 J/cm² 时，如图 8.4.5 所示，表面的最高温度可以达到 1553.97℃，已经超过了铁的熔点 1535℃。从激光能量密度分别为 1.8 J/cm² 和 2.7 J/cm² 的两种不同结果可以发现：金属基底的表层熔化与否是钝化能否实现的一个必要条件。激光钝化的关键在于形成均匀的氧化层，相应的氧含量的均匀化和温度的均匀化是实现激光钝化的关键。如果激光加热能够使钢铁表面熔化，出现熔池，原本在碳钢内部或表层的氧能够在熔池中得到扩散，实现均匀化，有利于形成均匀的氧化层。同时在该激光能量密度下，激光加热使表面刚刚达到熔点，由于熔化潜热的存在，金属基底无论是固态还是液态基本处于相同的温度，即实现了温度的均匀化。由此从理论上解释了激光能量密度为 2.7 J/cm² 时碳钢基底抗腐蚀性得到增强的物理原因。

3. 基底损伤

激光能量密度为 4.0 J/cm² 时，如图 8.4.5 所示，表面的最高温度可以达到

2321.67℃，已经大大超过了铁的熔点 1535℃，且在很长一段时间内都高于熔点。这时表面将出现较大范围的熔化，基底受到损伤。关于钝化和损伤，在 8.6 节将给出更为详细的叙述。

8.5　激光除锈的多层模型

对于浮锈，如果不及时清洗，那么在潮湿环境下，氧气和水蒸气可以很容易地通过锈层的孔隙，与铁基底发生反应生成新的锈层。随着时间的推移，锈蚀程度会不断加深。生成各种腐蚀物，包括含水氧化铁 $Fe_2O_3 \cdot xH_2O$、羟基氧化铁 $FeOOH$、氢氧化铁 $Fe(OH)_3$ 以及其他铁氧化合物的混合物，使得腐蚀层达到几百微米，甚至几个毫米。这时采用激光除锈时，因为腐蚀层太厚，8.4 节所叙述的双层模型难以很好地模拟和解释。对于厚的腐蚀层，考虑到实验中观察到的实验现象，我们提出一种多层模型来分析激光除锈的物理机制。

8.5.1　多层激光除锈模型的建立

多层模型中，以典型的四层结构来说明模型，如图 8.5.1 所示。第四层是钢铁基底层，第一到三层都是腐蚀锈层，其中第一、二层为脉冲激光在锈层中的热扩散引起的热影响区，它们之间的分界线以锈层分解温度来确定(第一层吸热后温度达到锈层分解或气化的温度，第二层的温度则没有达到)；第三层为热未影响区(表层吸收的热量没有传递到此层)。

第一、二层区域将随脉冲激光的逐层烧蚀向下逐渐推移，即热影响区与未影响区的分界线是在逐渐下移的。随着锈蚀层的去除，最后的锈蚀层变薄，相应的清洗模型就简化为双层模型。

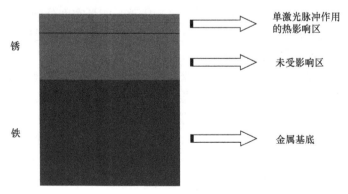

图 8.5.1　四层模型的描述

热传导方程仍然采用第 6 章 6.6.2 节中的公式。在清洗的起始阶段，激光作为热流密度加载在热影响区的上表面上：

$$-k_{\mathrm{c}}\left.\frac{\partial T_{\mathrm{c}}(r,z,t)}{\partial z}\right|_{z=z_{\mathrm{c}}+z_{\mathrm{s}}}=A_{\mathrm{ce}}I_0 \tag{8.5.1}$$

以钢铁基底的下表面为基准面，即 $z=0$，A_{ce} 是锈层表面的有效吸收率，实验测量值约为 0.2，I_0 是激光强度，z_{c} 和 z_{s} 分别为锈层的厚度和钢铁基底层的厚度。

随着清洗的进行，锈层厚度 z_{c} 在逐渐减小，但仍是整个系统的上表面，z_{c} 的具体值只影响激光的作用位置，不影响激光加热引起的材料的温度场分布。

当激光继续作用，除锈进入了四层模型的第三层，这时剩余的第三层锈层与基底层组成简化双层系统，使用 8.4 节的模型。此时腐蚀层边界条件为

$$-k_{\mathrm{c}}\left.\frac{\partial T_{\mathrm{c}}(r,z,t)}{\partial z}\right|_{z=z_{\mathrm{c}}+z_{\mathrm{s}}}=A_{\mathrm{ce}}I_0 \tag{8.5.2}$$

在锈层与金属基底的界面层时，边界条件为

$$-k_{\mathrm{s}}\left.\frac{\partial T_{\mathrm{s}}(r,z,t)}{\partial z}\right|_{z=z_{\mathrm{s}}}=TI_0 \tag{8.5.3}$$

这里 T 是薄锈层的透过率，具体数值与锈层的厚度有关，实验上测量得到的数值在 0.2~0.6。

使用有限元方法(finite element method)[57,58]对激光除锈过程的温度变化、表面位移变化进行仿真计算。所用激光光束的相关参数为波长 1064 nm，脉冲宽度 10 ns，单脉冲能量 100 mJ，光斑半径 2.5 mm。铁锈和钢铁基底的相关参数仍然采用表 8.1.2。

8.5.2　第一、二层的去除机制

激光脉冲作为热流密度加载在锈层上表面：

$$A_{\mathrm{ce}}I_0=\begin{cases}A_{\mathrm{ce}}\dfrac{E}{\tau\pi r_0{}^2}, & 0<t<\tau,0<r<r_0 \\[2mm] 0, & \tau<t<1.5\tau\end{cases} \tag{8.5.4}$$

式中，A_{ce} 为铁锈表层的有效吸收率，实验测得为 0.2；E 是单脉冲能量，τ 是脉宽。代入相关参数：

$$A_{\mathrm{ce}}I_0=\begin{cases}0.2\dfrac{10^7}{\pi\cdot0.0025^2}, & 0<t<10^{-8}\text{ s}, \quad 0<r<0.0025\text{ m} \\[2mm] 0, & 10^{-8}\text{ s}<t<1.5\times10^{-8}\text{ s}\end{cases} \tag{8.5.5}$$

由于激光脉冲宽度很短，在激光脉冲持续时间内，忽略铁锈上表面的对流传热。而且，由于激光作用时间极短，可以假设在激光脉冲作用时间内，铁锈不发

生相变，等到脉冲作用结束之后再发生相应的状态改变。相比于激光的高峰值功率密度，锈层由固态经液态最后转变为气态所需的相变潜热(包括熔化潜热和汽化潜热)也很小，同样忽略。

数值模拟结果如图 8.5.2 所示。在短脉冲激光作用下，铁锈表层温度已经达到 10^4 K 以上(当然这个值不够准确，因为实际上要考虑到散热，以及锈蚀成分，而在模拟中采用了最简化的方法。但是激光照射后，温度上升很大，这是可以肯定的)，远远超过了铁锈的分解温度，且温度随深度的衰减非常快，由于铁锈的热导率非常低，只有 0.001 W/(m·K)，导致在单脉冲作用的极短时间内，温度迅速达到极高的温度，从而可将铁锈气化分解去除[59]。

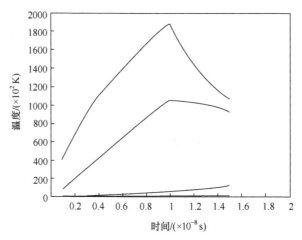

图 8.5.2　激光脉冲作用过程中不同深度锈层的温度变化
从上往下分别是 0 nm、5 nm、10 nm、20 nm 和 30 nm 深度处

实际上当锈层温度达到相变点时，铁锈材料会发生气化和分解，生成气态物质释放。所以图中温度超过熔点的部分，由于锈层已经发生分解，所以后续的表征氧化铁温度变化的曲线将不再有实际意义。

图 8.5.3 为脉冲激光作用时的热影响深度，其值并不大，约 5 nm。也就是说，一个激光脉冲的作用深度是很小的。虽然作用深度小，但是确实有清洗作用。在实验中，会发现清洗后的样品表面有散落的锈蚀粉末，将锈蚀粉末收集起来，清洗后的样品质量小于清洗前的质量，粉末的质量要小于样品整体的质量损失。这一方面说明激光清洗可以去除腐蚀层最上方的微薄层，为我们提出的多层模型提供了实验依据，另一方面，说明有铁锈被汽化或分解了。

在深度大于 5 nm 的区域，虽然没有能够直接达到锈层的分解温度，但是由于热扩散作用，仍有一定程度的温度升高。这部分热能不足以使氧化铁发生熔化分解，但是由于锈层自身的疏松多孔结构，在孔隙中充满空气，而这些空气在高温锈层的热影响下，将发生膨胀、局部的气体压强升高，当压强足以克服锈层之间的结合力时，锈层的次表层将发生破碎分解，即相爆炸现象(phase blasting)。

因此可以判定，激光热影响区域的激光除锈主要机制是表层的熔化气化分解和次表层的相爆炸破碎分解。随着多个激光脉冲的持续作用，熔化气化分解和相爆炸持续进行，锈层的厚度也逐渐减小，表现为一种积累效应和逐层烧蚀的特征。

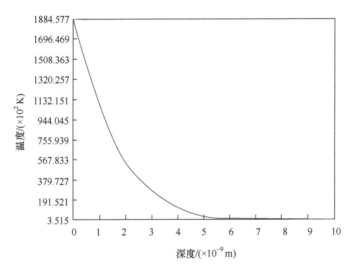

图 8.5.3　激光作用到 10 ns 时不同深度的温度分布

8.5.3　近基底层锈蚀的激光清洗机制

随着激光清洗过程的进行和锈层厚度的减小，当锈层厚度减小到激光能量能透过锈层直接被金属基底吸收，产生足够的解吸附作用时，激光除锈的主要去除机制将发生改变。对这种情况，多层模型将变为 8.3 节中所叙述的双层模型，我们在 8.3 节已经进行了模拟计算。

为了延续 8.5.2 节的多层模型，这里再利用 8.5.2 节中同样的参数，简单做一下计算。

对于一块 1 μm×2 μm 的矩形区域建立实体模型，单元线长度为 $\Delta x=50$ nm，而起始时间步大小为 0.1 ns。剩余锈层透过率与锈层剩余厚度相关，变化范围为 0.2～0.6，仿真中使用的是剩余厚度为 2.5 μm 时的透过率 0.6。这时激光的透过部分加载在金属基底表面：

$$TI_0 = \begin{cases} 0.6 \cdot \dfrac{10^7}{\pi \cdot 0.0025^2}, & 0 < t < 10^{-8}\ \text{s}, \quad 0 < r < 0.0025\ \text{m} \\ 0, & 10^{-8}\ \text{s} < t < 2 \times 10^{-8}\ \text{s} \end{cases} \tag{8.5.6}$$

这时基底的温度分布和演变过程如图 8.5.4 所示。

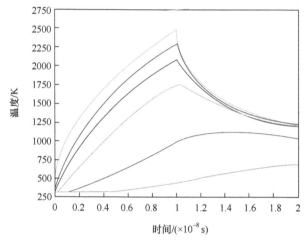

图 8.5.4　一个激光脉冲作用时间内铁基底不同深度处温度随时间的变化曲线(从上往下分别是
距表层 0 nm、50 nm、100 nm 和 200 nm、500 nm 和 1 μm 处的温升时间变化曲线)

从图 8.5.4 中可以看出，在脉冲作用 10 ns 时，表面温度达到了最大值，接近 2500 K，已经超过了钢铁的熔点。由于铁基底的传热能力强，温度迅速向下传递，即使是在 0.1 μm 的深度，温度依然达到了铁的熔化温度，仿真得到的熔化深度为 0.168 μm。实验中也观察到了钢铁基底表面的熔化痕迹。

所以，仿真可以指导在实验中选择合适的激光参数，使铁锈能够被去除而又不至于损伤基底。

在模拟中，由于激光作用时间很短，暂且认为铁没有熔化。在这个假设下继续通过 ANSYS 进行模拟，激光作用后整个实体模型中的温升分布如图 8.5.5(a) 所示，y 向(垂直于基底表面方向，即激光作用方向)位移分布如图 8.5.5(b)所示，图中是通过颜色表征各层的温度和产生的位移。在表层，温升最大，相应的热弹性膨胀引起的位移也最大，在激光作用 10 ns 时最大的表面位移为 1.11×10^{-8} m。

假设激光加热引起的表面位移是均匀变化的，则热膨胀的平均速度可以表示为

$$\bar{v} = \frac{s}{t} = \frac{1.11 \times 10^{-8}\,\text{m}}{10\,\text{ns}} = 1.11\,\text{m/s} \tag{8.5.7}$$

表面的膨胀使得黏附在基底表面的锈蚀微粒获得的动能为

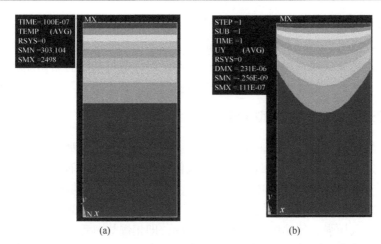

图 8.5.5　激光作用 10 ns 时铁基底的(a)温度分布与(b)y 向位移分布

$$E_{\text{initial}} = \frac{1}{2}\Delta m \cdot \overline{v}^2 \tag{8.5.8}$$

锈蚀微粒的质量为

$$\Delta m = \frac{4\pi}{3}R^3\rho_{\text{c}} \tag{8.5.9}$$

式中，R 为锈蚀微粒半径，取剩余锈层厚度的二分之一；ρ_{c} 为锈蚀层的密度。

　　根据哈马克(Hamaker)模型，可以粗略估算锈蚀微粒与基底之间的黏附势能[60]为

$$W_{\text{a}}(h) = \frac{AR}{6h} \tag{8.5.10}$$

式中，h 为点接触时基底与微粒近表面点之间的距离，取 0.4 nm；A 是哈马克常数，对于铁–氧化铁，$A = 2.32 \times 10^{-19}$ J。

　　如果锈粉微粒获得的起始动能能够克服微粒与基底之间的黏附势能，即满足

$$\frac{1}{2}\Delta m \cdot \overline{v}^2 > W_{\text{a}} \tag{8.5.11}$$

时，锈粉微粒在激光作用后可以脱离基底表面。

　　将平均速度、氧化铁密度、微粒半径(剩余锈层厚度的一半)等参数代入上式，可得

$$\frac{1}{2}\Delta m \cdot \overline{v}^2 = 2.594 \times 10^{-14} \text{ J}$$

$$W_{\text{a}}(h) = \frac{AR}{6h} = 1.098 \times 10^{-17} \text{ J}$$

显然满足式(8.5.11)，所以锈蚀层可以去除。

当然，以上只是一个初步估算，但是可以半定量地说明除锈的烧蚀机制和热应力机制。当剩余薄锈层具有一定的透过率之后，通过基底的热弹性膨胀方式能够将锈层一次性地整体去除，这时热应力机制起主要作用。

8.5.4　激光清洗锈蚀多层模型小结

对于较厚的铁锈，可以采用多层模型。第一层能够直接吸收入射到表面的激光能量，并在短时间内使表面温度达到氧化铁的热分解温度而发生熔化分解；第二层与第一层同属于脉冲激光的热影响区，但是温度没有能够升高到氧化铁的分解温度，由于铁锈疏松多孔的结构，在孔隙中的空气由于激光的加热作用，产生了较强的空气压强，使锈层发生了破碎分解，即相爆炸过程，这一过程在已有的激光清洗书籍中，被认为是激光除锈的主要机制；随着脉冲逐层烧蚀的进行，锈层的厚度越来越小，当锈层厚度较小时，有部分激光能量可以透过锈层而被下层的钢铁基底直接吸收，这时锈层的底层作为第三层，其清洗机制由激光烧蚀转变为基底的热弹性膨胀。由于第一层中的分解反应，产生了氧气，因氧气逸出而造成了质量减少，而第三层中清洗机制的改变使最后的底锈层能够通过一次热弹性膨胀而使整个锈层都被去除掉，实现了清洗效率的提高。本节使用有限元软件ANSYS 对锈层表层的温度变化进行了仿真计算，并分析得到了钢铁基底的表层位移，通过能量判据定性分析了底层锈层的热膨胀脱离过程。

8.4 节和 8.5 节中，分别讲述了双层和多层模型。双层模型是多层模型的特例，适用于厚度比较薄的浮锈情况。多层模型为通用模型，在多脉冲作用下，激光除锈机制包括相爆炸、气化分解和热弹性膨胀机制。

8.6　激光清洗与钝化

钝化是金属类材料表面处理的常用手段，是通过某种技术，使金属表面转化为不易被氧化的不活泼态，以改善合金的耐磨性、耐疲劳性，延缓金属的腐蚀速度的一种方法。工业上常用的钝化方法有强氧化剂或电化学方法氧化处理。当采用激光除锈时，可以通过设计激光参数和除锈过程，使得在除锈的同时，产生钝化。

在开展激光清洗锈蚀研究的同时，金属表面的激光处理却常常希望能够改变金属的化学组成或物理特性，以适合最终的应用。对于钢铁制品，抗腐蚀性是最重要，也是最需要加以改善的特性。Kwok 等[61]和 Conde 等[56]分别使用千瓦级连续 Nd:YAG 激光和 CO_2 激光在氩气环境下照射不同不锈钢材料的表面。激光照射引起了材料表面的熔化，同时坑蚀抗性(cavitation erosion resistance)和点蚀抗性(pitting corrosion resistance)都得到了改善。尤其需要指出的是 Conde 发现在钢铁表面形成了一层均匀的、厚度非常小的、胞状枝形结构(cellular dendritic structure)，这层表面物质是激光表面熔化过程中与大块沉淀物分离得到的，对钢铁抗腐蚀性的改善有非常重要的作用。

Pereira 等[32]使用不同波长、不同脉冲宽度的激光器在空气环境下对钢铁制品表面进行激光处理，结果显示处理后的钢铁制品表面产生了铁的氧化物(FeO、Fe_2O_3 和 Fe_3O_4)。覆盖住钢铁表面的新生成物具有多层结构，上层物质是在激光等离子体烧蚀羽中产生然后再次沉积到钢铁制品表面的；下层物质是熔化的金属层氧化形成的。这种多组分的不均匀层对改善金属基底的抗腐蚀性没有明显作用。但是对于常规的重度锈蚀层，锈层分解、等离子体烧蚀羽中形成铁氧化合物等现象的发生都是不可避免的，上层的二次沉积现象是必然要发生的，这是由重度锈蚀的激光清洗机制为脉冲激光烧蚀所决定的。重度锈蚀层的直接清洗钝化是不易实现的。

可见，通过控制激光清洗过程中的参数和工艺，可以在金属表面形成钝化层以保护基底，同步实现清洗和钝化。本节将介绍激光除锈与钝化模型和实验。

8.6.1　激光清洗与钝化模型计算

以碳钢表面激光除锈为例，在激光除锈的同时，对钢板表面进行钝化。所采用的实验装置见 8.2 节，所用模型也相同。

通过模型计算，达到激光清洗阈值后，继续增大激光能量密度，激光加热引起的碳钢表层温度变化，如图 8.4.5 所示。由图可见，当激光能量密度为 $2.7 J/cm^2$ 时，表面的最高温度可以达到 $1553.97℃$，已经超过了铁的熔点 $1535℃$。金属基底的表层熔化与否，是钝化能否实现的一个必要条件。激光钝化的关键在于形成均匀的氧化层，相应的氧含量的均匀化和温度的均匀化是实现激光钝化的关键。如果激光加热能够使钢铁表面熔化，出现熔池，原本在碳钢内部或表层的氧能够在熔池中得到扩散，实现均匀化，有利于均匀氧化层的形成。同时在该激光能量密度下，激光加热使表面刚刚达到熔点，由于熔化潜热的存在，金属基底无论是固态还是液态基本处于相同的温度，即实现了温度的均匀化。由此从理论上解释了激光能量密度为 $2.7 J/cm^2$ 时碳钢基底抗腐蚀性得到增强的物理原因。

8.6.2　除锈且实现钝化的实验

采用 8.2 节中的实验装置和实验样品，将激光能量密度提高到 $2.7 J/cm^2$(输出功率为 10 W，峰值功率密度为 $1.8×10^7 W/cm^2$)来照射样品，表面锈蚀被清除干净，且耗时更少。但是样品表面出现了金属熔化的迹象，图 8.6.1 所示为清洗后样品的放大照片。说明激光作用下金属基底表面经历了快速的相变过程，先熔化后又快速固化。

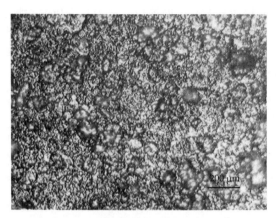

图 8.6.1　激光除锈效果图 (2.7 J/cm²)

　　将使用机械方法对碳钢进行表面打磨去除原有锈层的样品(称为 A 样品)、在用 1.8 J/cm² 激光除锈后的样品(实现了激光清洗，但是没有钝化，称为 B 样品)、上述 2.7 J/cm² 激光除锈后且钝化后的样品(称为 C 样品)一起，浸一下自来水，使表面变得潮湿，然后置于潮湿空气(夏天湿度较大)中使它们自然氧化，以检测两种激光参数清洗后碳钢基底的长程抗腐蚀性。结果发现，样品 A 的抗腐蚀性较差，几个小时后就生成了一层新的锈蚀层，且随着时间的增加，锈蚀层的厚度也在不断增加。样品 B 具有一定程度的抗腐蚀性，在初始的一到两天内，肉眼未见碳钢表面有新的锈层形成，但自第三天开始表面的金属光泽开始消失，渐渐变成橙黄色，形成新的锈蚀层。经过一两周后，样品 A 和样品 B 的锈蚀程度相近。样品 C 具有较高的抗腐蚀性，经过数周时间表面仍然保持着一定的金属光泽。

　　通过比较三种不同处理方式下的碳钢材料的长程抗腐蚀性，我们可以得到初步结论：当激光作用过后，表面出现过熔化，能够使碳钢材料的抗腐蚀性增强。通过与先前相似的化学检测，可以确定激光作用过后的熔化表面是由一种三价铁离子的化合物组成的，对比已有关于钢铁钝化的资料和铁氧化合物薄层的色度值，可以确定是一层 α-Fe_2O_3[52]，它对碳钢基底提供了一种保护性的作用。

8.6.3　激光清洗后的黄化与黑化

　　再将激光能量密度提高到 4.0 J/cm²(此时输出功率为 15 W，峰值功率密度为 2.67×10^7 W/cm²)，由于激光能量过高，浮锈层不仅被去除了，而且金属基底上因为超热状态(superheating)，表面转变为暗色或红棕色，如图 8.6.2，称之为黄化或黑化。

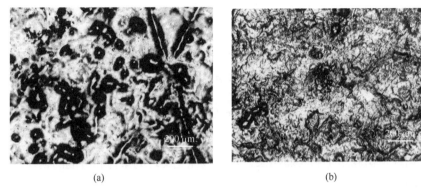

(a)　　　　　　　　　　　　　　　　　　　　(b)

图 8.6.2　激光除锈效果图(4.0 J/cm²)

(a) 黑化；(b) 黄化

　　用化学方法对黑化和黄化区域的元素组成进行检测，发现了三价铁离子和二价亚铁离子，进一步对比铁氧化合物的色度值，可以推断出黑化层是磁性氧化铁 Fe_3O_4 或磁性氧化铁 Fe_3O_4 与氧化亚铁 FeO 的混合物，而黄化层则是氧化铁 Fe_2O_3 与磁性氧化铁 Fe_3O_4 或氧化亚铁 FeO 的混合物，或者是三种铁氧化合物的混合物[52]。这种混合物对于基底抗腐蚀性的改善没有明显作用，是一种过清洗损伤。在实际清洗操作中需要避免这种黑化或者黄化损伤的出现。不过，也有观点认为，形成的黑化表面具有钝化性，能够稳定金属制品表面，避免进一步化学反应的发生。经过较长时间后，黑化表面没有发生进一步的变色反应，即没有转变为锈蚀层的暗灰色，也就是说没有新的锈层生成。

　　对于黑化和黄化，结合理论模拟对实验结果进行分析。当激光能量密度提高到 4.0 J/cm² 时，从理论模拟图 8.4.5 可见，脉冲作用开始后 8 ns，基底的温升就达到了 1590℃，基底表面开始熔化；到 15 ns 时，脉冲结束，这时温度升高到最大值 2322℃；到 20 ns 时，表层温度降低到熔点附近。整个激光脉冲作用前后，金属基底有 12 ns 的时间处于碳钢的熔点以上，过高的激光加热破坏了均匀的温度场，不利于钝化层的形成。同时由于过高的温度使得表层金属的氧化反应变得较为剧烈，容易与空气中的氧发生较充分的化学反应，得到氧化铁、磁性氧化铁或氮化铁等，而熔池内部的氧化反应却由于氧含量的不足而生成氧化亚铁，这样，就形成了氧化物的分层现象，上层为 Fe_3O_4，下层为 FeO，不利于钝化层的形成[62]。而且，由于热传导，锈层下表面的温度也高到使得其产生化学分解，生成磁性氧化铁和氧气，基底产生熔化。因此，过高的激光功率密度产生新的氧化物，并使得基底熔化，呈现出黑色或红棕色的表面，即黑化和黄化现象。因此，对于厚锈蚀层，激光处理过后，无论所选择的激光器的波长、脉冲宽度有什么不同，都会使基底表面出现剧烈的黑化反应(drastic darkening)[60]。黑化层的出现与铁锈的受热脱水反应有关：

$$2\alpha\text{-FeOOH}\left[\text{或}\gamma\text{-FeOOH}\right] + h\nu \longrightarrow \gamma\text{-Fe}_2\text{O}_3 + \text{H}_2\text{O} \tag{8.6.1}$$

$$6\gamma\text{-Fe}_2\text{O}_3 + h\nu \longrightarrow 4\text{Fe}_3\text{O}_4 + \text{O}_2 \tag{8.6.2}$$

在激光除锈过程中，其他相变过程在一定条件下也会发生[63]

$$\text{Fe}_3\text{O}_4 \xrightarrow{200\,^{\circ}\text{C}} \gamma\text{-Fe}_2\text{O}_3 \xrightarrow{400\,^{\circ}\text{C}} \alpha\text{-Fe}_2\text{O}_3 \tag{8.6.3}$$

这些相变都与脉冲激光加热过程有关。

根据理论仿真结果和实验结果，对清洗钝化实现的条件和可能的物理机制，有如下结论。

(1) 激光除锈时，通过控制激光参数，可以获得足够的清洗力。我们的实验中采用 1064 nm 调 Q 激光，使用交叠光斑线扫描的方式在大面积清洗下获得了较均匀的激光能量密度分布，通过控制参数，在铁基底的深层发生氧化反应，形成钝化。对于浮锈，清洗机制气化和热应力，对于重度腐蚀，相爆炸和热应力起主要作用。

(2) 激光除锈时，基底温度升高，金属化学活性增大，容易发生氧化反应。当激光能量密度较低时，金属表面没有被加热到熔点，由于激光作用引起的温度场的不均匀和氧含量分布的不均匀等因素，虽然在碳钢表面也会形成氧化层，但存在氧化层分布的不均匀和氧化不充分两方面原因造成钝化失效。当激光能量密度选择能够使基底表面升高到熔点但又高出不太多的时候，基底表面会出现一个短暂的金属熔池时间，有利于温度场和氧含量的均匀化，易于实现清洗钝化。所以通过选择激光参数，满足钝化所需的基底温度场、氧含量的均匀化，可以实现激光除锈同时钝化。

(3) 进一步提高激光能量密度时，表层的剧烈氧化与熔池底部的不充分氧化，以及接触加热造成的原有锈层的分解等多种作用使得基底出现损伤——黑化、黄化等二次腐蚀出现，这种情况是需要避免的。

参 考 文 献

[1] 黄淑菊. 金属的腐蚀与防护[M]. 西安: 西安交通大学出版社, 1988.

[2] Yang S K. Laser Cleaning as a Conservation Technique for Corroded Metal Artifacts[D]. Luleá: Luleá University of Technology, 2006.

[3] 易丹青, 陈丽勇, 刘会群, 等. 硬质合金电化学腐蚀行为的研究进展[J]. 硬质合金, 2012, 29(4): 238-253.

[4] Oh S J, Cook D C, Townsend H E. Characterization of iron oxides commonly formed as corrosion products on steel[J]. Hyperfine Interactions, 1998, 112(1-4): 59-65.

[5] 李伟. 激光清洗锈蚀的机制研究和设备开发[D]. 天津: 南开大学, 2014.

[6] 王欢. 大功率激光清洗实验和理论的研究[D]. 天津: 南开大学, 2018.

[7] Dean J A. Lange's Handbook of Chemistry[M]. 12th ed. New York: McGraw-Hill, 1979.

[8] Bykova E, Dubrovinsky L, Dubrovinskaia N, et al. Structural complexity of simple Fe_2O_3 at high pressures and temperatures[J]. Nature Communications, 2016, 7: 106.

[9] 蒋德宾, 罗毅, 高敏. 脉冲激光去除青铜文物锈斑的研究[J]. 西北大学学报(自然科学版), 1986, (4): 19-23.

[10] 程国义. 激光预防"铜、铁器皿"文物的锈蚀[J]. 激光杂志, 1986, (3): 130-132.

[11] Pini R, Siano S, Salimbeni R, et al. Tests of laser cleaning on archeological metal artefacts[J]. Journal of Cultural Heritage, 2000, 1: S129-S137.

[12] Lee H, Cho N, Lee J. Study on surface properties of gilt-bronze artifacts, after Nd:YAG laser cleaning[J]. Applied Surface Science, 2013, 284: 235-241.

[13] Parka C S, Cho N C. Experimental study for removing artificial patinas of bronze sculpture by Nd:YAG laser cleaning system[J]. Journal of the Korean Institute of Surface Engineering, 2013, 46(5): 197-207.

[14] 张晓彤, 张鹏宇, 杨晨, 等. 激光清洗技术在一件鎏金青铜文物保护修复中的应用[J]. 文物保护与考古科学, 2013, 25(3): 98-103.

[15] 胡雨婷, 秦伯豪. 激光清洗技术在青铜器除锈中的应用[J]. 文物修复与研究, 2016: 65-69.

[16] 田彬, 邹万芳, 刘淑静, 等. 激光干式除锈[J]. 清洗世界, 2006, 8: 33-38.

[17] Ke L, Zhu H, Lei W, et al. Laser cleaning of rust on ship steel using TEA CO_2 pulsed laser[C]. Photonics and Optoelectronics Meetings, Proc. SPIE, 2009, 7515.

[18] 路磊, 王菲, 赵伊宁, 等. 背带式双波长全固态激光清洗设备[J]. 航空制造技术, 2012, 406(10): 83-85.

[19] Veiko V P, Petrov V P, Maznev A S, et al. Laser rail cleaning for friction coefficient increase[C]. Conference on Fundamentals of Laser-Assisted Micro- and Nanotechnologies, Proc. SPIE, St Petersburg, RUSSIA, 2010, 7996: 1311-1314.

[20] 牛富杰, 齐先胜. 激光清洗技术在动车组检修中的应用研究[J]. 中国高新科技, 2017, 1(11): 75-77.

[21] 任志国, 吴昌忠, 陈怀宁, 等. 低碳钢的激光除锈机理及表面性能研究[J]. 光电工程, 2017, 44(12): 1210-1246.

[22] 宋桂飞, 李良春, 夏福君, 等. 激光清洗技术在弹药修理中的应用探索试验研究[J]. 激光与红外, 2017, 47(1): 29-31.

[23] Liu H, Xue Y, Li J, et al. Investigation of laser power output and its effect on Raman spectrum for marine metal corrosion cleaning[J]. Energies, 2019, 13(1): 12.

[24] Ma M, Wang L, Li J, et al. Investigation of the surface integrity of Q345 steel after Nd:YAG laser cleaning of oxidized mining parts[J]. Coatings, 2020, 10(8): 716.

[25] Oltra R, Yavas O, Kerrec O. Pulsed laser cleaning of oxidized metallic surfaces in electrochemically controlled liquid confinement[J]. Surface & Coatings Technology, 1997, 88(1-3): 157-161.

[26] Meja P, Autric M, Alloncle P, et al. Laser cleaning of oxidized iron samples the influence of wavelength and environment[J]. Applied Physics A, 1999, 69: S687-S690.

[27] Pasquet P, Coso R, Boneberg J, et al. Laser cleaning of oxide iron layer efficiency enhancement due to electrochemical induced absorptivity change[J]. Applied Physics A, 1999, 69: S727-S730.

[28] Psyllaki P, Oltra R. Preliminary study on the laser cleaning of stainless steels after high temperature oxidation[J]. Materials Science & Engineering A, 2000, 282(1): 145-152.

[29] Wang Z, Zeng X, Huang W. Parameters and surface performance of laser removal of rust layer on A3 steel[J]. Surface and Coatings Technology, 2003, 166(1): 10-16.

[30] Narayanan V, Singh R K, Marla D, et al. Laser cleaning for rust removal on mild steel: an experimental study on surface characteristics[C]. 3rd International Conference on Design and Manufacturing Engineering (ICDME), MATEC Web of Conferences, Monash Univ., Melbourne, AUSTRALIA, 2018, 221.

[31] Park J E, Kyung K, Moon M G, et al. Applicability evaluation of clean laser system in surface preparation on steel[J]. International Journal of Steel Structures, 2020, 20(6): 1882-1890.

[32] Pereira G, Pires M, Costa B F O, et al. Laser selectivity on cleaning museologic iron artefacts[J]. Proceedings of SPIE—The International Society for Optical Engineering, 2007, 6346(3): 74-81.

[33] Koh Y S, Powell J, Kaplan A, et al. Laser Cleaning of Corroded Steel Surfaces: A Comparison with Mechanical Cleaning Methods[M]. Berlin, Heidelberg: Springer Proceedings in Physics, 2007.

[34] Lim H, Kim D. Laser-assisted chemical cleaning for oxide-scale removal from carbon steel surfaces[J]. Journal of Laser Applications, 2004, 16(1): 25-30.

[35] Lu Y F, Song W D, Hong M H, et al. Mechanism of and method to avoid discoloration of stainless steel surfaces in laser cleaning[J]. Applied Physics A, 1997, 64(6): 573-578.

[36] Zhang F D, Liu H, Suebka C, et al. Corrosion behaviour of laser-cleaned AA7024 aluminium alloy[J]. Applied Surface Science, 2018, 435: 452-461.

[37] Zhu G, Wang S, Cheng W, et al. Investigation on the surface properties of 5A12 aluminum alloy after Nd: YAG laser cleaning[J]. Coatings, 2019, 9(9): 578.

[38] Lu Y, Ding Y, Wang G, et al. Ultraviolet laser cleaning and surface characterization of AH36 steel for rust removal[J]. Journal of Laser Applications, 2020.32(3): 032023.

[39] Chicbkov B N, Momma C, Nolte S, et al. Femtosecond, picosecond and nanosecond laser ablation of solids[J]. Applied Physics A, 1996, 63: 109-115.

[40] 李志超, 徐杰, 张东赫, 等. TA15 钛合金氧化膜激光清洗温度场有限元模拟[J]. 中国科学技术科学, 2022, 52(2): 318-332.

[41] Dimogerontakis T, Oltra R, Heintz O. Thermal oxidation induced during laser cleaning of an aluminium-magnesium alloy[J]. Applied Physics A, 2005, 81(6): 1173-1179.

[42] Zhang S L, Suebka C, Liu H, et al. Mechanisms of laser cleaning induced oxidation and corrosion property changes in AA5083 aluminum alloy[J]. Journal of Laser Applications, 2019, 31(1): 012001.

[43] Zhang G, Hua X, Huang Y, et al. Investigation on mechanism of oxide removal and plasma behavior during laser cleaning on aluminum alloy[J]. Applied Surface Science, 2020, 506:

144666.

[44] Li Z, Zhang D, Su X, et al. Removal mechanism of surface cleaning on TA15 titanium alloy using nanosecond pulsed laser[J]. Optics and Laser Technology, 2021, 139: 106998.

[45] Guo L, Li Y, Geng S, et al. Numerical and experimental analysis for morphology evolution of 6061 aluminum alloy during nanosecond pulsed laser cleaning[J]. Surface & Coatings Technology, 2022, 432: 128056.

[46] Chaoui N, Pasquet P, Solis J, et al. *In situ* diagnostics and control of laser-induced removal of iron oxide layers[J]. Surface and Coatings Technology, 2002, 150(1): 57-63.

[47] Siano S. Handbook on the Use of Lasers in Conservation and Conservation Science[M]. Belgium：COST Office, Brussels, 2006.

[48] Luk'yanchuk B S, Zheng Y F, Lu Y F. A new mechanism of laser dry cleaning[C]. Nonresonant Laser-matter Interaction (NLMI-10), Proc. SPIE, St. Petersburg, Russian, 2001, 4423: 115-126.

[49] Lu Y F, Song W D, Zhang Y, et al. Theoretical model and experimental study for dry and steam laser cleaning[C]. Laser Processing of Materials and Industrial Applications II, Proc. SPIE, 1998, 3550: 7-18.

[50] Luk'yanchuk B. Laser Cleaning[M]. Singapore: World Scientific Publishing, 2002.

[51] Veiko V P, Shahno E A. Laser induced ablation and condensation on to a close to target substrate [C]. Proc. SPIE. St. Petersburg, Russian Federation, 1997, 3039: 276-287.

[52] Comell R M, Schwertmann U. The Iron Oxides: Structure, Properties, Reactions, Occurrences and Uses[M]. New York: John Wiley & Sons, Inc., 2007.

[53] Tam A C, Leung W P, Zapka W, et al. Laser-cleaning techniques for removal of surface particulates[J]. Journal of Applied Physics, 1992, 71(7): 3515-3523.

[54] Wang J, Shen Z, Ni X, et al. Numerical simulation of laser-generated surface acoustic waves in the transparent coating on a substrate by the finite element method [J]. Optics & Laser Technology, 2007, 39(1): 21-28.

[55] Xu B Q, Shen Z H, Lu J, et al. Numerical simulation of laser-induced transient temperature field in film-substrate system by finite element method[J]. International Journal of Heat and Mass Transfer, 2003, 46(25): 4963-4968.

[56] Conde A, Colaco R, Vilar R, et al. Corrosion behaviour of steels after laser surface melting[J]. Materials & Design, 2000, 21(5): 441-445.

[57] Reddy J N. An Introduction to the Finite Element Method[M]. New York: McGraw-Hill, 1 993.

[58] Cook R D, Malkus D S, Plesha M E. Concepts and Applications of Finite Element Analysis [M]. New York: John Wiley & Sons, Inc., 1989.

[59] Siano S, Agresti J, Cacciari I, et al. Laser cleaning in conservation of stone, metal, and painted artifacts state of the art and new insights on the use of the Nd:YAG lasers[J]. Applied Physics A, 2012, 106(2): 419-446.

[60] Koh Y, Sarady I. Cleaning of corroded iron artefacts using pulsed TEA CO_2 and Nd:YAG-lasers[J]. Journal of Cultural Heritage, 2003, 4: 129S-133S.

[61] Kwok C T, Man H C, Cheng F T. Cavitation erosion and pitting corrosion of laser surface melted stainless steels[J]. Surface & Coatings Technology, 1998, 99(3): 295-304.

[62] Iordanova I, Antonov V. Surface oxidation of low carbon steel during laser treatment, its dependence on the initial microstructure and influence on the laser energy absorption[J]. Thin Solid Films, 2008, 516(21): 7475-7481.

[63] de Faria D L A, Venancio Silva S, de Oliveira M T. Raman microspectroscopy of some iron oxides and oxyhydroxides[J]. Journal of Raman Spectroscopy, 1997, 28: 873-878.

第9章 激光清洗中的激光技术

激光清洗中的关键技术与清洗技术的实施技术路线相关。激光清洗可以分为干式激光清洗和湿式激光清洗两大类。如果无须添加辅助材料，从技术上来讲，属于干式清洗；如果需要添加辅助材料(如液体)，在辅材中产生冲击波，则属于湿式清洗。

无论哪种激光清洗，都涉及激光技术；随着激光清洗技术的发展，监控技术也越来越多地被用于检验激光清洗效果、控制激光清洗进程；此外，还有一些其他辅助技术。本章 9.1 节对激光清洗中的关键技术作了简单概述，其余章节主要讲述了激光清洗中的常用激光技术、光束传输技术与整形技术、光束扫描技术，最后介绍了激光清洗终端。

9.1 激光清洗中的关键技术概述

干式激光清洗具有对波长选择性不严苛、清洗对象广泛、设备简单等优势，不需要辅助的液体，可在大气中直接进行清洗，可很方便地实现原位清洗和选区清洗。干式激光清洗的应用范围广泛，其理论机制和模型研究也较多。

湿式激光清洗技术是相对于干式激光清洗而言的，清洗过程中需要在被清洗的材料表面加入辅助材料(通常是液体)，清洗中有液体传送和液膜喷射过程。液膜预涂覆系统增加了整体设计的复杂性，步骤也相对较为复杂，控制工艺要求更高。湿式激光清洗还存在着波长选择的问题，要根据情况选取基底强吸收或是液膜强吸收或是二者都强吸收的激光波长。一般来说，基底强吸收的情况下，清洗效率更高。此外，在清洗过程中液膜的引入可能会带来新的污染、腐蚀等问题，限制了其应用范围；湿式激光清洗对清洗对象有一定的限制，即基底材料不能与液膜发生反应而引起基底材料自身性质的变化；在大尺寸材料上大规模地喷洒液膜是比较困难的，在经济上也要增加支出，因而对于大尺寸的材料和大规模的工业清洗不太实用。

无论是干式激光清洗还是湿式激光清洗，都需要具体的激光清洗机来实施。图 9.1.1 为常用的干式激光清洗设备结构示意图，包括激光器系统、冷却系统、光束整形与传输系统、控制系统、移动系统、回收系统、清洗监测系统和辅助系统。其中，激光器系统、冷却系统、光束整形与传输系统、控制系统、移动系统是必备的。在湿式激光清洗技术中，还需要有液膜喷涂系统。激光清洗机涉及多种技术，其中激光技术、光束整形与传输、监测与控制技术等则是关键技术。干式激光清洗和湿式激光清洗的技术差异主要在液膜喷涂技术。

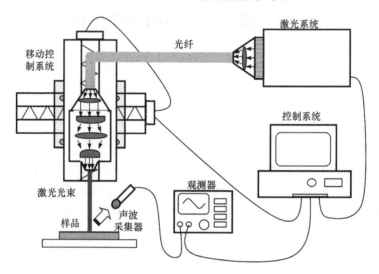

图 9.1.1　干式激光清洗装置结构示意图

1. 激光技术

激光器系统是激光清洗设备的核心部件，主要由激光头、激光电源、冷却器等构成。用于激光清洗的激光器，既有连续激光也有脉冲激光。其中脉冲激光，从清洗效率和成本角度来考虑，主要是调 Q 运转；也有少部分采用锁模运转或自由运转。为了提高激光输出平均功率，大功率激光清洗机中采用放大器。因此，用于激光清洗设备的激光器，主要涉及调 Q 技术、锁模技术、放大技术。

2. 光束整形与传输技术

从激光器输出的激光，有特定的模式。激光在传输过程中，光束质量也会改变，如在光纤中传输时光束质量可能会变差。用于清洗的激光，我们希望其光束均匀且单位面积的能量达到清洗阈值，但又不至于破坏基底。因此，对从激光器输出的激光需要进行传输和聚焦等整形处理，使得激光达到清洗所要求的光斑。

激光的传输主要有三种方式：自由空间直接传输、通过导光臂传输和光纤传输。自由空间直接传输适用于距离较短的情况；导光臂传输适用于所有激光器，但主要用于 CO_2 激光器；光纤传输一般用于 Nd:YAG 激光器和光纤激光器。

激光光束的整形包括聚焦、准直、匀化等，聚焦用来提高单位面积的能量或峰值功率，准直是缩小发散角以减小离焦对清洗效果的影响，匀化是将高斯光束变为能量密度更为均匀的光斑。

3. 监测与控制技术

在清洗过程中，需要控制激光束或者清洗样品，使之相对移动，以实现整个样品的定位清洗；为了保证激光清洗的安全，需要对整个系统的水、热、电进行监测与控制；为了实现良好的清洗效果，达到较高的清洗效率，需要对清洗效果进行监测。这些都离不开监测与控制技术。

监测技术是采用各种传感器测量物理参数，如激光能量或光强、水流量、电压、样品或激光束移动速率、清洗速率、清洗率等，监测技术可以采用在线或离线技术；控制技术用于控制激光清洗机各部分的工作状态和参数，使它们协同工作来完成清洗任务。清洗参数的监测也需要通过控制技术来完成。实施控制的核心部分通常为可以分析和处理各种数据信息的计算机(或单片机)和相应的控制软件。操作人员通过控制计算机，只需输入一些简单的控制指令，便能够达到操纵整个激光清洗过程的目的。

一般来说，激光清洗设备需要有如下控制功能：①控制整个激光清洗设备的运行。②监测各种参数，包括各部位的温度(多处的水温、激光腔的温度)、湿度、振动、通电情况等，且具有完善的报警及保护装置。③通过输出信号来控制激光输出参数，调节输出时的扫描装置速度(及位移设备的移速)，实时显示及记录设备状态。通过控制系统的上述功能，激光清洗设备可以有条不紊地工作，帮助工作人员高效率地完成工作，及时处理可能发生的故障并减轻维护工作量和降低作业成本。④远程通信功能，可以将设备运行状态、故障报警、维护请求与指令、运行日志和历史数据等信息传递给控制中心、维护部门或生产厂家。

4. 液体喷涂技术

湿式清洗，是将清洗样品浸泡在一定深度的液体中，或是通过喷洒的方式将液体蒸气均匀地喷洒在待清洗物体表面，喷洒液膜后经过短暂的延迟，启动激光清洗机进行清洗。根据清洗效果，确定喷洒的液膜量和延迟时间，可由自动化系统实现控制。

5. 其他技术

激光清洗机还包括其他部件，如电源模块、保护模块、冷却模块等，涉及电力技术、冷却技术、回收技术等。

激光清洗设备中，需要供电的有激光电源、调 Q 电源、水泵、监控系统、回收系统等。无需大功率供电技术，电源主要采用 220 V 或 380 V 民用或工业用电，功率一般不大于10 kW。监测系统、操作面板等采用直流电供电。

对于小功率激光器，可以采用风冷技术进行冷却，这样可省却繁重的水冷设备，便于维护和移动。对于大中型激光清洗机，其水冷设备必不可少，尤其是大功率激光器，水冷设备体积较庞大，在一定程度上会影响其使用便捷性。

清洗过程中，从基底材料上剥离的污染物必须回收，以减少对环境的影响。剥离的污染物可能是气态或固态(粉末或碎片状)。一般来说，激光清洗过程中，振动机制占据主导地位，所以清洗下来的污染物以固态为主，此时可以加装吸尘装置予以回收，既可以防止二次吸附导致的基底污染，也可以避免排放导致的环境污染。

9.2 常用激光技术

激光清洗所用的激光器，对于波长、模式、功率或能量、脉冲宽度等参数有一定要求。为了满足这些要求，需要采用多种激光技术，如激光振荡技术、选模技术、放大技术、调 Q 技术、锁模技术、倍频技术等。

9.2.1 激光振荡技术

激光的基本原理是受激辐射的光放大。激光器包括三个基本组成部分：工作物质(激活介质)、谐振腔(用于实现光的放大反馈)、激励源(抽运激活介质的下能级粒子到上能级，形成粒子数反转)。图 9.2.1 是激光器基本结构示意图。其中泵浦源提供能源给工作物质，通过受激辐射产生的激光在全反射镜和输出镜之间(构成光学谐振腔)来回放大，最终从输出端输出激光。

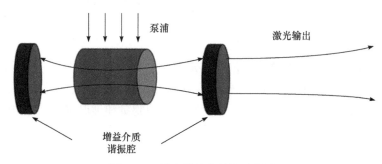

图 9.2.1　激光器基本结构示意图

泵浦源提供能量，可以是闪光灯、放电管或半导体激光二极管(LD)。对于气体激光器一般是放电管；对于固体激光器过去多采用闪光灯，现在主要采用 LD；对于光纤激光器采用光信号泵浦。泵浦通过电源系统供电，使得闪光灯或光信号发光，发出的光正好是激光增益介质的吸收带，增益介质吸收之后，处于基态的粒子就跃迁到高能态，再形成受激辐射。谐振腔使得受激辐射的光子在谐振腔内来回振荡，当超过阈值时，就形成激光输出。

图 9.2.2 为一个闪光灯泵浦的固体激光器振荡腔的结构图。聚光腔 1、全反镜 2、输出镜(部分反射镜)3 构成了谐振腔。其中聚光腔 1 中有激光增益介质和提供能源的闪光灯，闪光灯外接激励电源，通过电源使得闪光灯工作，将光能传给增益介质。此外，还需要冷却部分，通过水泵使得冷水从冷却水进水口 8 进入聚光腔，从冷却水出水口 9 流出热水，通过水流带走增益介质产生的热量。此外，为了调试和使用方便，还有用于准直和指示光路的 650 nm LD 指示激光器 6，以及用于吸空气中水汽的干燥器 7。图 9.2.2 中还有其他元件，包括用来压缩输出的激光脉冲宽度的声光调 Q 开关 4，将激光耦合进光纤的光纤耦合器 5。调 Q 技术和耦合技术将在下文介绍。

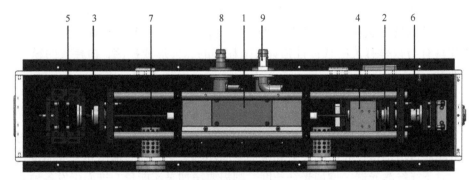

图 9.2.2　固体激光器振荡腔结构图

1. 聚光腔(紧包裹式镀金腔)；2. 全反镜；3. 输出镜(部分反射镜)；4. 声光调 Q 开关；5. 光纤耦合器；6. 650 nm LD 指示激光器；7. 干燥器；8. 冷却水进水口；9. 冷却水出水口

目前使用较多的半导体激光泵浦固体激光器，其构型与图 9.2.2 相同，只是聚光腔 1 中的闪光灯改为 LD，采用端面泵浦或侧面泵浦，其外形稍微有所不同。

9.2.2　激光选模技术

实际的激光器，如果不采取模式选择技术，其输出激光往往是多模的。这影响了激光束的光束质量、光的相干性，甚至影响到了输出激光功率。要提高光束质量，须对谐振腔的模式进行选择。模式选择主要包括横模选择和纵模选择。

1. 横模选择

横模选择的目的是在激光器中扼制高阶横模的振荡，使激光器只以基横模

TEM_{00} 振荡，以保证激光束优良的方向性和单色性。谐振腔中不同横模具有不同的损耗是横模选择的物理基础。在稳定腔中，基模的衍射损耗最低，随着横模阶次的增高，衍射损耗将迅速增加。抑制高阶横模的具体方法主要有：在腔内加置限模光阑；腔镜微倾斜；适当选取谐振腔结构参数。

2. 纵模选择

在激光技术中，纵模选择的目的是实现激光器的单一模式(或单频)振荡，以获得具有优良单色性的激光束。在激光工作物质中，往往存在多个激光振荡频率，可用光学元器件选择特定频率的激光振荡。

一般谐振腔中不同纵模有着相同的损耗，但由于频率的差异而具有不同的小信号增益系数。因此，扩大和充分利用相邻纵模间的增益差，或人为引入损耗差是进行纵模选择的有效途径。具体方法有：①短腔法。缩短谐振腔长度可增大相邻纵模间隔，以至于在荧光谱线有效宽度内只存在一个纵模，从而实现单纵模振荡。②腔内置入法布里–珀罗共振腔。③组合腔法。由于多光束干涉效应，谐振腔具有与频率有关的选择性损耗，损耗小的纵模形成振荡，损耗大的纵模则被抑制。

9.2.3 激光放大技术

对于单台只有振荡级的激光器，其输出平均功率或单脉冲能量总是有限的。不可能通过增加增益介质的尺寸和增加泵浦功率来无限提高输出功率或能量。例如，对于光纤激光器，增加光纤长度，则需要增加泵浦能量，进而引发各种非线性效应；对于半导体泵浦的固体激光器，提高泵浦功率会增加热效应，并增大输出激光的发散，激光模式变差，甚至还会损坏激光介质。

在激光清洗时，较低的功率或能量，可能达不到清洗阈值，或者即使达到了清洗阈值，清洗效率却很低。为了提高清洗效率，往往需要大功率或大能量激光器。激光放大技术则可以获得性能优良的大功率或大能量激光，同时又不改变激光的偏振态、发散角、单色性等特性。

激光放大器是基于受激辐射的光放大，进行光的能量(功率)放大的器件，具有增益介质、泵浦源。普通激光器的初始光信号是自发辐射的光，而放大器的初始信号是激光器输出的激光，放大器一般没有谐振腔。

图 9.2.3 是激光振荡–放大器结构示意图[1]，包括一级振荡器和一级放大器。振荡工作介质和放大工作介质可以放在一个谐振腔中，也可以将放大介质放在谐振腔外。

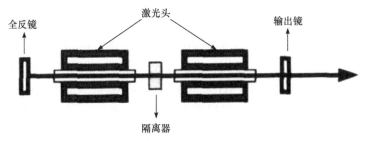

图 9.2.3　激光振荡–放大器示意图[1]

激光振荡器就是我们前面提到的激光器,其输出光作为放大器的输入光信号。放大器使得从振荡器输出的激光能量(或功率)得到放大。实现有效放大必须满足两个条件:①振荡器和放大器的增益介质相同;②放大介质处于粒子的反转状态。为此需要精确控制振荡器和放大器的启动时间。此外,因为放大后的激光功率或峰值功率很大,从放大器的光学元件端面反射的光有可能损坏振荡器的光学元件,所以在振荡器和放大器之间需要加上隔离器。

激光振荡–放大器可分为行波放大器、多程放大器、再生式放大器。行波放大器中的光信号只经过工作物质一次,一般放大器不加谐振腔,只有工作物质;多程放大器中的光信号在工作物质中多次往返通过;再生式放大器是将光束质量好的弱信号注入到激光器中,它作为一个"种子"控制激光振荡产生,并得到放大。

激光放大器输出的能量和功率得到了放大,且放大后的激光保持入射光的特点。大功率的激光清洗机清洗效率高,很多激光清洗用的激光器都带有放大器。

图 9.2.4 是一台掺镱光纤激光振荡放大器,采用主振荡功率放大(master oscillator power-amplifier)结构,简称为 MOPA 结构。种子光源发出的激光,通过放大器中的光纤得到放大,输出的激光波长、重复频率与种子光源的相同,激光脉冲的形状和宽度也几乎不变。采用 MOPA 技术是实现高脉冲能量、高平均输出功率的理想选择。

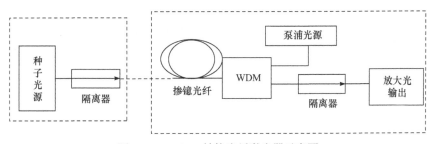

图 9.2.4　MOPA 结构光纤激光器示意图

9.2.4 激光调 Q 技术

激光脉冲运转时，在一个脉冲时间内将激光作用在清洗对象上，热积累小，对基底材料产生损伤的可能性很小，因而在激光清洗中被广泛应用。很多自由运转的脉冲激光器(如常用的 Nd:YAG 脉冲激光)的脉冲持续时间为毫秒或微秒量级，短时间内的峰值功率不够大，不足以产生足够的清洗力。采用调 Q 技术，可以获得持续时间极短的脉冲发射($10^{-10}\sim10^{-7}$ s 量级)，使激光的峰值功率提高几个数量级(可达到几到几千兆瓦量级)。这种输出的激光脉冲称之为巨脉冲。

调 Q 技术是调整激光器的 Q 值的技术。Q 值称为品质因数，与激光谐振腔内的总损耗 α_{tot} 成反比[2,3]

$$Q = \frac{2\pi}{\lambda \alpha_{tot}} \qquad\qquad (9.2.1)$$

式中，λ 是激光的中心发射波长。

谐振腔的损耗主要有：反射损耗、衍射损耗、吸收损耗、输出损耗等。可以通过在谐振腔内的某个元件，即调 Q 元件或调 Q 开关，使得损耗随着时间按一定的程序变化，调节腔内的 Q 值。

对于稳定工作的激光器，谐振腔的损耗基本不变，一旦通过泵浦使得反转粒子数达到或略超过阈值，激光器便开始振荡了。如果在激光器泵浦初期，通过调 Q 元件将激光器谐振腔内的 Q 值调得很低(即损耗很高)，振荡阈值也就相应地很高，激光振荡无法产生，激光上能级的反转粒子数得到持续积累。当反转粒子数积累到足够大的程度时，突然把 Q 值调得很高(即损耗很低)，激光阈值也相应地变得很低，此时积累在上能级的大量粒子便雪崩式地受激跃迁到低能级，在极短的时间内将大量的能量释放出来，获得峰值功率极高的巨脉冲激光输出。从低 Q 值调整到高 Q 值所需要的时间称为 Q 开关时间。

常用的调 Q 方法分为主动调 Q 和被动调 Q。主动调 Q 中，谐振损耗可由外部驱动源主动控制，常见的主动调 Q 有转镜调 Q、电光调 Q、声光调 Q；被动调 Q 中，谐振腔损耗取决于腔内激光光强和 Q 开关，无法直接通过外部驱动源进行主动控制。例如，可饱和吸收调 Q 就是一种典型的被动调 Q 方式。

1. 主动调 Q 技术

激光清洗中的调 Q 激光器(或称为 Q 开关激光器)，主要采用电光调 Q、声光调 Q 技术。

1) 电光调 Q

图 9.2.5 为激光清洗中常用的 Nd:YAG 电光调 Q 激光器。泵浦初期，调 Q 元件 KD*P 晶体加上电压后，光的偏振方向与偏振片 P 的透振方向垂直，以至于光

无法通过，也就不能到达反射镜 R_1 并在腔内来回传播形成激光了。此时相当于腔内的损耗很大，Q 值很低，这种状态称之为"关门"状态。在持续泵浦下，反转粒子数达到相当的程度，突然在 KD*P 晶体上撤下电压，偏振方向立即平行于 P 的透振方向了，这相当于腔内损耗立即下降，也就是 Q 值立即增高，光立即在腔内形成振荡，形成受激辐射的光放大，通过输出镜输出能量很高的巨脉冲。

　　上述晶体电光调 Q 过程，有两种工作模式，一种是开始时晶体上加上电压，后来撤去电压，称为退压式电光调 Q；另外一种电光调 Q，是后来加压，称为加压式电光调 Q。二者原理是相同的。

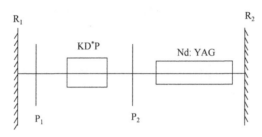

图 9.2.5　KD*P 电光调 Q 激光示意

　　电光调 Q 具有精度高、重复性好、脉冲宽度窄等优点，输出的巨脉冲的宽度为 10 ns 左右，最窄的可以达到 2～3 ns。缺点是所加的电压往往需要达到几千乃至上万伏特，要实现高重频调 Q 比较困难，难以得到高重频激光输出。

　　2) 声光调 Q

　　图 9.2.6 为激光清洗中常用的 Nd:YAG 声光调 Q 激光器。与电光调 Q 相比，调 Q 开关换成了声光 Q 元件，它由声光介质、吸收材料、高频振荡器组成，腔内的光通过声光介质时会产生衍射，通过电源可以控制衍射光的传播方向。泵浦初期，衍射光不沿着谐振腔内的光轴传播，从而不能传到反射镜上，因而无法形成有效振荡，此时腔内具有很大的损耗，Q 值很低，即 Q 开关处于关闭状态。当激光上能级的粒子数积累到一定程度时，撤去电源信号，则衍射效应即刻消失，损耗瞬间下降，或者说 Q 开关打开，光立即沿着轴向传播，形成了激光调 Q 巨脉冲。

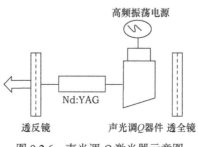

图 9.2.6　声光调 Q 激光器示意图

声光调 Q 的精度高、重复性好、脉冲宽度较窄,可以在连续激光器中加入声光 Q 开关获得调 Q 脉冲激光输出,输出的巨脉冲的宽度为100 ns 数量级。

2. 被动调 Q 技术

被动调 Q 技术利用特定光学材料实现调 Q。特定光学材料(称为被动 Q 开关元件)的吸收峰处于激光波长处,将之放置在激光谐振腔中,激光刚开始起振时,光信号很弱,这些材料对入射光几乎全部吸收,从而激光无法透过这些材料,此时损耗很大,腔的 Q 值很小,光路相当于"关闭"状态。当工作物质粒子数反转程度达到最大,激光信号增强到一定程度时,材料对入射光的吸收突然达到饱和状态,不再吸收入射光,光能够直接通过,称之为漂白或透明状态,损耗减小,Q 值变大,相当于"接通"状态,将输出巨脉冲激光。

常用的被动 Q 开关元件有染料、Cr:YAG 晶体等。被动调 Q 脉冲宽度为纳秒级甚至几十皮秒。被动调 Q 开关的优点是装置简单、成本低,缺点是光化学稳定性较差,调 Q 重复性精度不够高。

9.2.5　激光锁模技术

调 Q 激光器输出的激光脉冲宽度受原理上的限制,最窄只能达到几个纳秒。而锁模技术则可产生 $10^{-15} \sim 10^{-12}$ s 量级的超短光脉冲,峰值功率可达到太瓦量级[4]。

自由运转激光器的输出一般包含很多个纵模,如图 9.2.7 所示。这些纵模的振幅及相位都不固定,激光器输出的光波电场是这些纵模电场的非相干叠加。如果采用某种措施,使得激光器各纵模的相位按照某种确定关系被锁定,那么激光器输出的将是相干叠加的光脉冲,脉宽极窄、峰值功率很高,这种技术称为"锁模技术"。

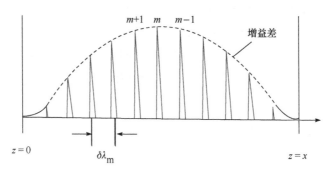

图 9.2.7　激光模式

设备模振幅相等,即 $E_q = E_0$,则锁模激光器输出脉冲的峰值(最大光强)

可达到

$$I_{\max} = N^2 E_0^2 = N^2 P_0 \tag{9.2.2}$$

　　锁模后的脉冲峰值功率是未锁模的 N^2 倍。腔长越长，荧光线宽越大，腔内振荡的纵模数目越多，则脉宽 τ 越窄，峰值功率就越大。锁模激光器脉宽是调 Q 激光器脉宽的 $1/N$。气体激光器谱线宽度较小，其锁模脉冲宽度约为纳秒量级；固体激光器谱线宽度较大，其锁模脉冲宽度小于 10^{-12} s，如钕玻璃激光器的振荡谱宽达 $25\sim35$ nm，其锁模脉冲宽度可达 10^{-13} s，而钛宝石激光器的荧光谱线宽度超过 300 nm，其锁模脉宽可达几飞秒，是目前为止通过锁模技术得到的最窄脉宽激光器。

　　常用的锁模方法包括主动锁模、被动锁模、同步锁模、注入锁模及碰撞锁模等。主动锁模采用的是周期性调制谐振腔参量的方法，比如在激光谐振腔内插入声光调制器，使谐振腔内产生周期性变化的损耗 γ，其交变频率 $f = c/2L$，严格等于纵模间隔，则谐振腔内便能形成锁模脉冲。主动锁模可分为相位调制(PM)锁模、频率调制(FM)锁模及振幅调制(AM，或称为损耗调制)锁模。被动锁模装置只需要在腔内插入满足一定条件的被动锁模元件即可。图 9.2.8 所示为 Cr:YAG 被动锁模激光器光路图及实物照片。

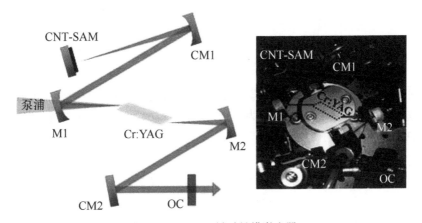

图 9.2.8　Cr:YAG 被动锁模激光器

　　此外还有外注入锁模、自注入锁模、同步泵浦锁模、碰撞锁模、自锁模等。虽然锁模激光器脉冲宽度更短、峰值功率更高，更适合于某些清洗工作，但是相对于调 Q 激光器，其构型更为复杂，价格更高，所以目前在激光清洗中还是主要用在实验和研究中。

9.2.6　激光变频技术

大多数激光器只能输出单一波长的激光，而在激光清洗时，考虑到污染物与基底对不同波长光的吸收不同，为了提高清洗效率，需要选择合适的激光波长。通过频率变换技术可以获得新的激光波长。

激光倍频技术将激光输出频率变为原先的两倍，也就是波长变为原来的一半，是最常用的频率变换技术。除了二倍频外，还有三倍频、四倍频。例如，Nd:YAG固体激光器的基频光波长为 1064 nm，倍频激光的波长为 532 nm，三倍频激光波长为 355 nm，四倍频激光波长为 266 nm。

激光倍频晶体可以放置在激光器外面，也可以放置在激光器谐振腔内部。由于激光频率转换只在高光强下才能有高的转换效率，腔内倍频的情况更为常见。图 9.2.9 为激光器腔内倍频结构图。1 和 4 为谐振腔镜，2 为调 Q 晶体，3 为倍频晶体。

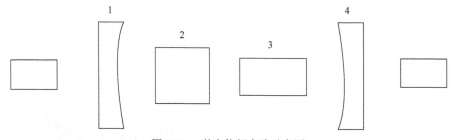

图 9.2.9　激光倍频光路示意图

通过频率变换技术，利用光学参量振荡器和光学参量放大器，还可以得到更多的波长，但是激光器的结构更为复杂，稳定性也不好，清洗成本较高，在激光清洗中较少使用。

9.3　激光束传输技术

激光清洗时，从激光器输出的激光，在传输到清洗对象时，应符合一定的能量分布要求，这就需要进行整形。激光传输与整形系统通常由多种类型的光学透镜、反射镜、光纤、电控单元等元器件组成，根据要求调整激光器输出激光的光斑形状、大小、能量分布，照射在清洗对象上。根据具体情况，有时候先将激光整形再传输，有时先传输再整形，有时先整形再传输然后再整形。无论是先整形还是后整形，都需要将激光传输到清洗样品上，这就需要有光束传输装置。

光束传输可分为三种方式。①自由空间传输。其优点是光的损耗最小、成本最低，但缺点是光线只能沿直线传播，很多时候无法到达需要清洗的位置；由于

光束在空气中发散，所以一般只能应用在短距离激光清洗系统中。这种光束传输
方式在实践中也存在一定的问题，一是传输过程中在束腰位置，容易因激光功率
密度过大而造成空气击穿现象；二是开放式传输，有安全隐患。②多关节导光臂
传输，其优点是多个关节联动，可以使得光束改变传输光路，方便使用，且激光
闭路传输，减少了安全风险。但缺点是在各个关节处都是通过镀膜反射镜进行光
束传输，会引入比较大的传输损耗，光能损耗在10%～40%，传输距离一般较
短，在1～3 m。③传能光纤，其优点是可弯折、质量轻、小巧紧凑，但具体应
用中存在着一些技术上的困难，如耦合、传输损耗、光击穿破坏、高峰值功率
下激光传输时对端面的损伤等问题，此外很多波长，如紫外线、红外线，还暂
时没有传光光纤。

9.3.1　自由空间传光

高斯光束在空间自由传输仍然是高斯光束。从激光器出射的激光为高斯分布，
以传输方向为 z 轴，空间某点 (x, y, z) 的光场满足

$$E(x, y, z) = A \frac{w_0}{w(z)} \exp\left(-\frac{x^2 + y^2}{w^2(z)}\right) \tag{9.3.1}$$

式中，w_0 为基模高斯光束的腰斑半径(束腰)，设束腰处为 $z=0$。高斯光束在 z 处
的光斑半径为 $w(z)$。又令高斯光束在 z 处的波前曲率半径为 $R(z)$，可以定义高
斯光束的 q 参数

$$\frac{1}{q(z)} = \frac{1}{R(z)} - \mathrm{i}\frac{1}{\pi w^2(z)} \tag{9.3.2}$$

在 $z=0$ 处(束腰)的 q 参数为

$$q(z=0) = q_0 = \mathrm{i}\frac{\pi w_0^2}{\lambda} \tag{9.3.3}$$

则在 z 处，高斯光束的 q 参数为

$$q(z) = q_0 + z \tag{9.3.4}$$

9.3.2　导光臂传光

1. 反射镜反射

在实际工作中，为了改变光束的传播方向，通常采用的方法是将光束以一定
的角度入射到反射镜上，改变光传输方向。对于高斯光斑，斜入射时光斑形状会
产生变化。反射后的高斯光束分布不再均匀，光斑会出现一定程度的展宽现象。

当入射角度较小时，输出为单一光斑，但其光强峰值位置产生了一定偏移，并不呈现高斯分布；当入射角度较大时，输出则为一系列的离散光斑[5,6]。

2. 导光臂

光束在自由空间传输时，空气中的灰尘等杂质会干扰光束，降低光束能量。同时为了改变光的传播方向，需要搭建光路，使用起来很不方便。导光臂可以解决这些问题。

导光臂是利用保护管将光路封起来，保护管有很多关节，在关节处装有全反射镜，一般以 45°角放置，全反镜一般镀金属膜，实际的反射率为95%～98%。在保护管内，沿直线传播的光线，遇到全反镜，改变了光路。关节可以旋转，这样可以保证光路跟着转动，射向需要的方向。图 9.3.1 为多关节导光臂光路设计图与实物图。在实物图中，导光臂的一端有一个重锤，用来使得导光臂平衡，导光臂的另一端为光线出射端，一般装有防护镜片。导光臂的关节越多，越灵活，可以多角度转动，但是光的损耗也越大，而且光束经过 45°角反射，会产生光束变形。常见的导光臂具有 3～7 节关节。有的导光臂，在出射端防护镜内，装有单柱面镜，可以把圆形光斑整形成长条状光斑。

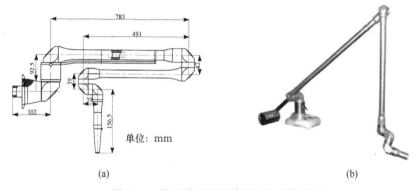

(a)　　　　　　　　　　　　　　　　　　(b)

图 9.3.1　导光臂光路设计图(a)与实物图(b)

9.3.3　光纤传光

光纤传输激光束是最方便的传输方法。光纤的优点是具有较为优良的柔韧性和灵活性，可以折弯，使用方便，损耗主要来自于耦合和传输过程中，相对损耗较小。虽然在操作中应注意折弯半径和耦合过程中端面损伤和输出激光质量变差，以及耦合要求高、传能光纤价格高的问题等，但是，光纤传输激光能量仍然是最简单方便的方法，是未来激光清洗设备的主流方向。如图 9.3.2 所示，激光器输出的脉冲激光经过耦合进入传能光纤(长度 3 m，纤芯直径 800 μm)，平时可缠绕在清洗机前侧的光纤绞盘上，在使用时则从绞盘上取下。

图 9.3.2　传能光纤和光纤绞盘

1. 传能光纤

传能光纤又称功率光纤，具有高功率传输能力、大芯径、良好的柔韧性、低传输损耗等性能。与光纤激光器中的光纤一样，传能光纤也包括纤芯和包层，也是利用全反射原理，将光束缚在纤芯内部并向前传导，包层外面还有一层涂覆层，用来保护光纤，如图 9.3.3 所示。双包层光纤也广泛使用，这种光纤有两个包层，这样从最里层纤芯泄漏出的光也能在中间层中传播，因此双包层光纤为大功率传能光纤的优选[7]。

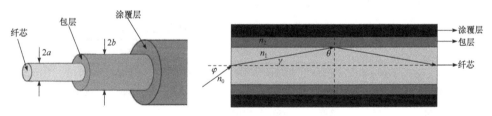

图 9.3.3　光纤结构
(a)双包层光纤结构示意图；(b)光束在双包层光纤中的传输示意图

与光纤激光器中的光纤不同的是，传能光纤的纤芯不含有激活离子，不能作为增益介质使用。衡量传能光纤性能的主要指标有：耦合效率、传输损耗、传能容量和光束质量。耦合效率是指激光进入光纤的耦合损耗，取决于耦合元件和光纤数值孔径；传输损耗决定了有多少比例的激光能够最终从传能光纤尾部输出；传能容量指能够耦合进入光纤并且进行传输的最大激光能量或功率，用以表征光纤的最大工作能力；光束质量是指经过耦合和光纤传输后的光束情况，与输入激光光束质量相比，输出的激光光束质量会产生一定变化，这种变化在某些应用中可能会产生影响。耦合效率、传输损耗和传能容量是激光清洗中主要关注的三个指标。

激光清洗中的光传输对传能光纤有三个基本要求。第一，光纤抗损伤能力要很强。一般光纤纤芯小于从激光器输出的激光光斑，所以需要先进行聚焦，这样激光的能量密度(峰值功率密度)就非常大，要求光纤本身以及端面抗损伤能力强。第二，光纤损耗要小。损耗来源有：①由于光纤端面面积很小，不容易进行镀膜处理，激光进入无镀膜端面存在损耗；②光纤使用时的弯曲角度等导致部分光不能全反射，即在传光时也会因为吸收和逸出产生损耗。第三，激光耦合进传能光纤，耦合结构要简单方便，在安装、拆卸过程中能够保证安全、重复性高、方便使用。

只有经过特殊设计制作的大芯径传能光纤，并对其端面和耦合结构进行特殊技术处理，才能在工业环境下用于高功率高能量激光传输。选择直径大的光纤，以减小纤芯内的激光能量密度或峰值功率密度，可以防止光纤纤芯损伤。大直径的光纤，可使耦合更容易，且端面能量或峰值功率密度较小。但是光纤直径大，会导致激光模式变差。

传能光纤有两类，一类是用于传输高连续功率的光纤，可以传输几百乃至数千瓦的激光，表 9.3.1 给出了不同芯径下的高能光纤传输连续激光的功率。另一类用于传输高峰值功率的脉冲激光为调 Q 或锁模激光，其峰值功率达到兆瓦甚至更高。对于激光清洗，使用较多的激光是脉冲输出的，而且以调 Q 脉冲为主，所以，其峰值功率很高，一般连续激光传能光纤无法使用，必须使用能够抗高峰值功率高能量损伤的传能光纤。

表 9.3.1　不同芯径的高能光纤传输连续激光的功率

光纤类型	功率/W							
	100 μm	200 μm	300 μm	400 μm	600 μm	800 μm	1000 μm	1500 μm
HP SMA	85	340	650	650	650	650	650	650
MSHP SMA	85	340	650	650	—	—	—	—
HP FD-80	85	340	750	750	750	750	750	750
MSHP FD-80	85	340	750	750	N/A	N/A	N/A	N/A

注：—表示无对应值；N/A 表示不存在。

2. 激光与光纤的耦合

光纤传光时，将激光耦合进光纤是最重要的技术问题之一。一方面需要保证光传输效率，另一方面需要防止损伤传能光纤。

1) 耦合理论

如图 9.3.4 所示，采用光纤耦合时，在光纤耦合端面处，入射激光光斑直径 d_{in} 和发散角 θ_{in} 必须满足光纤的耦合条件

$$d_{in} < d_{core} \tag{9.3.5}$$

$$\theta_{in} < 2\arcsin NA \tag{9.3.6}$$

式中，d_{core} 是光纤的纤径；NA 是光纤纤芯的数值孔径。考虑到数值孔径一般为 0.22 左右，则式(9.3.6)可写为

$$\theta_{in} < 2NA \tag{9.3.7}$$

而光束的质量因子 M^2 为

$$M^2 = \frac{\pi d_{in}\theta_{in}}{4\lambda} \tag{9.3.8}$$

式中，λ 为激光波长。将式(9.3.5)和式(9.3.7)代入式(9.3.8)，可得

$$M^2 < \pi d_{core}\frac{NA}{2\lambda} \tag{9.3.9}$$

式(9.3.9)可以用作选择光纤的依据。综合考虑峰值功率等因素，如选择光纤芯径 $1000\,\mu m$，长度为 $5\,m$，耦合效率可以大于 90%。

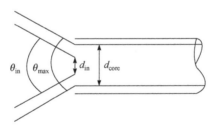

图 9.3.4　光纤耦合条件

2) 耦合方式

激光与光纤的耦合方式可以分为直接耦合和间接耦合两种，如图 9.3.5 所示。直接耦合方式就是将激光直接射入光纤。一般情况下，大功率(能量)激光输出光斑大于光纤纤芯，所以，直接耦合方式难以使用。

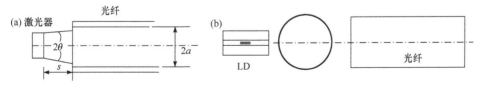

图 9.3.5　(a)直接耦合示意图和(b)间接耦合示意图

间接耦合方式采用耦合连接器，由于能量或功率大，激光与光纤的失配将直接导致光纤损伤，因此对机械对准误差的要求更严格。为了避免局部热量堆积而

引发光纤损伤，可通过冷却(水冷、半导体制冷等)进行保护[8,9]。

耦合连接器的主体是聚焦光学系统，聚焦光学系统中如果有一个耦合透镜，则是单透镜耦合方式；如果是两个或多个透镜，则是透镜组耦合方式。前者反射损耗少、光机械结构简单、体积小、结构紧凑，不过聚焦性能比较有限[9]；后者是先将入射激光光束进行准直整形，然后再进行聚焦耦合，通过多个镜片可以严格控制耦合光学系统的像差，保证整个耦合系统具有良好的聚焦性能，不过多一个光学元件，就多一份损耗，所以其效率相对较低。

激光清洗中，对于光纤传能过程中的波形畸变没有特别严格的要求，因此对耦合聚焦光学系统的像差要求相对较低，而要求激光功率(能量)较高，所以综合起来考虑，一般都采用单透镜耦合的方式[10,11]，这样可以更好地保证耦合效率和可靠性。

通过锥形光纤可以进行激光耦合。锥形光纤是将较粗的光纤通过技术手段(激光拉锥等)使得其直径渐渐减小，将横截面大的一头与激光输出端连接，横截面小的一头与传能光纤连接，可以更方便地将从激光器输出的激光耦合进入，如图 9.3.6 所示。

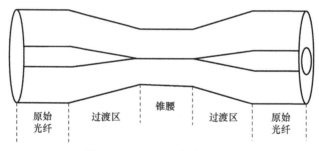

图 9.3.6　锥形光纤耦合示意图

锥形光纤的过渡区长度越长，光场变化越缓慢，越容易实现低损耗。锥腰区的包层和纤芯直径等比例变小，可以和普通单模光纤一样实现低损耗传输[12]。根据这个原理，可以设计半径渐变的柱形光学元件，其轴向截面为梯形，使得光束在其内部全反射。然而，实现这一技术并非易事。它要求对光学元件进行精细且复杂的设计，同时，在加工制造过程中也需要较高的精度控制。特别是在光线熔接环节，需要将具有不同参数乃至不同材质的光学元件精准对接并焊接在一起，这一步骤对操作环境、工艺水平以及设备精度都有较高的要求。

3) 耦合器件

有些研究机构和商业机构已经将传能光纤和耦合部分制作成一个组件[8,9]。如图 9.3.7(a)所示，瑞典 Optoskand AB 公司生产的 QBH 接口系列传能光纤组件，最高可用于 5 kW 高功率连续激光的传输；图 9.3.7(c)为该公司推出的符合汽车制造业标准接口的可承受 20 kW 连续激光的 QD 接口型传能光纤组件；德国 Highyag 公司也是高功率传能光纤组件主要生产厂商之一，其 LLK-Auto 接口系列传能光纤组件可靠性高、传输损耗小、工业应用稳定，已作为欧洲汽车制造业标准接口型式传能光纤组件，如图 9.3.7(b)所示；日本三菱电线工业株式会社生产的 D80 接口型式传能光纤组件以其结构简单、成本低、无须水冷等优点，被国内外中低功率(大于 200 W 且小于 1 kW)激光器生产厂商广泛采用，D80 接口型式逐渐成为中低功率传能光纤组件其标准接口形式，如图 9.3.7(d)所示。

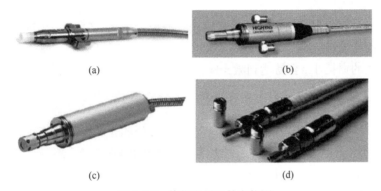

图 9.3.7　传能光纤组件实物图
(a)Optoskand AB 公司 QBH 接口型传能光纤组件；(b)Highyag 公司 LLK-Auto 接口型传能光纤组件；
(c)Optoskand AB 公司 QD 接口型传能光纤组件；(d) D80 接口型传能光纤组件

中国长飞光纤光缆公司生产的传能光纤组件采用特殊包层大芯径能量光纤，通过优化纤芯、包层直径，并结合连接器与传能光缆连接工艺，精密抛磨端面，可实现 600 W 连续功率的光纤传输，效率可达 90%。

9.4　激光束整形技术

激光清洗的效果与入射在清洗样品上的光能量密度以及能量的分布情况即光束质量密切相关。激光能量按照一定的模式分布在整个光斑上。对于光纤激光器，输出模式以基模为主；对于全固态激光器，往往是低阶混合模；对于准分子激光器和二氧化碳激光器，输出模式较差。

整形就是通过光学元件将原光束的光强和相位按照一定的规律对光场进行调制。其中光强决定光束的外部形态，相位决定光束的传播特性。20 世纪 60 年代 Frieden[13]提出使用非球面镜对激光整形，可以将高斯光斑整形为平顶光斑，得到的光斑仍然为圆形。

在激光清洗中，主要需要考虑的是光强分布，所以，激光清洗中的整形主要是将光强在所需要的几何形状上重新分布，比如均匀分布在一个圆形或矩形上。

激光的能量密度(或峰值功率密度)是清洗过程中最重要的参数，通常让激光光束通过光学系统进行聚焦以提高能量密度或功率密度。同时，需要将输出的高斯分布(不同阶次)的激光转变为能量分布相对均匀的平顶光，以提高激光的利用率。在清洗过程中，一般希望得到点状或线状光斑，以获得足够的能量密度，提高清洗效率，可以直接通过柱面镜进行聚焦得到线状光斑，或者先通过凸透镜聚焦得到点状光斑，再通过扫描装置成线。

9.4.1　高斯光束的聚焦

　　激光束的聚焦形式可分为透射式聚焦和反射式聚焦。透射式采用凸透镜完成，反射式采用凹面镜完成。输出激光主要是基模，或者是低阶混合模，因为基模和低阶混合模的损耗小，容易达到激光阈值。我们以基模为例来介绍激光的聚焦[14]。

　　1. 高斯光束通过薄透镜的变换

　　基模高斯光束的腰斑半径(束腰)为 w_0 ，在 z 处的光斑半径和波面曲率半径分别为 $w(z)$ 和 $R(z)$ 。高斯光束的 q 参数见式(9.3.2)和式(9.3.3)。高斯光束经过光学系统聚焦后仍然是高斯光束。如图 9.4.1 所示，设薄透镜的焦距为 F ，在透镜变换前，高斯光束的 q 参数、光斑半径、波前半径分别是 q_1 、 w_1 、 R_1 ，通过透镜变换后高斯光束的相应参数分别是 q_2 、 w_2 、 R_2 ，在变换过程中满足

$$w_1 = w_2 \tag{9.4.1}$$

$$\frac{1}{R_2} = \frac{1}{R_1} - \frac{1}{F} \tag{9.4.2}$$

变换后高斯光束的 q_2 参数为

$$\frac{1}{q_2} = \frac{1}{R_2} - \mathrm{i}\frac{1}{\pi w_2^2} = \left(\frac{1}{R_1} - \frac{1}{F}\right) - \mathrm{i}\frac{1}{\pi w_1^2} = \left(\frac{1}{R_1} - \mathrm{i}\frac{1}{\pi w_1^2}\right) - \frac{1}{F} = \frac{1}{q_1} - \frac{1}{F} \tag{9.4.3}$$

这就是高斯光束通过透镜变换前后 q 参数之间的关系。

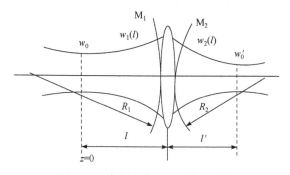

图 9.4.1　高斯光束通过透镜的变换

2. 高斯光束通过薄透镜的聚焦

激光清洗中，高斯光束从激光器输出后，经过一段自由空间(或光纤)，入射到薄透镜上，经过透镜变换，再次在自由空间传播，到达清洗对象。整个传输和变换过程如图 9.4.2 所示。根据激光在自由空间的传输和通过透镜的变换过程，可以分析高斯光束的聚焦情况。

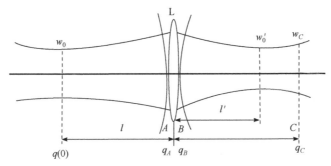

图 9.4.2　高斯光束的传输

在 A 处(聚焦透镜的迎光面)和 B 处(聚焦透镜的出光面)的 q 参数分别为

$$q_A = q_0 + l \tag{9.4.4}$$

$$\frac{1}{q_B} = \frac{1}{q_A} - \frac{1}{F} \tag{9.4.5}$$

则变换后与透镜相距 l_C 的 C 处，

$$q_C = q_B + l_C \tag{9.4.6}$$

由以上几式计算得到

$$q_C = l_C + F \frac{l(F-l) - \left(\frac{\pi w_0^2}{\lambda}\right)^2}{(F-l)^2 + \left(\frac{\pi w_0^2}{\lambda}\right)^2} + \mathrm{i} \frac{F^2 \left(\frac{\pi w_0^2}{\lambda}\right)}{(F-l)^2 + \left(\frac{\pi w_0^2}{\lambda}\right)^2} \tag{9.4.7}$$

设像方束腰的半径为 w_0'，距离透镜 l'，考虑到像方束腰处的波前为无穷大，即 $\mathrm{Re}(1/q') = 0$，可以得到

$$l' + F \frac{l(F-l) - \left(\frac{\pi w_0^2}{\lambda}\right)^2}{(F-l)^2 + \left(\frac{\pi w_0^2}{\lambda}\right)^2} = 0 \tag{9.4.8}$$

因此，经过焦距为 F 的透镜聚焦后的高斯光束的束腰位置(与透镜的距离)为

$$l' = -F\frac{l(F-l)-\left(\frac{\pi w_0^2}{\lambda}\right)^2}{(F-l)^2+\left(\frac{\pi w_0^2}{\lambda}\right)^2} = F + \frac{(l-F)F^2}{(F-l)^2+\left(\frac{\pi w_0^2}{\lambda}\right)^2} \tag{9.4.9}$$

令

$$f = \frac{\pi w_0^2}{\lambda} \tag{9.4.10}$$

则上式写成

$$l' = F + \frac{(l-F)F^2}{(F-l)^2+f^2} \tag{9.4.11}$$

又因为在束腰处，有

$$q' = i\frac{\pi w_0'^2}{\lambda} = i\frac{F^2\left(\frac{\pi w_0^2}{\lambda}\right)}{(F-l)^2+\left(\frac{\pi w_0^2}{\lambda}\right)^2} \tag{9.4.12}$$

所以像方的束腰半径满足

$$w_0'^2 = \frac{F^2 w_0^2}{(F-l)^2+\left(\frac{\pi w_0^2}{\lambda}\right)^2} = \frac{F^2 w_0^2}{(F-l)^2+f^2} \tag{9.4.13}$$

式(9.4.11)和式(9.4.13)表明：只要知道了物方(透镜变换前)高斯光束的束腰及其与透镜的距离，就可以确定像方高斯光束的特征。

为了使得光能集中，需要使激光束会聚为极小点。根据式(9.4.13)，可以分两种情况讨论。

1) F 一定时，w_0' 与 l' 随 l 的变化情况

通过计算可以得到，像方高斯光束的束腰和所在位置分别为

$$w_0' = \frac{w_0}{\sqrt{1+(f/F)^2}} \tag{9.4.14}$$

$$l' = \frac{F}{1+\left(\frac{F}{f}\right)^2} < f \tag{9.4.15}$$

束腰放大率为

$$k = \frac{w_0'}{w_0} = \frac{w_0}{\sqrt{1+(f/F)^2}} < 1 \tag{9.4.16}$$

放大率小于1，这表明激光光斑得到了聚焦。图 9.4.3(a)给出了聚焦后光斑随 l 的变化图[15]。

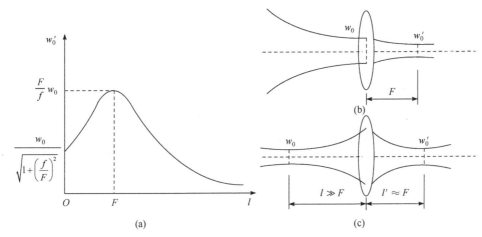

图 9.4.3　F 一定时高斯光束的聚焦

(a) F 一定，聚焦后的束腰随 l 的变化；(b) $l = 0$ ；(c) $l \gg F$

下面分三种情况讨论。

(1) 当 $l < F$ 时，w_0' 随 l 减小而减小，当 $l = 0$ 时，达到极小值。当 $l < F$ 时，若同时满足 $f = \pi w_0^2 / \lambda \gg F$ (短焦透镜)，则

$$w_0' = \frac{\lambda}{\pi w_0}, \quad l' = F \tag{9.4.17}$$

尤其是当 $l = 0$ 时，总有 $w_0' < w_0$，也就是说不论透镜焦距 F 为多大，都有一定的聚焦作用；F 越小，则聚焦作用越好；像方腰斑的位置在透镜后焦点以内，如图 9.4.3(b)所示。

(2) 当 $l > F$ 时，w_0' 随 l 增大而减小，当 $l \to \infty$ 时，达到极小值，$w_0' \to 0$，$l \to F$，当 $l \gg F$ 时，有

$$w_0' \approx \frac{\lambda}{\pi w(l)} F, \quad l' \approx F \tag{9.4.18}$$

若同时满足 $l' \gg \pi w_0^2 / \lambda = F$，则 $w_0' = w_0 F / l$，腰斑放大率

$$k = \frac{w_0'}{w_0} = \frac{F}{l} \tag{9.4.19}$$

可见，l 越大，F 越小，则聚焦效果越好，如图 9.4.3(c)所示。

(3) 当 $l = F$ 时，

$$w_0' = \frac{\lambda}{\pi w_0}F = \frac{F}{f}w_0, \quad l' = F \tag{9.4.20}$$

所以，只有当 $F < \pi w_0 / \lambda$ 时，才有会聚作用。

综上所述，要想通过透镜聚焦，获得小的像方束腰 w_0'，从而达到较好的聚焦效果，可以采用以下方法：①选择小焦距 F 的聚焦透镜；②$l = 0$，即把入射高斯光束腰斑放在透镜表面，并增大入射光束腰，使 $f \gg F$；③增大束腰，束腰位于透镜前焦点位置。

2) l 一定时，w_0 随 F 而变化的情况

当 w_0 和 l 一定时，按式(9.4.13)，w_0 随 F 而变化的情况大体如图 9.4.4 所示。图中 $R(l)$ 表示高斯光束到达透镜表面上的波面的曲率半径。

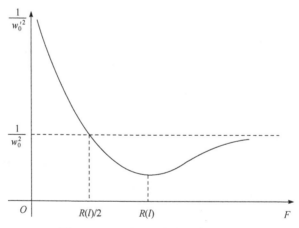

图 9.4.4　l 一定时，高斯光束的聚焦

从图 9.4.4 中可以看出，对一定的 l 值，只有当其焦距 $F < R(l)/2$ 时，透镜才能对高斯光束起聚焦作用，F 越小，聚焦效果越好。

总之，为使高斯光束获得良好聚焦，通常采用的方法是：用短焦距透镜，使高斯光束腰斑远离透镜焦点。在激光清洗控制中，要根据激光的聚焦特性，进行光束和光斑的适当调整。可以选择合适的光学参数，获得束腰半径合适的聚焦高斯光束。在激光清洗时，可以将清洗对象置于束腰处，也可以放在离焦的适当位置处。通过调整光斑大小或清洗对象的位置，以获得不同的功率密度，使得清洗效率更高和效果更好。

3. 高斯光束通过柱面镜的聚焦

激光清洗中一般通过普通透镜进行聚焦，得到圆形高斯光斑。在实际清洗应用

时通过振镜扫描，使得圆形光斑依次照射清洗样品。如果激光单脉冲能量足够大，则可以直接通过聚焦整形为柱状光，采用柱状光进行激光清洗，效率将大大提高。

　　将圆形光变为线形光，可以通过柱面镜聚焦来实现，如图 9.4.5 所示，柱面镜将圆形光斑沿着 x 轴方向压缩且光强分布为高斯型，y 轴方向光斑形状不变且光强分布一致[16,17]。

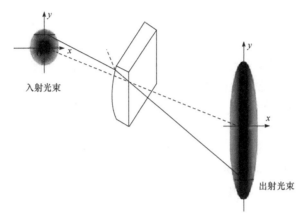

图 9.4.5　柱面镜光束整形示意图

到达柱面镜时的激光在 y 轴方向的光强分布为

$$I_A(y) = I\left[1 - \exp\left(\frac{-y_{max}^2}{2w_0}\right)\right]^{-1} \cdot \exp\left(\frac{-y^2}{2w_0}\right) \tag{9.4.21}$$

式中，y_{max} 为入射光斑半径；w_0 是光斑束腰半径大小；I 是光斑在 y 轴方向的总光强。光斑经过柱透镜聚焦后，y 轴方向的光强分布可由式(9.4.22)表示

$$I_B(Y) = \tau I \cdot (Y/Y_{max})^2 \tag{9.4.22}$$

式中，Y_{max} 为光斑半宽度；τ 为柱透镜光强透过参数，经过柱透镜聚焦；$I_A(y) = I_B(Y)$，即能量是 A 区域对应入射到 B 区域的，由式(9.4.21)和式(9.4.22)推导可得到坐标变换方程

$$Y(y) = \pm(1-\tau)Y_{max}\left[1 - \exp\left(\frac{-y_{max}^2}{2w_0^2}\right)\right]^{\frac{1}{2}}\left[1 - \exp\left(\frac{-y^2}{2w_0^2}\right)\right]^{\frac{1}{2}} \tag{9.4.23}$$

　　激光光束经过柱面聚焦镜，柱面镜将激光光束的圆形光斑压缩为条形光斑，如图 9.4.6 所示。

图 9.4.6　柱面镜的聚焦

鲍威尔棱镜(Powell prism)是一种非球面柱面镜,激光束通过后可以最优化地划成光密度均匀、稳定性好的一条直线。因为设计时考虑到高斯光束的光场分布,鲍威尔棱镜能消除高斯光束的中心热点和褪色边缘分布,所得到的直线上的光强分布更加均匀,优于常规柱面透镜。不过,鲍威尔棱镜对入射光束的尺寸有严格要求,或大或小都会影响出射光线在目标位置的均匀性,而且一般要求入射光束的尺寸比较小;轴心的对准度要求也较高,厚度会影响目标位置的均匀性。并且,鲍威尔棱镜的顶部是复杂的二维非球面曲面,价格昂贵。

特殊制作的衍射镜片(DOE)也能实现线状光束,但它对激光波长和谱宽有严格的要求,杂散光严重,制作成本高。

9.4.2　高斯光束的准直

有些激光清洗应用中,希望光束具有较好的准直性,即选择发散角小的光束,这样在较长的传输距离上光斑大小变化幅度不大。主要用于在工作距离较长的场合,或者对功率密度比较敏感的清洗对象。利用透镜或透镜组,可以实现准直的目的[14,18,19]。

1. 通过单透镜对高斯光束进行准直

束腰半径为 w_0 的物方高斯光束的发散角为

$$\theta_0 = \frac{2\lambda}{\pi w_0} \tag{9.4.24}$$

式中,λ 为激光波长。通过焦距为 F 的透镜后,像方高斯光束的束腰半径为 w_0',发散角为

$$\theta_0' = 2\frac{\lambda}{\pi w_0'} \tag{9.4.25}$$

利用式(9.4.13)得到

$$\theta_0' = \frac{2\lambda}{\pi}\sqrt{\frac{1}{w_0^2}\left(1-\frac{l}{F}\right)^2 + \frac{1}{F^2}\left(\frac{\pi w_0}{\lambda}\right)^2} \tag{9.4.26}$$

由此式可以看出,通过单透镜进行准直,准直效果取决于透镜焦距、准直前的高斯光束的束腰及其离透镜的距离。因为高斯光束的束腰 w_0 为有限大小,无论

F、l 取什么数值，都不可能使 $w_0' \rightarrow \infty$，从而也就不可能使 $\theta_0' \rightarrow 0$。因此，要想用单个透镜将高斯光束转换成平面波是不可能的。

从式(9.4.24)、式(9.4.25)还可以看出，当 $w_0' > w_0$ 时，将有 $\theta_0' < \theta_0$，在一定的条件下，当 w_0' 达到极大值时，θ_0' 将达到极小值，准直效果最好。但是此时束腰大，功率密度会下降。所以在进行激光清洗时，要予以综合权衡。

进一步地，在 $l = F$ 时，

$$\theta_0' = \frac{2\lambda}{\pi F} \frac{\pi w_0}{\lambda} = \frac{2\lambda}{\pi w_0} \frac{f}{F} \tag{9.4.27}$$

则

$$\frac{\theta_0'}{\theta_0} = \frac{\pi w_0^2}{F\lambda} = \frac{f}{F} \tag{9.4.28}$$

此时，透镜焦距 F 越长，θ_0' 越小。选择长焦距透镜可以取得更好的准直效果。

2. 利用望远镜对高斯光束进行准直

由式(9.4.28)可见，在 $l = F$ 时，像方高斯光束的方向性不但与 F 的大小有关，而且也与 w_0 的大小有关。w_0 越小，则像方高斯光束的方向性越好。因此，如果先用一个短焦距的透镜将高斯光束聚焦，获得极小的束腰，再用一个长焦距的透镜来改善其方向性，就可以得到很好的准直效果。

两个透镜按图 9.4.7 所示的方式组合起来，它实际上是一个望远镜，只不过是倒装使用。图 9.4.7 中 L_1 为一短焦距透镜(称为副镜)，其焦距为 F_1，当 $F \ll l$ 时，可将物方高斯光束聚焦于前焦面上，得到一极小光斑

$$w_0' = \frac{\lambda F_1}{\pi w(l)} \tag{9.4.29}$$

式中，$w(l)$ 为入射在副镜表面上的光斑半径。

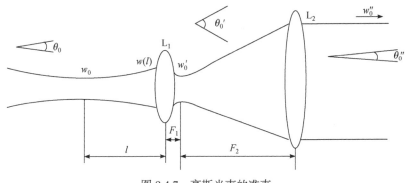

图 9.4.7 高斯光束的准直

由于 w_0' 恰好落在长焦距透镜 L_2 (称为主镜，其焦距为 F_2)的后焦面上，所以腰斑为 w_0' 的高斯光束将被 L_2 很好地准直。

9.4.3　激光光斑的平顶化

从激光器输出的激光主要是基模或者低阶混合模式的高斯光，其在横截面上的分布不均匀。而激光清洗往往希望光束能量分布均匀，采用激光光束的均匀化或平顶化技术，可以获得均匀分布的光斑。如图 9.4.8 所示，图中的透镜代表整形光学系统，常采用非球面透镜组。光学系统前的高斯光，经非球面透镜组整形后成为平顶分布。

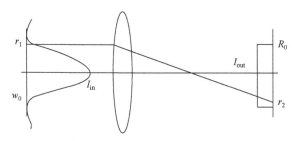

图 9.4.8　光束整形原理示意图

1. 理论模型

根据能量守恒定律，当忽略整形光学元件的吸收时，整形前后的能量是相等的。为了便于分析，将入射光与出射光的能量作归一化处理，即[20]

$$\int_0^\infty 2\pi I_{\text{in}}\left(\frac{r_1}{w_0}\right)r_1\mathrm{d}r_1 = \int_0^\infty 2\pi I_{\text{out}}\left(\frac{r_2}{R_0}\right)r_2\mathrm{d}r_2 = 1 \tag{9.4.30}$$

式中，I_{in} 为入射光光强；I_{out} 为出射光光强；r_1 为入射面上任意一光线的坐标值；r_2 为与之对应的出射面的坐标值；w_0 为高斯光束的束腰；R_0 为平顶光半径。

对于总功率为 P 的基模高斯光束，设入射光的光强分布表达式为

$$I_{\text{in}}\left(\frac{r_1}{w_0}\right) = \frac{2P}{\pi w_0^2}\exp\left[-2\left(\frac{r_1}{w_0}\right)^2\right] \tag{9.4.31}$$

而平顶光束能量分布，可以用超高斯 (super gaussian, SG) 函数、匀化高斯 (flattened gaussian, FG) 函数、超洛伦兹 (super lorentzian, SL) 函数及匀化洛伦兹 (flattened lorentzian, FL) 函数等表征。其中 FL 函数的表达式为光强分布

$$I_{\text{out}}(\rho) = \frac{1}{\pi R_{\text{FL}}^2} \frac{1}{\left[1 + \left(\dfrac{R}{R_{\text{FL}}}\right)^q\right]^{1+\frac{2}{q}}} \tag{9.4.32}$$

式中，R_{FL} 为平顶光束腰半径；q 为阶数。

采用匀化洛伦兹函数作为出射光的光强分布函数。将入射光及出射光的表达式(9.4.31)、式(9.4.32)分别代入式(9.4.30)得

$$1 - \exp\left[-2\left(\frac{r_1^2}{w_0^2}\right)\right] = \left[1 + \left(\frac{R_{\text{FL}}}{r_2}\right)^q\right]^{-\frac{2}{q}} \tag{9.4.33}$$

最终可得到入射光与出射光的映射关系为

$$r_2 = \pm \frac{R_{\text{FL}}\sqrt{1 - \exp\left[-2\left(\dfrac{r_1}{w_0}\right)^2\right]}}{q\sqrt{1 - \left\{1 - \exp\left[-2\left(\dfrac{r_1}{w_0}\right)^2\right]\right\}^{\frac{q}{2}}}} \tag{9.4.34}$$

对于高阶模高斯光束，可用埃尔米特高斯函数表征，其表达式为[21]

$$E(x,y,z) = \frac{Aw_0}{w(z)} H_m\left[\sqrt{2}\frac{x}{w(z)}\right] H_n\left[\sqrt{2}\frac{y}{w(z)}\right] \exp\left[-\frac{x^2+y^2}{w^2(z)} - \mathrm{i}\frac{k(x^2+y^2)}{2R(z)}\right]$$
$$\times \exp\left\{-\mathrm{i}\left[kz - \varphi(z)\right]\right\} \tag{9.4.35}$$

其中，$H_n(x)$ 为埃尔米特多项式，其表达式为

$$H_n(x) = (-1)^n \, \mathrm{e}^{x^2} \frac{\mathrm{d}}{\mathrm{d}x^n}\left(\mathrm{e}^{x^2}\right) \tag{9.4.36}$$

代入式(9.4.30)，可求出任意阶埃尔米特高斯函数整形系统的入射光与出射光的映射函数表达式。

2. 实现方法

实现光斑均匀化的方法较多[22]，有光阑法、相位型光束整形法、吸收滤光镜法、衍射光学法、空间光调制法、变形镜法、非球面透镜组法等。这里简单介绍几种。

(1) 衍射光学法。该方法建立在衍射理论和惠更斯-菲涅耳衍射积分公式基础

上，具有衍射效率高、光斑轮廓可调的特点，可实现传统光学难以完成的微小、阵列、集成及任意波面变换等功能，不过衍射光学元件的激光损伤阈值较低，只能用于弱激光系统，在强激光系统上应用还有困难。

(2) 双折射透镜组法。如图 9.4.9 所示，双折射透镜组法采用的整形系统由两对双折射晶体透镜和一个检偏器组成，晶体的主轴方向垂直于系统的光轴方向，采用两个完全相同的平凸透镜，对称排列。双折射透镜组进行光束的空间整形，灵活方便，尤其适合于线偏振的高斯光束的整形。

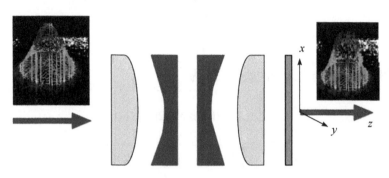

图 9.4.9　双折射透镜组的光束空间整形[23]

(3) 液晶空间光调制法。采用液晶空间光调制器可以实现激光束的实时调控，进行光束空间整形，能方便地获得所需的方形、圆形等几何形状的均匀光束。不过抗激光损伤阈值有待进一步提高。

(4) 非球面透镜组法。该方法结构简单、光能量损耗小、实现相对容易。所使用的非球面镜组主要有两大类：一类为开普勒型，由两片不同的平凸非球面镜组成；另一类为伽利略型，由一片平凹非球面镜与一片平凸非球面镜组成。开普勒型非球面镜组如图 9.4.10(a)所示，光束在镜组中间会有聚焦，当输入光功率很大时，空气会很容易被击穿，产生等离子体，因此，该类型只适用于小功率激光器。伽利略型非球面镜组如图 9.4.10(b)所示，该镜组则适用于大功率输入激光。

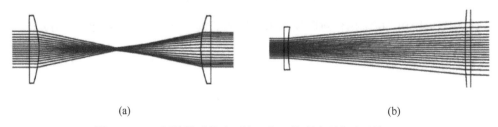

(a)　　　　　　　　　　　　　　　　　(b)

图 9.4.10　(a)开普勒型非球面镜组和(b)伽利略型非球面镜组

图 9.4.11 给出了一套完整的光束整形系统光路图，图中两个方案分别采用开普勒型和伽利略型镜组，两个方案均可以获得平顶光束。

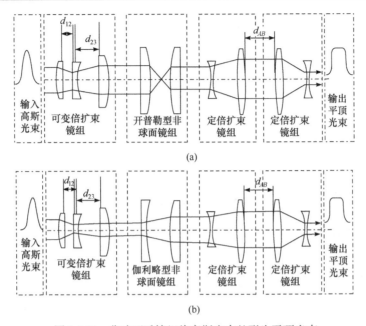

图 9.4.11　非球面透镜组将高斯光束整形为平顶光束

(a)高斯光束整形为平顶光束的开普勒型整形系统的光路图; (b)高斯光束整形为平顶光束的伽利略型整形系统的光路图

　　目前，市场上已有光束均匀化的元件销售，这类光学元件包括光束整形镜和光斑均匀镜等。光束整形镜用于将高斯光束或近高斯光束整形成功率分布均匀的诸如圆形、矩形或其他形状的光束。光斑均匀镜通过衍射法，将激光光斑功率均匀化，可用于多模激光。

9.5　激光扫描技术

　　在激光清洗过程中，通过大功率输出控制激光光斑扫描是提高清洗效率的有效手段。其中激光束控制常用柱面镜直接聚焦形成柱状光斑和球面镜聚焦形成圆形光斑等方法。其中，柱面镜直接聚焦的方法，特别适用于那些要求高能量、大功率输出的激光清洗设备，比如电光调 Q 脉冲激光清洗机，因为其峰值功率密度很大，可以达到清洗物体的清洗阈值。但是这种激光脉冲的重复频率较低，清洗效率较低。为了提高激光清洗效率，经常使用重复频率为几十千赫兹乃至兆赫兹的激光，如声光调 Q 脉冲激光清洗机，其脉冲峰值功率较小，聚焦成一个柱状光斑，往往不足以达到清洗阈值。为此，清洗应用中常先将激光聚焦成一个较小的圆形光斑，再利用振镜扫描方式，使聚焦的圆形光斑来回扫描。图 9.5.1 所示结构为扫描激光输出示意图，通过振镜摆动，使光斑沿着一条直线扫描；如果采用两个振镜，则可以在一个平面上实现二维扫描。

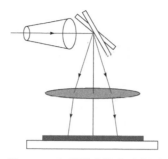

图 9.5.1　扫描激光输出示意图

9.5.1　扫描振镜系统概述

图 9.5.2 所示为扫描振镜系统工作原理图。通过计算机(PC)控制振镜头和激光器，在激光启动后驱动振镜扫描。

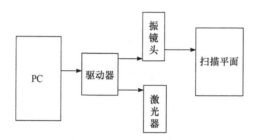

图 9.5.2　扫描振镜的组成

也可以采用单片机来代替计算机，如图 9.5.3 所示，由上位机、单片机、驱动器、激光器以及振镜组成扫描系统[24]。单片机控制驱动器，驱动器控制振镜根据设定的扫描速度、行间距、扫描区域进行扫描。随着技术的发展，可以采用上位机通过通信方式对单片机进行远程控制，上位机还可同时控制激光器的开启或关闭，最终实现选定区域的激光清洗。在一些特定场景下，如场外作业时，也可用手机来替代上位机发出控制指令[25]。

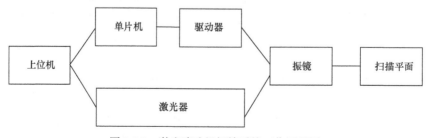

图 9.5.3　激光清洗机振镜系统工作原理图

　　无论扫描振镜系统的具体结构如何，在结构上都包括以下几个部分。①光学系统：先使用扩束镜使发散的激光光束变成平行光束(准直)，然后通过聚焦透镜获得高功率密度的光斑(聚焦)。②振镜头：由 x/y 轴向上的两个振镜和伺服电机构成，反射镜安装在扫描电机的轴上，电机带动反射镜偏转；扫描电机不能旋转，只能作有限角度的偏转，伺服电机接收驱动器产生的电压脉冲信号，控制扫描电机按要求偏转。③驱动器：包括基于计算机 PCI 总线的运动控制卡和转接板，实现两轴振镜电机的两轴协调控制，包括脉冲输出、脉冲计数、脉冲宽度调制、D/A 输出等功能(数模转换)，控制电机的位置[25]。

　　由于振镜是往复摆动，在两侧摆动到最大值时速度为零，不是匀速摆动，因此当振镜摆动到最大、需要反向运动时，存在停顿(机械停顿)，导致激光的局部区域过度照射，引起功率密度的不均匀，这是振镜扫描的一个固有问题。为克服振镜摆动的机械停顿，在一些对功率密度均匀性要求较高的激光加工装置中会应用转镜扫描。由于转镜是单方向匀速转动，不存在机械停顿的问题，所以光束能量密度较好。

9.5.2　二维扫描振镜工作原理

1. 二维扫描振镜的结构

　　利用相互垂直的两块摆镜，实现点状光斑的二维扫描。二维扫描时需要两个振镜。从激光器输出的激光束入射到两个反射镜上，这两个反射镜分别用作 x 向和 y 向振镜，计算机提供的信号通过驱动放大电路驱动电机，按一定电压与角度的转换比例，使得控制反射镜摆动一定的角度，从而在 x-y 平面控制激光束分别沿 x、y 轴扫描，以达到激光束的偏转，再通过场镜聚焦到清洗对象上。整个过程采用闭环反馈控制，由位置传感器、误差放大器、功率放大器、位置区分器、电流积分器这几个控制电路主控整个过程。

　　二维扫描的基本结构如图 9.5.4 所示，激光束入射振镜 1(x 轴振镜)，反射后再入射振镜 2(y 轴振镜)，两个振镜的反射镜之间的距离为 e，y 轴振镜到扫描平面的距离为 d。最终的反射光点位于工作平面上的某一点，设 θ_x 为 x 轴振镜的偏转角，θ_y 为 y 轴振镜的偏转角。当 θ_x、θ_y 均为 0 时，光斑会打在工作平面的原点位置 $O(0,0)$，也就是动态聚焦镜处在行程中心平衡点时的聚焦位置[26]。

　　以聚焦镜为光程的起始点，以扫描平面上的光斑点为光程的终点，e 为 x 轴振镜到 y 轴振镜的垂直距离，则激光的光程为

$$L = \left[\left(e + \sqrt{d^2 + y^2} \right)^2 + x^2 \right]^{1/2} \tag{9.5.1}$$

偏转角为 θ_x、θ_y 时，扫描平面上光斑的坐标为

$$x = \left[\left(d^2 + y^2\right)^{1/2} + e\right] \tan\theta_x \tag{9.5.2}$$

$$y = d \cdot \tan\theta_y \tag{9.5.3}$$

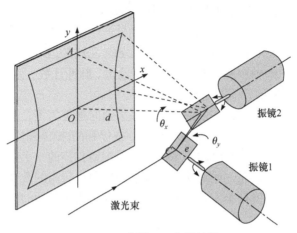

图 9.5.4　振镜 x-y 扫描结构

2. 扫描路径实现

激光光斑扫描过程中，步进电机直接控制的参数为图 9.5.4 中所示的 (θ_x, θ_y)，单片机中与之对应的控制量为对应数组输出次数。根据方程(9.5.3)可得，固定 y 轴偏转角度 θ_y，y 轴纵坐标也随之固定。此时再改变 x 轴偏转角 θ_x，即可控制激光沿着平行于 x 轴做直线运动，再通过不断改变 θ_y 来变换直线的位置，实现激光全区域扫描。

对于中心点坐标 (x, y)、边长 $2a \times 2b$、扫描行数为 n 的矩形扫描区域，从中选取 n 个特征点位，这 n 个特征点位按照图中标点左右依次排布。计算时将与这些特征点位对应的 x 与 y 轴电机偏转角度计算出来，再由步进角与偏转角的关系，求得 x 与 y 轴电机偏转角度对应的脉冲数，最后将求得的数据储存于 $x[i]$ 与 $y[i]$ 这两个数组之中。

控制单片机输出点位对应的脉冲数，就可以控制激光运动到对应点位。

扫描路线为平行于 x 轴方向的直线，只需要考虑 x 轴方向上匀速运动即可，将 x 轴坐标方程求导得其微分方程

$$x = \left(\frac{d}{\cos\theta_y} + e\right)\tan\theta_x \Rightarrow \mathrm{d}x = \frac{\left(\dfrac{d}{\cos\theta_y} + e\right)}{\cos^2\theta_x}\mathrm{d}\theta_x \tag{9.5.4}$$

再代入时间 $\mathrm{d}t$ 可以得其速度 v 与偏转角的关系：

$$v = \frac{\mathrm{d}x}{\mathrm{d}t} = \frac{d/\cos\theta_y + e}{\cos^2\theta_x} \times \frac{\mathrm{d}\theta_x}{\mathrm{d}t} \tag{9.5.5}$$

x 轴上激光光斑匀速运动，$v = \mathrm{d}x/\mathrm{d}t$ 为定值。电机步距角 $\mathrm{d}\theta_x$ 为定值，若脉冲时间 $\mathrm{d}t$ 与 $\left(d/\cos\theta_y + e\right)/\cos^2\theta_x$ 成正比，则激光运动速度 v 便为定值，因此我们可以得出匀速运动下，脉冲持续时间的表达式

$$\mathrm{d}t = \frac{d/\cos\theta_y + e}{v\cos^2\theta_x}\mathrm{d}\theta_x \tag{9.5.6}$$

此即在匀速运动下，脉冲持续时间与对应点位的关系。只要写出对应点位的偏转角，便可实现激光的匀速运动。

9.5.3　振镜驱动系统

激光清洗机振镜系统的核心是驱动系统，由电机与驱动器组成。工作时由驱动器将单片机的输出信号进行电流放大，进而驱动电机运动。

步进电机是将脉冲信号变换成为相应角位移或线位移的开环控制元件[27]。以 28BYJ48 型步进电机为例，工作电压为 DC5V-DC12V，每一个脉冲信号能使步进电机某一相绕组的通电状态改变一次，从而使得该转子转动 5.625°。该步进电机的减速比为 1∶64，即步进马达转子转动 64 周才能让输出轴转动 1 周，因此一个脉冲信号能使输出轴转动 5.625°/64[28]。四相八拍步进电机通电方式如表 9.5.1 所示：八拍(A+,A+B+,B+,B+A−,A−,A−B−,B−,B−A+)。

表 9.5.1　四相八拍步进电机通电顺序

	1拍	2拍	3拍	4拍	5拍	6拍	7拍	8拍
A+	1	1	0	0	0	0	0	1
B+	0	1	1	1	0	0	0	0
A−	0	0	0	1	1	1	0	0
B−	0	0	0	0	0	1	1	1

以 ULN2003 驱动器为例，该驱动器基于 ULN203 芯片，是一种高耐压、大电流的达林顿阵列，由 7 个 NPN 达林顿管组成，每一对达林顿管都串联一个 2.7kΩ 的基极电阻[29]。ULN2003 驱动器为 7 路反向器电路，即当输入端为高电平时，输出端为低电平；当输入端为低电平时，输出端为高电平。如图 9.5.5 所示，引脚 1~4 为输入信号，对应的引脚 16~13 则作为输出信号来控制四相五线步进电机。此时 PL0-PL3 为 ULN2003 驱动器的输入端口的输入信号，取反之后便为对应输出端口的输出信号。此时步进电机总线电压为 5 V，因此驱动器输出 5 V 对于步进电机而言相当于 "0"，输出 0 V 相当于 "1"，即为又进行一次取反。所以当单片机某个

端口输出为"1"时，即表示步进电机对应的 A+、B+、A-、B-端口上缠绕的导线产生了磁场，里面转子(磁铁)被吸引到对应的方向上，步进电机朝该方向实现转动。

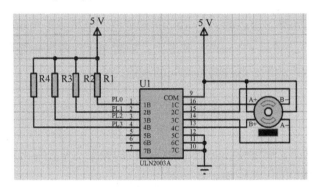

图 9.5.5 步进电机驱动工作原理图

因此可以通过控制单片机产生脉冲信号来控制步进电机运动：通过改变信号的"顺序"来控制电机的运动方向；通过控制脉冲信号的频率来控制步进电机的转速。

9.6 清洗输出终端

激光清洗设备中，最终通过输出终端，将传输和整形后的激光照射在清洗对象上。输出终端可以是手持方式也可以置于移动装置上，通过计算机控制其移动，或固定放置而让清洗对象移动。前面述及的整形和振镜扫描系统，也可以集成在输出终端内。为了方便说明，这里以作者实验室开发的手持头为例介绍其结构和功能。其他形式的输出端口部件，其内部结构基本相同，可根据需要设置手持把柄或电控扫描终端。

手持头中一般会放置振镜和场镜，振镜进行扫描，场镜进行聚焦。图 9.6.1 是一个实际应用的手持头内部结构图，内含场镜(聚焦用，非球面镜组)、扫描振镜(x 轴)、电线储存位置、激光光纤连接柱、扫描振镜驱动板、45°反射镜等元件。图 9.6.2 是侧面结构图，同时示意了光束路径。传能光纤尾端的输出激光进入手持头后，先进行聚焦，在设计时要保证通过总的光路后最终到达清洗位置的光斑直径大约等于所需要的值(通过清洗阈值大小来设定)；聚焦后的激光经过扫描振镜的扫描并反射到斜下方的反射镜上，反射光的入射角为 45°～60°，根据机械结构确定；激光经反射后沿着水平方向出射，并在垂直于纸面的方向形成扫描线，用于激光清洗。

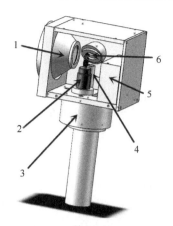

图 9.6.1　手持头结构示意图

1.场镜(聚焦用，非球面镜组)；2.扫描振镜(x 轴)；3.电线储存位置；4.激光光纤连接柱；5.扫描振镜驱动板；6.45°反射镜

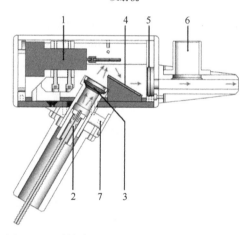

图 9.6.2　手持清洗头侧剖面结构和光路示意图

1.扫描振镜；2.传能光纤尾端；3.聚焦镜；4.全反镜；5.1064 高透防尘镜；6.吸尘装置接口；7.操作开关

参 考 文 献

[1] Yan X P, Liu Q, Fu X, et al. Gain guiding effect in end-pumped Nd:YVO4 MOPA lasers[J]. Journal of the Optical Society of America B, 2010, 27(6): 1286-1290.

[2] 谢冀江, 李殿军, 张传胜, 等. 声光调 Q CO₂ 激光器[J]. 光学精密工程, 2009, 17(5): 1008-1013.

[3] 学身. 固体激光工程[J]. 激光与红外, 1979, 8(1): 20.

[4] 丁俊华. 激光原理及应用[M]. 北京: 电子工业出版社, 2004.

[5] 俞侃, 吉紫娟, 黄德修, 等. 高斯光束斜入射窄带滤光片的透射光强分布[J]. 光子学报, 2010, 39(11): 1971-1975.

[6] 范安辅. 折射和反射球面对高斯光束的变换[J]. 应用激光, 1987, 8(1): 33-36.

[7] 张志研, 王奕博, 陈寒, 等. 2 kW级高功率传能光纤组件[J]. 中国激光, 2014, 41(12): 256.

[8] 中国科学院半导体研究所.工业级高功率传能光缆. 中国科技成果数据库, 2018.

[9] 朱心宇, 王国政, 王蓟, 等. 大直径光纤端帽的制作与熔接[J]. 发光学报, 2015, 36(7): 801-805.

[10] 刘星洋. 中波红外传能光纤耦合传输关键技术研究[D]. 长春: 中国科学院大学(中国科学院长春光学精密机械与物理研究所), 2019.

[11] 刘星洋, 翟尚礼, 潘望, 等. 红外传能光纤的传能特性研究进展[J]. 激光与红外, 2020, 50(8): 907-913.

[12] 韩玥鸣. 光纤熔接对准技术研究[D]. 西安: 西安工业大学, 2020.

[13] Frieden B R. Lossless conversion of a plane laser wave to a plane wave of uniform irradiance [J]. Applied Optics ,1965, 4(11): 1400-1403.

[14] 周炳琨, 高以智, 陈倜嵘, 等. 激光原理[M]. 7版. 北京: 国防工业出版社, 2017.

[15] 卢毅, 何友金, 任建存, 等. 高斯光束聚焦光学系统研究[J]. 光电技术应用, 2006, 25(2): 5-9.

[16] Jia X S, Zhang Y D, Chen Y Q, et al. Combined pulsed laser drilling of metal by continuous wave laser and nanosecond pulse train[J]. International Journal of Advanced Manufacturing Technology, 2019, 104(22): 1269-1274.

[17] Lim H H, Taira T. Sub-nanosecond laser induced air-breakdown with giant-pulse duration tuned Nd:YAG ceramic micro-laser by cavity-length control[J]. Optics Express, 2017, 25(6): 6302.

[18] 田梓聪, 郭遗敏, 胡晨岩, 等. 宽带高效聚焦的片上集成纳米透镜[J]. 物理学报, 2020, 69(24): 136-142.

[19] 寇千慧, 刘华, 谭明月, 等. 飞秒激光系统图像调焦装置以及方法[J]. 空间控制技术与应用, 2020, 46(6): 37-42.

[20] 高瑀含, 安志勇, 李丽娟, 等. 高阶模高斯光束整形方法研究[J]. 光学与光电技术, 2011, (95): 61-64.

[21] 高瑀含, 安志勇, 李娜娜, 等. 高斯光束整形系统的光学设计[J]. 光学精密工程, 2011, 19(7): 1465-1471.

[22] 林华鑫. 激光均匀线光斑整形系统的研究与设计[D]. 武汉: 华中科技大学, 2017.

[23] 陈凯. 高斯光束整形为平顶光束整形系统的研究与设计[D]. 北京: 北京工业大学, 2011.

[24] 徐亮亮. 二维激光振镜扫描控制系统设计[D]. 长春: 长春理工大学, 2012.

[25] 李泽, 朱新泽, 谭朗海, 等. 基于单片机的振镜扫描实时跟踪系统[J]. 仪器仪表用户, 2020, (278): 5.

[26] 闫俊娜, 谢凤艳, 刘倩. 三维振镜激光扫描仪的数学模型构建[J]. 现代电子技术, 2020, 43(15): 175-179.

[27] 高波, 孙闻, 张旋. 步进电机原理与控制简介[J]. 科技致富向导, 2011, 19(20): 1.

[28] 范超毅, 范巍. 步进电机的选型与计算[J]. 机床与液压, 2008, 36(5): 310-313, 324.

[29] 江衍煌, 郑振杰, 游德智. 单片机连接 ULN2003 驱动步进电机的应用[J]. 机电元件, 2010, 30(3): 28-31.

第10章 激光清洗中的监控技术

激光清洗效果如何，需要对相关参数进行监测。激光清洗设备运行时，需要对清洗设备本身和清洗进程进行控制。随着激光清洗技术的发展，监测和控制技术的使用越来越多，且越来越智能化。本章介绍激光清洗的监控技术，包括激光清洗机运行时的监控技术、清洗效果和清洗进程的监控技术，最后介绍激光清洗的其他辅助技术。

10.1 激光清洗机运行监控技术

激光清洗设备离不开监控技术，监控包括两大部分，一是激光清洗机本身的监控，其目的是使得激光清洗机正常安全地运转，这部分内容将在本节叙述；二是激光清洗效果的监控，其目的是有效地实现清洗，10.2节将对此进行介绍。

10.1.1 监控系统的分类和功能

激光清洗机是一个多器件综合的设备。需要有一个监控系统来监测和控制整个机器的运行。由于监测和控制往往是同步的或者是紧密关联的，所以我们统一称之为监控系统。启动时先控制给电给水，使温度、压力、流量、电流、电压等传感元件运行，将探测到的信号及时传递给中央处理器，如果一切正常，则机器正常运转；一旦发现异常，则立即停止供电。

监控系统一般包含以下几个具体部分：①电源监控部分，用来控制整个设备和设备中每个单元的供电。②冷却与温度监控部分，激光清洗机运行时，会产生大量的热，如激光头、电路板，虽然采用了水冷和风冷措施，但是如果环境温度过高、运行时间过长，或者设备出现故障，温度可能会快速升高，当超过一定范围时，激光清洗机的部件就会损坏，因此需要控制冷却、监测温度，在异常情况下实施报警并采取断电措施。③激光器监控，激光器是激光清洗设备的主体，一般需要单独控制，包括激光泵浦源、Q 开关。④清洗操作控制，包括清洗头(手持头、振镜系统等)、自动平台。⑤监测系统控制，根据检测到的清洗情况，控制清洗头或自动平台的移动、激光参数的变化(功率大小、光斑大小等)。⑥回收系统控制，对于清洗下来的污染物，需要进行收集。

根据实际需要，激光清洗设备包括上述全部或部分控制单元。但是一般来说上述①~④部分是必须的。整个控制系统可采用一个中央处理器来执行。实际的激光清洗机,根据需要,以上几个控制部分可以混合或分开,比如电源控制部分将激光电源和调 Q 电源分开,又比如将冷却与温度控制部分归于激光器(自由运转)和调 Q 两个部分。这样做的目的是方便选用自由运转激光或者调 Q 激光进行清洗。各控制功能通常都显示在控制面板上,保证一目了然,方便操作。

　　激光清洗机的监控可分为三个方面:激光器运行监控、设备安全监控、清洗过程监控。激光器运行监控是指激光器的操作与参数选定,设备安全监控指设备运行的水电控制、温度控制,清洗过程监控则是根据清洗阈值、清洗效率等来控制激光参数(重复频率、脉宽、单脉冲能量、峰值功率等)以及激光和清洗物之间的相对移动速度。

10.1.2　激光器运行监控

　　激光器是激光清洗设备中的主体。对于激光器的控制,包括供电、供水、参数(工作电流、电压、重复率等)设定等,在激光器控制中,必须有安全控制单元,以保证激光器正常工作。下面以我们实验室开发的两套监控系统为例进行说明[1,2]。两套系统均监测并显示了相关参数,控制了激光器电源、温控、Q 开关、激光器启动与运行、安全等。分别采用了模拟界面和数字界面进行操作。

　　1. 模拟界面

　　图 10.1.1 为一台激光清洗机的控制面板,包含以下几个部分:①电源部分:包括总电源开关(两挡钥匙开关)、电源开启指示(POWER ON)、紧急制动开关(EMERGENCY);②温控开关:包括 Q 开关温控器(Q SWITCH TEMPERATURE)、激光器温控器(LASER TEMPERATURE),③Q 开关控制:包括

图 10.1.1　前面板设计图

Q SWITCH 启动开关、射频输出断开报警(NO SIGNAL)、手持开关未关闭报警(WORKHEAD ON)(确保清洗操作前手持头处于关闭状态，保证操作安全)、Q 开关过热报警(OVER HEAT)、Q 开关水冷液位报警(WATER LOW)；④激光器控制：包括激光器启动开关(LASER ON)(此开关为真空断路器)、Q 开关过热报警(OVER HEAT)、Q 开关水冷液位报警(WATER LOW)、激光器预燃启动开关(SIMMER)、激光器预燃关断开关(STOP)；⑤清洗操作控制：包括清洗启动开关(WORK)、清洗启动指示。

图 10.1.2 为另外一个激光清洗机的控制系统的界面。上排从左至右分别为总开关(POWER)和电源指示灯(连通电源之后，绿色指示灯亮起)，声光 Q 开关温度显示和控制(Q SWITCH TEMPERATURE)、激光聚光腔温度显示和控制(LASER TEMPERATURE)，如果超过了设定的安全温度，则蜂鸣器会持续报警，为了应对突发情况，在最右侧装有紧急制动开关。下排从左至右有三个区域，最左边的区域为调 Q 驱动器控制部分，包含有驱动器电源和指示灯、报警灯(ALARM)、过热指示灯(OVER HEAT)、水位过低报警灯(WATER LOW)；中间区域为激光电源控制部分，包含有单刀电源开关、预燃开关(SIMMER)、停止开关(STOP)、未调 Q 报警灯(NO Q SWITCH)、过热指示灯(OVER HEAT)、水位过低报警灯(WATER LOW)等，激光输出开关位于手持头上；最右边区域为扫描振镜控制部分，采用单刀三掷开关，分别是关闭(OFF，未供电)、清洗(CLEAN，振镜扫描工作)和预留挡位。

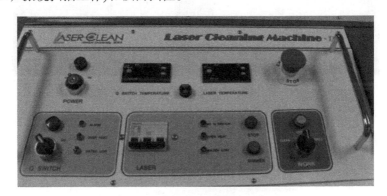

图 10.1.2　激光器运行控制的前面板

2. 数字界面

图 10.1.3 为数字式控制面板。面板简洁，共由四个部分组成：显示触控屏(图中 1，显示参数，错误记录和输出控制信号，调节工作状态)、激光出光开关(图中 2)、急停按钮(图中 3)、信号发生器(图中 4，控制激光脉冲的重复率，振镜扫描频率)。

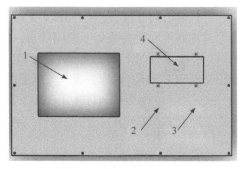

图 10.1.3　数字式控制面板

其中显示面板有主控界面、报警记录、温度设定和运行参数四个界面,各个界面状态如图 10.1.4 所示。

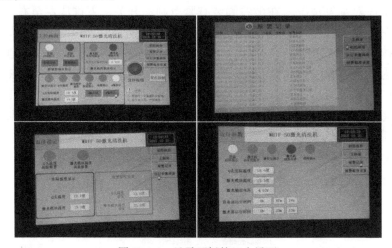

图 10.1.4　显示面板的四个界面

信号发生器的界面如图 10.1.5 所示,其中 F1～F5 为菜单键,外加数字旋钮、左右键及确定键。

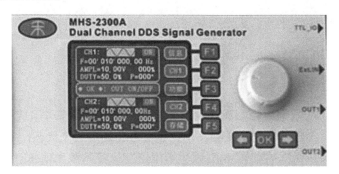

图 10.1.5　信号发生器界面

10.1.3　设备安全监控

激光清洗机的监控中,电路监控在断电时可以应急保护供电路和电光器件;光路监控监测激光能量或功率;水路监控用来监测控制冷却系统。

控制面板上可显示各种传感器实时测量得到的数据,包括电压、电流、水流等,一旦出现异常,将通过光信号和声信号报警。以图 10.1.4 为例,面板上有各种温度指示和报警、Q 驱动器指示、液位指示、水压指示等,还可以通过紧急按钮手动断电(图中的急停按钮)。

设备安全运行中,温度控制非常重要。这里以温控为例,详细介绍设备的安全监控。图 10.1.6 是水冷系统接线示意图。

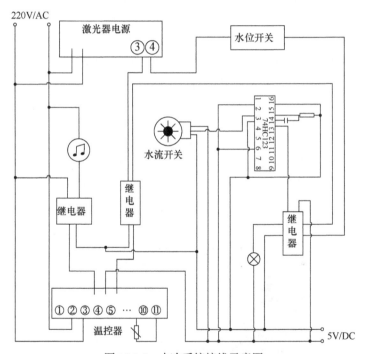

图 10.1.6　水冷系统接线示意图

该系统中有流速监测、过热报警和液位提醒三重保护,各保护接线串联接在激光电源后面板的水压开关(19 芯插口的 3-4)上。流速监测通过 5 V 直流供电,随水轮的转动,输出方波信号,再经芯片 74HC123,输出高低电平控制信号;当流速超过设定值(设定值可以根据理论上计算热量以及实验上测量温度后确定)时,芯片输出高电平(方波上升沿触发),当流速低于设定值时,芯片输出低电平;最后通过外接继电器控制水流指示灯的显示。温控器采用 220 V 交流供电,10-11 两端接防水热电偶探头,用于测量激光聚光腔出水口的水温,采用温控器的 3-4-5 路单刀双掷开关进行温度控制，当在设定温度(35℃)以下时，3-4 闭合；当水温超过设定温度时，4-5 闭合，蜂鸣报警器报警。液位提醒使用浮球开关，正常水位时始终处于闭合状态，当水位过低时，则自动断开。

10.1.4　清洗过程的监控

清洗过程中，激光照射在清洗对象上，通过光束移动和清洗对象的移动，实现大面积的清洗。在这个过程中，需要对清洗效果进行监测，通过清洗效果来控制清洗参数，以达到预设的清洗效果。清洗参数包括激光参数(峰值功率、重复频率等)、激光和清洗对象之间的移动速度(搭接率等)。前者通过激光参数的监控来实现，后者可以通过激光与清洗对象之间的相对移动速度来控制。

激光参数的监控是调整激光器的工作电流、电压、聚焦系统等，可以自动或手动调整。当激光参数确定后，清洗速度就决定了清洗效果。清洗速度过快，则达不到清洗效果，清洗速度过慢则清洗效率低而且可能损伤基底。清洗速度取决于激光和清洗对象之间的相对移动，可以把清洗输出终端固定在机械手上，通过机械移动来进行清洗，操作的稳定性较高，扫描的均匀度好，但机械手的移动灵活特性较差，会出现死角等情况；或者固定激光清洗输出终端，移动清洗对象来完成清洗工序；或者二者配合，做三维移动。前者适合大型或形状不规则的清洗样品，后者适合于板状或规则表面物体的清洗。

图 10.1.7 是一个平台扫描装置，平台扫描多配合光束整形装置(如柱面镜，或者振镜)，将起始圆形光斑转变为长条形光斑，然后通过平台的平动，带动(或相对运动)长条光斑，实现面扫描。

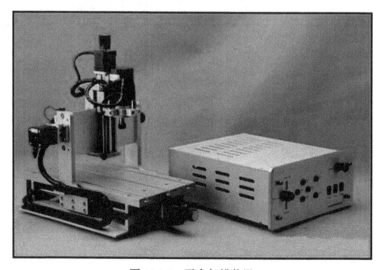

图 10.1.7　平台扫描装置

对于大型工件，可采用龙门式三维机械平台，如图 10.1.8 所示，导光臂或光纤的头部夹在龙门的夹具上，z 方向使用步进电机控制用来调节激光光斑面积，x 轴和 y 轴的平动实现面扫描。

图 10.1.8　三维平台

清洗进程和清洗效果的监控是激光清洗中的重要环节，10.2 节将专门予以介绍。

10.2　激光清洗效果和清洗进程的监控技术

在激光清洗中，需要及时掌握激光清洗过程进行得怎么样，清洗效果如何，即是否清洗干净、是否损伤基底，这就需要进行监测，进而根据监测结果来控制清洗进程，根据激光清洗效果来改变激光清洗参数。

激光清洗，一般会经历吸收、加热、气化、等离子体化、发光、形成烧蚀坑等全部或部分过程，有些过程是同步进行的，如图 10.2.1 所示[3]。激光照射清洗对象后，污染物没有或者只是部分脱离基底，此时处于没有完全清洗的状态；污染物在激光作用下从基底材料表面脱离，则属于完全清洗。但是，如果清洗完成后，不停止激光照射或移动激光束，激光将继续作用于基底材料，会出现熔化、气化等物态变化，或分解、结晶、非晶化、钝化等化学变化，可能产生损伤现象，这是清洗中不希望出现的。所以，在清洗中，清洗效果的测量，包括是否清洗干净，以及基底是否损伤。

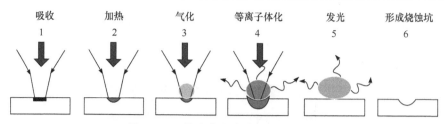

图 10.2.1　脉冲激光清洗过程示意图[3]

清洗效果和清洗进程的监控也分为监测和控制两个环节。监测是通过技术手段获得清洗过程中或清洗完成后的相关参数；而控制则是根据监测得到的信息，进行分析判断，当未达到清洗效果时，可以增加激光功率密度(增大工作电流、减小聚焦光斑)、提高搭接率、减慢样品移动速度等，如样品表面出现损伤，则可以反向控制激光参数。通过调整激光参数，使得清洗效果更好、效率更高。

激光清洗效果和进程的监控，关键在于监测。监测可以采用在线和离线两种方式，离线方式是在激光清洗作用后，将清洗样品取下，进行监测，满足清洗效果后，将样品装上，采用刚才的激光参数和清洗参数，继续清洗工序；而在线方式则是一面清洗一面监测，实时判断清洗效果，如满足要求，则继续清洗，否则需要调整激光清洗参数。离线方式比较简单，但是无法实现自动化智能控制。

无论离线还是在线监测，所使用的手段有成像法、光谱法等。监测的信息有表面形貌、振动信号、光信号等。表面形貌包括清洗对象表面的一些参数，如表面的硬度、粗糙度、反射率，根据这些参数对清洗效果进行评判；激光清洗过程中会产生振动信号(声波)，对其波形进行测量，根据得到的强度、频率等参数，可以分析清洗阶段和清洗效果，典型的如激光除锈中对声波强度的测量和更广泛使用的飞行时间测量等；激光清洗中会发出声信号和光信号，通过声谱和光谱特征确定清洗当前层的物质组成，从而判定清洗效果、阶段、效率等，可以测量的光谱有声谱、反射光谱、激光诱导荧光谱和激光诱导击穿光谱(LIBS)等。

监测方式主要分为三类，第一类是清洗对象表面形貌观测，又可以分为形貌观察与形貌参量测量两种，前者就是通过人眼、相机、光学显微镜、电镜等获得图像，对图像进行观察，分析判断；后者是通过粒度仪、硬度计、光学轮廓扫描仪等对清洗对象的表面参数进行观察和测量。根据形貌观测可对清洗效果进行评估，相应地调节激光参数和清洗方式，这种监测方式在实际应用中使用得最多。第二类是清洗对象的化学成分监测，如通过俄歇电子能谱、低能电子衍射能谱、X 射线光电子能谱等方式，测量物质组成成分，从而判断是否将污染物清洗干净。第三类是采集激光清洗中产生的振动和光信号(声谱和光谱)，对振动信号(声波)和光信号的强度、频率等进行分析从而确定清洗阶段和清洗效果，如激光除锈中对声波强度的测量和更广泛使用的飞行时间测量，通过 XRD 谱、激光诱导荧光谱、傅里叶变换红外光谱、拉曼光谱、LIBS 等光谱特征确定清洗当前层的物质组成，从而判定清洗效果、阶段、效率等。

下面，分别介绍几种常用的监测方法。

10.2.1　形貌观测技术

激光清洗前的工件和清洗后的工件，其外观形貌是不同的。比如激光除漆，通过人眼可以大概分辨出是否清洗干净，这其实就是采用的形貌观察法。对形貌的观察，可以通过人眼、显微镜、相机拍照等方式，具体来说，包含这几个步骤：图像获取(人眼或显微镜、相机对样品的形貌成像)、分析(通过人工或计算机，比照已有经验和数据进行分析)、判断(分析之后得出结论)。人工分析是根据长期工作积累的经验来判断，可靠性和稳定性均不够高；通过计算机对所成的图像进行分析，则效率和可信度更高些。下面针对直接观测和借助计算机处理两种情况给予介绍。

1. 形貌观测

通过人眼或显微镜观测，或相机直接拍照或显微镜拍照后对图片进行观测，再通过分析、判断，可以获取激光清洗效果等信息。

人眼直接观测或者通过普通拍摄只能用于对清洗要求不太高的场合。图 10.2.2 为相机拍摄后的图片，可以分辨出(a)未清洗完全，(b)完全清洗。

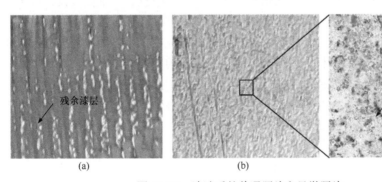

(a)　　　　　　　　　(b)　　　　　　　　　(c)

图 10.2.2　清洗后的普通照片和显微照片

(a) 普通照片，未清洗干净；(b) 普通照片，清洗干净；(c) 显微照片，未清洗干净

通过显微镜观测，可以得到更多的细节。比如，图 10.2.2 中，虽然观测普通照片图 10.2.2(b)，会认为清洗干净了，但是通过显微镜观察后得到的图 10.2.2(c)来看，则发现并没有清洗干净。

图 10.2.3(a)是激光除锈前样品的照片，色泽暗淡；图(b)为除锈后的照片，色泽明亮，可认为清洗干净；但是在显微镜下的照片图(c)中就发现，有一些明

亮的纹，这是激光扫过的痕迹，表面激光照射处，锈蚀被清除干净了，甚至基底有些损伤，而其他地方仍然色泽暗淡，并没有被清洗干净。

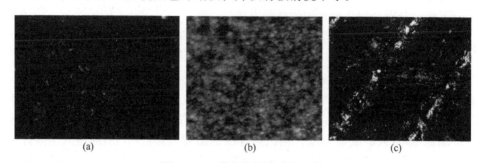

图 10.2.3　激光除锈前后的照片

(a) 除锈前的样品的普通照片；(b) 除锈后样品的普通照片；(c) 除锈后样品的显微照片

　　为了提高精度，还可以通过电子显微镜进行测量。图 10.2.4 为碳纤维增强复合材料(CFRP)表面去除油漆后测量的扫描电子显微镜照片。图(a)样品表面油漆出现熔化，但是没有脱离基底，图(b)表层油漆清除后露出基底的碳纤维，图(c)激光清洗后上浆剂分解，图(d)基底的碳纤维损伤。

　　形貌观测仪器还有轮廓扫描仪、椭偏仪、原子力显微镜等。轮廓扫描仪可以测量物体的轮廓、二维尺寸、二维位移，以获得清洗物的形貌；椭偏仪可用于探测薄膜(比如油漆、氧化层)厚度、光学常数以及材料微结构；原子力显微镜可以以纳米级分辨率获得表面形貌结构信息及表面粗糙度信息。三维扫描仪，可用来获得物体形状(几何构造)与外观数据(如颜色、表面反照率等性质)。如 Wesner 等[4]在脉冲准分子激光清洗电路板上的铜和氧化铜的研究中，用光学轮廓扫描仪对激光清洗后表面形貌进行分析，用椭偏仪测定氧化层的厚度。

　　通过人眼或通过显微镜、电镜等仪器进行观测，其特点是直观迅速，但是结果也往往是不够准确，一是图像质量不够好，可能有很多杂信号，二是人眼和光学仪器的分辨率有限，三是人脑判断带有主观色彩，不能保证准确率。但是可以通过计算机来帮助进行图像识别。

　　2. 计算机处理

　　通过计算机对图像进行处理，改善图像质量，再进行分辨判断，则可以提高清洗效果判断准确率，而且可以实现自动化，是实现智能化激光清洗的重要手段。计算机处理图像包括图像获取和图像处理两个步骤。①图像获取。对清洗物进行拍照获取图像，拍照时，要注意清洗物和相机的位置(通过显微镜拍照，也需要注意样品与显微镜之间的位置)、光源、相机焦距、景深等参数，以获得不失真的照片。②图像处理。对拍摄的图片进行处理，有图像预处理和图像后处理两个过程，前者将原始图像进行分割选取有效的图像处理区域，这是图像处理必有的步骤，后者是指将分割后的图像进行特定分析(颜色分布、像素比对等)[5]。图像处理通常包括以下几个步骤。i 图像分割：将图像中有意义的特征部分提取出来，包括图像中的边缘、区域等，以便进一步进行图像识别、分析和理解；ii 图像描述：这是图像识别和理解的必要前提，一般采用二维形状描述图像，它有边界描述和区域描述两类方法；iii 图像变换：图像在空间域中是一个数据量庞大的二维数组，为了减少计算量，将进行变换，如通过傅里叶变换从空间域转换到频域；iv 图像编码压缩：减少描述图像的数据量(即比特数)，节省图像传输、处理时间和减少所占用的存储器容量；v 图像增强和复原：为了提高图像的质量，如去除噪声，提高图像的清晰度等；vi 图像分类(识别)：图像经过某些处理(增强、复原、压缩)后，进行图像特征提取，从而进行判决分类。

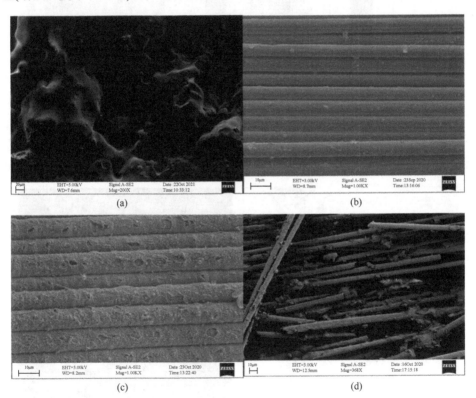

图 10.2.4 (a) 60 W 激光清洗后样品表面图样；(b) 80 W 激光清洗后未损伤碳纤维图样，
(c) 90 W 激光清洗后上浆剂发生热分解图样；(d) 100 W 激光清洗后发生损伤碳纤维图样

这里，举一个实例来介绍计算机对激光清洗后样品图像的处理过程[5]。图像可分为二值图像、灰度图像、索引图像、RGB 彩色图像四种。在激光清洗图像监测过程中使用较多的是二值图像、灰度图像以及 RGB 彩色图像，RGB 彩色图像可转换为灰度图像，灰度图像可转换为二值图像。如图 10.2.5 所示，一幅图像可以看作一个二维矩阵，对于二值图像而言图像矩阵由"0"，"1"两个值构成，"0"代表黑色，"1"代表白色(图 10.2.5(a))；灰度图像矩阵的取值范围为(0，255)以表征黑色到白色的过渡色(图 10.2.5(b))；RGB 彩色图像由红、绿、蓝三个通道构成，每个通道都对应一个取值范围为(0，255)的二维矩阵，因此 RGB 图像矩阵是一个三层的二维矩阵(图 10.2.5(c))。通过 CCD 相机提取图像信息，然后应用相应的图像处理算法得到需要的参数。

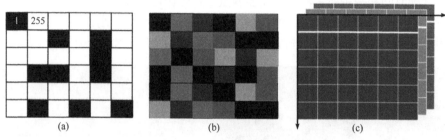

图 10.2.5　图像矩阵示意图

(a) 二值图像；(b) 灰度图像；(c) RGB 彩色图像

　　张晓等[6]采用 Python 及 OpenCV 视觉库对钢表面的锈迹进行识别，通过图像处理算法识别出生锈区域，如图 10.2.6 所示。刘金聪[6]利用 OpenCV 完成了对

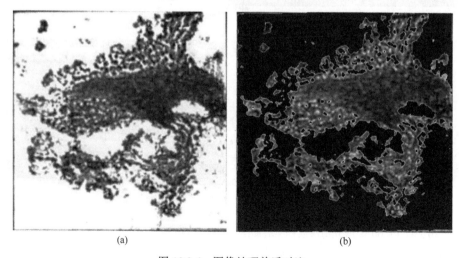

图 10.2.6　图像处理前后对比

(a) 原始锈蚀图案；(b) 识别结果

物体锈蚀表面的图像处理，包括识别生锈区域，得到生锈区域的位置、尺寸信息，并根据 HSV 值对锈蚀等级进行评价。高日翔[7]通过降噪、分割、面积开运算、反色、点乘等，把腐蚀铜样品图像中的背景部分处理成纯黑色，而铜样部分保留原有的彩色信息，分析对比了铜片腐蚀标准色板中各级别的色彩特征。在激光除锈后，提取铜样图像的彩色信息并结合铜片腐蚀标准色板中各级别的色彩特征，分析了激光清洗效果。

经典的图像处理法可以根据外部条件和工艺要求灵活进行调试，具有针对性强、灵活性高等优点，缺点是算法设计过程比较复杂，且不具有普适性。同时由于图像处理受外部环境的影响比较大，所以应对不同环境所需要的算法参数反复调试。

3. 人工智能

激光清洗过程中需要面临各种复杂环境，传统的图像处理手段不再适用。同时随着分辨精度的提高，图像的像素会更多，动辄几十万数百万像素，带来极大的运算量。这时需要通过机器学习方式来对图像进行处理，以便更好地监测激光清洗效果。

1) 机器学习监测手段

从广义上讲，机器学习能够赋予机器学习的能力，以让它完成直接编程无法完成的功能。机器学习主要分为两个过程，一是"训练"产生"模型"，二是"模型"指导"预测"。在第一个过程中通过获取的数据经过机器学习算法处理生成新的模型，第二个过程为利用生成的模型去预测新的数据属性，机器学习流程如图 10.2.7 所示[8]。

常规的机器学习方法是通过图像处理算法提取多维度的图像特征，建立特征值与清洗效果的内在关系。Li 等[9]提取了图像的灰度共生矩阵和凹凸区域特征，通过支持向量机(一种机器学习算法)进行训练并预测激光的工艺参数，实现了清洗效率的提高。Liu 等[10]提出了一种基于图像分析的两阶段工艺参数调整和表面粗糙度(SR)估计算法，利用灰度共生矩阵、凹凸区域特征、直方图对称性差异和热成像物性特征作为参数，使用支持向量机预测清洗效果。

机器学习所建立的"端到端"(end to end)学习模式，即特征参数与清洗结果的直接对应，与经典的图像处理手段具有本质不同：机器取代人工实现了清洗效果的分类。机器学习算法的稳定性和普适性虽有所提高，但是分类的结果仍然受特征参数的影响。

2) 深度学习监测手段

深度学习是机器学习领域的一个分支，深度学习具有网络结构复杂、泛化能力强、准确率高等特点，适用于大数据处理。图片像素往往高达数百万，目前图像处理最大的难题就是处理海量数据。传统的图像处理方式是根据已有算法加上人工调试来获取具有代表性的特征参数。随着任务复杂度增加，现有的特征参数提取方式已经难以满足目前训练所需的数据。深度学习则是通过构建机器学习的神经网络自动抽取高维度的图像特征，省去了算法设计和算法调试过程，将抽象的高维特征直接输入神经网络可以实现分图像分类、图像分割、目标检测等任务。

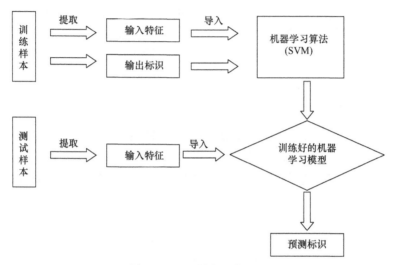

图 10.2.7　机器学习流程图

　　基本的神经网络一般包括三层结构：输入层、隐藏层和输出层。输入层神经元数目对应抽取特征的数目，输出层神经元数目对应图像分类的数目，隐藏层神经元数目要根据实际分类情况调整，神经网络模型如图 10.2.8 所示。相较于机器学习的流程，深度学习不再需要人为地提取特征参数，可以直接实现像素信息与清洗效果的匹配。

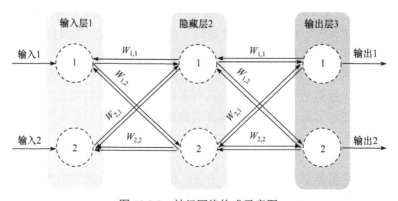

图 10.2.8　神经网络构成示意图

卷积神经网络是基本神经网络的加强版，如图 10.2.9 所示，在神经网络之前还存在一些网络结构，称之为卷积层，它利用大小不同的卷积核从原始的图像信息中抽取不同特征。卷积核数目越多，则抽取到的图像特征越丰富；卷积层越深，则抽取到的特征维度越高。其中适用于该任务的图像特征在训练过程不断增加权重，进而提升网络识别的准确度。不过由于网络结构的加深也不可避免地带来了训练时间太久、参数欠拟合等问题。因此深度学习方法需要大量数据样本以及高性能平台去训练、验证以及测试。

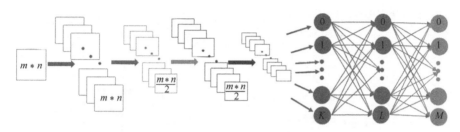

图 10.2.9　卷积神经网络构成示意图

Yu 等[11]利用神经网络实现清洗监测，基于 BP(back propagation)神经网络建立了激光扫描速度、清洗次数和清洗线间距等工艺参数的预测模型，对清洗测试收集的训练样本进行在线训练，并利用测试样本对训练模型进行验证。Sun 等[12]构建了卷积神经网络(convolutional neural networks，CNN)，实现了对清洁度的预测。

深度学习不再需要特定的算法去提取参数，实现了由图像信息到分类结果的直接匹配。从理论上讲，只要具备足够全的训练样本就可以实现图像的精确分类。由于深度学习的整个过程是由机器来主导的，人无法直观地去理解各个神经元之间的内在逻辑。同时，深度学习的模型训练时间较长、对设备要求较高。

10.2.2　光谱技术

1. 反射光谱

当激光束照射物体表面时，部分激光能量被物体表面反射，反射光信号强度与波长的关系曲线就是反射光谱。反射光谱与激光的工作频率、偏振方向、入射角度、大气和物质的折射率有关[13]。激光清洗中，反射光谱和激光波长与清洗过程中激光作用的材料关系很大，有些材料的激光反射率可以达到甚至超过 50%[14]。

激光清洗中，开始时激光照射在污染物上，测量到的是污染物的反射光谱；伴随着清洗过程中污染物厚度逐渐减小，反射光谱的强度会有所变化；清洗干净后，测量到的是基底的反射光谱，其谱形会变化[15,16]。因此，通过测量激光清洗过程中的反射光谱，可以表征激光清洗过程。反射光谱测量主要是基于表面反射光的光谱特征与表面清洗程度、基体损伤以及表面色度等的映射关系。

Lee 等[15]以卤钨灯为多色光源，采用探测器阵列测量反射光谱，并基于表面反射光的光谱特征，监测了纸张、大理石以及金属的激光清洗效果。不同脉冲次数、不同清洗效果样品的反射光色度分布如图 10.2.10 所示。结果表明，由色度检测得到的反射光谱参数能够清晰地反映表面清洁度和表面损伤情况，还能从其独有的特征中获得大量的表面色度信息，可以作为一种快速和可靠的方法来监测激光清洗过程中的表面情况。

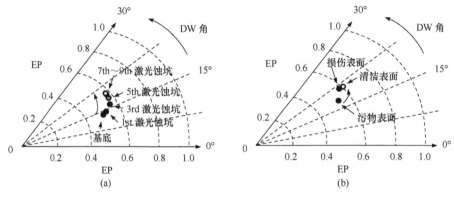

图 10.2.10　不同样品的反射光色度分布
(a) 不同脉冲次数；(b) 不同清洗效果

Whitehead 等[16]采用探针束反射光谱(PBR)和激光羽流发射光谱(PES)监测三种航空钛合金氧化物的清洗过程，装置如图 10.2.11(a)和(b)所示。采用光电二极管直接测量激光清洗钛合金过程中的反射光光谱的功率变化来进行在线监测，同时，结合如图 10.2.11(a)所示的发射羽流测量，获得如图 10.2.11(c)所示的不同功率密度和脉冲数情况下三种钛合金的反射光功率变化曲线，并给出了氧化阈值和工艺窗口。该诊断技术可感知排放羽流中的不同成分，得到定量结果。

Marimuthu 等[17]利用 635 nm 的探针光束实现了对微型工件上的 TiN 图层的在线监测，装置如图 10.2.12(a)所示，确定了不同功率密度和脉冲数目下的反射光的功率强度，如图 10.2.12(b)所示。

Cucci 等[18]用光纤反射光谱(FORS)和可见近红外(VNIR)高光谱成像(HSI)来评估石灰石表面的激光清洗过程。这两种技术都能够验证墙壁表面黑色外壳不同程度的去除。

反射光谱具有简单、迅速、工作距离较远等有优势，但前提是表面具有显著的光学变化。反射光谱精度不太高，对光源有特定要求，因此限制了激光清洗监测的使用。

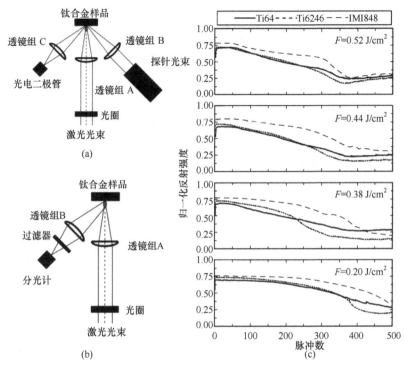

图 10.2.11　反射信号测量

(a) 用于钛合金激光清洗的反射光信号功率测量装置；(b) 激光羽流发射光谱测量装置；(c) 不同功率密度和脉冲数下的反射光功率变化曲线

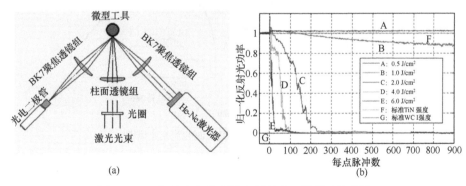

图 10.2.12　探针光在线监测(扫描封底二维码可见彩图)

(a) 用于涂层去除在线监测的 He-Ne 激光反射光信号功率测量系统装置示意图；(b) 不同功率密度和每点脉冲数下的反射光功率变化曲线

2. 激光诱导荧光光谱

物质吸收电磁辐射后受到激发，受激发原子或分子在激发过程中再发射出波长与激发辐射波长相同或不同的辐射。当激发源停止辐照试样以后，再发射过程立刻停止，这种再发射的光称为荧光，荧光强度与波长的关系图就是荧光光谱，因为是激光激发的，所以称为激光诱导荧光光谱，激光清洗时，从激光诱导荧光光谱中可以提取激光清洗中的有用信号。

Castillejo 等[19]在激光清洗绘画作品的实验中，使用激光诱导荧光光谱技术获得不同颜色涂料的特征谱线，如图 10.2.13 所示，通过激光清洗前后特征谱线的变化以确定清洗效果。

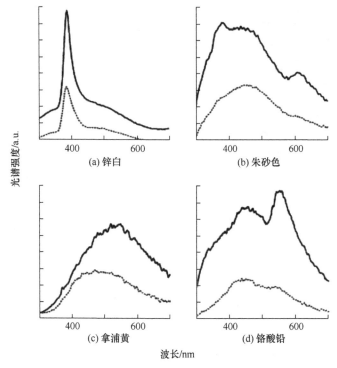

图 10.2.13　不同颜色涂料表面的荧光光谱[19]

3. 激光诱导击穿光谱

1) 激光清洗中等离子体的产生

激光清洗过程中，当激光能量密度超过材料的气化阈值时，物质内部处于平衡态的电子通过吸收激光束内的光子达到激发态的受激电离[20,21]。等离子体中包含激发态原子、电子和带电粒子[22]，它受到气氛环境的组成与压强的影响。

在等离子体膨胀过程中，温度逐渐降低，将通过轫致辐射的方式向外辐射连续谱，跃迁回原子的较高激发态，此时的光谱信息与元素之间没有特征关联。接着原子从高能态跃迁回基态时发出的光谱，是元素的特征光谱，图 10.2.14 为清洗对象吸收激光后，气化、产生等离子体连续谱、元素特征光谱的过程示意图[23]。后期的元素特征光谱的强度与对应元素的浓度成正比，通过光谱比对，可以识别材料表面的成分及其比例。

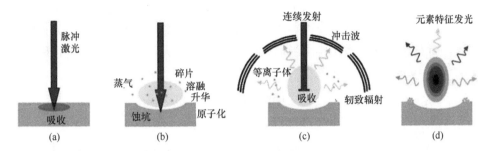

图 10.2.14　连续发光与元素特征发光[23]

2) 激光诱导击穿过程的光谱信号

激光清洗过程中，等离子体烧蚀羽产生一段时间后所发射出的离子、原子、分子光谱，称为激光诱导击穿光谱(LIBS)。它含有激光清洗过程中的特征光谱信息，信号主要在紫外波段，它就像是人的指纹或者虹膜一样，能够进行元素的"身份验证"，以此可以判断激光清洗过程的程度。由于需要测量的是元素的特征光谱，所以在测量等离子体光谱时，在激光源脉冲发射与光谱仪探测之间要有一个时间延迟(一般为微秒量级)，可以通过延时装置将光电探测器的快门开启时间相比于等离子体的激发时间向后延迟一段时间来实现。图 10.2.15 给出了等离子体光谱信号随时间的演化[24]。

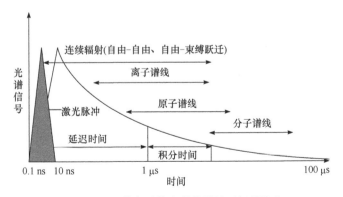

图 10.2.15　等离子体光谱信号随时间的演化

LIBS 技术是 20 世纪 60 年代出现的分析技术，用于分析和表征各种文化遗产的成分，包括绘画艺术品、图标、彩色颜料、陶器、雕塑和金属、玻璃和石制品，尤其是文物清洗方面的应用越来越广泛和成熟。在文化遗产修复和保护中，LIBS 技术已被证明是一种适合于颜料鉴定、多层绘画分析和古代材料定量分析的技术[25]。在去除油漆和锈蚀中，也可以有效监测激光清洗过程。

3) LIBS 技术测量装置

LIBS 技术测量装置主要由激光源(激发)、延时装置、光谱仪(摄谱)三个部分组成。激光源用于激发等离子体，多采用紫外激光；光谱仪用于测量等离子体不同波长发光的强度，获得等离子体光谱，最后将等离子体光谱与元素特征谱表进行对比，确定激光作用当前层的元素组成，从而对清洗信息进行确定，如图 10.2.16 所示。

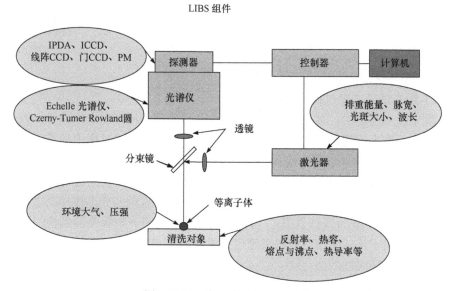

图 10.2.16　激光清洗的装置组成

LIBS 技术的激发光源以准分子激光器和 Nd:YAG 激光器为主。早期多采用纳秒脉冲作为激发源[26]，随着超快技术的发展，如今以飞秒激光为光源的 LIBS 技术应用也越来越多。相比于纳秒激光，由于飞秒激光的持续时间要小于等离子体的形成时间，因此飞秒 LIBS 没有热效应也没有等离子体屏蔽的影响，在性能上更为优越。图 10.2.17 给出了纳秒和飞秒激光 LIBS 技术的比较[27]。

图 10.2.18 为一套在多波段范围的等离子体发射光谱探测系统[28]，激光产生的等离子体信号被准直器采集，经由光纤输出到光谱仪中进行分析。

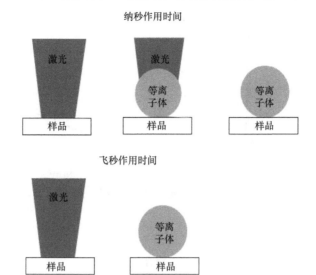

图 10.2.17 飞秒脉冲与纳秒脉冲的比较[27]

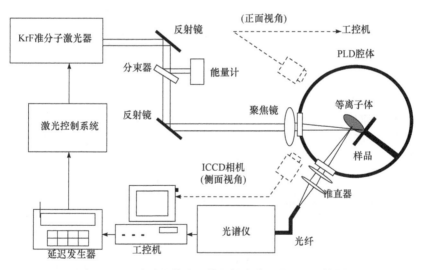

图 10.2.18 多波段等离子体发射光谱在线监测系统[28]

　　LIBS 技术测量的是元素的特征光谱，在测量装置中激光源与光谱仪之间要有一个必需的延时装置，通过控制单元实现，测量过程中，延时控制非常重要。图 10.2.19 为铜合金的 LIBS，红线是延时 50 ns 下的连续谱，从中无法获得相应的元素信息，黑线和蓝线分别为延时 0.5 μs 和 5 μs 的元素特征谱。虽然特征谱的强度有所差异，但谱型相同，说明了 LIBS 技术的可重复性和有效性。

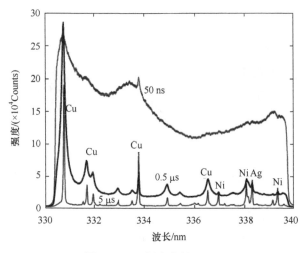

图 10.2.19　铜合金的 LIBS

　　采用 LIBS 监测，要考虑到等离子体的形成与激光自身参数(包括能量密度、波长、脉冲宽度等)、环境气氛(包括环境气体的组成、压强等)、清洗对象的光学性质和热学性质(包括表面的反射率、比热容、熔点、沸点、热导率等)的关系，对实验要求很高。

　　4) LIBS 监测举例

　　1997 年，Gobernado-Mitre 等[29]基于光谱分析的原理进行了激光清洗的实时在线监测，他们使用了 LIBS 技术实时监测激光清洗污染的历史古迹中的石灰石建筑的过程，这种在线实时监测可在清洗过程中有效避免基底过度损伤，是控制清洗过程和表征清洗效果的非常有用的方法。

　　Verhoff 等[30]采集了 2 μs 内能量密度相近的纳秒和飞秒激光与金属作用时产生的等离子体羽的光谱，如图 10.2.20(a)和(b)所示，通过不同激光参数作用下等离子体谱线、温度、电子密度与加工形成的微坑尺寸，实现了对微坑形貌变化的在线监测。

　　Maraveलाki 等[31]在采用调 Q 的 Nd:YAG 激光对覆盖着黑色外壳的古代 Pentelic 大理石样品进行激光清洗研究中，通过 LIBS 技术定性分析了材料的成分。图 10.2.21 为激光清洗大理石的 LIBS，(a)~(h)保持脉冲能量密度不变，脉冲个数增加，烧蚀深度增大；LIBS 可以表征出 Fe、Si、Ca 三种元素的变化，具体为 Fe、Si 降低，Ca 增加，硬质层(soil)-石灰石($CaCO_3$)的化学组成相一致。他们认为，LIBS 技术得到的信息比传统分析技术(如扫描电子显微镜、能量色散 X 射线分析、傅里叶变换红外光谱和光学显微镜)得到的结果更好。

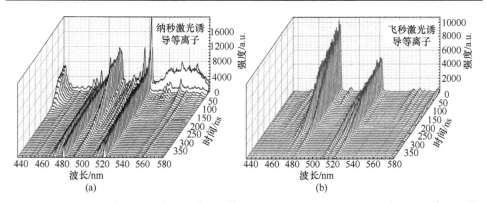

图 10.2.20　(a) 纳秒激光诱导产生的等离子体随时间变化的谱线；(b) 飞秒激光诱导产生的等
离子体随时间变化的谱线

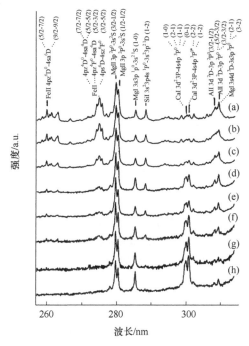

图 10.2.21　激光清洗大理石的 LIBS[31]

通过定量分析可关注材料某条谱线的强度变化，从而对清洗效果进行评定。
图 10.2.22 中，自上至下分别为 3、15、30 个脉冲的作用结果，通过对
$I_{Si(288.16)}/I_{Al(309.27)}$ 强度的定量监测可评估出当前激光清洗进行的程度[32]。

Senesi 等[33]利用激光清洗过程结合 LIBS 技术，修复和表征了意大利巴里斯
的斯维沃城堡(Castello Svevo)历史悠久的大门古门柱的蚀变石灰石。实验表明，
调 Q 的 Nd:YAG 脉冲激光器与 LIBS 技术相结合，是监测、控制和表征石灰石激

光清洗过程的有效手段，提供了最佳实验条件的重要信息，在不损伤基底的情况下，可以充分去除不需要的污染层。

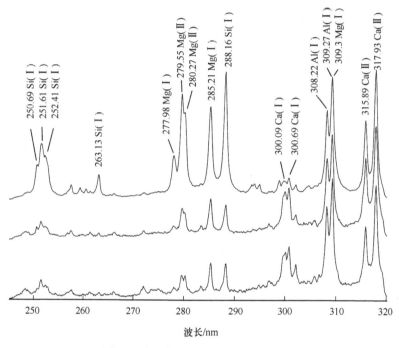

图 10.2.22　激光清洗石灰石的 LIBS[32]

激光除漆方面，可通过 LIBS 技术，对激光清洗质量进行实时监测。Staicu 等[34]使用可见(532 nm)和 UV(266 nm，5 nm)激光(能量密度范围在 0.6~4.4 J/cm²)去除清漆，利用 LIBS 监测激光逐步选择性去除油漆。孙兰香等[35]在激光清洗复合材料表面涂层过程中，研究了 LIBS 随激光单脉冲能量密度的变化规律，以表征碳纤维复合材料清洗的效果。然后在数据分析的处理上，采用均值平滑去除背景的方法处理包络状的光谱连续背景；采用 DBSCAN 算法实现光谱噪声和有效数据的分离；采用皮尔逊系数分析的方法确定激光清洗的最佳烧蚀次数，为激光清洗实现过程自动优化控制提供判定依据。最后采用扫描电子显微镜分析碳纤维表面形貌特征，证实 LIBS 技术在线监测激光清洗效果的有效性。Wang 等 [36]通过 LIBS 技术获得了 CFRP 材料中环氧树脂和基材碳纤维的元素组成、LIBS 等先验信息，并对其差异进行了对比分析。实验测试了激光工艺参数对 LIBS 的影响，确定了波长(588.819 nm)处的平均光谱强度值与平均激光功率呈正相关。然后，根据实测的 LIBS 特征强度值，有效地划分出三个清洗质量评价等级。采用分段线性拟合的方法求解不同等级映射的 LIBS 的取值范围，计算出最优清洗参数阈值等关键数据。结果表明，LIBS 技术用于监测清洗质量是可行的。

Cravetchi 等[37]采用 LIBS 技术,观测了激光清洗铝合金表面后的相,即 Al-Cu-Fe-Mn(Ⅰ型)和 Al-Cu-Mg(Ⅱ型)析出相,与电子探针 X 射线分析仪的测量结果一致。同时还观察到在激光扫描区域附近形成了厚度约为 1 μm 的氧化铝层,还观察到激光等离子体诱导冲击波在每个激光脉冲周围的圆形区域内对沉积的氧化铝层产生的附加效应。

Li 等[38]通过激光清洗去除不锈钢表面锈层发现,用 LIBS 技术可对清洗过程进行实时监测,在特定波长的发射线的相对强度比(RIR)可以作为监测清洗过程的定量指标。当氧化层未被完全清洗时,衬底的 LIBS 信号未被激发,且该比值随激光功率的增加几乎不变。然而,一旦氧化物层被有效地清洗,则其急剧增加。随后,随着激光功率的进一步增加,表面被过度清洗,RIR 值保持较大。通过监测确定了最佳激光清洗参数,以避免再氧化并降低清洗表面的粗糙度。

Jantzi 等[39]指出,LIBS 技术最广泛应用的优点之一是它不需要样品制备。这对于激光清洗的实时监控来说具有极大的便利性,能在没有任何样品处理的情况下开展优异的 LIBS 结果分析。

通过对等离子体信号光谱的测量和分析,计算特征谱线波长和特征谱线之间的强度比例等参数确定激光清洗过程中的定量信息。等离子体光谱测量方法展现出了高精度、高适应性等特点。然而,相应的等离子光谱测量系统的搭建和调试较为复杂,使用和维护成本较高,在大规模工业应用上仍需进一步的优化和匹配。

4. 其他光谱

其他的光谱测量方法还有红外光谱、拉曼光谱等。Mateo 等[40]用光学显微镜和傅里叶变换红外光谱技术对清洗前后的样品进行了检测,结果表明,表面涂层结构完整,涂层完全去除。

Pires 等[41]采用机械、化学(EDTA 溶液)和激光(脉冲 CO_2 和 Nd:YAG-Q 开关)三种方法去除铁合金物体表面的腐蚀层。利用穆斯堡尔光谱对金属表面进行了化学表征,并对 Fe 对象的清洗程度进行了评价。通过对穆斯堡尔谱进行分析,结合对原始和清洗过的物体的光学显微镜观察结果,可以发现机械清洗过程不能够完全清除腐蚀,很容易到达底层,从而对物体造成机械损伤;在密闭环境中使用 EDTA 的清洗方法和对实验条件的高度控制,可有效去除腐蚀产物,且不损伤物体表面;使用激光清洗法在一定的操作参数范围内显示出明显的选择性特征。

Rivas 等[42]用 Nd:YVO4 三倍频激光(355 nm 波长)对两种花岗岩上的四种不同颜色的涂鸦漆进行清洗,用 X 射线荧光、X 射线衍射、傅里叶变换红外光谱和扫描电子显微镜对涂料进行了矿物学和化学表征,测定了涂料在紫外-可见光-红外(200～2000 nm)范围内的吸光度,用偏光显微镜、扫描电子显微镜、红外光谱和分光光度计测色来评价清洗效率。结果表明,与银色漆相比,蓝色漆、红色漆和黑色漆的表面清洁效果有所不同,这主要归因于化学成分。偏振光显微镜观察和颜色测量表明,裂缝的强度和分布影响油漆渗透的深度,最终会影响两种花岗岩的清洗效率。

10.2.3　声波技术

激光清洗过程中,样品表面在受热膨胀、弹性振动以及污物脱离基底时,都会在空气中激发声波,因此在清洗过程中会有声波或超声波产生[43-46]。声音信号的频率、强度与激光加工过程密切相关[47]。

利用激光作用在污染物表面和干净基底材料表面上的声波信号不同,可以对清洗过程和清洗效果进行监测。可使用声记录器件(麦克风等)对清洗过程中发出的信号进行采集,然后进行傅里叶变换,将时域的强度信号转变为频域的光谱特征,利用特定的光谱峰变化标示激光清洗的某种特定阶段,从而实现对清洗信息的获取。

1. 通过声波强度进行监测

传统的声音监测过程比较简单,通过麦克风收集清洗时的声音信号,而后对声信号进行特征分析(振幅、频率)。Lu 等[48]研究发现声波峰值振幅主要受激光能量密度和材料烧蚀阈值的影响,能够监测清洗过程。Xu 等[49]研究了激光除锈过程的声波强度变化监测表面的清洁度并确定清洗阈值。Cai 等[50]通过声学监测建立了声波峰值振幅与铝和 PVC 塑料单位时间烧蚀量之间的联系。

2. 通过声波频谱进行监测

田彬[51]用声波来判断清洗效果。在干式激光除锈的实验装置中,增加了声波信号采集装置,用于记录激光除锈过程中的声音信号。实验中的铁锈样品分为轻度和重度锈蚀两组,轻度锈蚀样品的清洗阈值约为 2.28 J/cm², 重度锈蚀样品的清洗阈值约为 3.67 J/cm²。

对于轻度锈蚀样品,激光的每个脉冲作用的时间间隔约为 1.3 s, 得到的声波强度图见图 10.2.23(a)。对声波信号通过软件降噪后,通过快速傅里叶变换(FFT)获得频域信号,见图 10.2.23(b)。实验中采样频率为 8 kHz, 根据奈奎斯特(Nyquist)采样定理,能够真实还原的频率为 4 kHz, 去除低频噪声,所以声波的频段主要集中在 2~4 kHz 范围。

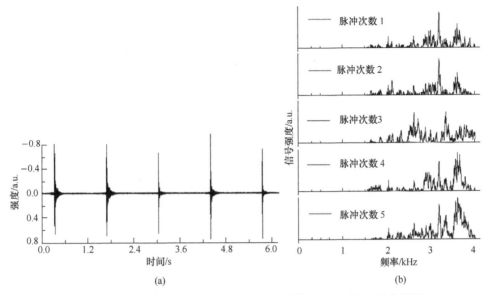

(a)　　　　　　　　　　　　　　　(b)

图 10.2.23　轻度锈蚀情况下，不同激光脉冲作用次数下的声波信号图

从声波强度图 10.2.23(a)中可知，清洗过程中各个脉冲引起的声波波形几乎相同，很难对清洗效果进行分析和判断。但是通过声波频谱图 10.2.23(b)，可发现频谱线中位于 3178 Hz 和 3600 Hz 附近的这两个峰强度相对最大。第 1、2 个激光脉冲清洗后，3178 Hz 谱峰强度大于 3600 Hz 的，而这时实验中锈蚀并未被清除干净，因此这是激光打在铁锈上所具有的特征声波频谱；第 3 个激光脉冲作用时，3178 Hz 和 3600 Hz 的谱峰突然变小，而其他处谱峰强度相对增大，频谱线发生这种异常变化的原因很可能是激光因空气中的灰尘在焦点处发生了击穿，入射到清洗样品表面的激光能量降低；第 4、5 个激光脉冲作用时，3600 Hz 处的谱峰强度大于 3178 Hz 的，此时铁锈已经被清除干净，因而可以认为是激光清洗完成时的特征频谱。根据以上分析，在实际应用中，根据激光脉冲 1、2 与脉冲 4、5 作用时所代表的两种特征频谱的转变，可以判断除锈是否完成。

对于重度锈蚀样品，声波频谱图见图 10.2.24。由于重度锈蚀样品与轻度锈蚀样品的组成成分以及物理化学性质有所不同，所以特征频谱也有所区别。在前几个激光脉冲作用下，谱峰较多，如 2900 Hz、3240 Hz 以及 3670 Hz；随着激光脉冲增多，锈蚀逐渐减少，2900 Hz 和 3670 Hz 的谱峰强度相对减弱，到了第 5 个激光脉冲作用时，3240 Hz 的谱峰最强，而 3000 Hz 的谱峰有所增强；到了第 8、9 个激光脉冲，锈蚀基本被清除干净，此时 3000 Hz 的谱峰强度已经超过 3240 Hz 处；第 10 个激光脉冲时 3000 Hz 的谱峰强度最大，其他谱峰相对较小。从以上频谱变化进行分析：对于重度锈蚀样品，3000 Hz 的谱峰与钢铁自身的振动频谱相关，随着锈蚀减少直至被清除干净，其谱峰会由弱逐渐增强，而其他的谱峰则会相对减弱，因此可以把 3000 Hz 的谱峰相对于其他谱峰的强度变化作为激光清洗效果的判断标准。

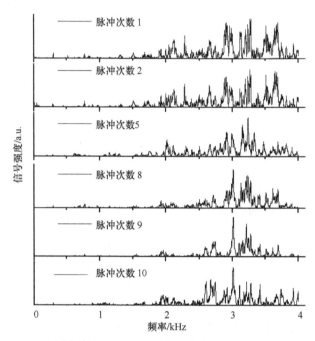

图 10.2.24　重度锈蚀情况下，不同激光脉冲作用次数下的声波信号图

　　上面只是采集了 4 kHz 以下的声波信号，通过分析发现其频谱的变化与清洗效果具有特定的规律，可用于清洗过程的简单判断。事实上，干式激光清洗在超声波段也具有明显的信号，在清洗过程中由自身弹性振动直接引发的振动频率基本在 0.1～10 MHz 的范围。因此，要对清洗过程进行更加深入细致的研究和准确的判断，可以结合 4 kHz 以上乃至超声频段进行检测分析。

　　3. 结合算法进行监测

　　仅仅通过振幅和频率这种比较单一的研究手段，并不能够完全满足激光清洗监测的需求。陈赟等[47]采用贝叶斯判别方法，进行了理论分析和实验验证，将除漆过程分为正在清洗、清洗完成且基底无损伤、基底损伤三种类别，结合光声效应分析除漆声信号在清洗过程中的变化，提取特征参数建立判别模型，实现了对激光除漆的定量判别。Lee 等[52]通过对声谱模式的识别，实现了基于神经网络逻辑的信号监测，如图 10.2.25 所示。利用模糊规则库，开发了表面损伤预测系统。

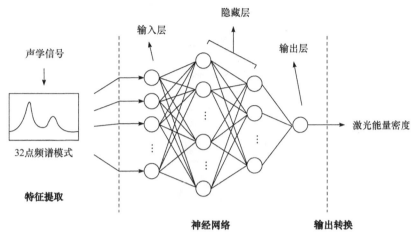

图 10.2.25　监测激光通量的神经网络示意图

声音监测相较于光谱监测需要的设备比较简单廉价，相较于图像判别所需要处理的数据量也大大降低。不过在声音监测的过程中，声信号采集头的位置、角度、外界噪声，激光入射角度、能量大小，都对信号采集有影响，环境中的各种声音比如激光清洗机工作时发出的声音也会影响声信号采集。因此利用声波信号进行监测需要注意条件的一致性和环境中其他声源的影响。此外，与光谱监测与图像监测相比，收集的声音信号属于时域信号，不能精确反映某个具体位置的清洗效果。

4. 通过光声成像技术进行探测

光声成像(PA)是一种新型的、迅速发展的诊断技术，主要是在当代生物医学研究的背景下发展起来的。Tserevelakis 等[53]利用光声信号的传输原理(不同介质对信号的吸收程度不同)，使用 1064 nm 波长的纳秒脉冲照射绘画作品，绘画图案区域的高吸收性产生强的光声信号，据此成功探测了多层结构的内部信息，如图 10.2.26 所示。与可见光和近红外线相比，在通过强散射介质时，PA 信号的透射率高出三个数量级，极大地提高了探测灵敏度，提高了高空间分辨率下的光学吸收对比度。PA 效应可以成功地用于可靠地监测激光清洗石材，可以保证在清洗过程中不伤及清洗对象的原表面，从而保护文化遗产的原始表面。基于 PA 技术开发的诊断和监测系统具有实施简单、有效和低成本的特点，可提供多层文化遗产对象的结构信息。

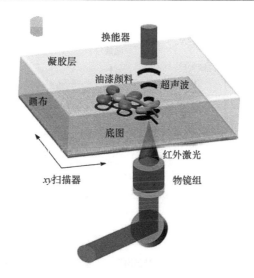

图 10.2.26　光声探测成像原理示意图

10.2.4　飞行时间测量技术

　　激光清洗中，材料在激光作用下会发生相变、电离，产生等离子体，进而从基底表面脱离。清洗过程中，会产生压力波(冲击波)；当表层污染物被去除之后，激光继续照射下层的基底，由于基底和污染物在光学、热学性质上的差异，不会产生冲击波信号，但是会产生声学波。冲击波的传播速度大于声速，两种波所经历的时间差称为飞行时间(time of fly，TOF)。

　　可以通过衍射法测量 TOF。冲击波和声学波向外传播时，会引起表面空气密度的周期性变化，形成相位光栅。冲击波与声波在空气中的传播速度不同，相应地，在空气中形成的相位光栅也不同。采用一束探测激光经过相位光栅，光栅周期不同则衍射角也不同。在清洗污染物的过程中产生的冲击波的传播速度会变化且不同于声波，所以衍射角也会变化；污染物清洗干净后激光作用在基底上产生的声波的传播速度固定为空气中的声速，所以偏转的衍射角度为恒定值。因此，冲击波与声学波之间的 TOF 测量就体现为光束偏转角的测量。

　　采用如图 10.2.27 所示的光束偏折法测量光束偏转角[43]。XeCl 准分子激光器经石英透镜聚焦后作用于清洗对象，将 He-Ne 激光作为检测光源，从清洗对象表面掠过，经过相位光栅时，会因为衍射而偏转，用光电探测器确定光束偏转角的大小，用示波器记录偏转的 He-Ne 激光信号，触发光电二极管的作用在于给示波器一个开始信号。激光清洗开始时污染物气化、电离产生等离子体，等离子体膨胀产生冲击波。冲击波从清洗对象表面向外传播的过程中，形成的相位光栅的周期取决于冲击波的传播速度。探测激光在经过冲击波形成相位光栅时，由于光栅的偏折作用，光束将以一定的偏转角衍射，偏转角的大小由空气相位光栅决定，而光栅取决于冲击波的传播速度。由于清洗过程的复杂性，以及过程中污染物成分的变化，冲击波的速度并不恒定，也就是说衍射偏转角不固定。

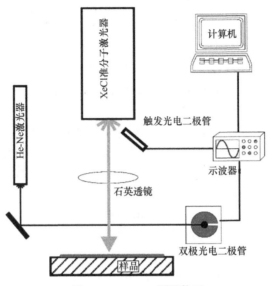

图 10.2.27 TOF 测量装置

当表层污染物被去除之后，激光继续照射下层的基底，由于基底和污染物在光学、热学性质上的差异，不再产生冲击波信号。这时清洗激光对基底的照射作用更多的是通过热振动的方式产生声学波。声学波向外传播，同样引起表面空气密度的周期性变化，形成相位光栅，对探测光束产生偏转作用，只是由于声学波的传播速度固定为空气中的声速，所以偏转角度为恒定值，与冲击波的偏转角不同。

从清洗过程中的冲击波，到清洗完成时的声学波之间的转变，就体现为偏转角的变化。偏转角的变化，对应着激光作用对象由污染层转变为基底层，标志着清洗阶段的变化，通过测量偏转角，可以得到 TOF 值，由此实现清洗阶段的定量分析。

研究还表明，TOF 测量的是激光气化到非气化的转变，起决定性影响的是污染层和基底层的表面反射率，所以 TOF 测量能够区分的主要对象是反射率存在较大差异的表面。

10.2.5 元素或成分分析技术

光谱法可以间接地获得清洗对象的成分和元素。但是如果希望得到清洗对象的化学成分和元素，还有更适合的仪器和方法。

俄歇电子能谱(Auger electron spectroscopy，AES)是利用俄歇效应鉴定样品表面的化学性质及成分组成。俄歇效应是产生于受激发的原子的外层电子跳至低能阶所放出的能量被其他外层电子吸收而使后者逃脱离开原子，逃脱出来的电子称为俄歇电子。俄歇电子来自浅层表面，可以带出表面的信息，其能谱的能量位置固定，容易分析。

用 X 射线入射物体时，会产生衍射，得到的衍射图谱称为 X 射线衍射(X ray diffraction，XRD)谱，它可以反映物体内部的信息，是一种最基本、最重要的结构测试手段，可用于定性和定量地分析物相，确定材料中各物相的含量，还能测量结晶度、点阵参数等。

能量色散 X 射线谱(energy dispersive spectroscopy)是利用不同元素的 X 射线光子特征能量不同进行成分分析，一般结合透射电子显微镜和扫描电子显微镜使用，可获得样品的元素分布图，还可以测定杂质元素或合金元素在有序化合物中占据亚点阵位置的百分数。

波谱仪利用高能电子束轰击样品表面，通过对激发出的待测样品的有用信息(如特征 X 射线、二次电子、背散射电子等)进行分析，获得物质组成成分以及元素和元素的点、线、面等信息。

低能电子衍射仪是采用电子能量小 500 eV 的电子束入射样品，利用集电极或半球形荧光屏来探测弹性反向散射的电子形成的衍射图的电子衍射仪。可以定性和定量地测定材料的表面结构，获得表面原子确切的位置信息。

用 X 射线去辐射样品，使原子或分子的内层电子或价电子受激发射出来，这些被激发出来的电子称为光电子。光电子的相对强度和束缚能的关系称为光电子能谱图。光电子能谱技术在化学分析中最有用，因此又被称为化学分析电子能谱(electron spectroscopy for chemical analysis)。光电子能谱技术通常和俄歇电子能谱技术配合使用，但比俄歇电子能谱技术能更准确地测量原子的内层电子束缚能及其化学位移，可以提供分子结构和原子价态方面的信息，比如各种化合物的元素组成和含量、化学状态、分子结构、化学键方面的信息。光电子能谱技术不仅可以提供总体方面的信息，还能给出表面、微小区域和深度分布方面的信息。

以上这些方法，在激光清洗中都得到了应用，比如早在 1995 年，Larciprete 等[54,55]在研究 KrF (λ=248 nm)和 ArF(λ=193 nm)准分子激光对 Si(100)表面的氧化物层(SiO$_x$ ($x<2$)层和含 F、C 和 O 的吸附层)进行清洗时，就采用俄歇电子能谱、低能电子衍射能谱、X 射线光电子能谱等方法研究了激光能量密度和总光子数对清洗效果的影响，分析了弱键合有机吸附剂的解吸以及氧化物的去除过程。Razab 等[56]采用 Nd:YAG 激光清洗两种马来西亚汽车涂层(A 和 B)，通过能量色散 X 射线分析，确定其元素组成，进而判断出铝含量较高的 A 样品的

激光清洗效率较高，在清洗过程中碳、氧成分的平衡有助于涂层的还原。

10.2.6　其他监测技术以及多种技术联合监测

1. 其他监测技术

还有其他的监测方法，如粒度仪，可以测试固体颗粒的大小和分布。根据测试原理的不同分为沉降式粒度仪、沉降天平、激光粒度仪、光学颗粒计数器、电阻式颗粒计数器、颗粒图像分析仪等；接触角测量仪，通过测量液体对固体的接触角来判断固体种类以确定污染物是否被清洗掉。

此外还有很多方法，如 Kim 等[57]通过监测光在液膜表面形成的等倾干涉条纹的变化间接地检测清洗过程。Park 等[58]在湿式激光清洗中，采用光声探针束偏转法和宽带压电换能器对发射到水中的光压力脉冲进行了实验检测，利用光学镜面反射探针对气泡生长动力学进行了同步监测。Zhang 等[59]采用电化学阻抗谱法研究了激光清洗对铝合金腐蚀行为的影响。

2. 多监测技术联合使用

每一种监测方法都有自己的优点，也有自己的不足，有些信息测量起来容易且精度高，也有些信息是无法测量的。所以在不同的清洗场合，或者为了提高准确率，可以采用不同的监测技术或者几种监测技术联合使用。

下面以光谱、声波、TOF 为例进行说明。激光清洗过程中，产生的冲击波和声波，会使得周边的空气振动；因为成分的变化，其光谱也会有所不同。声波强度监测方法关注的是声波信号和频率的变化，激光诱导荧光光谱和 LIBS 关注的是激光清洗过程中的特征光谱信息，只是侧重点不同，前者集中在可见光波段，后者集中在紫外波段。在这几种信息当中，TOF 关注的冲击波到声学波的转变和等离子体光谱关注的元素的特征光谱两项具有普适性，即广泛的激光清洗对象在激光气化清洗时都能够提供有意义的可作为清洗判据的信息。飞行时间测量方法关注的是冲击波与声学波之间的转变，测量的是激光气化到非气化的转变，起决定性影响的是层的表面反射率，所以 TOF 测量能够区分的主要对象是反射率存在较大差异的表面；等离子体光谱测量的是元素的特征光谱，能够区分核心元素不同的材料。但当激光清洗对象较为复杂时，尤其是表现为多层材料时，单一的 TOF 测量和 LIBS 测量无法实现监测功能。如钢铁基底-铁锈-涂层的三层结构，TOF 测量无法区分涂层去除与锈层去除的区别，但可以区别铁层表面与锈层的差别；与之相对的 LIBS 测量不能区别锈层与基底层的元素差别(因为核心元素都是铁、氧)，但可以区分涂层与铁锈的差别；再比如文物的"金属-腐蚀物-土壤结块"的三层结构，或"金属-腐蚀物-石蜡"的三层结构等，具有与"钢铁基底-铁锈-涂层"相似的问题。这些较为复杂的清洗对象,如果能够将TOF 与 LIBS 测量结合起来是可以实现逐层监测的。同时由于 TOF、LIBS 测量进行到基底层时,虽然仍会产生等离子体,但属于痕量反应,对基底造成的损伤很小,这一特点使得 TOF 与 LIBS 结合的监测技术非常适合于文物保护领域。

10.3　激光清洗涉及的其他技术

10.3.1　冷却技术

激光器系统、监测系统,甚至光束传输系统都会发热,热量需要带走,这就需要采用冷却技术。冷却涉及整个设备的安全运行问题,一旦热量没有及时带走,监控系统就会检测到并停止设备运行。

1. 热量来源

激光清洗机中的热量,主要来源于这几个方面:①激光增益介质和放大介质。泵浦光的能级与激光能级之间的光谱不匹配,所产生的光子能差将以热的方式逸散到基质晶格中,造成量子亏损发热,这是无法避免的;对于 Nd:YAG 等四能级激光系统,从激光下能级的粒子无辐射回到基态时,也会放出热量;被泵浦到上能级的粒子不可能全部参与激光振荡输出,总是会存在无辐射跃迁使得一部分能量转化为热能。②对于调 Q 技术、锁模技术,采用调 Q 晶体、锁模元件,也会因为能级之间的无辐射弛豫而放出热量。③在激光清洗机运行中,有大量的电子元器件,它们也会放出热量。

热量在光学元件中积聚,会降低激光效率,使得光束质量变差,从而影响激光清洗效果,严重的会因为热应力而导致激光晶体炸裂;热量在电子元件中积聚,同样会影响电子元件的工作效率,甚至使之损坏,进而影响了供电系统、监控系统,其后果极其严重。

2. 散热冷却技术

激光清洗机中必须采用冷却技术,并通过温控系统进行监控。主要采用的冷却技术有:强迫风冷,利用风扇形成强迫对流通道,使得热空气和冷空气交换热量,具有结构简单、成本低廉、运行可靠、技术成熟的优点,不过占据了一定体积,冷却效果有限,噪声大;半导体制冷,通过半导体元件进行制冷,具有控温精确、体积小、可靠性高、寿命长的优点,不过只能用于小功率元器件。这两种冷却技术常用于小功率激光器件、气体激光器和电子元件的散热冷却中。用于大功率激光器(包括激光增益介质、调 Q 元件等)冷却的,主要采用流动水冷却技术。水冷比较复杂，需要有水管、水泵、水流监测等元器件，还需要控制电路和传感器，以进行驱动和监测，一旦冷却出现问题，就会产生激光器损伤的后果[60-62]。

高功率激光器水冷系统如图 10.3.1 所示。图(a)为外部，图(b)为内部。冷水从 4 个入水口进入，水流围绕着泵浦的半导体(LD 模块)和增益介质来回流动，带走热量，热水从出水口流出。

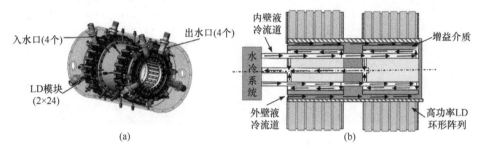

图 10.3.1　高功率激光器水冷系统示意图

3. 冷却系统实例

图 10.3.2 为大功率准连续激光清洗机的冷却系统，有供电、循环、探测等多个部分。该冷却系统采用两路水冷，A 路用于激光谐振腔的冷却，制冷量需求较高，B 路用于声光 Q 开关的冷却，制冷量较低；A 路由主体水箱、磁力泵、散热水箱构成，水箱中储存有足够量的水，首先将聚光腔内的热量转变为水的内能，引起水温度的升高，然后散热风扇通过强制对流与环境进行热量交换，再将储存在水中的热量散掉，所使用的冷却用水为纯净水；B 路由副水箱、磁力泵、散热风扇等组成，采取的是二级制冷方式，首先通过冷却水(纯净水)以超过190 mL/min 的流速对声光 Q 开关进行循环冷却，将热量带出，然后二级冷却使用制冷液对一级循环水进行冷却，并通过散热风扇进行热量耗散，以保证声光 Q 开关对冷却的需求。图 10.3.3 为冷却与热交换机外形。冷却系统的监控已在10.1.3 节中叙述了，这里不再重复。

10.3.2　回收技术

清洗过程中，从基底材料上剥离的可能是气态或固态(粉末或碎片)，这些污染物必须回收，以避免形成二次污染(重新回到基底材料上并黏附或者散落在大气环境中)。可以在清洗样品附近加装吸尘装置或抽气系统予以回收。要注意回收装置的密闭性，而且不能影响清洗系统。回收装置可以在清洗过程中一直打开，也可以根据需要在适当的时候打开。

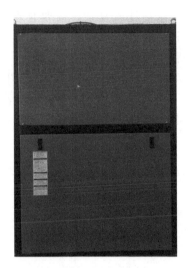

图 10.3.2　冷却系统实物照片　　　　　　　图 10.3.3　冷却与热交换机

　　可以在激光清洗平台两侧安装吸风口，将吸风口连接上回收盒，在清洗过程中，通过吸风口对激光加工平台上产生的清洗产物包括粉末或碎片等废渣吸入回收盒内，避免废渣对工作人员的操作环境造成污染。有时为了定性分析激光清洗过程中的物理量，能够观察废弃物的状态，可以利用透明窗口，例如石英罩，在石英罩一侧设置进气口，另一侧设置出气口。进气口设置引风装置，出气口设置负压回收装置[63-66]。

参 考 文 献

[1] 杜鹏. 脉冲激光除漆实验研究与激光除漆试验机的制作[D]. 天津: 南开大学, 2012.

[2] 宛文顺. 大功率激光清洗的研究与激光清洗机的研制[D]. 天津: 南开大学, 2016.

[3] 李伟. 激光清洗锈蚀的机制研究和设备开发[D]. 天津: 南开大学, 2014.

[4] Wesner D A, Mertin M, Lupp F, et al. Cleaning of copper traces on circuit boards with excimer laser radiation[J]. Applied Surface Science, 1996, 96-98: 479-483.

[5] 刘金聪. 基于机器视觉的激光智能除锈系统研究[D]. 苏州: 苏州大学, 2020.

[6] 张晓, 王明娣, 刘金聪, 等. 基于机器视觉的激光智能去除锈蚀的研究[J]. 激光与光电子学进展, 2021, 58(8): 323-329.

[7] 高日翔. 基于图像色彩分析法的激光清洗铜腐蚀效果研究[D]. 天津: 南开大学, 2022.

[8] Harringron P. 机器学习实战 [M]. 李锐, 李鹏, 曲亚东, 等译. 北京: 人民邮电出版社, 2013.

[9] Li J, Liu H, Shi L, et al. Imaging feature analysis-based intelligent laser cleaning using metal color difference and dynamic weight dispatch corrosion texture[J]. Photonics, 2020, 7(4): 130.

[10] Liu H, Li J, Yang Y, et al. Automatic process parameters tuning and surface roughness estimation for laser cleaning[J]. IEEE Access, 2020, 8: 20904-20919.

[11] Yu J, Chen Y. Prediction of simulation parameters of fiber laser cleaning range hood based on BP

neural network[C]. Guilin: Journal of Physics: Conference Series. IOP Publishing, 2021, 1820(1): 012118.

[12] Sun B, Xu C, He J, et al. Cleanliness prediction of rusty iron in laser cleaning using convolutional neural networks[J]. Applied Physics A, 2020, 126(3): 1-9.

[13] Yang L, Ding Y, Wang M, et al. Numerical and experimental investigations on 342 nm femtosecond laser ablation of K24 superalloy[J]. Journal of Materials Processing Technology, 2017, 249: 14-24.

[14] 邹万方. Nd:YAG 脉冲激光除漆的实验和理论研究[D]. 天津: 南开大学, 2007.

[15] Lee J M, Steen W M. In-process surface monitoring for laser cleaning processes using a chromatic modulation technique[J]. International Journal of Advanced Manufacturing Technology, 2001, 17(4): 281-287.

[16] Whitehead D J, Crouse P L, Schmidt M J J, et al. Monitoring laser cleaning of titanium alloys by probe beam reflection and emission spectroscopy[J]. Applied Physics A, 2008, 93(1): 123-127.

[17] Marimuthu S, Kamara A M, Whitehead D, et al. Laser removal of TiN coatings from WC micro-tools and in-process monitoring[J]. Optics & Laser Technology, 2010, 42(8): 1233-1239.

[18] Cucci C, Pascale O D, Senesi G S. Assessing laser cleaning of a limestone monument by fiber optics reflectance spectroscopy (FORS) and visible and near-infrared (VNIR) hyperspectral imaging (HSI)[J]. Minerals, 2020, 10(12): 1052.

[19] Castillejo M, Martin M, Oujja M, et al. Analytical study of the chemical and physical changes induced by KrF laser cleaning of tempera paints[J]. Analytical Chemistry, 2002, 74(18): 4662-4671.

[20] Zimmer K. Laser processing and chemistry[J]. Zeitschrift Für Physikalische Chemie, 1999, 208: 291-292.

[21] 丁烨, 薛遥, 庞继红, 等. 激光加工在线监测技术研究进展[J]. 中国科学:物理学 力学 天文学, 2019, 49(4): 60-78.

[22] Allmen M, Blatter A. Laser-Beam Interactions with Materials: Physical Principles and Applications[M]. Berlin: Springer Science & Business Media, 2013.

[23] Maria M K, Xavier C M, Maria C C, et al. Laser-induced breakdown spectroscopy (LIBS) for food analysis: a review[J]. Trends in Food Science & Technology, 2017, 65: 80-93.

[24] 杨文斌. 激光诱导击穿光谱技术在气体检测中的应用研究[D]. 北京: 中国科学院大学, 2018.

[25] Giakoumaki A, Melessanaki K, Anglos D. Laser induced breakdown spectroscopy (LIBS) in archaeological science—applications and prospects[J]. Anal Bioanal Chem, 2007, 387: 749-760.

[26] Brech F, Cross L. Optical micro-emission stimulated by a ruby maser[J]. Applied Spectroscopy, 1962, 16: 59-64.

[27] Babushok V I, Delucia F C, Gottfried J L, et al. Double pulse laser ablation and plasma: laser induced breakdown spectroscopy signal enhancement[J]. Spectrochimica Acta Part B, 2006, 61: 999-1014.

[28] Hong M H, Lu Y F, Bong S K. Time-resolved plasma emission spectrum analyses at the early stage of laser ablation[J]. Applied Surface Science, 2000, 154-155: 196-200.

[29] Gobernado-Mitre I, Prieto A C, Zafiropulos V, et al. On-line monitoring of laser cleaning of limestone by laser-induced breakdown spectroscopy and laser-induced fluorescence[J]. Applied Spectroscopy, 1997, 51(8): 1125-1129.

[30] Verhoff B, Harilal S S, Fewwman J R, et al. Dynamics of femto- and nanosecond laser ablation plumes investigated using optical emission spectroscopy[J]. Journal of Applied Physics, 2012, 112: 093303.

[31] Maravelaki P V, Zafiropulos V, Kilikoglou V, et al. Laser-induced breakdown spectroscopy as a diagnostic technique for the laser cleaning of marble[J]. Spectrochimica Acta Part B: Atomic Spectroscopy, 1997, 52: 41-53.

[32] Klein S. Laser induced breakdown spectroscopy for on-line control of laser cleaning of sandstone and stained glass[J]. Applied Physics A, 1999, 69: 441-444.

[33] Senesi G S, Carrara I, Nicolodelli G, et al. Laser cleaning and laser-induced breakdown spectroscopy applied in removing and characterizing black crusts from limestones of Castello Svevo, Bari, Italy: a case study[J]. Microchemical Journal, 2016, 124: 296-305.

[34] Staicu A, Apostol I, Pascu A, et al. Minimal invasive control of paintings cleaning by LIBS[J]. Optics & Laser Technology, 2016, 77: 187-192.

[35] 孙兰香, 王文举, 齐立峰, 等. 基于激光诱导击穿光谱技术在线监测碳纤维复合材料激光清洗效果[J]. 中国激光, 2020, 47(11): 299-308.

[36] Wang W, Sun L, Lu Y, et al. Laser induced breakdown spectroscopy online monitoring of laser cleaning quality on carbon fiber reinforced plastic[J]. Optics & Laser Technology, 2022, 145: 107481.

[37] Cravetchi I V, Tacchuk M, Tsui Y Y, et al. Scanning microanalysis of Al alloys by laser-induced breakdown spectroscopy[J]. Spectrochimica Acta Part B: Atomic Spectroscopy, 2004, 59: 1439-1450.

[38] Li X, Guan Y. Real-time monitoring of laser cleaning for hot-rolled stainless steel by laser-induced breakdown spectroscopy[J]. Metals, 2021, 11(5): 790.

[39] Jantzi S C, Motto-Ros V, Trichard F, et al. Sample treatment and preparation for laser-induced breakdown spectroscopy[J]. Spectrochimica Acta Part B: Atomic Spectroscopy, 2016, 115: 52-63.

[40] Mateo M P, Ctvrtnickova T, Fernandez E, et al. Laser cleaning of varnishes and contaminants on brass[J]. Applied Surface Science, 2009, 255(10): 5579-5583.

[41] Pereira G, Pires M, Costa B, et al. Laser selectivity on cleaning museologic iron artefacts[J]. Proceedings of SPIE—The International Society for Optical Engineering, 2007, 6346(3): 74-81.

[42] Rivas T, Pozo S, Fiorucci M P, et al. Nd:YVO₄ laser removal of graffiti from granite. Influence of paint and rock properties on cleaning efficacy[J]. Applied Surface Science, 2012, 263: 563-572.

[43] Bregar V B, Mozina J. Shock-wave generation during dry laser cleaning of particles[J]. Applied

Physics A, 2003, 77: 633-639.

[44] Bregar V B, Mozina J. Optoacoustic analysis of the laser-cleaning process[J]. Applied Surface Science, 2002, 185: 277-288.

[45] Kim T, Lee J M, Cho S H, et al. Acoustic emission monitoring during laser shock cleaning of silicon wafers[J]. Optics and Lasers in Engineering, 2005, 43(9): 1010-1020.

[46] Lee S J, Imen K, Allen S D. Shock wave analysis of laser assisted particle removal[J]. Journal of Applied Physics, 1993, 74(12): 7044-7047.

[47] 陈赟, 黄海鹏, 叶德俊, 等. 基于贝叶斯判别的激光除漆声学监测方法研究[J]. 激光技术, 2022, 46(2): 248-253.

[48] Lu Y F, Hong M H, Chua S J, et al. Audible acoustic wave emission in excimer laser interaction with materials[J]. Journal of Applied Physics, 1996, 79(5): 2186-2191.

[49] Xu J, Sun Z, Zhou W, et al. Real-time monitoring technique for laser cleaning rust deposite[J]. Acta Photonica Sinica, 2002, 31(9): 1090-1092.

[50] Cai Y, Chenung N H. Photoacoustic monitoring of the mass removed in pulsed laser ablation [J]. Microchem Journal, 2011, 97(2): 109-112.

[51] 田彬. 干式激光清洗的理论模型与实验研究[D]. 天津: 南开大学, 2008.

[52] Lee J M, Watkins K G. In-process monitoring techniques for laser cleaning[J]. Optics & Lasers in Engineering, 2000, 34(4-6): 429-442.

[53] Tserevelakis G J, Pouli P, Zacharakis G. Listening to laser light interactions with objects of art: a novel photoacoustic approach for diagnosis and monitoring of laser cleaning interventions[J]. Heritage Science, 2020, 8(1): 98.

[54] Larciprete R, Borsella E. Excimer laser cleaning of Si (100) surfaces at 193 and 248 nm studied by LEED, AES and XPS spectroscopies[J]. Journal of Electron Spectroscopy and Related Phenomena, 1995, 76: 607-612.

[55] Larciprete R, Borsella E, Cinti P. Krf-excimer-laser-induced native oxide removal from Si (100) surfaces studied by auger electron spectroscopy[J]. Applied Physics A, 1996, 62(2): 103-114.

[56] Razab M K A A, Jaafar M S, Abdullah N H, et al. Influence of elemental compositions in laser cleaning for automotive coating systems[J]. Journal of Russian Laser Research, 2016, 37(2): 197-206.

[57] Kim D, Lee J. Physical mechanisms of liquid-assisted laser cleaning[J]. Journal of Applied Physics, 2003, 93(1): 762-764.

[58] Park H K, Kim D, Grigoropoulos C P, et al. Pressure generation and measurement in the rapid vaporization of water on a pulsed-laser heated surface[J]. Journal of Applied Physics, 1996, 80(7): 4072-4081.

[59] Zhang S L, Suebka C, Liu H, et al. Mechanisms of laser cleaning induced oxidation and corrosion property changes in AA5083 aluminum alloy[J]. Journal of Laser Applications, 2019, 31(1): 012001.

[60] 王宾. 一种激光机柜冷却系统: CN212588701U[P]. 2021-02-03.

[61] 汪耀峰. 一种新型的激光机冷却系统: CN210640477U[P]. 2020-09-29.

[62] 田睿超, 钟磊, 陈勇. 一种大功率激光设备冷却装置: CN210755937U[P]. 2020-06-16.

[63] 张永康, 王飞, 张朝阳, 等. 激光清洗污染物自动收集装置: CN102513325A[P]. 2012-06-27.

[64] 张文文, 张小平, 武三梅, 等. 一种激光切割机废气回收利用系统: CN208276345U[P].
2018-12-25.

[65] 宋金峰, 刘明. 一种激光清洗净化回收装置及系统: CN211161023U[P]. 2020-08-04.

[66] 孙新怀, 侯国亮, 周晓玉. 一种带回收废渣功能智能激光清洗装置: CN215587364U[P].
2022-01-21.